普通高等教育电子通信类特色专业系列教材

光纤通信技术

邱　琪　编著

科学出版社
北　京

内 容 简 介

本书主要介绍光纤传输的基础理论和通信系统的构成，并根据各类通信信号对光纤通信系统的技术需求，阐述了实现这些目标的各种技术途径、方案和新技术。全书共分9章，包括导论、光纤和光缆、光电子器件、光纤通信系统原理、模拟信号光纤传输系统、数字信号光纤传输系统、波分复用技术、光放大技术和光纤通信新技术等内容。全书围绕光纤通信系统三个重要组成部分：光源（光发射机）、光纤（光缆）和光检测器（光接收机）展开，重点阐述了光纤通信系统的设计原理，并通过对模拟和数字光纤传输系统的具体分析，进一步深化了系统设计的理念和途径。减少光纤损耗和色散对系统的限制，提高系统的传输距离和容量是光纤通信技术高速发展的源动力，基于这一思想介绍了光放大、波分复用技术和光纤通信新技术。

本书可作为光电信息科学与工程、通信工程、电子信息工程等本科专业和光学工程、通信与信息系统、光学、电子科学与技术等研究生学科的教材或教学、考研参考书，也可供从事光纤通信技术研究和开发的科技人员参考。

图书在版编目(CIP)数据

光纤通信技术/邱琪编著. —北京：科学出版社，2011.6
普通高等教育电子通信类特色专业系列教材
ISBN 978-7-03-031763-6

Ⅰ.①光… Ⅱ.①邱… Ⅲ.①光纤通信-高等学校-教材 Ⅳ.①TN929.11

中国版本图书馆CIP数据核字(2011)第119700号

责任编辑：潘斯斯 / 责任校对：钟　洋
责任印制：赵　博 / 封面设计：迷底书装

科学出版社出版
北京东黄城根北街16号
邮政编码：100717
http://www.sciencep.com
北京凌奇印刷有限责任公司印刷
科学出版社发行　各地新华书店经销
*
2011年6月第　一　版　开本：787×1092　1/16
2025年7月第七次印刷　印张：17 1/2
字数：430 000

定价：69.00元

（如有印装质量问题，我社负责调换）

前　言

时光荏苒，岁月如梭，作者从事光纤通信领域的教学和科研工作已有35个年头。见证了光纤通信技术的高速发展并正在改变每一个人的工作和生活方式。经历了模拟信号从MHz到几十GHz、数字信号从10Mbps到40Gbps，从粗波分复用(CWDM)到密集波分复用(DWDM)，从掺铒光纤放大器到光纤拉曼放大器，从直接强度检测到相干光通信等技术的飞跃发展。享有了宽带的模拟和数字电视，高速互联网，各种语音、视频服务。如此多姿多彩的信息服务都得益于宽带光纤通信技术的不断进步和全面应用。

本次编写《光纤通信技术》一书，试图使其成为这样一本教材——既要呈现光纤通信技术的全貌，又要展现光纤通信的新技术和系统应用。全书共分9章，内容包括导论、光纤和光缆、光电子器件、光纤通信系统原理、模拟信号光纤传输系统、数字信号光纤传输系统、波分复用技术、光放大技术和光纤通信新技术等。本书可以分章节内容作为相关专业的本科生和研究生教材。

本书1～9章由邱琪编写。课程组的史双瑾和兰岚老师参加了部分校稿。博士研究生苏君和郭勇完成了部分插图和资料收集。参与插图工作的硕士研究生还有邱中华、张梅、丁之、周凌尧、田宣宣等。

本次有幸将30多年的教学经历和科研体会汇入这本教材，首先要感谢培养我进入光纤通信领域的电子科技大学，感谢30多年来合作过的老师、同事和学生。还要感谢教学科研团队的同仁们给予的大力支持和帮助。特别感谢我的家人对我的关爱与支持。同时，还要感谢为本书出版付出辛勤劳动的编辑和支持这本书出版的各级领导。

光纤通信领域的知识如浩瀚的海洋，由于本人从事教学、科研工作的局限性，难免出现一隅之见。同时受到作者知识面和学术水平的限制，全书难免存在错误和不足。本次印刷对部分内容进行了修订。希望读者不吝赐教，以便更好地为读者服务。

作　者

2023年1月

邮箱：qqiu@uestc.edu.cn

目　　录

第1章 导　论

本章将介绍光纤通信发展的历程，阐述光纤通信技术的特点和优势，及其在通信领域的重要作用和不可或缺的地位。简要讲述了与光纤通信相关的一些通信基础知识，如数字信号与模拟信号、带宽与速率、数字与模拟光纤传输系统、调制与解调和光发射机与光接收机的组成等。最后简要分析了光纤通信技术课程的教学思路。

1.1 光纤通信的发展和演进

1.1.1 光纤通信的简史

19 世纪 80 年代美国的贝尔完成了著名的光电话实验，翻开了光通信的历史新篇章。人们认识到频率高达 10^{14} Hz 的光波具有 10^{12} Hz 通信带宽的能力，这一理论基础驱使研究者们展开了对光源、探测器和传输介质的研究，造就了光通信事业发展的辉煌历程。特别是在 20 世纪 70～90 年代，光纤通信系统在全球范围内得到了应用和发展，引领了信息领域的一场翻天覆地的变化。

1960 年激光器问世，该光源具有单色性好、相干性佳、发散角小和功率大的突出优点，为光通信提供了高性能的光源，再次激发了人们研究光通信的热情。1966 年 7 月，英国标准电信研究所的高琨等发表文章，提出了带有包层的玻璃纤维具有传导光信号能力的理论，并预言这种光纤的传输损耗可小于 20dB/km（当时玻璃纤维的损耗达到 1000dB/km）。与此同时，激光技术以前所未有的速度发展，在 20 世纪 60～70 年代，研制出了固体激光器、气体激光器、半导体激光器。特别是室温连续工作的 GaAs 半导体激光器，在体积和波长方面与光纤通信的要求极为匹配，半导体激光器成为光纤通信系统光源的首选。在光电探测器方面，经历了从热电探测技术，到光电探测技术，再到半导体光电探测技术的发展，得到了适应光纤通信波长的宽带、高效、小体积、低功耗的半导体光电探测器。光纤通信的 3 个要素是光纤、光源和探测器，在 70 年代初期从理论到实践都得到了充分的论证，使人们看到了光纤通信发展的曙光，掀开了光纤通信发展的历史新篇章。

1970～1980 年的研究确立了光纤通信的 3 个重要通信波段，分别是 0.85μm、1.31μm 和 1.55μm。近 40 年来的研究发展，光纤从多模到单模，国际电信联盟通信标准化组织（International Telecommunications Union-Telecommunication Standardization Sector，ITU-T）先后推出了 G.651、G.652、G.653、G.654、G.655、G.656、G.657 等多个国际标准。光源从低速的发光二极管（Light Emitting Diode，LED）到高速的半导体激光器（Laser Diode，LD）已成熟应用。在光探测器方面，成功地开发出了宽带、高效的 PIN 光电二极管和光电雪崩二极管（Avalanche Photo Diode，APD）。特别是 20 世纪 90 年代中期出现的光放大技术和密集波分复用技术加速了光纤通信技术的发展和全面应用。归纳起来，可以把光纤通信的发展分成 5 个阶段，如图 1.1-1 所示。

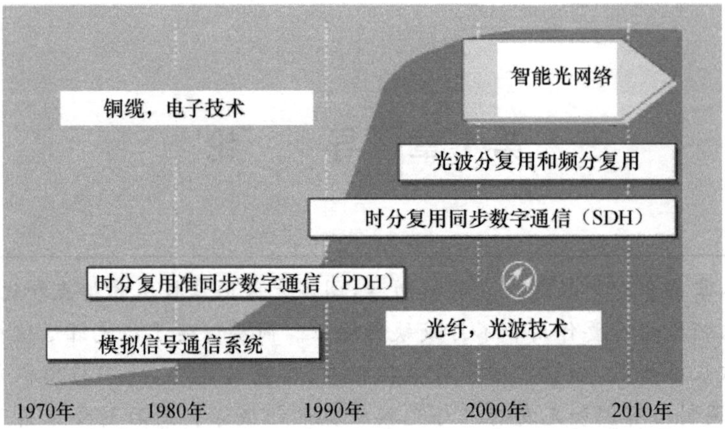

图 1.1-1　光纤通信发展的 5 个阶段

1970～1990 年，出现了以多模光纤(G.651 光纤)和模拟传输技术为主体的第一代光纤通信系统。这一代光纤系统的特征是：工作波段为 0.85μm、中继距离较短和通信带宽较低。1978 年投入使用的商业系统，工作波长为 0.85μm 波段，速率为 50～100Mbps，中继距离约为 10km。与当时的主要通信手段同轴电缆相比，光纤通信技术在带宽和中继距离两方面带来了颠覆性的变化，由此光纤通信技术在低速、短距离的商用系统得到了大量应用和全面发展。

1985～1995 年，出现了以单模光纤(G.652@1.31μm)和数字传输技术为主体的第二代光纤通信系统。这一代的特征是：工作波段为 1.31μm，中继距离达 100km 和通信带宽达到 GHz 量级。研究发现，G.652 光纤在 1.31μm 波段具有较小的损耗(典型值为 0.35dB/km)和最小的色散(典型值为 2ps/(km·nm))，同时成功研制了 1.31μm 的 InGaAsP 半导体激光器和探测器。这一代光纤传输系统的商用化，出现在 20 世纪 80 年代中后期，1987 年实现了中继距离为 50km、速率为 1.7Gbps 的 1.31μm 波长的单模光纤传输系统。特别是在 90 年代以后，建设了大量的采用 G.652 光纤的 1.31μm 波长通信系统，这类系统至今仍然大量使用。

1990～2000 年，出现了以单模光纤(G.652@1.55μm)和波分复用(Wavelength Division Multiplexing，WDM)技术为主体的第三代光纤通信系统。这一代光纤系统的特征是：工作波段 1.55μm，中继距离达数百 km 和通信带宽达到 10GHz，并具有波分复用功能。信息社会的高速发展，使得对光纤传输带宽的需求越来越大，要求的中继距离越来越远。研究表明，G.652 光纤在 1.55μm 波段具有最小的损耗(典型值为 0.22dB/km)和较小的色散(典型值为 20ps/(km·nm))。这一代光纤通信系统商用化出现在 1990 年代初期，工作波长为 1.55μm，速率为 2.5Gbps。采用这一系统有效地拓展了中继距离，但由于在 1.55μm 波段色散较大，使传输带宽受限，在此基础上采用波分复用技术进一步增加传输带宽，这类光纤通信系统目前仍大量商用。

1995～2005 年，第四代光纤传输系统以 G.655 单模光纤为标志，辅以密集波分复用技术(Dense Wavelength Division Multiplexing，DWDM)和光放大技术(Optical Amplifier，OA)，实现了超长距离和超大容量的信息传输。G.655 光纤在 1.55μm 波段具有最小的损耗(典型值为 0.22dB/km)和最小的色散(典型值为 2ps/(km·nm))。20 世纪 90 年中期成功商用化的光放大器和 DWDM 技术引起了光纤通信领域的一场变革，目前最高复用信道数已达到 4000 多个，最高速率达到 250×40Gbps＝10Tbps，已实现了 3Tbps 速率的信号光纤传输 7300km。这类光纤通信系统是目前干线通信网络的主流技术。

2002～2003 年，人们提出了下一代光纤通信技术的概念，至今仍在不断完善中。目前光纤通信前沿技术的研究和开发，主要针对下一代光纤通信系统的关键技术。下一代光纤通信系统至少具有以下基本特征：①超宽带，单根光纤传输容量在 Tbps 量级以上。②超长距离，光放大距离达到数千千米。③光交换，在光域进行光信号交换，克服电交换瓶颈。④智能化，将智能化技术引入光网络。

1.1.2 光纤通信技术的广泛应用

光纤通信技术经过近 40 年的发展，已成功地应用于工业领域的各个环节，并深入影响现代生活的各个方面，贯穿信息产业和现代服务业的各领域，已经成为不可或缺的重要技术门类，并形成了巨大的产业链。

光纤通信技术可以传输模拟信号，也可以传输数字信号，并成功地应用于通信网、互联网、广播电视网及其他的专用网络。按应用平台可划分为以下几类。

(1) 在通信网的应用。包括在骨干网、接入网、用户网的应用；光纤骨干网用于 10～40Gpbs 高速数据长距离传输，包括 OXC、OADM、PDH、SDH、ATM、DWDM 和光放大等技术；光纤接入网建立从骨干网到用户网的桥梁，速率为 155Mbps～2.5Gpbs，主要技术有无源光网络(Passive Optical Network，PON)，如 APON、EPON 和 GPON 等接入网技术；用户网解决用户间的互联互通，有基于光纤、同轴电缆、双绞线等多种技术方案。

(2) 在互联网的应用。包括 100Mbps～10Gbps 的光纤以太网光纤传输设备。

(3) 在广播电视网的应用。主要是光纤同轴电缆混合(Hybrid Fiber Coaxial-cable，HFC)技术的应用，通常称为光纤有线电视网络。

(4) 其他应用平台。如光纤监控网络；机载、舰载、航天器等专用光纤数据总线；光纤制导的导弹、鱼雷；光纤传感网络等。

总之，光纤通信技术已经深入人们生活的各个环节，无论打电话、上网、看电视，还是办公、理财，都在享用光纤通信技术带来的便利和快捷。

1.1.3 光纤通信技术要点

1. 光纤通信技术的优势

1) 宽带、大容量

光波作为传输的载体具有 10^{14} Hz 数量级的超高频率，按照通信理论它将能够传输 10^{12} Hz 带宽的信号，因此光通信的通信容量潜力巨大。光纤通信系统主要由电光转换(光发射机)、光纤波导和光电变换(光接收机)3 部分组成，这样通信带宽将受到半导体激光器、调制器、光电探测器及光纤的限制，即便是这样，光纤通信的容量也会比电缆高 3～5 个数量级，与微波通信相比高 2~4 个数量级。因此，光纤通信潜在的巨大传输容量是该项技术高速发展的原动力。

2) 低损耗、中继距离长

石英光纤通常有 3 个窗口用于通信，分别是 0.85μm、1.31μm 和 1.55μm 波段。它们的传输损耗分别为 3dB/km、0.35dB/km 和 0.22dB/km(典型值)，为电缆损耗的 0.1%～10%。传输中继距离可到达数百千米，采用相干光通信技术可达 1000km 以上。光纤传输与电缆比较，最为吸引人的特点是传输损耗几乎与传输信号带宽无关，而后者与带宽成反比，且成指数衰减。

3）体积小、重量轻

通信用裸光纤直径为125μm，加上被覆层后为300～900μm（不同光纤结构有所差异）。显而易见，与电缆相比，光缆体积小、重量轻，是电缆的0.01%～1%。因此，光纤通信技术不仅在现代通信网中拥有重要地位，而且体积和重量的优势使得光纤通信技术广泛应用于飞机、航天器、船舶、导弹等军用和民用系统。

4）抗干扰、保密性好

光纤主要成分为石英（SiO_2），且通信载体为光波，因此光纤通信线路不受电磁场的干扰，天然拥有抗电磁干扰和抗闪电雷击的能力，特别适用于煤矿井下、油田、电力系统等易燃易爆的环境。在光纤中传输的光波信号不易泄漏、难以窃听，因此光纤通信具有保密性好的特点。

5）光纤资源广博、节约有色金属

石英光纤主要原料为SiO_2，SiO_2在地球上取之不尽，用之不竭，与普通金属电缆相比可以节约大量的有色金属，如铜（Cu）、铝（Al）、铅（Pb）等贵重金属材料。

2. 光纤通信技术的要点

光纤通信技术在近40年高速发展中，紧紧围绕着大容量和长距离传输这两个基本要点，进行了深入的研究和开发，新理论、新技术层出不穷，系统传输容量和距离的极限被不断刷新，光纤通信系统的性价比越来越高，并成功地应用于生活和工作的各个方面。

1）宽带、大容量

光纤通信带宽从几十MHz发展到THz，贯穿的技术脉络有低色散传输光纤、半导体激光高速调制技术、高速半导体光电探测技术、宽带波导调制技术（外调制技术）、波分复用技术、密集波分复用技术及光波相位的调制与解调技术等。

2）长距离

光纤通信距离从几十千米发展到1000～10000km，贯穿的技术脉络有低损耗传输光纤的研制、大功率半导体激光器、高灵敏度半导体光电探测器、光放大技术、相干光通信技术及光孤子通信技术等。

光纤通信技术的发展演进，正是不断面对容量和距离的挑战，并应运而生了一个又一个新理论、新技术，创造了光纤通信技术宽带、长距离的新局面。我们对光纤通信技术的学习依然遵循这一规律，循序渐进掌握其中的要点，为应用打下坚实的基础。

1.2 光纤通信的基础知识和概念

1.2.1 模拟信号与数字信号

在光纤通信系统中，需要传送的信号包括模拟和数字两大类。模拟信号的特征是信号幅度电平随时间连续变化，常见的模拟信号有音频信号、视频信号、模拟有线电视信号等。光纤模拟信号传输系统的主要技术指标有传输带宽、传输信噪比（SNR）或传输载噪比（CNR）和非线性等。数字信号的特征是信号电平随时间周期呈离散分布，包括两电平和多电平数字信号，光纤通信系统普遍采用两电平数字信号，称为“1”码或“0”码，每一个码有一定的持续时间T_B，称为比特时间。描述数字信号的另一个量称为比特率B，它被定义为每秒钟的比特数，即$B=1/T_B$。无论是模拟信号还是数字信号，都具有一定的信号带宽，信号带宽表征了信号在频域的频率响应范围。

模拟信号在频域的特征可以通过如图 1.2-1 所示的幅频特性来描述，包括了信号带宽、中心频率、幅度及幅度范围等技术参数。传输将带来对信号的劣化，除了满足上述幅频特性的要求外，还需要达到信噪比或载噪比、非线性等方面的技术要求。

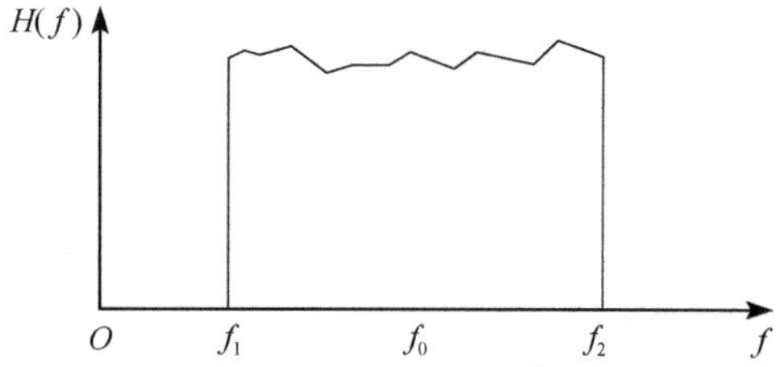

图 1.2-1　模拟信号的频域特征

数字信号的特征通常采用如图 1.2-2 所示的数字信号时域响应曲线来描述，包括了信号的编码形式、幅度、脉宽及上升与下降时间等技术参数。传输将带来信号的劣化，除了满足上述时域的技术要求外，还需要达到一定传输误码率的技术要求。

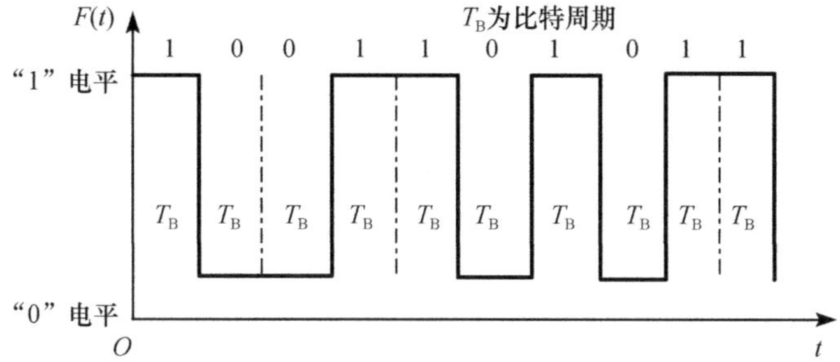

图 1.2-2　数字信号的时域波形

模拟信号和数字信号交相辉映构成了千姿百态的信息世界。模拟信号在人们感知世界、人机界面等领域起着不可替代的作用。数字信号是现代信息技术的产物，在信息的传输、存储、处理中起着重要作用。现代电子技术在模拟信号和数字信号间建立了一个桥梁，即数模转换技术，包括模数(A/D)转换和数模(D/A)转换，可以实现模拟信号变换成数字信号，也能够将数字信号还原成模拟信号。图 1.2-3 所示为数模转换与光纤传输的过程。

图 1.2-3　数模转换的过程

A/D 转换取样速率 f_s 由模拟信号的带宽 Δf 决定，根据奈奎斯特定理：$f_s \geqslant 2\Delta f$。经过 A/D 和 D/A 变换后，模拟信号需要保证达到一定的信噪比(SNR，单位为 dB)要求，A/D 变换形成数字信号的比特率(B，单位为 bit/s 或 bps)应满足

$$B > (\Delta f)(\mathrm{SNR})/3 \qquad (1.2\text{-}1)$$

式(1.2-1)表明了带宽为 Δf、信噪比优于 SNR 的模拟信号进行数字化所需的最小比特率。例如，模拟视频信号带宽 $\Delta f = 8\mathrm{MHz}$，$\mathrm{SNR} > 50\mathrm{dB}$，则 A/D 变换的比特率 $B > 133\mathrm{Mbps}$，表明 A/D 变换后的数字信号对带宽的要求大大提高。光纤通信系统具有巨大的带宽潜力和易于完成高速数字信号传输的优势，因此光纤通信系统均采用数字方式传输。但是，在进行宽带的模拟信号光纤传输时，如微波信号，还是会采用模拟信号直接传送，这是因为目前还没有实用的技术来解决宽带的模拟信号的数模转换。因此，光纤通信技术采用数字和模拟两种传输方案，解决目前面临的所有应用需求。

1.2.2 带宽与速率

带宽是指模拟(或数字)信号传输时,在频域所占用的频谱范围。如图 1.2-1 所示,通常采用以下几个参数来描述,中心频率 f_0,起始频率 f_1,终止频率 f_2。其中,$f_0=(f_1+f_2)/2$,带宽 $\Delta f=f_2-f_1$,相对带宽为 $\Delta f/f_0$。无论是模拟信号还是数字信号,均会占用一定的带宽,通常数字信号通过编码处理,使其占用的带宽较集中,相对带宽较小,易于传输或处理。而模拟信号,占用的带宽较宽,相对带宽也较大,光纤传输这类信号时,带宽将成为系统的关键技术指标。这样就知道了通信中带宽的真正意义。

速率是指数字信号传输时,在时域单位时间传输的比特个数或字节个数,单位为 bps 或 byte/s。要掌握一个数字信号的特征,需要知道传输的速率和编码形式,通过了解编码就能够获得数字信号占用带宽的信息,这样就能够准确地完成数字信号光纤传输系统的设计。

1.2.3 调制与解调

在光纤通信系统中,光发射机将电信号转换成光信号,光接收机将光信号转换为电信号,前者称为调制技术,后者称为解调技术。电光转换的调制技术可分为直接将电信号加载到光源和采用外调制器来获得调制光输出两类。光电转换的解调技术包括直接强度探测和相干探测两类。首先研究如何选择光载波的一个物理量来完成调制,实现信号加载到光波上,根据电磁场理论,光载波的标量数学形式为

$$E = A\cos(\omega t + \phi) \tag{1.2-2}$$

式中,E 为电场;A 为幅度;ω 为载波角频率;ϕ 为相位。光波的幅度 A、角频率 ω 或相位 ϕ 都可以被选为调制对象。在模拟调制中,这 3 个过程分别叫做调幅(AM)、调频(FM)和调相(PM),实质上就是对光波的强度、频率、相位进行调制。在数字通信中,同理可以实现对光波的幅移键控(ASK)、频移键控(FSK)和相移键控(PSK)。最简单的一种 ASK 叫做开关调制(OOK),它以光信号的有无来表示“1”或“0”,大多数数字光纤通信系统采用 OOK 的开关强度调制。

对应于光波的幅度、频率、相位调制方案,解调方案也必须与之一一对应。

(1) 对光波的幅度调制,实际上就是对光强度调制,因此解调采用光强度直接检测就可以完成,这也是目前最成熟、应用最广泛的技术。

(2) 对光波的频率和相位调制,光强将不发生改变,强度检测技术将无效。取而代之的是相干检测技术,通过一个本征光与信号光相干,获取信号光的频率或相位信息,从而达到解调的目的。

1.2.4 光纤通信系统组成的 3 个要素

从光纤通信诞生的那天起,人们就认识到组成光纤通信系统的 3 个要素:光发射机、光纤(光缆)和光接收机。图 1.2-4 所示为光纤通信系统组成的示意图。通常将光发射机和光接收机统称为光端机或光收发器,也可以叫做发射光端机和接收光端机,其主要功能为:在发射端将电信号转换成光信号,并注入光纤中传输,在接收端将光信号转换成电信号,这样就完成了光纤通信系统的整个传输过程。

图 1.2-4　光纤通信系统的组成

1. 光发射机

光发射机的作用就是将电信号转变成光信号，并将光信号耦合注入光纤中传输。图 1.2-5 所示为光发射机的示意图，它主要由驱动电路、光源、调制器和信道耦合器等组成，其中光源是光发射机的核心部分，通常采用半导体激光器(LD)或发光二极管(LED)作为光源。调制有直接调制和间接调制两种，通常在小功率(小于 20mW)和较低带宽(小于 2.5GHz)情况下，采用直接调制技术对半导体光源的注入电流进行调制。当发射机功率较大或带宽较高时，采用间接调制技术，通过驱动电路驱动外调制器，对稳定连续输出的激光光源进行调制。前者结构简单、成本较低、易于实现，后者较为复杂，成本较高。但它们适用不同的应用领域。信道耦合器通常是一个微透镜，它最大限度地将光信号耦合注入光纤传输。

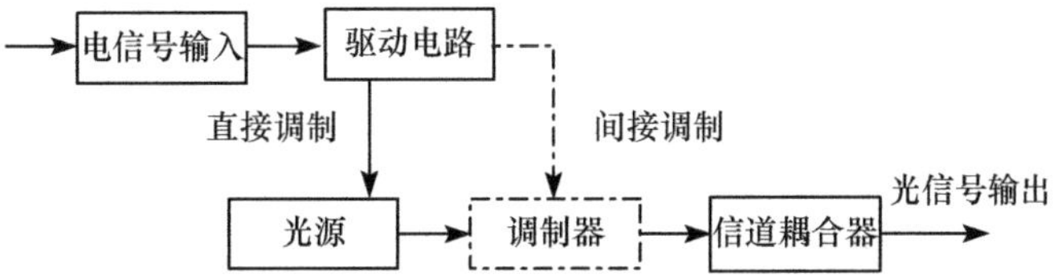

图 1.2-5　光发射机结构

2. 光纤与光缆

在光纤通信系统中，光纤是实际的光传输信道，而在工程应用中是以光缆的形式出现。光纤的作用是将光信号从光发射机传送到光接收机。光纤的两个重要参数是损耗和色散，它们分别限制了光纤通信系统的传输距离和传输容量。光纤的损耗直接决定着长途光纤通信系统的中继距离，而光纤的色散使得光脉冲在光纤中传输时发生展宽，限制了传输容量。在使用多模光纤的情况下，色散尤其严重，因为光纤中不同模式具有不同的传输速率，所以脉冲展宽较大，传输带宽较低。因此，为了满足带宽的要求，大多数光纤通信系统均采用单模光纤传输，单模光纤不存在模式色散，但它的材料色散和波导色散仍然会引起脉冲展宽。对大多数应用系统来说，单模光纤的色散不对光纤通信系统产生负面影响，并且通过控制光源的光谱线宽，可以进一步减小这种色散对光纤传输带宽的限制。

3. 光接收机

图 1.2-6 所示为光接收机的示意图，它主要由耦合器、光电二极管和整形恢复电路构成。耦合器的作用是将光信号耦合到光电二极管上，光电二极管是光接收机的主要部件，它将接收到的光信号转变成电信号，经放大后送入整形恢复电路进行处理，恢复得到电信号。接收信号一般分为模拟信号和数字信号两种，根据它们的不同信号特征设计电路，并依据不同的传输质量要求，来设定技术参数。

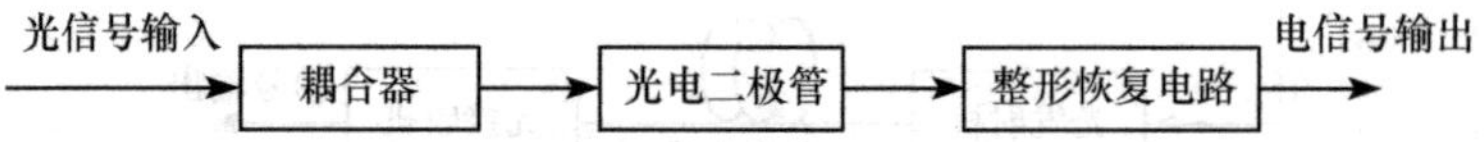

图 1.2-6　光接收机组成

数字信号光纤传输系统的性能主要由误码率(Bit Error Rate,BER)来表征,它定义为光接收机在接收一定速率和平均光功率光信号时出现误码的概率。通常光纤通信系统都将 BER≤10^{-9}的误码率作为对系统的基本要求,有些高性能系统要求 BER≤10^{-11}。光接收机的接收灵敏度是另一个重要的技术参数,定义为在传输一定速率的数字信号时,满足一定误码率,所需要的最小平均接收光功率,它与系统的噪声、带宽等因素有关,体现了系统长距离传输的能力。

模拟信号光纤传输系统的性能表征较为复杂,通常由传输的带宽、信噪比(载噪比)、非线性等技术指标来衡量,不同的模拟传输系统要求不尽相同,需要具体问题具体分析解决。模拟光接收机的接收灵敏度是一个非常重要的技术参数,定义为在传输一定带宽的模拟信号时,满足一定信噪比(载噪比),所需要的最小平均接收光功率,它与系统的噪声、带宽、非线性等因素有关,体现了系统的传输能力。

1.2.5　数字光纤通信系统

1. 信道复用

通常一个数字音频信道的比特率为 64kbps,而光纤信道的传输容量高达 10Tbps 以上,为了充分利用光纤信道的容量资源,就非常有必要采用复用的方法同时传输多路信号。数字信号传输主要采用时分复用(TDM)技术,在时分复用系统中,不同信道的数据交叉间隔形成一个复合数据。采用 TDM 概念,形成了不同的数字系列。在北美洲和日本,将 24 路数字音频信号复合在一起,成为 1.544Mbps 的基群(也称为 T1),而在欧洲则采用 30 路数字音频信号复用,成为 2.048Mbps 的基群(也称为 E1),注意到复用后的信号速率不是简单的复用信道数乘以 64kbps,而是稍高一些,这是因为在复用时加进了一些业务码。二次群信号通过将 4 个基群信号复接而获得,对北美洲和日本来说,速率为 6.312Mbps,欧洲为 8.44Mbps,采用同样的方法可以获得更高次群的信号。表 1.2-1 给出了北美洲、欧洲和日本采用的 5 种不同数字系列的码率。我国根据国情选用了欧洲的制式。

表 1.2-1　准同步数字系列(PDH)的码率和电话容量

群　次	码率/Mbps					
	北美洲	电话容量	中国欧洲	电话容量	日本	电话容量
1	1.544	24	2.048	30	1.544	24
2	6.312	96	8.448	120	6.312	96
3	44.736	672	34.386	480	32.064	490
4	274.176	4032	139.264	1920	97.728	1470
5			565.148	7680	396.200	5880

2. 准同步数字系列(PDH)

在光纤通信产业发展的早期,缺乏统一的国际标准,不利于设备的互连互通,后来在国际电信联盟通信标准化组织的努力下,逐步制定了一系列国际标准,定义了 TDM 数字信号的结构。

ITU-T G.702 标准定义了准同步数字系列(Plesiochronous Digital Hierarchy,PDH)。从表 1.2-1 中可以看出,各个国家采用的复用形式、速率都不完全相同,即便是这样,PDH 也为早期的数字光纤通信系统的应用做出了重要贡献。以我国为例,从 1 次群到 5 次群的发展,也只经历了短短几年的时间,并揭示光纤通信发展的规律,从低次群向高次群发展,容量将增加到 4 倍,但设备成本只增加约 1 倍,每路电话的成本下降约 50%,这也成为光纤通信产业高速发展的内在动力。

但 PDH 系统受到时代的局限,有以下突出的困惑:

(1) 互连互通困难。只有地区性的电接口规范,无世界标准;无光接口规范,各厂家独自开发,光传输系统不具备光路上的横向兼容性,不同厂家的设备在光路上无法互通;网络复杂、缺乏灵活性。

(2) 上、下线路困难。PDH 采用异步复用方式,低速信号在高速信号中的位置无规律性,即无预知性,不能方便地从高速信号中直接分离低速信号;上、下线路采用逐级分接的复接方式实现,系统设备繁多,维护量大,对网络性能有影响。

(3) 网络管理困难。各等级信号帧结构中预留的开销较少,不能满足网络维护管理的需要,无统一的网管接口,也不适应电信管理网(TMN)的需求,无法形成统一电信网络管理。

3. 同步数字系列(SDH)

基于上述 PDH 的缺点,国际电信联盟通信标准化组织推出了 ITU-T G.707 标准定义了同步数字系列(Synchronous Digital Hierarchy,SDH)。SDH 解决了 PDH 的 3 大不足,形成了广泛的互连互通,灵活的上、下线路和光传输网络管理。光同步传输网的概念最早是由美国贝尔通信研究所提出,称为 SONET(Synchronous Optical Network),后来 SONET 的概念被 ITU-T 接受,并更名为 SDH,成为国际上广泛应用的光纤通信协议标准。表 1.2-2 给出了不同系列等级 SDH 的码率和北美标准 SONET 的关系。OC-n 和 STM-n 分别是 SONET 和 SDH 的同步传输模块。通常将 STM-16、STM-64、STM-256 的速率近似称为 2.5Gpbs、10Gpbs、40Gpbs。

表 1.2-2 SDH 和 SONET 数字体系的码率等级标准

SONET		同步数字系列(SDH)	
系列等级	速率/Mbps	系列等级	速率/Mbps
OC-1	51.84		
OC-3	155.52	STM-1	155.52
OC-9	466.56		
OC-12	622.08	STM-4	622.08
OC-18	933.12		
OC-24	1244.16		
OC-36	1866.24		
OC-48	2488.32	STM-16	2 488.32
OC-96	4976.64		
OC-192	9953.28	STM-64	9953.28
OC-768	约 40Gbps	STM-256	约 40Gbps

SDH 系统具有以下显著特点:

• 可实现 PDH 与 SDH 之间的互连互通,同时还能方便地支持 ATM 和 IP 业务。

• 上、下线路方便。
• 网管能力强大。
• 标准化程度高，系统构成简化，便于安装维护。

图 1.2-7 所示为 PDH 与 SDH 上下线路、复接的拓扑结构对比。

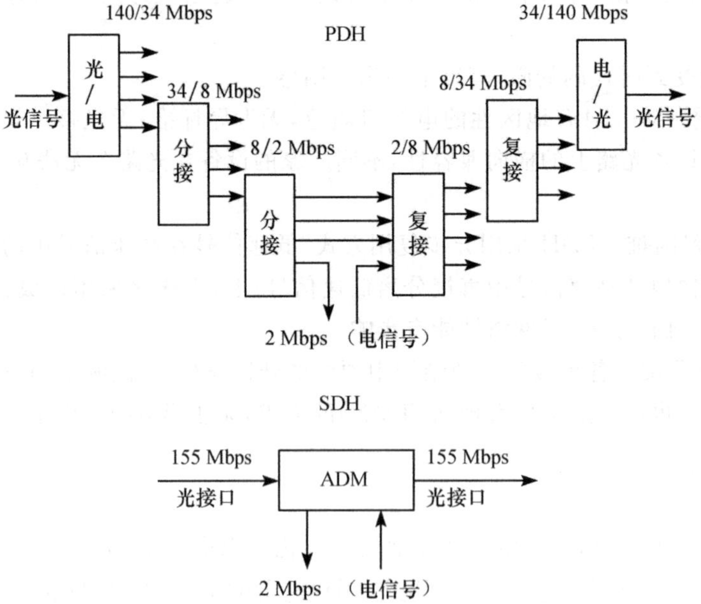

图 1.2-7 SDH 与 PDH 复接的拓扑结构对比

4. 光纤以太网

以太(Ether)这个词的出现具有颇深的历史渊源，以太被认为是来自外太空的一种神秘物质。在 20 世纪 80 年代末期，人们在计算机的应用开发中，找到了一种高效、可靠的方法，将其称为计算机以太网(Ethernet)，并在美国军方得到了成功的应用。这一技术构筑了现代互联网的物质基础。以太网经历了从同轴电缆到双绞线，再到光纤的高速发展。

IEEE 802.3 工作组致力于光纤以太网规范，从 10Mbps 的光纤以太网发展到 10Gbps 的光纤以太网，从 IEEE 802.3 到 IEEE 802.3u，又到 IEEE 802.3ab，再到 IEEE 802.3ae，对光纤以太网进行了全面标准化。光纤通信技术在以太网中发挥了重要的作用，解决了从低速到高速、从多模光纤到单模光纤的各类传输技术问题。

1.2.6 模拟光纤传输系统

1. 基带模拟信号的传输

目前应用广泛的基带模拟信号传输包括电视信号的光纤传输、雷达信号的光纤传输和音频信号的光纤传输，它们均是利用光纤的宽带、低损耗的优点来完成信号的高质量传输。

2. 多路副载波信号传输

在模拟有线电视广播中，不可避免地要完成多路副载波信号的光纤传输，这类系统称为光纤有线电视系统，也叫做光纤同轴电缆混合网络(HFC)。其原理是将基带视频信号调制在副载波上，然后将多路副载波混合成射频(Radio Frequency，RF)信号，最后调制到光波上在光纤中传输，接收端接收转换成电信号，通过同轴电缆放大分配到千家万户。该系统充分体现了光纤通信低损耗、高带宽的传输特性。

3. 微波信号的光纤传输

微波信号从1GHz到几十GHz，利用光纤进行传输已是大家公认的有效途径。微波光子技术是近几年研究的热点，ROF(Radio over Fiber)是其中重要的技术，主要研究宽带微波信号在光纤中的传输，广泛应用于通信、雷达、公路、交通系统。

1.3 光纤通信技术的学习思路

光纤通信技术是一门多学科交叉的教程，为了更好地掌握其中的知识要点，这里提供以下学习思路：

(1) 掌握基础理论知识。

• 理论知识要点：光纤波导理论是光纤传输的重要理论基础。

• 光纤通信系统的3要素：光源(光发射机)、光纤(光缆)和光检测器(光接收机)。

(2) 掌握光纤通信系统的设计原理。

• 光发射机的设计。

• 光接收机的设计。

• 光纤传输系统的设计。

(3) 大容量和长距离传输是光纤通信技术高速发展的源动力。

围绕光纤损耗和带宽对长距离和大容量传输光纤系统的限制，新理论、新技术层出不穷，重点掌握光放大和波分复用技术及其他光纤通信新技术。

(4) 学习典型的模拟和数字光纤传输系统。

通过对有代表性的模拟和数字光纤传输系统的具体分析、计算、讨论，加深对系统设计的理解和认识，通过学习初步具备一定的设计和应用能力，在光纤通信领域打开一扇窗。

习 题 1

1-1 光纤通信技术有哪些突出优点？

1-2 光纤通信系统由哪三部分组成？各个部分的主要作用是什么？

1-3 光纤通信有哪几个通信窗口？

1-4 单模和多模光纤给你的初步概念是什么？

1-5 为什么说光纤传输的容量和距离是光纤通信技术高速发展的源动力？

1-6 简述模拟信号带宽和数字信号速率的物理意义。

1-7 对光波进行调制有哪三种方案？并说明它们对应的解调方案。

1-8 简述数字光纤和模拟光纤通信系统的技术要点。

第 2 章　光纤和光缆

光纤是光纤通信重要的物质基础。本章首先介绍光纤传输的原理，围绕光纤的损耗和色散，对多模光纤和单模光纤的传输性能进行了详细分析，并介绍 ITU-T 系列光纤标准；然后，简要阐述光纤及光缆的制备工艺；最后，针对光纤的传输性能，介绍了光纤损耗、带宽与色散的测量技术。

2.1　光　纤

2.1.1　光纤的结构与分类

1. 光纤的结构

2009 年诺贝尔物理奖的获得者高锟博士，在 1966 年指出“带有包层的光学玻璃纤维，且纤芯的折射率比包层稍高”具有传输光信号的能力，这就是后来研发的通信用光纤(optical fiber)。光能量主要在纤芯内传输，包层为光的传输提供波导，并起到一定的机械保护作用。图 2.1-1 所示为光纤的外形结构，纤芯和包层的折射率分别为 n_1 和 n_2，$n_1>n_2$。纤芯和包层的相对折射率差 $\Delta=(n_1-n_2)/n_1$ 的典型值，一般多模光纤大约为 1%，单模光纤较小，大约为 0.1%。

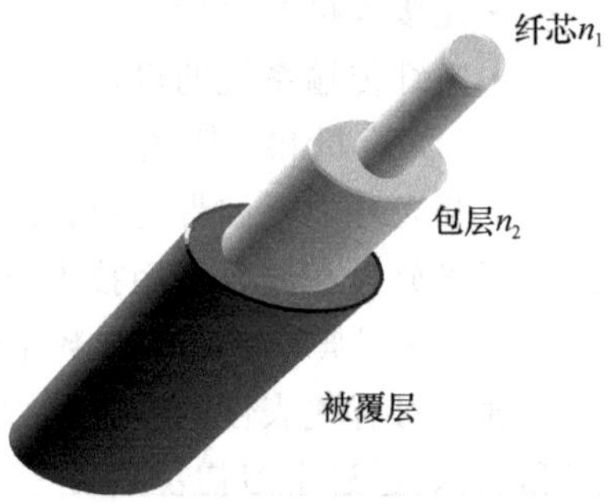

图 2.1-1　光纤的结构

2. 光纤的分类

光纤按折射率分类可以分为阶跃型光纤(SI)、渐变型光纤(GI)；按模式分类可以分为多模光纤(MM)、单模光纤(SM)；按材料分类可以分为石英光纤、塑料光纤、液体光纤；按波长分类可以分为短波长(0.85μm)和长波长(1.31μm 和 1.55μm)；按光纤的特殊用途分类可以分为掺铒光纤(EDF)、色散补偿光纤(DCF)、保偏光纤(PMF)。

光纤种类很多，这里将重点讨论由高纯度石英(SiO_2)材料制成的通信用光纤。上述单独分类没有太多的实际意义，实际应用的光纤往往同时拥有几种物理特性，如图 2.1-2 所描述的 3 种基本常用光纤类型。这些光纤的主要特征如下：

1) 阶跃型多模光纤

阶跃型多模光纤(Step-Index Multi-Mode Fiber，SI-MM)是最早研制成功的光纤，它具有结构简单、容易制造的特点。但该光纤传输带宽小(带宽距离乘积只有 10～20MHz · km)、传输损耗大(3～5dB/km@0.85μm)，不适合通信应用，只是阶段性过渡产品。这种光纤一般纤芯直径为 50～100μm，包层直径为 125～250μm，在光纤传感技术领域有一些应用，如图 2.1-2(a)所示。

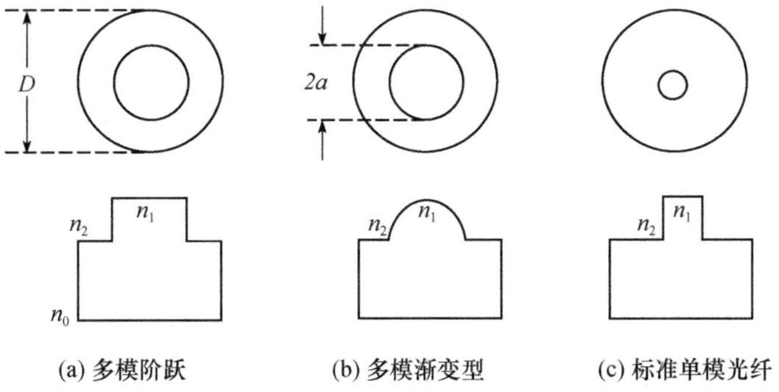

图 2.1-2　3 种典型光纤的结构

2）渐变型多模光纤

渐变型多模光纤(Graded-Index Multi-Mode Fiber，GI-MM)是对 SI-MM 的改良，该光纤的特点是纤芯中心折射率最大为 n_1，沿径向 r 向外围逐渐变小，直到包层变为 n_2。它的制备工艺较难，但传输带宽得到较大改善(带宽距离乘积达到 1～2GHz・km)，传输损耗较小(3dB/km@0.85μm)。这类光纤典型尺寸为 50/125μm 和 62.5/125μm(纤芯/包层直径)两种，可以在 0.85μm 和 1.31μm 两个波段工作，如图 2.1-2(b)所示，ITU-T 标准定义为 G.651 光纤。

3）标准单模光纤

标准单模光纤(Single-Mode Fiber，SMF)如图 2.1-2(c)所示，折射率分布和阶跃型光纤相似，纤芯直径只有 8～10μm，标准尺寸为 9/125μm，这种光纤只能传输一个模式，所以称为单模光纤。这类光纤拥有极大的传输带宽(带宽距离乘积达到几百 GHz・km)和极小的传输损耗(0.22dB/km@1.55μm)。通常可以在 1.31μm 和 1.55μm 两个波段工作，ITU-T 标准定义为 G.652 光纤。

4）色散平坦和色散位移单模光纤

在标准单模光纤的基础上，设计了许多结构复杂的特种单模光纤，图 2.1-3 所示为其中典型特种单模光纤的横截面结构和折射率分布。如图 2.1-3(a)所示，双包层光纤的折射率分布像 W 形，所以又称为 W 型光纤。这种光纤有两个包层，内包层外直径 $(2a')/(2a)\leqslant 2$。适当选取纤芯、外包层和内包层的折射率 n_1、n_2 和 n_3，调整 a' 值，可以得到 1.3～1.6μm 色散变化很小的色散平坦光纤。若把零色散波长移到 1.55μm 就得到了色散移位光纤(Dispersion-Shifted Fiber，DSF)，色散移位光纤被 ITU-T 标准定义为 G.653 光纤。

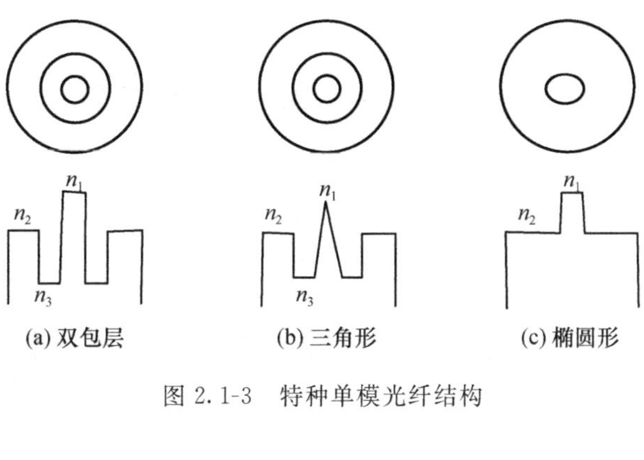

图 2.1-3　特种单模光纤结构

5）非零色散光纤

图 2.1-3(b)所示为三角形光纤，其纤芯折射率分布呈三角形，这是一种改进的色散移位光纤。这种光纤在 1.55μm 有微量色散，有效面积较大，适合于密集波分复用和孤子传输的长距离系统使用，这是一种非零色散位移光纤（No-Zero-Dispersion-Shifted Fiber，NZDSF），ITU-T 标准定义为 G.655 光纤。

6）特种光纤

图 2.1-3(c)所示为椭圆形光纤，其纤芯折射率分布呈椭圆形。这种光纤具有双折射特性，即两个正交偏振模的传输常数不同。强双折射特性能使传输光保持其偏振状态，因而又称为双折射光纤或偏振保持光纤。其他的还有用于光放大的掺铒光纤(EDF)及色散补偿光纤(DCF)等不同功能的光纤。

2.1.2 光纤传输原理

光自从被认识以来，就有两种理论能够成功地解释光的物理现象，它们是几何光学和波动光学理论，这充分体现了光的特殊性——波粒二相性。当观察事物的尺度远大于光的波长时，采用几何光学理论，即光线光学，能够合理地解释其中的物理问题，多模光纤就是一个例子。当观察事物的尺度与光的波长相近时，就要采用电磁场理论，即波动光学，才能够合理地解释其中的物理问题，单模光纤就是一个例证。

1. 光纤传输原理的几何光学分析

1）阶跃型折射率光纤

图 2.1-4 所示为光纤交轴平面的子午光线的传输情况，一条光线与光纤轴成 θ_i 的角度入射到光纤中，由于光纤与空气界面的折射效应，光线将以角度 θ_r 向轴线偏移折射，由折射定律得到

$$n_0 \sin\theta_i = n_1 \sin\theta_r = n_1 \cos\phi \tag{2.1-1}$$

式中，n_1、n_0 分别为纤芯和空气的折射率；ϕ 为纤芯到包层的入射角。折射光线将会沿与光纤轴线成 θ_r 角的方向入射到纤芯与包层的界面上，包层折射率为 n_2，且 $n_2 < n_1$，这个界面满足全发射条件的临界角 ϕ_c 的定义为

$$\sin\phi_c = n_2/n_1 \tag{2.1-2}$$

当入射角 $\phi > \phi_c$ 的光线将会在纤芯与包层界面上发生全反射，形成“之”字形向前传播。反之，$\phi < \phi_c$ 的光线会通过包层形成泄漏光线。这样所有满足 $\phi > \phi_c$ 的光线都会被限制在纤芯中而向前传输，这就是光纤传光的基本原理。

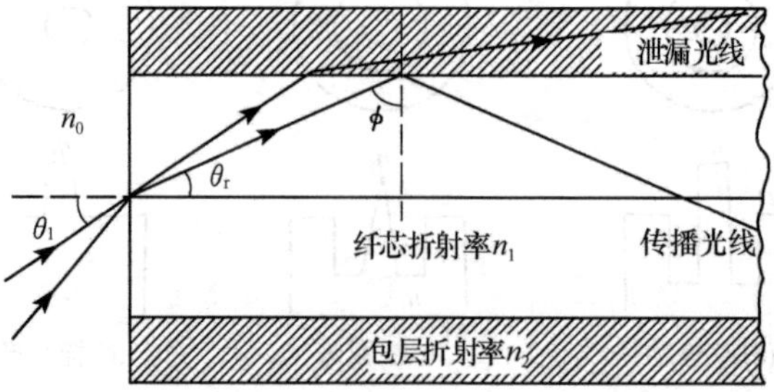

图 2.1-4　阶跃型折射率光纤的光线传输示意图

由式(2.1-1)和式(2.1-2)可以得到入射光线的最大临界夹角 θ_c 为

$$n_0 \sin\theta_c = n_1 \cos\phi_c = (n_1^2 - n_2^2)^{1/2} \tag{2.1-3}$$

当入射光线的入射角 $\theta_i > \theta_c$ 时,光线将折射进入包层并逐渐消失,当 $\theta_i < \theta_c$ 时,光线才能产生全反射,只有在半锥角为 $\theta_i < \theta_c$ 的圆锥内入射的光束才能在光纤中传播。这一角度也称为光纤的收光角,定义为光纤的数值孔径(Numerical Aperture,NA),表征了光纤的收光能力。在 $n_1 \approx n_2$ 的情况下,数值孔径可以近似表示为

$$\mathrm{NA} = n_0 \sin\theta_c = n_1 (2\Delta)^{1/2}, \quad \Delta = (n_1 - n_2)/n_1 \tag{2.1-4}$$

式中,Δ 是纤芯与包层折射率的相对变化,称为相对折射率差,对于典型值 $\Delta = 0.01$,$n_1 = 1.5$,得到 NA=0.21 或 $\theta_c = 12.2°$。

NA 表示光纤接收和传播光的能力,NA(或 θ_c)越大,光纤接收光的能力越强,从光源到光纤的耦合效率越高。NA 越大,纤芯对光能量的束缚越强,光纤抗弯曲性能越好。但 NA 越大,经光纤传输后产生的信号畸变越大,通信带宽急剧下降。因此,要根据实际使用场合,选择适当的 NA。

如图 2.1-4 所示,不同的入射光线将会沿光纤通过不同的路径(长度)传输,尽管这些光线同时进入光纤输入端,并且在光纤内具有相同的传播速度,但是它们到达光纤输出端的时间却不相同。所以,如果输入一个光脉冲,其包含的所有光线在光纤中由于经过不同路径传输到达光纤终端,那么结果将导致传输光脉冲的宽度展宽。可以简单地通过考察最短和最长光线路径来估算一下脉冲的展宽程度,最短路径出现在 $\theta_i = 0$,也就是沿轴线传输的光线,即等于光纤长度 L,最长路径的光线由 θ_c 决定,所经过的路线长度为 $L/\sin\phi_c$,考虑到光在纤芯内的传播速度为 $v = c/n_1$,其中 c 为真空中的光速,则两条光线之间的时间延迟为

$$\Delta T = \frac{n_1}{c}\left(\frac{L}{\sin\phi_c} - L\right) = \frac{L}{c} \cdot \frac{n_1^2}{n_2}\Delta \tag{2.1-5}$$

ΔT 可以等效为光纤输入端输入一个冲激响应脉冲后,在光纤输出端得到的脉冲展宽。将 ΔT 与比特率 B 联系起来,尽管两者的精确关系依赖于诸如脉冲形状等很多因素,但很明显,ΔT 应小于比特周期时间 $T_B = 1/B$,这样,由式(2.1-5)得到

$$BL < \frac{n_2}{n_1^2} \cdot \frac{c}{\Delta} \approx \frac{1}{n_1} \cdot \frac{c}{\Delta} \tag{2.1-6}$$

式(2.1-6)对多模阶跃型折射率光纤的传输容量作了估算,考虑多模光纤的典型参数:$n_1 = 1.5$,$\Delta = 0.01$,则 $BL < 20\mathrm{Mbps \cdot km}$,这样的光纤只能将 10Mbps 速率的数据传输 2km,只能满足一些低端的需求,需要研究更高带宽的光纤,下面将讨论多模渐变型折射率光纤。

2) 渐变型折射率光纤

渐变型折射率光纤的纤芯折射率不是一个常数,而是由纤芯中心的最大值 n_1 逐渐减小到纤芯与包层界面上的最小值 n_2,用公式描述为

$$n(r) = \begin{cases} n_1[1 - 2\Delta(r/a)^\alpha]^{1/2} \approx n_1[1 - \Delta(r/a)^\alpha], & 0 \leqslant r \leqslant a \\ n_2 = n_1(1 - \Delta), & r \geqslant a \end{cases} \tag{2.1-7}$$

式中,r 和 a 分别为径向坐标和纤芯半径;参数 α 决定了折射率的分布情况,如果 $\alpha = \infty$,则演变成阶跃型折射率光纤。当 $\alpha = 2$ 时,称为抛物线折射率分布光纤。

图 2.1-5 所示为渐变型折射率光纤中不同路径的光线沿光纤传播的情况。与阶跃型折射率光纤的情况类似,与轴线夹角大的光线经过的路径要长一些,然而由于折射率的变化,光线速度沿着传播路径也要发生变化,沿着轴线传播的光线尽管路径最短,但传播速度却最慢,而与轴线

成一定夹角的光线由于大部分路径在较低折射的介质内，所以传播速度较快，这样通过选择合适的折射率分布就有可能使所有光线同时到达光纤输出端，这样减少了延时，增加了光纤的传输带宽，对应的数值孔径 $NA(r)$ 如式(2.1-8)，其中 $r=0$ 存在最大数值孔径，即

$$NA(r) = \sqrt{n^2(r) - n_2^2} \tag{2.1-8}$$

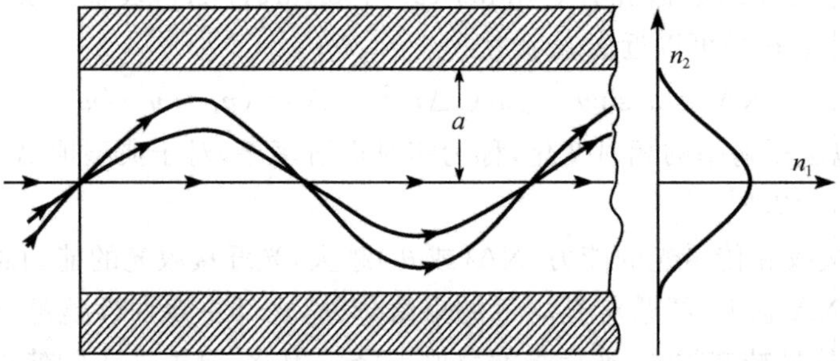

图 2.1-5　渐变型折射率光纤中光线的传播

几何光学的射线方程是解决光纤中光线轨迹的经典工具，对于光纤可以有效地利用入射角度较小的条件，引入旁轴近似，旁轴光线的轨迹满足

$$\frac{d^2 r}{dz^2} = \frac{1}{n} \cdot \frac{dn}{dr} \tag{2.1-9}$$

式中，r 是光线的径向距离；z 为轴向距离。理论研究表明，$\alpha=2(1-\Delta)$ 为最佳值，此时光纤具有最大带宽和较小损耗。通常取 $\alpha\approx2$，也就是抛物线折射率分布光纤，将式(2.1-7)代入式(2.1-9)得到

$$\frac{d^2 r}{dz^2} \approx -\frac{2\Delta r}{a^2} \tag{2.1-10}$$

这个方程式(2.1-10)的通解是一个简谐振荡方程，表示为

$$r(z) = r_0\cos(Pz) + (r_0'/P)\sin(Pz) \tag{2.1-11}$$

式中，$P=(2n_1\Delta/a^2)^{1/2}$ 为常数；r_0 和 r_0' 分别为入射光线的位置和方向。

方程(2.1-11)表明，所有光线在传播距离 $z=2m\pi/P$（m 为整数）时，都恢复到入射时的初始位置和方向，即所有光线的轴向速度相等，所以抛物线折射率分布的光纤不再出现较大的传输延时，可以获得较大的传输带宽。上述结论只是在旁轴近似和几何光学近似下才成立，实际的光纤总是存在一定的色散，只是当分布参数 α 在 2 附近时色散达到最小值。理论分析表明，当 $\alpha=2(1-\Delta)$ 时，为最佳折射率分布值，可以计算光线在长度为 L 的渐变光纤中传输的最大路径时延，即

$$\Delta T = \frac{Ln_1\Delta^2}{8c}, \quad BL < \frac{8c}{n_1\Delta^2} \tag{2.1-12}$$

同样考虑多模光纤的典型参数：$n_1=1.5$，$\Delta=0.01$，$\alpha=2$，$BL<16\text{Gbps}\cdot\text{km}$，这一带宽比阶跃型光纤提高了 3 个数量级，第一代光纤通信系统使用了这类光纤。进一步提高带宽，降低损耗，几何光学理论已无能为力，必须采用波动光学和模式理论来进行分析。

2. 阶跃型光纤的波动光学分析

1) 波动方程

在光纤中传输的光波遵循麦克斯韦方程组，经典的麦克斯韦方程组为

$$\nabla\times \boldsymbol{E} = -\partial \boldsymbol{B}/\partial t \tag{2.1-13a}$$

$$\nabla\times\boldsymbol{H}=\partial\boldsymbol{D}/\partial t \tag{2.1-13b}$$

$$\nabla\cdot\boldsymbol{D}=0 \tag{2.1-13c}$$

$$\nabla\cdot\boldsymbol{B}=0 \tag{2.1-13d}$$

式中，$\boldsymbol{E}$、$\boldsymbol{H}$ 分别为电场强度和磁场强度矢量；$\boldsymbol{D}$、$\boldsymbol{B}$ 为相应的电通量密度和磁通量密度。通量密度与场矢量具有以下关系，即

$$\boldsymbol{D}=\varepsilon\boldsymbol{E}+\boldsymbol{P},\quad \boldsymbol{B}=\mu\boldsymbol{H}+\boldsymbol{M} \tag{2.1-13e}$$

式中，ε、μ 分别为光纤介质的介电常数和磁导率；$\boldsymbol{P}$、$\boldsymbol{M}$ 为感应电极化强度和感应磁极化强度。对于各向同性、均匀、无空间电荷、非铁磁性的光纤来说，当光功率较小时可以忽略 $\boldsymbol{P}$、$\boldsymbol{M}$ 的作用。实践证明，这样的简化近似结果是合理可行的，这样 $\boldsymbol{D}=\varepsilon\boldsymbol{E}$，$\boldsymbol{B}=\mu\boldsymbol{H}$。

对式(2.1-13a)两边取旋度，并利用式(2.1-13b)得到

$$\nabla\times(\nabla\times\boldsymbol{E})=-\mu\frac{\partial}{\partial t}(\nabla\times\boldsymbol{H})=-\varepsilon\mu\frac{\partial^2\boldsymbol{E}}{\partial t^2} \tag{2.1-14}$$

利用矢量恒等式(其中$\nabla\cdot\boldsymbol{E}=0$)，得到

$$\nabla\times(\nabla\times\boldsymbol{E})=\nabla(\nabla\cdot\boldsymbol{E})-\nabla^2\boldsymbol{E}=-\nabla^2\boldsymbol{E} \tag{2.1-15}$$

式(2.1-14)和式(2.1-15)合并得到

$$\nabla^2\boldsymbol{E}-\varepsilon\mu\frac{\partial^2\boldsymbol{E}}{\partial t^2}=0 \tag{2.1-16a}$$

同理，对式(2.1-13b)两边取旋度，化简得到关于磁场的方程为

$$\nabla^2\boldsymbol{H}-\varepsilon\mu\frac{\partial^2\boldsymbol{H}}{\partial t^2}=0 \tag{2.1-16b}$$

式(2.1-16a)和式(2.1-16b)为描述光纤中光波传播行为的波动方程。

2) 光纤中波动方程的解与模式

简单地讲，光纤中的模式是指方程(2.1-16)的一个特定解，即光在光纤中传播，在光纤特定的边界条件下，所形成的电磁场分布形式。

为求解方程(2.1-16)，引入圆柱坐标(r,ϕ,z)，定义光纤中心轴为 z 轴，光波沿 z 轴传播，电磁场表示为

$$\begin{aligned}\boldsymbol{E}&=\boldsymbol{E}_0(r,\phi)\mathrm{e}^{\mathrm{j}(\omega t-\beta z)}\\ \boldsymbol{H}&=\boldsymbol{H}_0(r,\phi)\mathrm{e}^{\mathrm{j}(\omega t-\beta z)}\end{aligned} \tag{2.1-17}$$

式中，t 为时间；ω 为角频率；β 为轴向传播常数。在圆柱坐标中，光波有 6 个分量分别是 E_r、E_Φ、E_z 和 H_r、H_Φ、H_z，其中只有两个分量是独立的，最合适的求解方法是选取 E_z 和 H_z 作为独立分量，而 E_r、E_Φ、H_r、H_Φ 都可以由 E_z 和 H_z 表示出来，如式(2.1-18)是其他 4 个分量，可由麦克斯韦方程表示为 E_z、H_z 的函数，即

$$E_r=-\frac{\mathrm{j}}{n^2k_0^2-\beta^2}\left(\beta\frac{\partial E_z}{\partial r}+\frac{\omega\mu}{r}\cdot\frac{\partial H_z}{\partial\phi}\right) \tag{2.1-18a}$$

$$E_\phi=-\frac{\mathrm{j}}{n^2k_0^2-\beta^2}\left(\frac{\beta}{r}\cdot\frac{\partial E_z}{\partial\phi}-\omega\mu\frac{\partial H_z}{\partial r}\right) \tag{2.1-18b}$$

$$H_r=-\frac{\mathrm{j}}{n^2k_0^2-\beta^2}\left(\beta\frac{\partial H_z}{\partial r}-\frac{\omega\varepsilon}{r}\cdot\frac{\partial E_z}{\partial\phi}\right) \tag{2.1-18c}$$

$$H_\phi=-\frac{\mathrm{j}}{n^2k_0^2-\beta^2}\left(\frac{\beta}{r}\cdot\frac{\partial H_z}{\partial\phi}+\omega\varepsilon\frac{\partial E_z}{\partial r}\right) \tag{2.1-18d}$$

λ 和 k_0 分别为真空中的光波长与波数，定义为 $k_0=\omega/c=2\pi/\lambda$，$c=1/\sqrt{\mu_0\varepsilon_0}$ 为真空中的光速。

E_z、H_z 分量满足标量波动方程，即

$$\frac{\partial^2 E_z}{\partial r^2}+\frac{1}{r}\frac{\partial E_z}{\partial r}+\frac{1}{r^2}\frac{\partial^2 E_z}{\partial \phi^2}+(n^2k_0^2-\beta^2)E_z=0 \tag{2.1-19a}$$

$$\frac{\partial^2 H_z}{\partial r^2}+\frac{1}{r}\frac{\partial H_z}{\partial r}+\frac{1}{r^2}\frac{\partial^2 H_z}{\partial \phi^2}+(n^2k_0^2-\beta^2)H_z=0 \tag{2.1-19b}$$

对于芯径为 a 的阶跃型折射率光纤，式中折射率 n 纤芯为 n_1，包层为 n_2。对于方程(2.1-19a)求解 E_z 分量，由分离变量法求解，把 E_z 写成

$$E_z(r,\phi,z)=R(r)\Phi(\phi)Z(z) \tag{2.1-20}$$

代入式(2.1-19a)，可以得到 3 个微分方程，即

$$\mathrm{d}^2Z/\mathrm{d}z^2+\beta^2z=0 \tag{2.1-21}$$

$$\mathrm{d}^2\Phi/\mathrm{d}\phi^2+m^2\Phi=0 \tag{2.1-22}$$

$$\frac{\mathrm{d}^2R}{\mathrm{d}r^2}+\frac{1}{r}\frac{\mathrm{d}R}{\mathrm{d}r}+\left(n^2k_0^2-\beta^2-\frac{m^2}{r^2}\right)R=0 \tag{2.1-23}$$

方程(2.1-21)是具有 $Z=\exp(\mathrm{j}\beta z)$ 形式的解，β 为一个重要的物理概念——传播常数。方程(2.1-22)的解也具有类似的形式，即 $\Phi=\exp(\mathrm{j}m\phi)$，但由于场随 ϕ 必须以 2π 为变化周期，所以 m 被限定为整数。同理，得到求解 H_z 分量的方程。

方程(2.1-23)是著名的贝塞尔方程，它在纤芯和包层中具有下面形式的解，即

$$R(r)=\begin{cases}AJ_m(ur)+A'Y_m(ur), & r\leqslant a\\ BK_m(wr)+B'I_m(wr), & r>a\end{cases} \tag{2.1-24}$$

式中，A、A'、B、B' 为常数；J_m、Y_m、K_m 和 I_m 为不同类型的贝塞尔函数；u、w 的定义为

$$\begin{aligned}u^2&=n_1^2k_0^2-\beta^2\\ w^2&=\beta^2-n_2^2k_0^2\end{aligned} \tag{2.1-25}$$

考虑到光场在 $r=0$ 时为有限值，在 $r=\infty$ 时为零的边界条件，则对 $R(r)$ 要求 $A'=0$，$B'=0$，这样方程(2.1-19a)的通解就简化成为

$$E_z=\begin{cases}AJ_m(ur)\exp(\mathrm{j}m\phi)\exp(\mathrm{j}\beta z), & r\leqslant a\\ BK_m(wr)\exp(\mathrm{j}m\phi)\exp(\mathrm{j}\beta z), & r>a\end{cases} \tag{2.1-26}$$

同理，可以得到 H_z 的表达式为

$$H_z=\begin{cases}CJ_m(ur)\exp(\mathrm{j}m\phi)\exp(\mathrm{j}\beta z), & r\leqslant a\\ DK_m(wr)\exp(\mathrm{j}m\phi)\exp(\mathrm{j}\beta z), & r>a\end{cases} \tag{2.1-27}$$

式中，A、B、C、D 是方程(2.1-26)和(2.1-27)的待定常数。这些常数必须满足 $\boldsymbol{E}$、$\boldsymbol{H}$ 在纤芯和包层的分界面上切向分量连续的边界条件，由此可得出 A、B、C、D 必须满足的 4 个齐次方程。这些方程只有当系数矩阵的行列式为零时才有平凡解，这样可导出决定传播常数 β 的一个方程，此方程称为本征方程，表示为(这里“′”表示微分)

$$\left(\frac{J'_m(ua)}{uJ_m(ua)}+\frac{K'_m(wa)}{wK_m(wa)}\right)\left(\frac{J'_m(ua)}{uJ_m(ua)}+\frac{n_2^2}{n_1^2}\frac{K'_m(wa)}{wK_m(wa)}\right)=\left(\frac{m\beta}{n_1ak_0}\right)^2\cdot\left(\frac{1}{u^2}+\frac{1}{w^2}\right)^2 \tag{2.1-28}$$

对于一组给定的参数 k_0、a、n_1 和 n_2，可以对本征方程进行数值求解以确定传播常数 β。一般说来，它对每一个整数值 m 具有多个解，可以用 $\beta_{mn}(n=1,2,\cdots)$ 来表示。每一个 β_{mn} 对应光场的一种可能的空间分布，可由式(2.1-26)、式(2.1-27)和式(2.1-18)求解来表示，称为光纤中的一个模式。

这是一个超越方程，无法得到解析解，只能借助一些特定的数值条件，求解数值结果。为了求解，特别定义无量纲参数：归一化频率 V，归一化传播常数 b，模折射率（或有效折射率）$\bar{n}=\beta/k_0$。归一化频率和归一化传播常数分别表示为

$$V = k_0 a(n_1^2 - n_2^2)^{1/2} \approx (2\pi/\lambda) a n_1 \sqrt{2\Delta} \tag{2.1-29}$$

$$b = \frac{\beta/k_0 - n_2}{n_1 - n_2} = \frac{\bar{n} - n_2}{n_1 - n_2} \tag{2.1-30}$$

方程(2.1-28)、(2.1-29)和(2.1-30)联立，就可求得 β 的数值解，但数值计算十分复杂，其结果如图 2.1-6 所示。图中纵坐标的传输常数 β 取值范围为 $n_2k\leqslant\beta\leqslant n_1k$，模折射率取值范围为 $n_1>\bar{n}>n_2$，相当于归一化传输常数 b 的取值范围为 $0\leqslant b\leqslant 1$，横坐标为归一化频率 V。

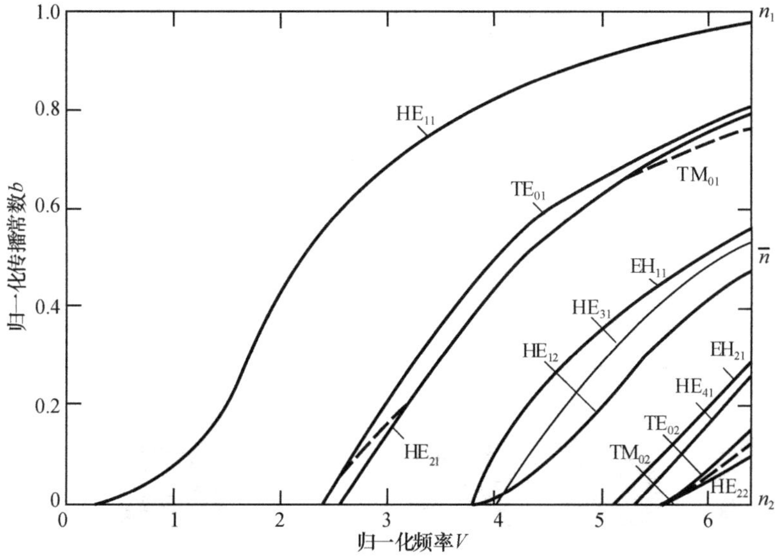

图 2.1-6　几个低阶模式的归一化传播常数 b 与光纤的归一化频率 V 的关系

图 2.1-6 中每一条曲线表示一个传输模式的 β 随 V 的变化，每一个模式都有一个唯一的传播常数 β 与之对应。这个数值解的结果，通过引入归一化频率 V，巧妙地将光纤的结构参数 λ、a、n_1 和 n_2，与光纤的模式紧密地联系到一起，通过图 2.1-6 可以方便地得到模式的解。

由贝塞尔函数的性质可知，当 $wr/a\to\infty$ 时，要求在包层电磁场消逝为零，$K_m(wr/a)\to\exp(-wr/a)\to 0$，必要条件是 $w>0$。如果 $w<0$，电磁场将在包层振荡，传输模式将转换为辐射模式，使能量从包层辐射出去。$w=0(\beta=n_2k_0)$ 介于传输模式和辐射模式的临界状态，这个状态称为模式截止。其 u、w 和 β 值记为 u_c、w_c 和 β_c，此时 $V=V_c=u_c$。

当 $V\to\infty$ 时，w 增加很快，当 $w\to\infty$ 时，u 只能增加到一个有限值，这个状态称为模式远离截止，其 u 值记为 u_∞。

当 $m=0$ 时，意味着电磁场沿圆周方向没有变化，此时电磁场可分为两类：一类只有 E_z、E_r 和 H_ϕ 分量，$H_z=H_r=E_\phi=0$，这类在传输方向无磁场的模式称为横磁模，记为 TM_{0n}；另一类只有 H_z、H_r 和 E_ϕ 分量，$E_z=E_r=H_\phi=0$，这类在传输方向无电场的模式称为横电模，记为 TE_{0n}。

当 $m\neq 0$ 时，H_z、E_z 分量都不为零，为混合模。混合模也有两类，一类 $E_z<H_z$，记为 HE_{mn}，另一类 $H_z<E_z$，记为 EH_{mn}。下标 m 和 n 都是整数。第一个下标 m 是贝塞尔函数的阶数，称为方位角模数，它表示在纤芯沿方位角 ϕ 绕一圈电场变化的周期数。第二个下标 n 是贝塞尔函数

的根按从小到大排列的序数，称为径向模数，它表示从纤芯中心（$r=0$）到纤芯与包层交界面（$r=a$）电场变化的周期数。

通信光纤的纤芯与包层相对折射率差 Δ 都很小（如 $\Delta<0.01$），满足 $n_1\approx n_2$ 的近似条件，这类光纤称为弱导光纤。通过本征值方程得到的混合模 $HE_{m+1,n}$ 和 $EH_{m-1,n}$ 传输常数 β 非常相近，将 $HE_{m+1,n}$ 和 $EH_{m-1,n}$ 电磁场线性叠加，得到在直角坐标系的线性偏振模（linearly polarized），并记为 LP_{mn}。LP_{0n} 即 HE_{1n}（包含 2 重简并），LP_{1n} 由 HE_{2n} 和 TE_{0n}、TM_{0n} 组成，包含 4 重简并，LP_{mn}（$m>1$）由 $HE_{m+1,n}$ 和 $EH_{m-1,n}$ 组成，包含 4 重简并。若干低阶 LP_{mn} 模的简并特性和相应的 V 值范围列于表 2.1-1 中，图 2.1-7 所示为 10 个低阶模式的光场分布。

表 2.1-1　低阶（$m=0$ 和 $m=1$）模式和相应的 V 值范围

V 值范围	简并模式	模式		
0～2.405	LP_{01}	HE_{11}		
2.405～3.832	LP_{11}	HE_{21}	TM_{01}	TE_{01}
3.832～5.1356	LP_{21}	HE_{31}	EH_{11}	
	LP_{02}	HE_{12}		
5.1356～5.520	LP_{31}	HE_{41}	EH_{21}	
5.520～6.3802	LP_{12}	HE_{22}	TM_{02}	TE_{02}
6.3802～7.016	LP_{41}	HE_{51}	EH_{31}	
7.016～8.645	LP_{03}	HE_{13}		
8.645～10.173	LP_{13}	HE_{23}	TM_{03}	TE_{03}

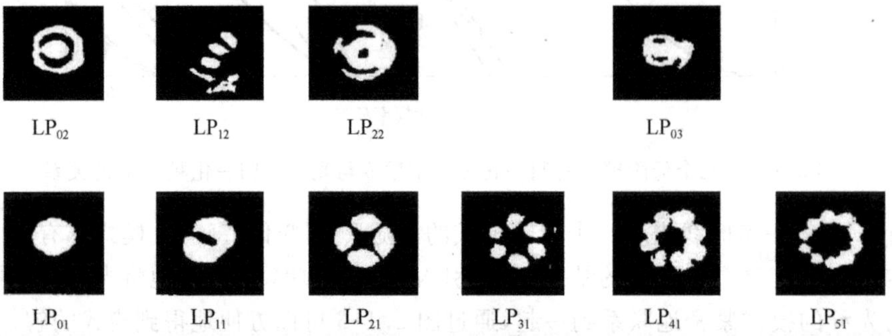

图 2.1-7　10 个低阶模式的光场分布图

图 2.1-6 给出了由本征方程(2.1-28)所得到的几个低阶光纤模式的 b 与 V 的关系，对于 V 值较高的光纤，可以支持较多的模式，称为多模光纤。

模式数目随 V 的减小而迅速减小，由图 2.1-6 可以看出，$V=5$ 的光纤可支持 7 个模式，而在 $V\leqslant2.4048$ 以下，除 LP_{01}（即 HE_{11}）模式外，其他所有的模式都被截止，这种支持单一模式的光纤称为单模光纤。

3. 多模渐变型光纤的模式特性

在波动方程求解过程中，把离散的折射率分布变换为连续的折射率变化 $n(r)$。这将引出非常复杂的数学推导，其中由 Wentzel、Kramers 和 Brillouin 提出的 WKB 法是有效的近似方法，下面将给出一些有用的结果。

多模渐变型光纤传输常数为

$$\beta = n_1 k_0 \sqrt{1 - 2\Delta (M(\beta)/M)^{\frac{\alpha}{\alpha+2}}} \tag{2.1-31}$$

式中，n_1、Δ、α 和 k_0 前面已经定义了；M 表示模式总数；$M(\beta)$表示传输常数大于 β 的模式数量

$$M = \left(\frac{\alpha}{\alpha+2}\right) a^2 k_0^2 n_1 \Delta = \left(\frac{\alpha}{\alpha+2}\right) \frac{V^2}{2}$$

$$M_{\alpha=2} = \frac{V^2}{4}, \quad M_{\alpha=\infty} = \frac{V^2}{2} \tag{2.1-32}$$

$$M(\beta) = M\left(\frac{k_0^2 n_1^2 - \beta^2}{2\Delta k_0^2 n_1^2}\right)^{(\alpha+2)/\alpha} \tag{2.1-33}$$

由式(2.1-32)可以看到，对于突变型光纤，$\alpha \rightarrow \infty$，$M = V^2/2$；对于抛物线渐变型光纤，$\alpha = 2$，$M = V^2/4$。

在渐变型光纤中，凡是径向模数 n 和方位角模数 m 的组合满足 $q = 2n + m$ 的模式，都具有相近的传输常数，这些简并模式称为模式群，q 称为主模数，表示模式群的阶数。

2.2 单模光纤

2.2.1 单模条件与截止波长

从图 2.1-6 和表 2.1-1 可以看到，传输模式数目随 V 值的增加而增多。当 V 值减小时，不断发生模式截止，模式数目逐渐减少。当 $V \leqslant 2.4048$ 时，只有 HE_{11} (LP_{01})一个模式存在，其余模式全部截止。HE_{11} 称为基模，由两个偏振态简并而成。因此，光纤单模传输条件为

$$V = \frac{2\pi a}{\lambda} \sqrt{n_1^2 - n_2^2} \approx 2\pi a n_1 \sqrt{2\Delta}/\lambda \leqslant 2.4048 \tag{2.2-1}$$

由式(2.2-1)可以看到，对于给定的光纤参数 n_1、n_2 和 a，存在一个临界波长 λ_c，当 $\lambda < \lambda_c$ 时，$V > 2.4048$ 是多模传输，当 $\lambda > \lambda_c$ 时，$V \leqslant 2.4048$ 是单模传输。这个临界波长 λ_c 称为截止波长，表示为

$$\lambda_c = \frac{2\pi a}{V_c} \sqrt{n_1^2 - n_2^2} = \frac{2\pi a n_1 \sqrt{2\Delta}}{2.4048} \tag{2.2-2}$$

2.2.2 模场直径和光强分布

单模光纤的基模 HE_{11} 的模场分布按贝塞尔函数变化，光场分布在纤芯和包层中。此时纤芯直径已没有太多意义，定义模场直径($2w$)来描述光纤中光强的分布。研究发现，在归一化频率 $V \approx 2$ 附近，采用高斯分布描述模场分布，精度优于 1%，表示为

$$\Psi(r) = A\exp[-(r/w)^2] \tag{2.2-3}$$

式中，A 为场的幅度；r 为径向坐标；$2w$ 为高斯分布从中心幅度下降到 $1/e$ 时的全宽度，称为模场直径。实际单模光纤的模场值径 $2w$ 是采用上述定义准确测量得到的，普通单模光纤用纤芯半径 a 和归一化频率 V 描述模场直径的经验公式为

$$\frac{w}{a} = 0.65 + 1.619 V^{-1.5} + 2.879 V^{-6} \tag{2.2-4}$$

纤芯所携带的光功率与总光功率之比为

$$\frac{P_{\text{core}}}{P_{\text{total}}} = 1 - \exp\left(-\frac{2a^2}{w^2}\right) \tag{2.2-5}$$

w/a 与 V 的关系如图 2.2-1 所示,可见单模光纤采用高斯分布近似是合理的,V 设计在 2～2.4 之间模场直径与光纤芯径最为匹配。当 $w \gg a$ 时,光场有较多的能量在包层传输,这样会带来较大的损耗。反之,当 $w \ll a$ 时,光场有较多的能量集中在纤芯传输,这样会引起非线性效应。因此,$w \approx a$ 是最佳的模场设计,通信光纤也是采用这个理论设计的。

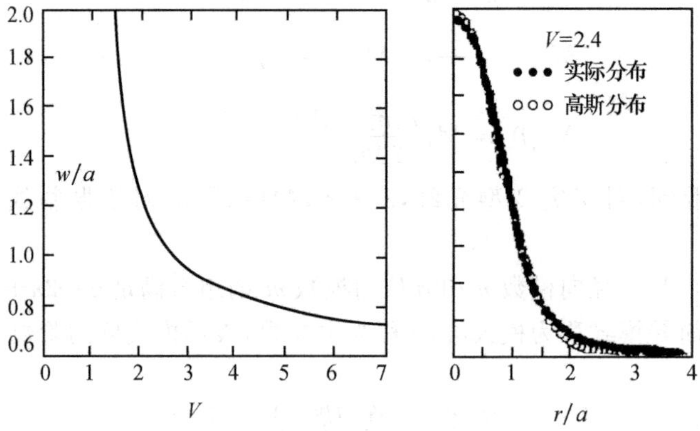

图 2.2-1　w/a 与 V 的关系以及实际分布与高斯分布的比较

2.2.3　单模光纤的双折射和线偏振模

在理想圆柱截面单模光纤中,存在两个正交简并偏振模式。实际的光纤纤芯形状沿长度方向发生着变化,光纤也可能受到非均匀的压力而使其圆柱对称性遭到破坏。在这种情况下,两个正交偏振模式并不是简并的,这时就说光纤具有双折射。双折射的定义为

$$B = |\bar{n}_x - \bar{n}_y| = (\beta_x - \beta_y)/k_0 = (\Delta\beta/2\pi)\lambda \tag{2.2-6}$$

式中,$\bar{n}_x$、$\bar{n}_y$ 分别表示两个正交偏振模式的模折射率。双折射效应将导致两个模式之间发生周期性变化,这个周期称为“拍长”,定义为

$$L_B = \frac{\lambda}{B} = \frac{2\pi}{\Delta\beta} \tag{2.2-7}$$

对于典型的单模光纤,$B \approx 10^{-7}$。实际上,对于单模光纤,由于纤芯芯径沿轴向的微小变化或纤芯所受的非均匀压力,B 沿光纤不是常数而具有随机性,所以注入光纤中的线偏振光很快就变成任意偏振状态的光。在强度探测系统中,这种偏振的不确定无关紧要,但是在相干接收系统中将产生很大影响。所以,人为地引入强双折射,把 B 值增加到足以使偏振态保持不变,或只保存一个偏振模式,这就是人们设计的偏振保持光纤的工作原理。这种光纤在制造中就在光纤内部引入了较大的双折射,使小的双折射漂移不致影响光的偏振态。例如,引入形状各向异性的椭圆芯光纤和 PANDA 光纤,保偏光纤 B 的典型值为 10^{-4} 以上。

2.3　光纤的色散和损耗

光纤最重要的传输特性是色散和损耗。色散导致光脉冲展宽,将限制光纤通信系统的传输带宽。损耗使光信号能量损失,将限制系统的传输距离。因此,光纤损耗的减少,光纤色散的抑制与补偿,一直是研究的热点,是新技术不断产生的源泉。

2.3.1 光纤的色散

光纤色散(dispersion)包括模间色散和模内色散两部分。其一,光纤中不同模式由于传输速度不同造成的时延不同,引起光脉冲展宽,称为模间色散;其二,同一模式由于光源的线宽,不同波长的传输速率不同将导致光脉冲展宽,称为模内色散,它由波导色散和材料色散两部分组成。

在多模光纤中存在模间色散和模内色散,前者的影响远大于后者,因此在多模光纤中只考虑模间色散对光纤传输带宽的限制。

单模光纤仅存在一个模式 LP_{01},消除了模间色散,只存在模内色散。基模的群速度与光波长有关,光信号的不同波长分量将具有不同的群速度,因而到达光纤输出端所需的时延将会不同,结果导致光脉冲展宽,这种现象叫群速度色散(GVD)。

模内色散与光源线宽密切相关,也叫波长色散,由材料色散和波导色散组成。材料色散是指石英光纤的折射率将随光波长变化而改变,将导致色散。波导色散是光纤波导不完备性使波导的传输常数将随光波长变化而改变,将导致色散。

1. 多模光纤的色散

多模光纤的色散较大,通常采用时域光脉冲信号的展宽来描述。色散用脉冲展宽 $\Delta\tau$ 表示,通过计算可以得到频域的 3dB 带宽 f_{3dB},也可以通过扫频法直接测量得到光纤的 3dB 带宽。多模光纤实际输出的光脉冲一般为高斯波形,按照高斯脉冲理论得到 3dB 带宽为

$$f_{3dB}=\frac{\sqrt{2\ln 2}}{2\pi}\frac{1}{\sigma}=\frac{0.187}{\sigma} \tag{2.3-1}$$

式中,σ 为均方根(rms)脉冲宽度,实际应用中容易得到高斯脉冲的半极大全宽度(FWHM) $\Delta\tau=2\sqrt{2\ln 2}\,\sigma=2.355\sigma$,代入式(2.3-1)得到

$$f_{3dB}=\frac{0.441}{\Delta\tau} \tag{2.3-2}$$

式中,脉冲宽度 σ 和 $\Delta\tau$ 是信号通过光纤传输产生的脉冲展宽,可通过实验测量获得。光信号通过光纤后产生的脉冲展宽 $\sigma=\sqrt{\sigma_2^2-\sigma_1^2}$ 或 $\Delta\tau=\sqrt{\Delta\tau_2^2-\Delta\tau_1^2}$,其中 $\Delta\tau_1$ 与 $\Delta\tau_2$ 分别为输入脉冲和输出脉冲的 FWHM。

在 2.1.2 节中,由光纤传输原理的几何光学分析,得到了多模阶跃型光纤和多模渐变型光纤带宽的近似公式(2.1-6)和式(2.1-12)。多模阶跃型光纤带宽的讨论已没有太多价值,因为在光纤通信系统中它几乎没有太多应用了。采用由 Wentzel、Kramers 和 Brillouin 提出的 WKB 法是有效近似方法,通过复杂的数学推导,得到第 q 阶模式群的传输常数的 β_q 表达式,进一步计算得到单位长度光纤第 q 阶模式群产生的时间延迟,从而得到多模渐变型光纤的色散为

$$\sigma_{模间(\alpha=2(1-\Delta))}\approx\frac{Ln_1\Delta^2}{8c} \tag{2.3-3}$$

对应多模渐变型光纤的距离带宽乘积如下,它与式(2.1-12)相同,即

$$BL<\frac{8c}{n_1\Delta^2} \tag{2.3-4}$$

2. 单模光纤的色散

频率为 ω 的光波在一根长度 L 的单模光纤中传输,将得到一定的传输时间延迟 $T=L/v_g$,

这里 v_g 称为群速度，定义为

$$\frac{1}{v_g} = \frac{d\beta}{d\omega} \tag{2.3-5}$$

利用传播常数 $\beta=\bar{n}k_0=\bar{n}\omega/c$，可得到 $v_g=c/n_g$，这里 n_g 为群折射率，定义为

$$n_g = \bar{n} + \omega(d\bar{n}/d\omega) \tag{2.3-6}$$

光脉冲包含多个光频分量，群速度与频率的相关性导致光脉冲发生展宽，设光脉冲的谱宽为 $\Delta\omega$，则光脉冲的展宽为

$$\Delta T = \frac{dT}{d\omega}\Delta\omega = \frac{d}{d\omega}\left(\frac{L}{v_g}\right)\Delta\omega = L\,\frac{d^2\beta}{d\omega^2}\Delta\omega = L\beta_2\Delta\omega \tag{2.3-7}$$

式中，$\beta_2=d^2\beta/d\omega^2$ 称为群速度色散，它决定了光脉冲在光纤中的展宽程度。

式(2.3-7)也可以用光脉冲的波长范围(光源的线宽)$\Delta\lambda$ 来表示，即

$$\Delta T = -\frac{2\pi c}{\lambda^2}\beta_2 L\Delta\lambda = DL\Delta\lambda \tag{2.3-8}$$

$$D = -(2\pi c/\lambda^2)\beta_2 \tag{2.3-9}$$

式中，D 称为单模光纤的色散系数，单位为 ps/(km · nm)。光纤色散对系统传输速率的限制，可以用 $B\cdot\Delta T<1$ 来估算，从而得到

$$BL\,|D|\,\Delta\lambda < 1 \tag{2.3-10}$$

对于工作波长为 1.31μm 的单模光纤，D 值可达到 2ps/(km · nm)，如果半导体激光器的 $\Delta\lambda$ 取 1nm，则系统理想情况下的 BL 积可以超过 500Gbps · km。

将 $\beta=\bar{n}k_0=\bar{n}\omega/c$ 代入 β_2 微分，再代入式(2.3-9)，得到色散系数的表达式为

$$D = -\frac{2\pi c}{\lambda^2}\frac{d^2}{d\omega^2}\left(\frac{\bar{n}\omega}{c}\right) = -\frac{2\pi}{\lambda^2}\left(2\frac{d\bar{n}}{d\omega} + \omega\frac{d^2\bar{n}}{d\omega^2}\right) \tag{2.3-11}$$

将 $\bar{n}\approx n_2(1+b\Delta)$ 和 $V=(2\pi/\lambda)an_1\sqrt{2\Delta}$ 代入计算，式(2.3-11)可以写成两部分，即

$$D = D_M + D_W \tag{2.3-12}$$

D_M 和 D_W 分别代表材料色散和波导色散，它们的表达式为

$$D_M = -\frac{2\pi}{\lambda^2}\cdot\frac{dn_g}{d\omega} = \frac{1}{c}\frac{dn_g}{d\lambda} \tag{2.3-13}$$

$$D_W = -\frac{2\pi\Delta}{\lambda^2}\left[\frac{n_{2g}^2}{n_2\omega}\cdot\frac{Vd^2(Vb)}{dV^2} + \frac{dn_{2g}}{d\omega}\cdot\frac{d(Vb)}{dV}\right] \tag{2.3-14}$$

式中，n_{2g} 为包层材料的群折射率。

1) 材料色散

材料色散由制造光纤的 SiO_2 材料的折射率随光频的变化而引起。图 2.3-1 给出石英光纤在 0.5～1.6μm 波长范围内 n、n_g 与波长的关系曲线。材料色散的大小由 n_g-λ 曲线的斜率决定，当 $\lambda=1.276\mu m$ 时，$dn_g/d\lambda=0$，$D_M=0$，所以该波长叫做零色散波长 λ_0。材料色散在 $\lambda<\lambda_0$ 时为负值，而在 $\lambda>\lambda_0$ 时为正值，在 1.25～1.66μm 波长范围内，D_M 的经验公式为

$$D_M \approx 1.22(1-\lambda_0/\lambda) \tag{2.3-15}$$

2) 波导色散

波导色散取决于光纤的 V 参数。图 2.3-2 所示为 $d(Vb)/dV$ 和 $Vd^2(Vb)/dV^2$ 随 V 的变化情况，两者都为正，所以 D_W 在 0～1.6μm 整个波长范围内都是负值。D_W 的经验公式为

$$D_W \approx -0.003/(c\lambda) \tag{2.3-16}$$

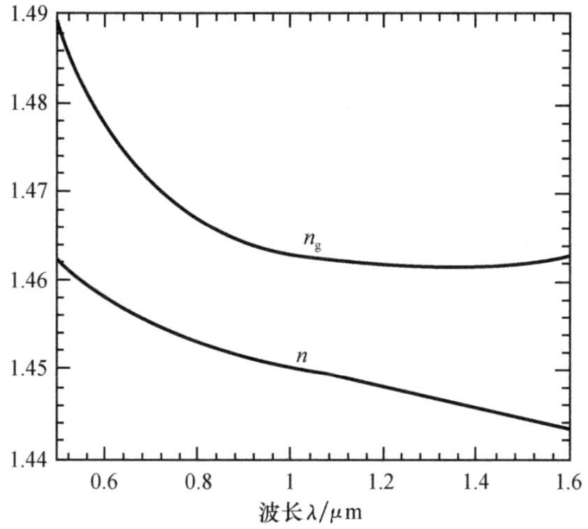

图 2.3-1　石英光纤的折射率及群折射率随波长的变化关系

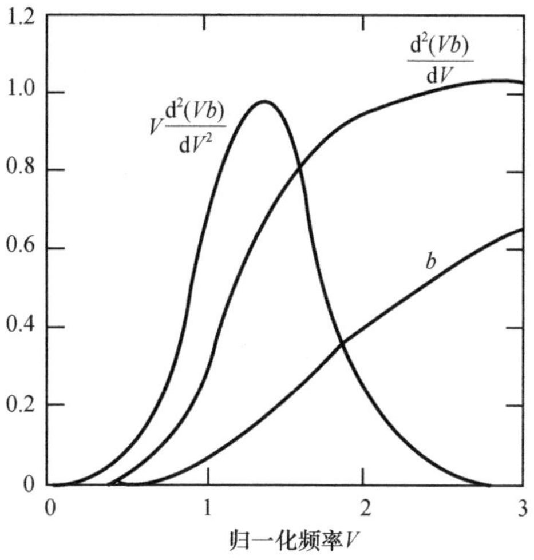

图 2.3-2　b 及 $d(Vb)/dV$ 和 $Vd^2(Vb)/dV^2$ 随 V 的变化关系

图 2.3-3 所示为典型单模光纤的 D_M、D_W 及其和 $D=D_M+D_W$ 随波长的变化情况。可以看到，波导色散的主要作用是将 λ_0 向长波方向移动了 30～40nm，因而总的零色散波长为 1.31μm，波导色散在 1.3～1.6μm 波长范围内使得总的色散呈减小趋势，在 1.55μm 波长附近，D 的典型值为 15～18ps/(km・nm)。

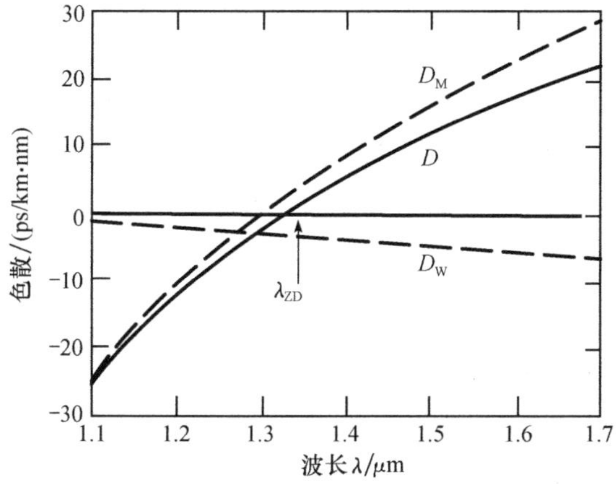

图 2.3-3　典型单模光纤中的材料色散 D_M、波导色散 D_W 及总色散随波长的变化关系

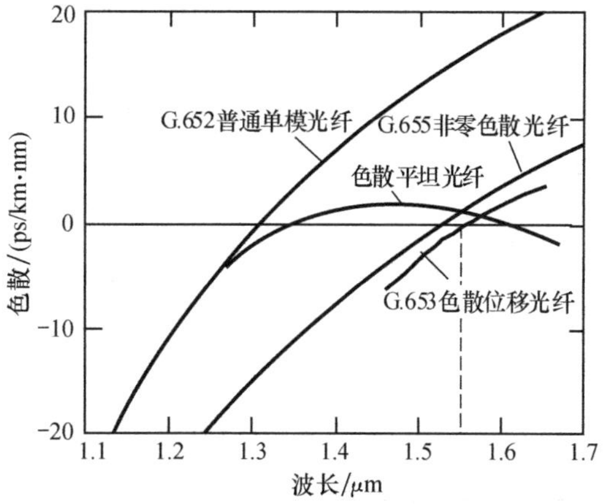

图 2.3-4　普通单模光纤、色散平坦、色散位移和非零色散光纤的色散曲线

3）色散位移、色散平坦和非零色散单模光纤

上述石英单模光纤通常称为普通或标准单模光纤，ITU-T 将它命名为 G.652。这类光纤的显著特点是，在 1.31μm 波长附近具有最小的色散，在 1.55μm 波段具有最小的损耗，势必最小色散和最小损耗不可兼得。因此，人们通过调整波导色散的曲线，也就是重新设计光纤的几何尺寸、折射率分布等重要参数，得到新的波导色散曲线，与材料色散叠加获得了色散系数各有特色的色散位移、色散平坦和非零色散单模光纤。

色散位移光纤将零色散波长移到了 1.55μm 波长附近，从而使得光纤的损耗和色散在这个波长附近都达到最小值，ITU-T 将它命名为 G.653。色散平坦光纤，这类光纤保留了 1.31μm 波长的零色散波长，同时降低了 1.55μm 波段的色散，使得总的色散在整个 1.3～1.6μm 波长范围内都具有较小值。非零色散光纤，这类光纤在色散位移光纤的基础上，使零色散的波长偏离 1.55μm，一般小于 1.53μm，同时在 1.55μm 波段的色散系数为 2ps/(km · nm)左右，ITU-T 将它命名为 G.655。G.655 光纤解决了 G.652 光纤的色散限制，同时在 1.55μm 波段引入适度的色散，解决了密集波分复用引起的非线性效应，如四波混频等，通过进一步加大光纤的模场直径的设计，得到了大有效面积的 G.655 光纤，是密集波分复用、长距离光纤通信系统的首选光纤。图 2.3-4 给出了普通单模光纤、色散位移光纤、色散平坦光纤和非零色散光纤的色散曲线。

4）高阶色散和偏振模色散

高阶色散定义为色散系数的斜率，也称为微分色散或二阶色散。对式(2.3-9)求微分得到

$$S = \frac{\mathrm{d}D}{\mathrm{d}\lambda} = \left(\frac{2\pi c}{\lambda^2}\right)^2 \beta_3 + \left(\frac{4\pi c}{\lambda^3}\right)\beta_2 \tag{2.3-17}$$

其中，$\beta_2 = \mathrm{d}^2\beta/\mathrm{d}\omega^2$，$\beta_3 = \mathrm{d}^3\beta/\mathrm{d}\omega^3$。对于普通单模光纤二阶色散的典型值为 0.085ps/(km · nm^2)，色散位移光纤在 1.55μm 波段二阶色散的典型值为 0.05ps/km · nm^2，利用式(2.3-10)可以估算高阶色散对传输带宽的限制关系为

$$BL \mid S \mid (\Delta\lambda)^2 < 1 \tag{2.3-18}$$

可见高阶色散的影响是明显的，光源线宽越大其影响越大，降低高阶色散对系统的带宽限制，选用光源线宽窄的单纵模半导体激光器是一个有效的途径。

偏振模色散(Polarization Mode Dispersion，PMD)定义为：由单模光纤的双折射引起，输入光脉冲激励的两个正交偏振分量，将以不同的速度在光纤中传输，由此将导致光脉冲展宽，这种现象称为偏振模色散。对于长度为 L 的光纤，PMD 引起的延时为

$$\Delta T = L \mid 1/v_{gx} - 1/v_{gy} \mid \tag{2.3-19}$$

$v_{gx} = \mathrm{d}\beta_x/\mathrm{d}\omega$，$v_{gy} = \mathrm{d}\beta_y/\mathrm{d}\omega$ 表示两个正交的群速度。PMD 与普通色散比较，它是一个随机变化的物理量，可以观察到输出端 PMD 的 ΔT 随机起伏，所以式(2.3-19)不能用来计算 PMD，而只能采用统计推算的办法得到 PMD 的值。用 D_{PMD} 表示 PMD 的平均值单位为 ps/$\sqrt{\mathrm{km}}$，单模光纤的典型值在 0.1～1。这样 PMD 引起的延时平均值为

$$\overline{\Delta T} = D_{\mathrm{PMD}} \sqrt{L} \tag{2.3-20}$$

通常当传输速率在 10Gbps 以上，才会考虑 PMD 的影响，而对低速或窄带系统的影响可以忽略不计。

2.3.2 光纤的损耗

由于光纤存在损耗，在光纤中传输光信号的幅度将逐步减小。光纤的损耗在很大程度上限制了光纤通信系统的传输距离。

在一般的条件下，在光纤内传输的光功率 P 随距离 z 的变化，可以表示为

$$\mathrm{d}P/\mathrm{d}z = -\alpha P \tag{2.3-21}$$

式中，α 为损耗系数。如果 P_{in} 是在长度为 L 的光纤的输入端的光功率，则输出功率 P_{out} 可表示为

$$P_{\mathrm{out}} = P_{\mathrm{in}} \exp(-\alpha L) \tag{2.3-22}$$

这是一个自然对数的指数衰减形式，习惯上为了方便，通常将光纤的损耗系数定义为常用对数形式，单位用 dB/km，表示为

$$\alpha(\mathrm{dB/km}) = \frac{10}{L}\lg\left(\frac{P_{\mathrm{out}}}{P_{\mathrm{in}}}\right) \tag{2.3-23}$$

通常，α 的负号代表损耗，正号代表增益。

在光纤通信系统中，为了方便分析计算，通常将光功率的线性单位转化成对数单位，定义为 dBm，表示为

$$P(\text{dBm}) = 10\lg\left[\frac{P(\text{mW})}{1(\text{mW})}\right] \tag{2.3-24}$$

例如，1mW＝0dBm，1μW＝－30dBm 等，这样在进行损耗计算时就可以将较复杂的指数运算，化简成简单的加减法运算。同理，光功率单位采用 dBm，将式(2.3-23)变换为

$$\alpha(\text{dB/km}) = (P_{\text{out}} - P_{\text{in}})/L \tag{2.3-25}$$

图 2.3-5 给出了典型单模光纤的损耗谱 $\alpha(\lambda)$，在 1.55μm 波长附近，光纤损耗达到 0.2dB/km 左右的最小值(理论极限为 0.15dB/km)，在 1.39μm 处损耗有一尖峰，在其他几处也有小的振荡峰值。损耗的第二个极小值出现在 1.3μm 附近，为 0.4dB/km 左右，在光纤通信系统中常使用这个低损耗窗口。在短波长区域，光纤损耗大大增加，而在可见光范围，损耗超过 5dB/km。引起光纤损耗的原因有几种，图 2.3-5 分别给出了各个损耗因素的曲线，其中最主要的是材料吸收和瑞利散射。

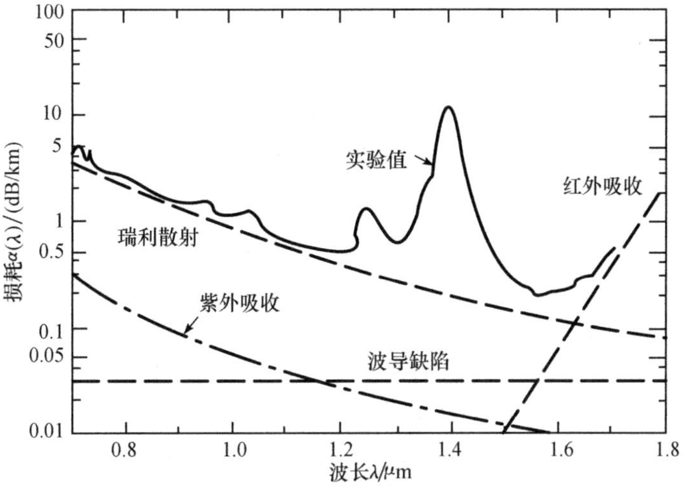

图 2.3-5　典型单模光纤的损耗曲线

1. 材料吸收

光纤的材料吸收损耗由纯石英材料的本征吸收和杂质的非本征吸收两种组成。对于石英(SiO_2)材料，电子谐振吸收出现在紫外区域($\lambda<0.4\mu m$)，而分子谐振吸收出现在红外区域($\lambda>7\mu m$)，由于石英的非晶体结构，使两个吸收带都拖尾至可见光区域。由图 2.3-5 可见，在 0.8～1.6μm 波长范围内，石英材料本征吸收小于 0.1dB/km，在光纤通信常用的 1.3～1.6μm 波长窗口上，本征吸收小于 0.03dB/km。

非本征吸收是由于杂质的存在而产生的，Fe、Cu、Co、Ni、Mn 及 Cr 等这些金属杂质在 0.6～1.6μm 波长范围内具有较强的吸收力，高纯度石英材料的生长技术已经实现杂质含量减小到 10^{-9} 以下。这样，目前光纤中非本征吸收主要由于 OH^- 的一个谐振出现在 2.73μm 波长处，其谐波长与石英分子谐振的混频波使得光纤在 1.39μm、1.24μm、0.95μm 波长处都产生较强的吸

收，图 2.3-5 中损耗曲线的 3 个吸收峰值正是这个原因所致。即使 OH^- 的浓度只有 10^{-6}，也能在 1.39μm 波长处引起 50dB/km 的损耗。为使这个波长处的损耗降低到 1dB/km 以下，则 OH^- 的含量应减小到 10^{-8} 以下。将光纤中 OH^- 的含量降低到非常低的水平，使如图 2.3-5 所示的曲线 3 个吸收峰值消除，从而获得 0.8～1.6μm 整个波段上都具有较低损耗的光纤，这种光纤也称为“全波光纤”。在制造光纤过程中用来形成折射率变化所需的 GeO_2、P_2O_5、B_2O_3 等掺杂剂也可能导致附加的吸收损耗。

2. 瑞利散射

瑞利散射是在制造光纤过程中形成的局部浓度不均匀引起的一种散射损耗。浓度的不均匀将导致折射率在比波长小的尺度上发生随机的变化，光波在这样的介质中发生的散射就称为瑞利散射。散射截面随 λ^{-4} 变化，瑞利散射在短波长区域较为严重。光纤由于瑞利散射所引起的损耗可表示为

$$\alpha_R = C/\lambda^4 \tag{2.3-26}$$

式中，常数 C 的值取决于光纤的结构，在 0.7～0.9(dB/km)·μm^4 范围。在 1.55μm 波长处，α_R 为 0.12～0.16dB/km，图 2.3-5 所示的损耗曲线在 1.55μm 波长附近瑞利散射是损耗的主要来源。

3. 波导缺陷

光纤波导的缺陷主要来自光纤波导制备的不完备性和外力引起的波导变形（如温度、应力和弯曲）。理想光纤具有完整的圆柱对称性，而实际上存在缺陷，如芯径沿长度发生着随机漂移，使光纤产生附加的损耗。这种损耗的物理过程也称为米氏散射，即在大于光波长的尺度上出现折射率的非均匀性而引起的散射。所以在制造光纤时应使芯径沿光纤长度方向的漂移降低到最小，这种变动小于 1%，相应的米氏散射损耗典型值小于 0.03dB/km。

光纤弯曲是光纤损耗的另一个重要因素。在正常情况下，光线以大于临界角的入射角入射到纤芯-包层分界面上并发生全反射，但在光纤弯曲处，入射角将减小，在较严重的弯曲下，入射角可能小于临界角，这样光线就会逸出纤芯外。在模式理论中，这相当于部分模式能量被散射到包层中。光纤的弯曲损耗正比于 $\exp(-R/R_c)$，这里 R 为光纤的弯曲半径，$R_c = a(n_1^2 - n_2^2)$。对单模光纤来说，R_c 的典型值为 0.2～0.4mm，如果弯曲半径 $R>5$mm，则弯曲损耗小于 0.01dB/km，可以忽略。光纤中大多数微弯半径都超过 5mm，所以在实际应用中弯曲损耗可以忽略。在实际应用中，一般要求弯曲半径大于光纤或光缆直径的 10 倍。

2.4 光纤和光缆的设计与制造

2.4.1 光纤的设计与标准化

光纤的设计包括材料、几何结构和折射率分布的设计。国际电信联盟通信标准化组织，为了迎合市场发展的需要，以及光纤有效的互连互通，先后制定了 G.561～G.567 等光纤国际标准，如表 2.4-1 所示。因此，各个生产商都会根据这个标准来生产光纤，只是在具体的工艺和细节上各有特色，下面将这些标准做简要的介绍。

表 2.4-1　ITU-T 标准光纤的主要特性

ITU-T 编号	G.651	ITU-T 编号	G.652	G.653	G.654	G.655	G.656	G.657
多模光纤主要参数	渐变型多模光纤	单模光纤主要参数	标准单模光纤	色散移位光纤	超低损耗光纤	非零色散光纤	宽带非零色散光纤	弯曲不敏感光纤
纤芯直径/μm	① 50±3 ② 62.5±3	模场直径/μm	(9～10) ±10%	(7～8.5) ±10%	(9.5～10.5) ±10%	(8～11) ±10%	(7～11) ±0.7	(8.6～9.5) ±0.4
包层直径/μm	125±2	包层直径/μm	125±2	125±1	125±1	125±1	125±1	125±0.7
包层不圆度/%	<2	包层不圆度/%	<2	<2	<2	<2	<2	<1
纤芯同心误差/μm	<3	纤芯同心误差/μm	<1	<0.8	<0.8	<0.8	<0.8	<0.5
数值孔径	0.2±0.02 0.275±0.015	截止波长/nm	<1270	<1270	<1530	<1450	<1450	<1260
		零色散波长/nm	1300～1324	1500～1600	—	—	—	1300～1324
损耗/(dB/km)		损耗/(dB/km)						
850nm	3～4	1310nm	<0.35	<0.35	—	—	—	<0.4
1310nm	0.8～1.5	1550nm	<0.25	<0.25	<0.22	<0.35	<0.35	<0.3
		宏弯损耗(1550nm)						
		弯曲半径/mm	30	—	30	30	30	15
		弯曲损耗/(dB/圈)	<0.5/100	—	<0.5/100	<0.5/100	<0.5/100	<0.25/10
带宽/MHz·km		色散系数/(ps/(km·nm))						
850nm	100～800	1310nm	±3.5	—	—	—	—	±3.5
1310nm	200～1200	1550nm	<20	±3.5	<20	±(0.1～6.0) 1530～1565	±(2～14) 1460～1625	<20

1) G.651

多模渐变型光纤的特点是工作在 0.85μm 和 1.31μm 两个波段，带宽较小、损耗较大、系统成本较低，适合小容量、短距离的光纤通信系统。

2) G.652

普通(标准)单模光纤，又细分为 G.652A、G.652B、G.652C、G.652D 几种。其特点是在 1.31μm 波长色散最小，在 1.55μm 波长损耗最低，是目前世界上铺设最多的单模光纤。适合中长距离、宽带光纤通信系统。这种光纤的不足是其最低色散和最小损耗波长不一致。

3) G.653

色散位移光纤(DSF)的主要特点是将零色散波长移到了 1.55μm，使光纤的最小损耗与最低色散工作在同一波长上。适合 1.55μm 波段的大容量、长距离光纤通信系统。

4) G.654

超低损耗光纤，截止波长移至 1.53μm 波段附近，在 1.55μm 波段附近的损耗最小。最小损耗仅为 0.185dB/km，接近极限值。但在此区域色散比较大，为 17～20ps/(km·nm)，目前这类光纤较少使用。

5) G.655

非零色散位移光纤(NZ-DSF)，细分为 G.655A、G.655B、G.655C，其主要特点是 1.55μm 波段的色散接近零，但不是零。是一种改进的色散位移光纤，能够抑制四波混频等光纤中的非线性现象产生，非零色散光纤具有普通单模光纤和色散移位光纤的优点，是最新一代的单模光纤。适合应用于密集波分复用系统中，实现超大容量、超长距离的光纤通信。

6) G.656

宽带非零色散光纤，在 1460～1625nm 波段比现有 G.655 光纤标准具有更大的正色散值，且色散的斜率更低。可更有效地抑制密集波分复用系统中所引起的四波混频、交叉相位调制等非线性效应，是面向未来的光纤，适合超宽带的光纤通信系统运用。

7) G.657

弯曲不敏感光纤的特点是光纤的弯曲损耗大大低于 G.652 光纤，而其他特性与 G.652 光纤一致。适合应用于光纤接入网，特别是光纤到户(FTTH)的运用，它将大幅度地降低运营商光纤到用户的接入损耗。

2.4.2 光纤的制备工艺

1. 光纤的材料

用于制作光纤的光学材料绝大多数都是氧化物玻璃，其中最常用的是 SiO_2，这种材料在 0.85μm 波长上折射率为 1.458。为了制作两种具有相似特性，而折射率只有一个很小差异的材料，以便形成纤芯和包层，可以在 SiO_2 中掺入氟，或者掺入各种氧化物(通常称为掺杂)，如 B_2O_3、GeO_2 或 P_2O_5 等。如果在 SiO_2 中掺入 GeO_2 或 P_2O_5，则折射率增加，在 SiO_2 中掺入氟或 B_2O_5，则折射率减小。由于包层折射率必须低于纤芯折射率，所以光纤的组成常采用以下 4 种方式(GeO_2-SiO_2 代表在 SiO_2 玻璃中掺入 GeO_2)：

- GeO_2-SiO_2 纤芯，SiO_2 包层。
- P_2O_5-SiO_2 纤芯，SiO_2 包层。
- SiO_2 纤芯，B_2O_3-SiO_2 包层。

• GeO_2-B_2O_3-SiO_2 纤芯，B_2O_3-SiO_2 包层。

未经提纯的 SiO_2 材料主要以砂的形式存在，纯 SiO_2 可以是石英玻璃、熔融 SiO_2 或玻璃状 SiO_2 等。石英玻璃具有的优异的物理性能，如耐高温（高达 1000℃以上）、低的热膨胀系数。石英玻璃还具有很好的化学稳定性，在可见光区域和近红外区域具有很高的透明度，这些都是光纤通信系统最为关注的因素。

2. 光纤制备工艺

光纤的生产制造的基本方法有直接熔化法和气相氧化过程两种。直接熔化法按传统的玻璃制造工艺将处在熔融状态的石英玻璃的纯净组分直接制造成光纤。这种方法折射率难以控制、成品率低，不能满足大量通信光纤的生产。

气相氧化过程是将高纯度的金属卤化物（如 $SiCl_4$ 和 $GeCl_4$）氧化反应生成白色的 SiO_2 和 GeO_2 微粒，将这些微粒收集在一个玻璃容器的表面，并经烧结制成洁净的玻璃棒或玻璃管。这种玻璃棒或玻璃管称为预制棒，典型的预制棒直径为 10～25mm，长度为 60～120cm。再将预制棒通过专用设备光纤拉丝机拉制成光纤。

如图 2.4-1 所示，将预制棒准确地送入一个圆形的拉丝加热炉，预制棒的一端被软化并将其牵引形成极细的玻璃丝，这就是光纤。置于底部拉丝绕线机的转速决定光纤的拉制速度。同样，拉制速度又决定了光纤的直径，所以绕线机的转速必须精确控制并保持不变，光纤测径仪检测光纤的直径反馈控制拉丝速度，精确控制光纤尺寸。为了保护裸光纤不受外部污染的影响，光纤拉成以后，立即涂覆一层保护材料到光纤的表面，也称为一次被覆层。

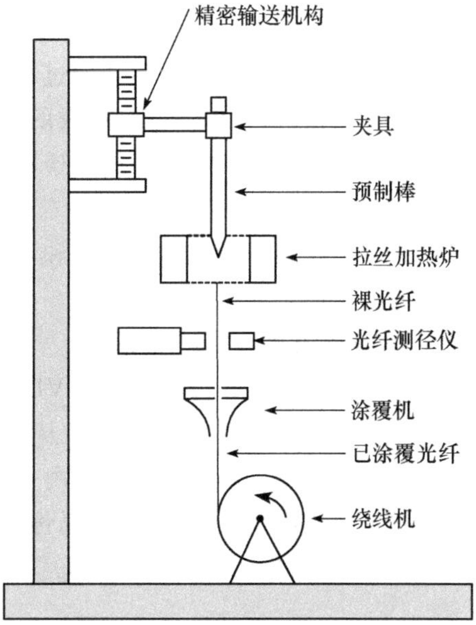

图 2.4-1　光纤拉丝机

1）外部气相氧化法

损耗低于 20dB/km 的光纤是由康宁公司使用外部气相氧化法（OVPO）率先研制成功的。如图 2.4-2 所示，首先，从喷嘴出来的 SiO_2 烟尘在一根旋转的石墨或陶瓷轴上形成一层沉积层，玻璃烟尘在这根作为基础的棒上一层又一层沉积，于是一根疏松的玻璃预制棒就这样做成了。在沉积过程中，适当控制卤化物蒸气流的组分，即可形成纤芯和包层所需的尺寸、组分的预制棒。阶跃型或渐变型折射率分布预制棒均可采用该方法制作。

在沉积过程完成后抽走中心的轴，然后在干燥的大气中和高温（大约 1400℃）环境下将其玻璃化，制成洁净的玻璃预制棒。将这种洁净的预制棒置于拉丝机中即可拉制成光纤，如图 2.4-2 所示。这种管状预制棒的中心空洞在拉丝过程中消失。

2）气相轴向沉积法

上述的 OVPO 方法是一种横向的沉积方法，另一种 OVPO 类型的方法是气相轴向沉积（VAD）法。VAD 方法所采用 SiO_2 微粒形成过程与 OVPO 方法机理完全一致，当玻璃微粒从喷灯口出来以后，将沉积在一根石英玻璃棒（横切）端面上，这根石英玻璃棒同时也作为输送杆使

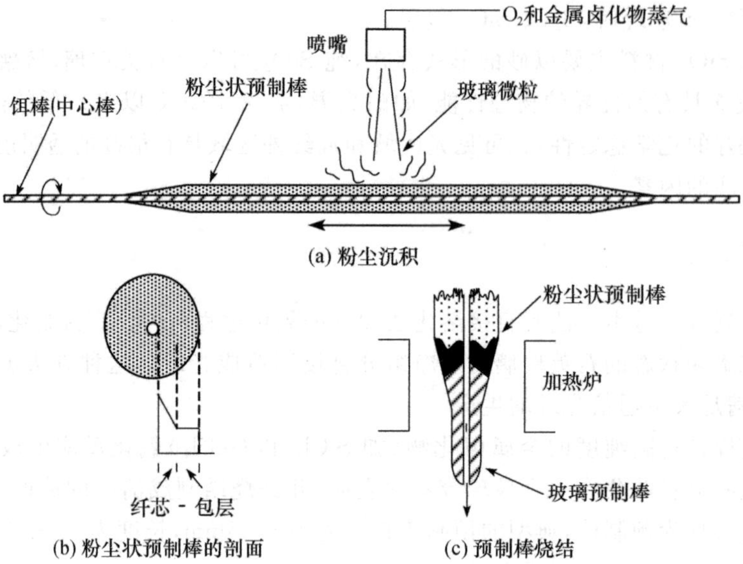

图 2.4-2　外部气相氧化法(OVPO)

用。在输送杆沿轴向向上移动的过程中，一根疏松的预制棒即沿轴向生成。输送棒在向上移动的同时也匀速旋转，以保证沉积成的预制棒具有轴对称性。疏松预制棒在向上移动过程中，通过一个加热熔融区后即成为固体状透明的预制棒。VAD 方法的主要优点是：①所制成的预制棒不像 OVPO 方法那样有中心空洞。②所制成的预制棒可以具有任意的连续变化的长度，这样可以降低成本和提高产量。③沉积室和环状加热熔融室在同一外壳中紧密相连，这样可以保证制作环境充分洁净。

3）改进的化学气相沉积法

改进的化学气相沉积法(MCVD)是由贝尔实验室提出的，现在已被广泛地用于制造光纤预制棒。如图 2.4-3 所示，玻璃微粒从金属卤化物及氧气的连续反应中产生，并随气流沉积在石英管子的内部。随着 SiO_2 的沉积，由来回移动的氢氧喷灯烧结成一层纯净的玻璃膜层。当在管子的内壁形成所需的玻璃沉积层后，停止输送气相反应物质并强烈加热使之成为实心棒。此实心棒即为预制棒，它的纤芯由气相沉积材料构成，包层则由原始石英管材料构成。

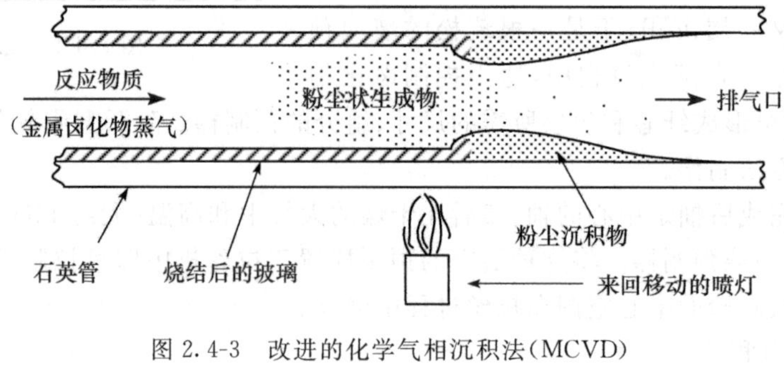

图 2.4-3　改进的化学气相沉积法(MCVD)

4）等离子体化学气相沉积法

飞利浦公司的科学家们发明了等离子体化学气相沉积(PCVD)法。如图 2.4-4 所示，PCVD 法与 MCVD 法非常相似，PCVD 法也在石英管内进行沉积。但是，其加热方法是采用微波等离子体进行加热，一个工作频率为2.45GHz的移动微波谐振腔在管内产生等离子体来激起化学反应。为了减小生成的玻璃膜的机械应力，石英管的温度保持在1000～1200℃，这个过程将一层纯净玻璃直接沉积在管壁上，不需要进行烧结处理。当得到所需厚度的玻璃以后，也像MCVD中那样将管子制成实心预制棒。

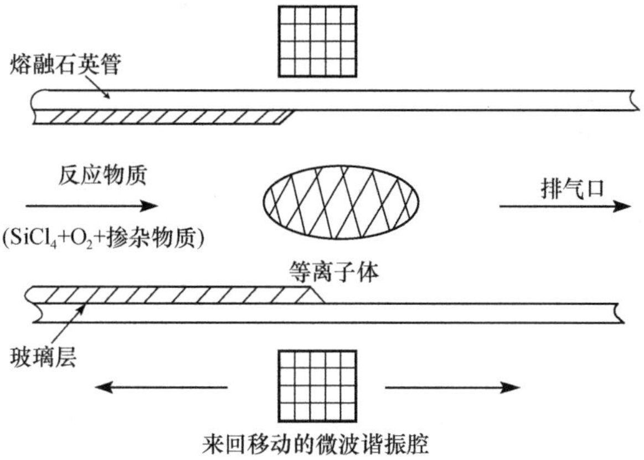

图2.4-4　离子体化学气相沉积法(PCVD)

5）双坩埚法

首先通过熔化含有合适玻璃成分的纯净粉末，分别制成纤芯材料玻璃棒和包层材料玻璃棒，然后将这些玻璃棒作为两个同轴坩埚的原料。如图2.4-5所示，内坩埚用来熔化纤芯玻璃，外坩埚用来熔化包层玻璃，光纤则通过从这两个同轴坩埚底部的小孔输出的熔融态玻璃拉丝而成。

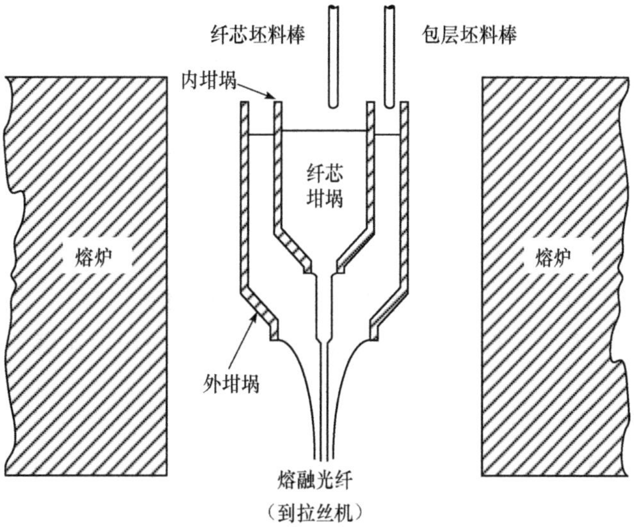

图2.4-5　双坩埚法

虽然这种方法有连续制造的优点，但在熔化的过程中必须非常小心地避免引入杂质。主要的杂质来源是加热炉物质和坩埚自身。

目前，VAD、MCVD和PCVD是应用最广泛的光纤生产工艺技术。

2.4.3 光缆的技术要求与结构

1. 光缆的技术要求

对光缆的基本要求是保护光纤的机械强度和传输特性，防止施工过程和使用期间光纤断裂，保持传输特性稳定。为此，必须根据使用环境设计各种结构的光缆，以保证光纤不受应力的作用和有害物质的侵蚀。

保护光纤固有机械强度的方法，通常采用塑料被覆和应力筛选。光纤从高温拉制出来后，要立即用软塑料（如紫外固化的丙烯酸树脂）进行一次被覆和应力筛选，除去断裂光纤，并对成品光纤用硬塑料（如高强度聚酰胺塑料）进行二次被覆。二次被覆光纤有紧套、松套、束管式和带状式光纤 4 种，如图 2.4-6 所示，它们在不同应用中发挥不同的作用。

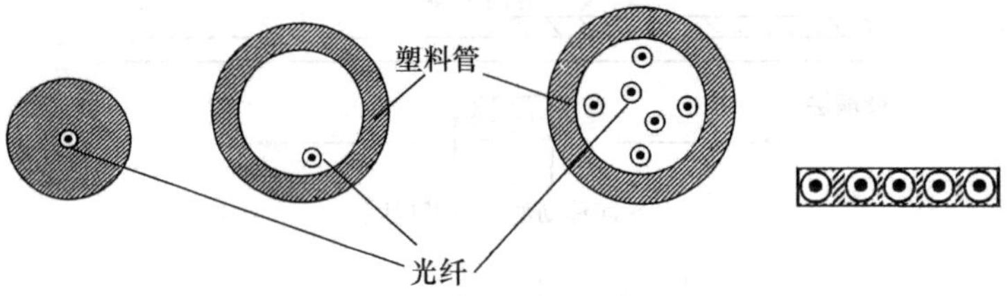

(a) 紧包光纤　(b) 松包光纤　(c) 束管光纤　(d) 带状光纤

图 2.4-6　4 种光纤结构

光缆的传输特性取决于对光纤的保护与环境适应。光缆为了满足不同的应用环境要求，对光缆的拉力、压力、扭转、弯曲、冲击、振动和温度等技术参数提出了相应的规范，按照国家标准或行业规定做例行试验。下面就主要性能特征进行简要的说明。

1）拉力特性

光缆能承受的最大拉力取决于加强件的材料和横截面积，一般要求大于 1km 光缆的重量，多数光缆在 100～400kg。

2）压力特性

光缆能承受的最大侧压力取决于护套的材料和结构，多数光缆能承受的最大侧压力为 100～400kg/cm^2。

3）弯曲特性

光缆的弯曲特性主要取决于纤芯的弯曲性能和光缆的材料、结构。普通光纤的最小弯曲半径为 30～60mm，光缆的最小弯曲半径一般为 200～500mm，使用中要求光缆的最小弯曲半径大于其直径的 10 倍。

4）温度特性

光纤本身具有良好的温度特性。光缆温度特性主要取决于构成光缆的材料和结构。温度变化时，光缆材料（塑料）的热膨胀系数比光纤材料（石英）大 2～3 个数量级，在冷缩或热胀过程中，光纤受到应力作用而产生附加损耗，采用松套管二次被覆光纤的光缆温度特性较好。普通光缆的使用温度范围为－40～＋60℃，对于超出上述温度范围的光缆需要特殊定制。

2. 光缆的种类与结构

1）光缆结构和类型

光缆主要包括光纤、加强件与护套 3 大部分。光纤是光缆的核心，决定着光缆的传输性能。

加强件起着承受光缆拉力的作用，通常位于缆芯中心，有时配置在护套中。加强件通常用杨氏模量大的钢丝或非金属材料（如芳纶纤维）做成。护套起着对缆芯的机械保护和环境保护作用，要求具有良好的抗侧压力性能及密封防潮和耐腐蚀的能力。护套通常由聚乙烯或聚氯乙烯（PE或PVC）和铝带或钢带构成。

光缆按照结构特点分为层绞式、骨架式和中心束管式3大类，如图2.4-7所示。

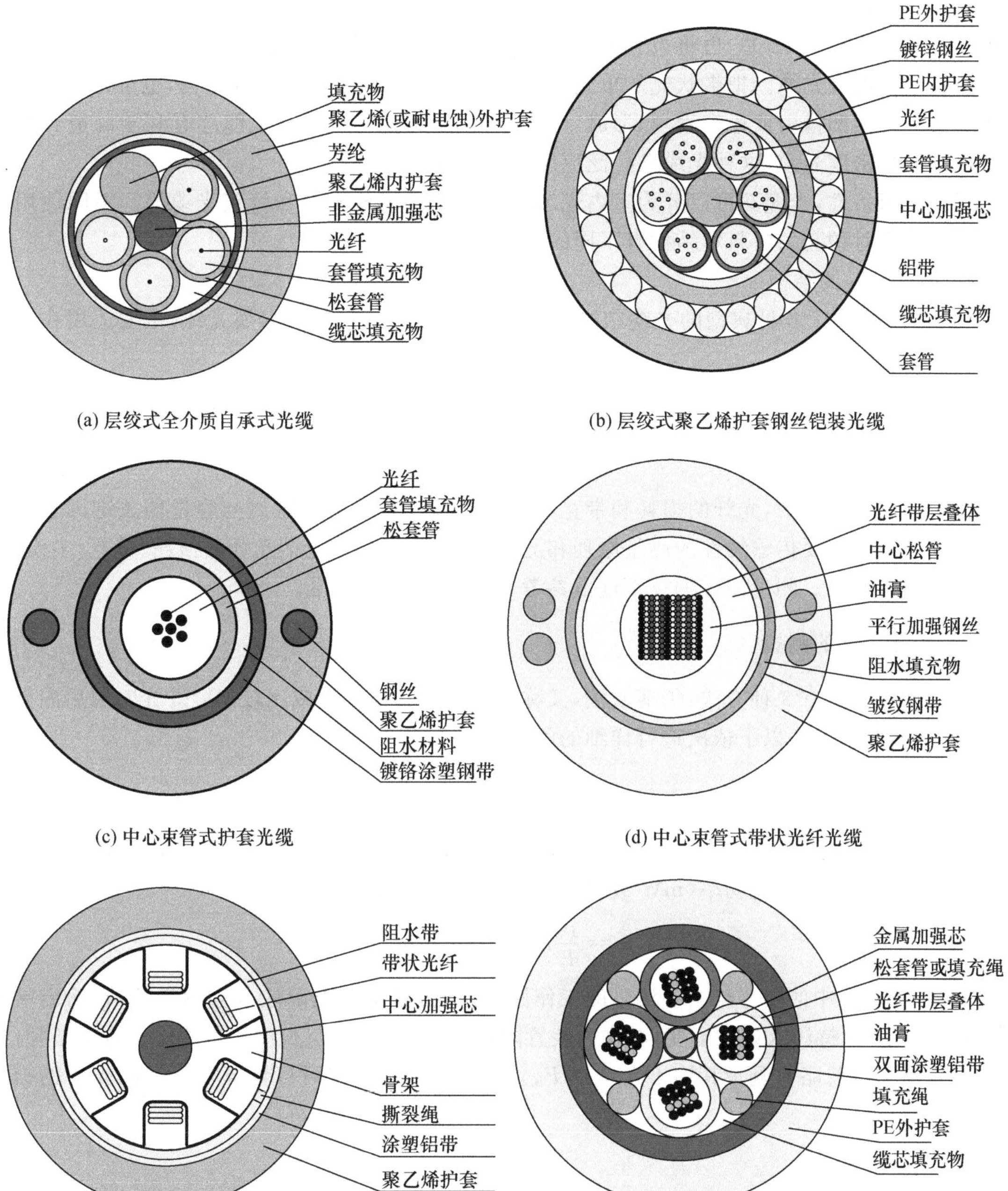

(a) 层绞式全介质自承式光缆　(b) 层绞式聚乙烯护套钢丝铠装光缆

(c) 中心束管式护套光缆　(d) 中心束管式带状光纤光缆

(e) 骨架式带状光纤光缆　(f) 层绞式带状光纤光缆

图2.4-7　6种典型的光缆结构

（1）层绞式。把松套光纤绕在中心加强件周围绞合而构成。这种结构的缆芯制造设备简单，工艺相当成熟，得到广泛应用。采用松套光纤的缆芯可以增强抗拉强度，改善温度特性。

(2) 骨架式。把紧套光纤或一次被覆光纤放入中心加强件周围的螺旋形塑料骨架凹槽内而构成。这种结构的缆芯抗侧压力性能好，有利于对光纤的保护。

(3) 中心束管式。把一次被覆光纤或光纤束放入大套管中，加强件配置在套管周围而构成。这种结构的加强件同时起着护套的部分作用，有利于减轻光缆的重量。

光缆按照采用光纤的结构类型可分为束管式光纤光缆和带状式光纤光缆。前者是将光纤放在束管中，一般为2～12芯，再将束管做成光缆。后者将光纤先制成带状光纤，一般为4～12芯，再将带状光纤做成光缆。把带状光纤单元放入大套管内，形成中心束管式结构，也可以把带状光纤单元放入骨架凹槽内或松套管内，形成骨架式或层绞式结构。带状式缆芯有利于制造容纳几百根光纤的高密度光缆，这种光缆已广泛应用于接入网。

根据使用条件，光缆又可以分为室内光缆、架空光缆、埋地光缆和管道光缆等。不同使用环境和铺设方式对护套的材料和结构有不同的要求。

2) 典型光缆的结构

图2.4-7给出了6种典型的光缆结构，其中图2.4-7(a)又叫做非金属光缆，主要运用在电力系统。

2.5 光纤的测量技术

在光纤通信系统中，光纤的损耗和带宽(色散)是限制系统传输距离与容量的关键因素。本节将介绍光纤的主要传输特性的测量原理和测量方法，这些参数包括光纤的损耗、带宽(多模)和色散系数(单模)等。测量的详细技术规范参考ITU-T或国家标准。

2.5.1 光纤损耗的测量

光纤损耗测量有3种方法：①剪断法，又称切断法。②插入法或比较法。③光时域后向散射法，简称后向散射法。以下依次进行详细的阐述。

1. 剪断法

图2.5-1所示为剪断法测量光纤损耗的示意图，其中 L 为被测光纤长度(km)，P_{in} 和 P_{out} 分别为输入光功率和输出光功率(mW或W)，则光纤损耗系数

$$\alpha = \frac{10}{L}\lg\frac{P_{in}}{P_{out}}(\text{dB/km}) \tag{2.5-1}$$

为了方便，将原式中的负号略去。测量的工作原理是：将稳定的光源注入被测光纤，在输出端测得光功率 P_{out}，保持注入条件不变，在注入装置附近剪断光纤，保留长度一般为2m的短光纤(该长度在计算中可忽略)，测量其输出光功率 P_{in}，根据式(2.5-1)就可以计算得到被测光纤的损耗及损耗系数 α。

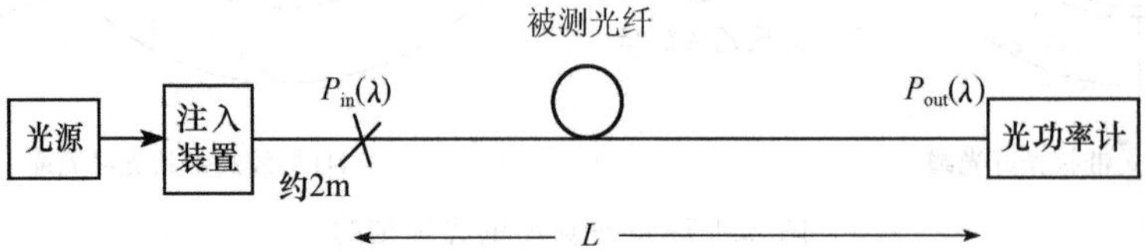

图2.5-1 剪断法测量光纤损耗的原理

该方法测量的要点是：

• 剪断被测光纤，准确测量输入、输出光功率。

• 稳定的注入光源，保证测量的准确、可靠。

稳定的注入光源包含两层意思，其一光源输出功率稳定，在测量期间无变化；其二注入光纤传输的光功率为导模功率。在光纤中高阶模和低阶模总是形影相伴，由于高阶模的损耗远大于低阶模，能在光纤中长距离传输的模式(模群)称为导模，单模光纤为 LP_{01} 模，多模光纤为低阶模群，因此有效地抑制高阶模是注入光源的关键。

单模光纤存在 LP_{01} 模和 LP_{11} 模，因此在注入端要将 LP_{11} 模及其他高阶模滤除，才能达到注入条件。对于单模光纤，简单、有效的方法是在注入被测光纤之前，绕 3～5 圈直径小于 30mm 光纤环，这样就可以消除光纤中的高阶模，达到测试条件。

多模光纤要达到注入条件要复杂些，在多模光纤中获取导模的基本方法是衰减、滤除高阶模(非导模)，得到稳态模式分布，此时 $\lg P_{out}$ 与 L 呈线性关系，计算得到的损耗系数 α 才是唯一准确的。多模光纤获得稳态模式分布常用的方法有以下两种。

1）扰模和滤模法

扰模就是采用扰模器强制光纤来回绕曲(半径可小于 10mm)，使光纤中的高阶模迅速衰减，仅有导模可以继续传输。

滤模就是采用滤模器将光纤残留在包层中的模式消除，通常将光纤的被覆层除去，并浸泡在匹配液中(与包层折射率一致)，达到消除包层模的目的。

扰模器和滤模器的结合就可以建立稳态模的注入条件，满足测试要求。

2）假光纤法

用一根性能、类型与被测光纤相同的光纤，一般为 1～2km，置于被测光纤和光源之间，起到耦合光源、达到稳态分布的目的，这种方法在现场应用非常方便。

图 2.5-1 中的光源可以采用半导体激光器、可调谐激光器、单色仪等。当采用单一波长时，可以测得该工作波长的光纤损耗系数。当采用可调谐宽谱光源时，可以测得光纤不同波长的输入/输出光功率 $P_{in}(\lambda)$ 和 $P_{out}(\lambda)$，然后计算得到光纤的损耗曲线，即损耗谱 $\alpha(\lambda)$。

剪断法是通过直接测量传输光功率而计算得到的，所用仪器简单，测量结果准确，因而被确定为基准方法。但它的缺点是具有破坏性，不适合在线测试和测量已建成的光纤线路。因此提出了一种替代方法，即插入法或称为比较法。

2. 插入法

在实际应用中，可以采用插入法作为替代方法。如图 2.5-2 所示，首先在注入装置和光功率计之间用标准光纤连接，已知光纤传输损耗为 α_1，测出光功率为 P_1，然后在两者之间插入被测光纤，再测出光功率 P_2，据此计算 α_2，即

$$\alpha_2 = \alpha_1 + P_1 - P_2 \tag{2.5-2}$$

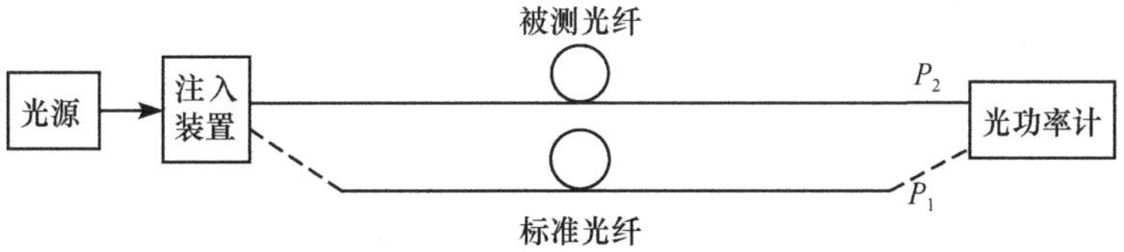

图 2.5-2　插入法测量光纤传输损耗

这种方法可以根据工作环境灵活运用。由于测量中需要光纤多次连接替换，因而测量精度较低，可以通过对连接损耗作合理的修正，提高测量精度。注意：这里计算单位要采用对数坐标，损耗为 dB，光功率为 dBm，这样才能利用上述公式进行计算。

3. 光时域后向散射法

以上两种方法都需要两端协同才能得到光纤损耗的测试结果。为此，人们设计了单端测试方法，即光时域后向散射法，简称后向散射法。该方法通过测量与光传输相反方向的瑞利散射光功率来确定光纤损耗系数，这里瑞利散射光功率与传输光功率成比例。

如图 2.5-3 所示，设在光纤中正向传输光功率为 P，经过 L_1 和 L_2 点（$L_1 < L_2$）时分别为 P_1 和 P_2（$P_1 > P_2$），从这两点返回输入端，光功率计得到的后向散射光功率分别为 P_{1R} 和 P_{2R}，推导得到，光纤的损耗系数为

$$\alpha = \frac{10}{2(L_2 - L_1)} \lg\left(\frac{P_{1R}}{P_{2R}}\right) (\text{dB/km}) \tag{2.5-3}$$

式中，右边分母中因子 2 是光经过正向和反向两次传输产生的结果。该方法不仅可以测量损耗系数，还可利用光在光纤中传输的时间来确定光纤的长度 L，即

$$L = \frac{c\Delta t}{2n_1} \tag{2.5-4}$$

式中，c 为光速；n_1 为光纤的纤芯折射率；Δt 为光脉冲发出到返回的时间差。

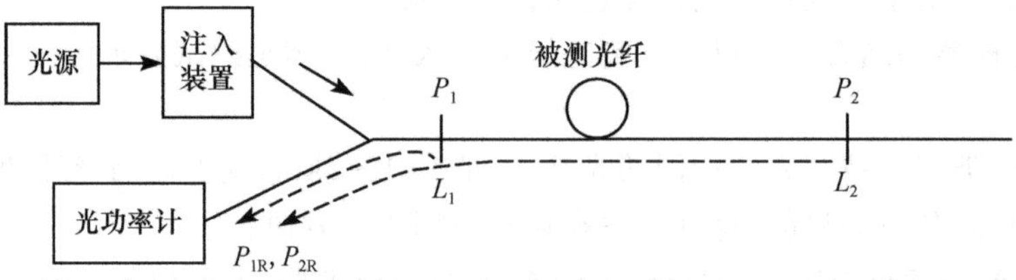

图 2.5-3 OTDR 的工作原理

图 2.5-4 所示为后向散射法光纤损耗测量系统的框图。光源发出一个窄脉冲光信号，通过光纤耦合器注入到光纤中。瑞利散射光中有一部分传输方向是与入射光相反的，这部分后向散射光通过耦合器，进入光电探测器，经过处理后得到的后向散射测量曲线如图 2.5-5 所示。用后向散射法的原理设计的测量仪器称为光时域反射仪（Optical Time Domain Reflectometer，OTDR），光源应采用特定波长稳定的大功率激光器，调制的脉冲宽度与重复频率应和所要求的测量

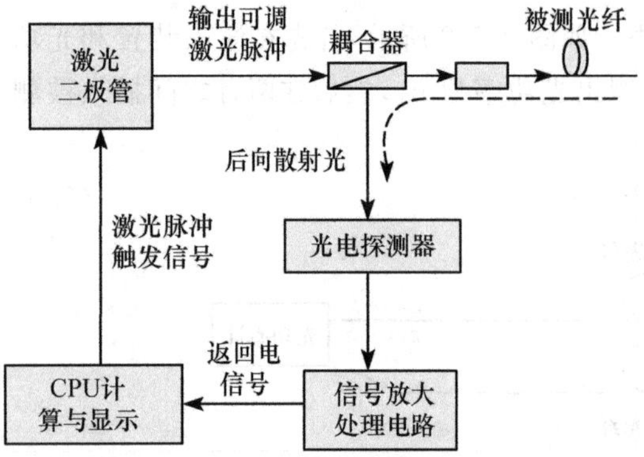

图 2.5-4 OTDR 光纤损耗测量系统的框图

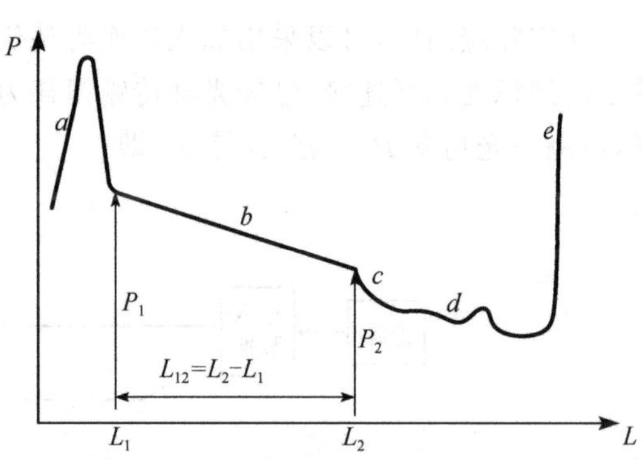

图 2.5-5 典型 OTDR 测量曲线

长度及分辨率相适应。OTDR 采用单端工作方式,使用非常方便。不仅可以测量光纤损耗系数和光纤长度,还可以测量连接器和接头的损耗,观察光纤沿线的均匀性和确定故障点的位置,是光纤通信系统工程现场测量不可缺少的工具。

图 2.5-5 所示为典型后向散射功率曲线的示意图。图中,①a 段是输入端反射区,表示由于耦合部件和光纤前端面引起的菲涅耳反射脉冲。②b 段是恒定斜率区,光纤具有均匀的损耗,用以确定损耗系数。③c 段是连接器、接头或局部缺陷引起的损耗。④d 段是光纤存在某些缺陷引起的高损耗区。⑤e 段是输出端反射区(或光纤断裂处),用以确定光纤长度或故障位置。

2.5.2 光纤带宽的测量

光纤带宽的测量有时域和频域两种基本方法。时域法是测量通过光纤的光脉冲产生的脉冲展宽得到光纤带宽,又称脉冲展宽法。频域法是通过测量光纤的频率响应得到光纤带宽,又称扫频法。

1. 扫频法

图 2.5-6 所示为测试装置。在测量系统中,首先接入一段短路(一般几米到十几米)光纤,测出的频率响应为 $H_1(f)$,再接入被测长光纤,测出的频率响应为 $H_2(f)$,则光纤频率响应 $H(f)$ 和 3dB 光带宽 f_{3dB} 应满足

$$|H(f_{3dB})| = \frac{|H_2(f)|}{|H_1(f)|} = \frac{1}{2} \tag{2.5-5}$$

图 2.5-6(a)所示的工作原理是频谱仪输出扫频的射频信号,对光源进行调制,输出光信号经被测光纤传输后,由光接收机转换成射频信号,再由频谱仪检测,即可得到光纤的响应曲线,如图 2.5-6(b)所示。光发射机应采用宽带、线性良好、功率和频率稳定的激光器,其调制频率上限应大于光纤带宽。要求光接收机带宽与光发射机一致。频谱分析仪应具有良好的幅频特性。该方法简单可行,但对光收发端机有较高的要求,并配备高性能的频谱分析仪,实际测量中往往受限于光收发端机的响应带宽。

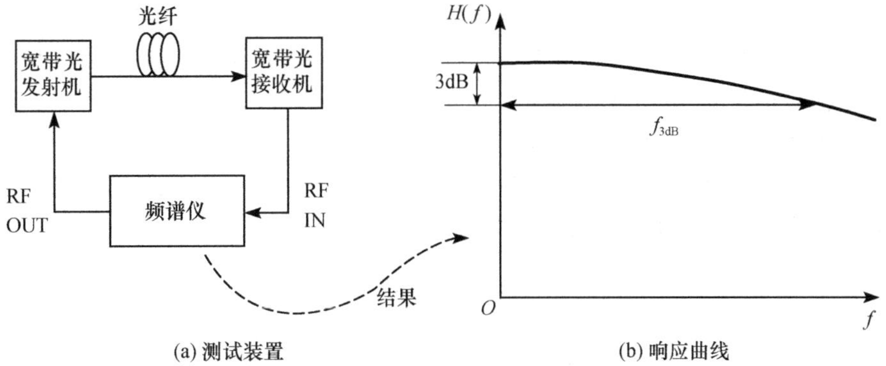

(a) 测试装置 (b) 响应曲线

图 2.5-6 扫频法测试装置与响应曲线

2. 脉冲展宽法

图 2.5-7 所示为测试装置。在测量系统中,首先接入一段短路(一般为几米到十几米)光纤,

测量脉冲的半极大全宽度(FWHM) $\Delta\tau_1$，再接入被测长光纤时，测量输出脉冲的FWHM $\Delta\tau_2$，则通过公式计算光纤的3dB带宽应为

$$f_{3dB}=\frac{0.441}{\Delta\tau} \tag{2.5-6}$$

其中，$\Delta\tau=\sqrt{\Delta\tau_2^2-\Delta\tau_1^2}$。

图2.5-7(a)所示的工作原理是窄脉冲电信号对光源进行调制，输出光信号经被测光纤传输和光接收机将光脉冲转换成电脉冲信号，再由示波器检测，即可得到光脉冲的响应波形，如图2.5-7(b)所示。该方法简单可行，要求光脉冲宽度小于1ns，光收发端机有较高响应带宽，并配备高性能的示波器，应用于多模光纤和窄带系统的测试。

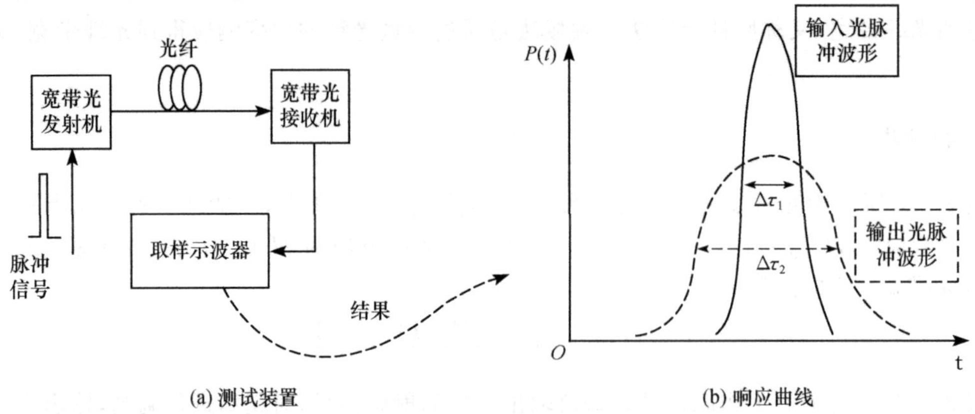

图2.5-7　脉冲展宽测量光纤的传输带宽

2.5.3　光纤色散的测量

光纤色散测量有相移法、脉冲时延法和干涉法等。这里只介绍相移法，这种方法是ITU-T规定测量单模光纤色散的基准方法，其余两种为替代方法。

相移法原理是测量不同波长的光通过相同光纤所产生的不同时延，来计算光纤的波长色散，也就是光纤的色散系数曲线 $D(\lambda)$。图2.5-8(a)所示为相移法光纤色散测量系统的框图，用角频率为 ω 的正弦信号调制的光波，经长度为 L 的单模光纤传输后，其时间延迟 τ 取决于光波长 λ，以及对应的色散系数 $D(\lambda)$。不同时间延迟产生将使频率为 ω 的正弦信号得到的不同相位 ϕ。用波长为 λ_1 和 λ_2 的被调制光波，分别通过被测光纤，由 $\Delta\lambda=\lambda_2-\lambda_1$ 产生的时间延迟差为 $\Delta\tau$，相位差为 $\Delta\phi$。因此，长度为 L 的光纤总色散为

$$D(\lambda)L=\frac{\Delta\tau}{\Delta\lambda} \tag{2.5-7}$$

用 $\Delta\tau=\Delta\phi/\omega$ 代入式(2.5-7)，得到光纤色散系数为

$$D(\lambda)=\frac{\Delta\phi}{L\omega\Delta\lambda} \tag{2.5-8}$$

通过改变注入光信号的波长，并准确测量对应的相位，就可以利用式(2.5-8)计算该波长对应的色散系数，最终得到该波段色散曲线。为避免测量误差，一般要测量多组 $\lambda_i-\phi_i$ 值，再计算出 $D(\lambda)$，并拟合得到色散曲线。

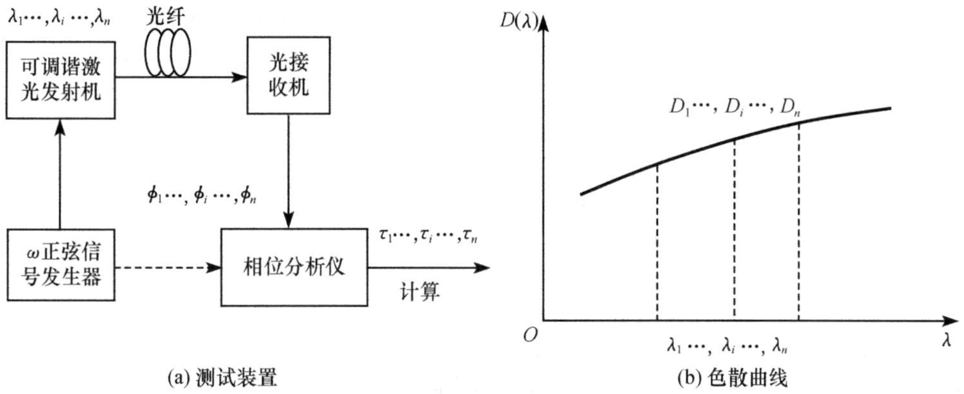

图 2.5-8　相移法测量光纤色散系数

小　　结

本章的重点是光纤的几何光学分析、光纤的模式理论及光纤色散和损耗的理论知识。掌握光纤的模式理论和几何光学分析。光纤的损耗和色散(带宽)是限制光纤通信传输距离和容量的主要因素,掌握色散和损耗的产生机理及对光纤通信系统的影响,为系统设计打下基础。灵活掌握对光纤的损耗和色散(带宽)的测量方法,为实践应用做好知识准备。了解光纤、光缆的生产工艺和一般的结构类型,以及 ITU-T 规范的 G.651～G.657 光纤的性能。

习　题　2

2-1　简述光纤的分类及其基本的特征。

2-2　推导阶跃型多模光纤的传输速率距离乘积公式(2.1-6),计算 $n_1=1.5$,$\Delta=0.01$ 时的速率距离的乘积。

2-3　定性描述渐变型多模光纤带宽远优于阶跃型多模光纤的原因。

2-4　推导光纤的波动方程(2.1-16)。

2-5　在光纤特定的边界条件下,通过对波动方程求解来描述模式的物理意义以及和归一化频率 V 之间的关系。

2-6　已知多模阶跃型光纤,纤芯折射率为 $n_1=1.5$,光纤芯径 $2a=50\mu\text{m}$,相对折射率差 $\Delta=0.01$。求:(1) 光纤数值孔径和收光角;(2) 归一化频率 V 和导模总数 N;($\lambda=1.3\mu\text{m}$);(3) 当 $\Delta=0.001$ 时,光纤芯径 $2a$ 为多大时光纤可单模工作?

2-7　已知阶跃型光纤的纤芯折射率 $n_1=1.5$,相对折射率差 $\Delta=0.001$,芯半径 $a=5\mu\text{m}$,试求 LP_{02}、LP_{11} 和 LP_{12} 模的截止波长各为多少?

2-8　什么是光纤的色散?分析多模光纤和单模光纤的色散机理。解释为什么石英光纤在 1310nm 有最低的色散?

2-9　已知 G.652 光纤在 1.31μm 波长时色散系数为 2ps/(km・nm),在 1.55μm 波长时色散系数为 18ps/(km・nm),对于半导体激光器的线宽均为 1nm 的传输系统,请计算传输 100km 两个波长能够传输的最高速率是多少?

2-10　要将 10Gbps 速率的数据通过 G.652 光纤传输 100km,其中波长为 1.55μm,色散系数为 18ps/(km・nm),请问光源的线宽应该小于多少?

2-11　简述构成光纤损耗的三大因素。最终限制光纤损耗进一步减少的是哪一种因素?为什么?

2-12 波长为 1.55μm 的 2mW 光功率，注入 100km 的 G.652 单模光纤传输（损耗系数采用 0.35dB/km），计算传输后输出光功率是多少？分别采用线性单位（mW、μW）和对数单位（dBm、dB）进行计算，并体会对数单位应用的优点。

2-13 已知 155Mbps 的光纤传输系统，传输光波长为 1.31μm，输出平均光功率 $P_{out}=-3$dBm，光接收灵敏度 $P_{in}=-30$dBm，系统余量为 6dB，连接损耗为 3dB，问系统单模光纤能传输多少公里（其中光纤损耗系数 $\alpha=0.35$dB/km）？

2-14 简述光纤制备的工艺过程和基本方法。简述光缆的种类和结构。

2-15 简述光纤损耗的 3 种测试方法及其技术特点。

2-16 应用光时域后向散射仪（OTDR）测量光纤，得到一断点信息：反回脉冲与发出脉冲之间的延时为 30μs，计算光纤断点位置（已知纤芯折射率 $n_1=1.5$，光速 $c=3\times10^8$ m/s）。

2-17 采用剪断法测量多模光纤的传输损耗，在不加扰模和滤模的情况下测得损耗值为 α_1，加上扰模和滤模后测得的损耗值为 α_2，则 $\alpha_1>\alpha_2$，为什么？

2-18 简述多模光纤带宽和单模光纤色散的测试原理与方法。

2-19 已知多模光纤长 10km，输入光脉冲宽度为 1ns，近似为高斯型脉冲，经过测量输出光脉冲宽度为 1.2ns，计算光纤的传输带宽。

2-20 简述 G.651、G.652、G.653、G.654、G.655、G.656 及 G.657 光纤的主要特征。

第3章　光电子器件

光电子器件是实现光纤通信的重要技术支撑。本章将讲述半导体光电器件的原理，介绍半导体激光器(LD)、发光二极管(LED)、光电二极管(PIN)和雪崩光电二极管(APD)的工作原理，重点阐述有源器件的传输特性，如调制带宽、啁啾、量子效率、响应度、噪声、响应带宽等技术指标。并介绍光纤通信系统常用的无源器件，包括连接器、耦合器、光隔离器、调制器、光开关、衰减器等。

3.1　半导体光电器件的基本原理

光源是光发射机的主要部件，其功能是把电信号转换为光信号。目前光纤通信广泛使用的光源主要有半导体激光器(LD)和发光二极管(LED)，有些特殊的场合也使用半导体泵浦固体激光器(DPL)和光纤激光器等高功率、窄线宽激光光源。

半导体光源包括LD和LED，在注入电流作用下，电子从低能态跃迁到高能态形成粒子数反转，电子再从高能态跃迁到低能态产生光子而发光，实现电信号到光信号的转换。半导体光探测器包括PIN和APD，在注入光子作用下，电子由低能态向高能态跃迁，并在外加电场作用下形成光生电流，从而实现光信号到电信号的转换。

3.1.1　光发射与光吸收

图3.1-1所示为二能级系统的自发辐射、受激辐射和光吸收3个过程的示意图。在自发辐射中，高能态的电子自发跃迁到低能态，释放的能量转换成光子，产生的光子具有随机的方向、相位和偏振态，出射光为非相干光，半导体发光二极管(LED)正是利用了该原理研制的。在受激辐

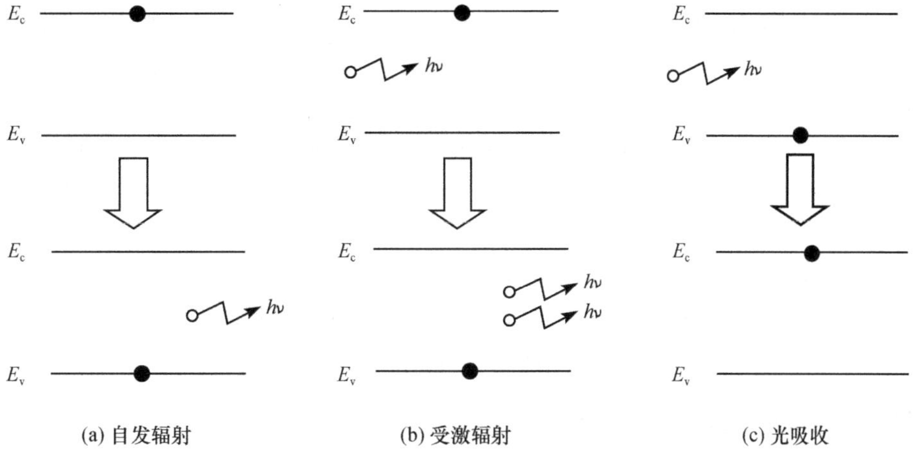

图3.1-1　电子的3种能级跃迁

射中，处于高能态的电子受到入射光子的激发跃迁到低能态而产生光子，出射的光子与入射光子具有相同的频率、方向、偏振态和相位，因此出射光为相干光，半导体激光器(LD)正是利用这个原理而得到的。在光吸收过程中，处于低能态的电子，受到外来光的照射，当光子的能量 $h\nu$ 不小于禁带宽度时，光子将被吸收而使电子跃迁到高能态，跃迁到高能态(导带)的电子，在外加电场力的作用下，会形成电流，即产生光生电流，半导体光探测器正是基于这种原理制成的。

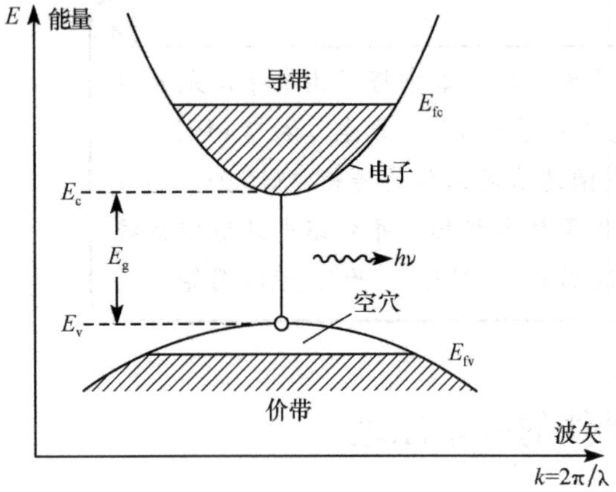

图 3.1-2　半导体材料的能带结构

图 3.1-2 所示为半导体材料的能带结构，一般来说，处于高能态(导带)的电子是不稳定的，它们会向低能态(价带)跃迁，而将能量以光子的形式释放出来，发射光子的能量 $h\nu$ 等于导带和价带的能量差，即

$$h\nu = E_c - E_v = E_g \tag{3.1-1}$$

式中，E_c、E_v 分别为电子在导带和价带的能量；E_g 称为禁带能量或宽度；$h=6.628\times10^{-34}\,\text{J}\cdot\text{s}$，为普朗克常量；$\nu$ 为吸收或辐射的光子频率。

对于上述 3 种过程，可以用自发辐射速率 R_{sp}、受激辐射速率 R_{st} 和受激吸收速率 R_{ab} 来描述。当系统处于热平衡状态时，满足波尔兹曼分布，即

$$\frac{N_2}{N_1} = \exp\left(-\frac{E_g}{k_B T}\right) \tag{3.1-2}$$

处于低能态和高能态的原子数分别为 N_1 和 N_2，$k_B=1.38\times10^{-33}\,\text{J/K}$ 为波尔兹曼常数，T 为绝对温度。图 3.1-2 所示为典型的抛物线分布的能带结构，电子在导带和价带上出现的概率可以由费米-狄拉克分布来表示，如式

$$f_c(E_2) = \{1+\exp[(E_2-E_{fc})/k_B T]\}^{-1} \tag{3.1-3}$$

$$f_v(E_1) = \{1+\exp[(E_1-E_{fv})/k_B T]\}^{-1} \tag{3.1-4}$$

式中，E_{fc}、E_{fv} 为导带和价带的费米能级；E_2、E_1 为电子在导带和价带的能量。由于 $T>0$，所以在热平衡状态下，电子总是首先占据低能量的轨道，总是 $N_1>N_2$，与式(3.1-2)一致，此时物质处于热平衡状态，N_1、N_2 相对稳定，上下能级跃迁相对平衡。通常情况下 $N_1>N_2$，即受激吸收大于受激辐射，自发辐射处于主导地位，热光源就是典型案例，不能得到相干光。要获取相干光，就必须打破热平衡，使得 $N_2>N_1$，实现粒子数反转分布，即受激辐射大于受激吸收，当光通过这种物质时，会产生放大作用，这种物质称为激活物质。半导体物质如何实现粒子数反转成为关键。

从图 3.1-2 可见导带、价带的电子分布情况，不仅与电子能量有关，还与导带和价带的费米能级密切相关。为了实现粒子数反转，受激辐射要大于吸收，即 $R_{st}>R_{ab}$，要求 $f_c(E_2)>f_v(E_1)$，利用式(3.1-3)、式(3.1-4)，这个条件可表示为

$$E_{fc} - E_{fv} > E_2 - E_1 > E_g \tag{3.1-5}$$

可见费米能级的差至少应大于禁带宽度才可能实现粒子数反转，在热平衡状态下，两个费米能级是重合的($E_{fc}=E_{fv}$)，可以在外加能量的作用下，使半导体材料的费米能级分开，为粒子数反转创造条件，半导体材料的 PN 结加上正向偏压就可以实现费米能级分裂。

3.1.2　异质结与双异质结的工作原理

在本征半导体中，低能量的价带聚集着大量的电子，而在高能量的导带上几乎没有电子，费

米能级位于禁带中央，其代表为 V 族元素，如硅(Si)、锗(Ge)等。如果在本征半导体中掺入 IV 族元素，如磷(P)、砷(As)等，该类原子与 V 族原子比较，外层多一个电子，该多余的电子能在晶格中自由移动，并且位于导带中，如果在半导体中大量掺入这种原子，则导带中的电子浓度会增加，这种半导体叫 N 型半导体，掺入的原子叫做施主杂质，在 N 型半导体中，费米能级向导带移近，在重掺杂的情况下，费米能级可能进入导带中。相反，如果在本征半导体中掺入 III 族元素，如铝(Al)、镓(Ga)、铟(In)等，该类原子与 V 族原子比较，外层缺少一个电子，则晶格之间的相互联系就处于缺少电子的状态，在晶体中就会出现与电子一样可以自由移动的空穴，且位于价带中，这种半导体称为 P 型半导体，相应的杂质原子叫受主杂质，在 P 型半导体中，费米能级向价带移近，并在重掺杂的情况下进入价带。

当 P 型半导体与 N 型半导体接触时，p 区的多数载流子空穴向 n 区扩散，同时 n 区的多数载流子电子向 p 区扩散，这就是高浓度向低浓度的扩散运动，其结果是 p-n 的接触面附近的 p 区留下了不能移动的带负电荷的电离受主，而在 n 区留下不能移动的带正电荷的电离施主，因而在接触区附近形成一个内建电场，该内建电场使载流子发生与扩散运动相反的漂移运动(低浓度向高浓度的运动)。在开始时扩散运动占优势，随着载流子的扩散，内建电场逐渐增强，漂移运动也增强，当漂移运动与扩散运动达到动态平衡时，在接触区附近形成一个相对稳定的空间电荷区，这就是 p-n 结，空间电荷区也称为势垒区。处于动态平衡的 p-n 结的费米能级应该沿整个半导体材料都相等，如图 3.1-3 所示。

当 p-n 结加上一个正向偏压(p 接正，n 接负)时，由于势垒区载流子浓度很低，电阻很大，而势垒区外的 p 区或 n 区载流子浓度较高，电阻很小，所以外加正向偏压基本上降落在势垒区上，正向偏压在势垒区产生一个与内建电场方向相反的电场，因此使内建电场减弱，p-n 结区附近的空间电荷和势垒区宽度都相应地减小，打破了扩散运动与漂移运动之间的平衡，削弱了漂移运动，使扩散运动大于漂移运动，从而形成流过 p-n 结的净扩散电流 I，该电流随外电压 U 增加而加大。在这种情况下，n 区电子向 p 区扩散，在 p 区边界附近形成电子的积累，成为非平衡少数载流子，而 p 区空穴向 n 区扩散，在 n 区边界附近也形成空穴的积累而成为非平衡少数载流子，如图 3.1-4 所示，这些非平衡载流子可以通过自发辐射或受激辐射复合而发出光子，这就是半导体光源发光的基本原理。当然非平衡载流子的复合也可以是非辐射的复合，如热复合，将能量转换热能。

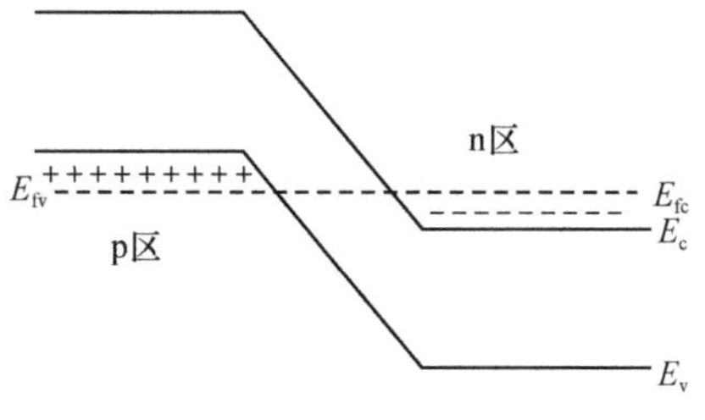

图 3.1-3　p-n 结的能带

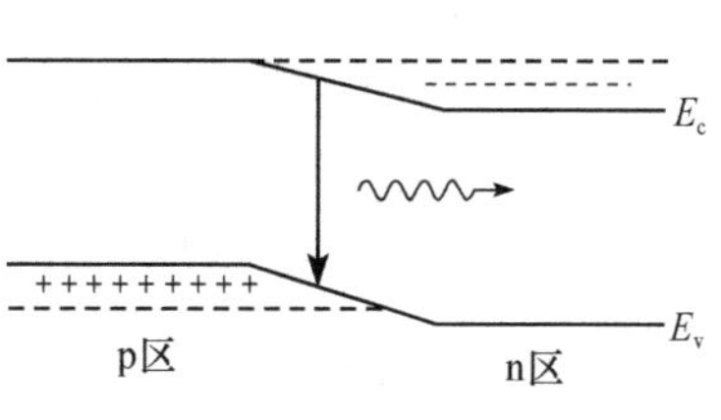

图 3.1-4　正向偏压下的 p-n 结能带

如果对 p-n 结施加一个反向偏压(p 接负，n 接正)，反向偏压在势垒区产生的电场与内建电场方向一致，势垒区电场增强，增强了漂移运动，使漂移运动大于扩散运动，n 区边界的空穴被强电场驱向 p 区，而 p 区边界的电子被驱向 n 区，使边界处的少数载流子比内部还要少，与正向偏压时的情况相反，不再是非平衡少数载流子的复合，而是非平衡少数载流子的产生过程。如果此时对 p-n 结进行光照射，通过吸收光子而产生电子-空穴对，在较强电场作用下电子将向 n 区运动，空穴向 p 区运动形成电流，所产生的电流大小正比于入射光强，这就是半导体光探测器的基本原理。

最早运用于半导体光源的 p-n 结，称为同质结，它由相同的半导体材料通过不同的掺杂而构成，在同质结中载流子的复合发生在大的空间范围(为 1～10μm)，因此载流子浓度较低，发光效率不高。最早实现的半导体激光器采用了这种同质结结构，该激光器只能在低温下以脉冲方式工作。

为了实现半导体激光器的室温连续工作，人们发明了双异质结半导体结构，其特点是在 P 型和 N 型材料中间加入一薄层半导体材料，其带隙比两端的 P 型和 N 型半导体材料小，该夹层可以是本征半导体材料，也可以是低掺杂的 P 型或 N 型半导体材料，这一夹层也称为激活区。引入这个夹层后，载流子就可以被限制在很窄的范围内(约 0.1μm)，因而载流子浓度得到大幅提高，复合效率也相应增加。1970 年正是采用了这种双异质结结构，研制出了室温下连续工作的半导体激光器。图 3.1-5 所示为一个双异质结的能带结构。对载流子的限制作用，是双异质结的显著特点。

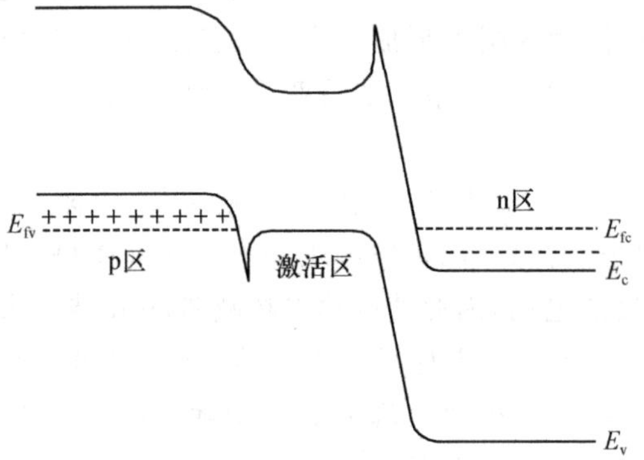

(a) 热平衡态的能带结构

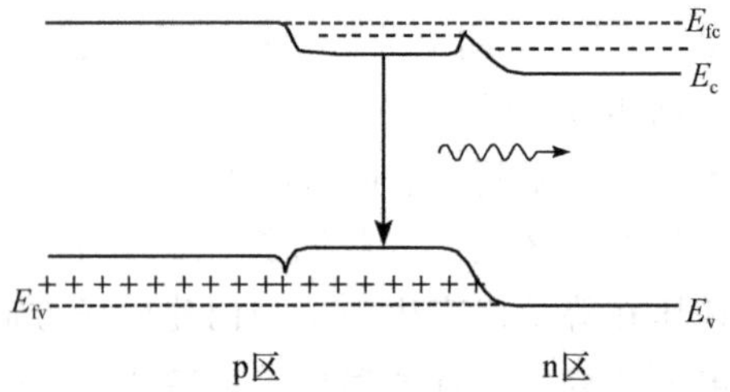

(b) 正向偏压下的能带结构

图 3.1-5　双异质结的能带结构

双异质结的另一个重要特性就是对光子的限制作用。由于低掺杂或本征半导体其折射率比正常掺杂的半导体材料的折射率稍高。因此激活区就相当于一个介质波导，它起到将光子限制在激活区附近的作用，阻止光子向两边区域的扩散，增强了光子与载流子之间的相互作用。所以双异质结既起到对载流子的限制作用，又起到对光子的限制作用，图 3.1-6 所示为这两种限制作用。在实际的激光器设计中，可根据需要，采取多层结构，分别对载流子和光子进行限制，对载流子的限制通过能带结构来实现，而对光子的限制作用通过折射率分布来实现。

3.1.3　半导体材料与波长

几乎所有的直接带隙半导体材料都可以制成同质结而通过自发辐射发光，但在双异质结的情况下，为避免晶格缺陷，对两种不同带隙的半导体材料，要求它们的晶格常数差别不超过 0.1%，这样可选择的半导体材料受到很大限制。在实际中只能通过将二元半导体材料(如 GaAs、InP)的某些原子用其他原子来代替而制成带隙能量不同但晶格常数基本相同的新的三元或四元半导体材料。例如，在 GaAs 材料中，用 Al 原子部分代替 Ga 原子而形成的 $Al_xGa_{1-x}As$ 材料与 GaAs 材料具有几乎相同的晶格常数，但 $Al_xGa_{1-x}As$ 的带隙随 x 变化。

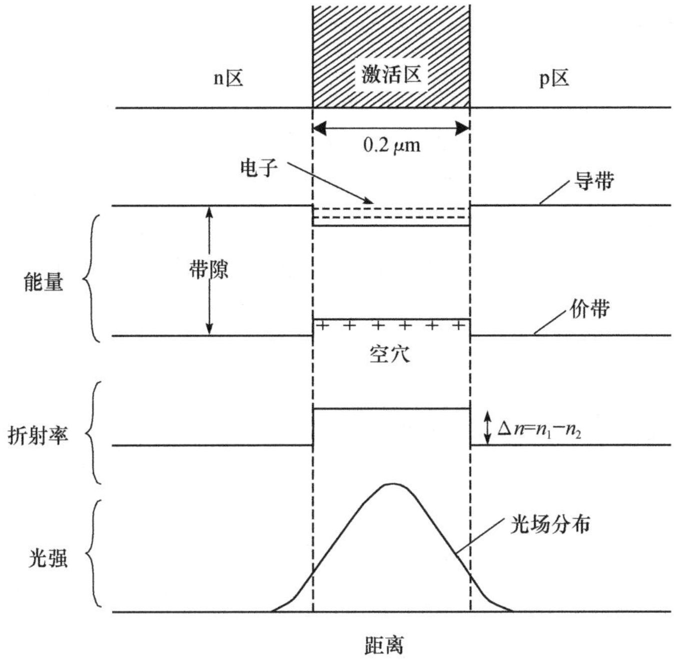

图 3.1-6 双异质结对载流子和光子的限制作用

由于光发射和光吸收的波长与材料的带隙能量相关，因此不同半导体材料构成的光源和光探测器具有不同的发光波长和检波波长，表 3.1-1 所示为满足光纤通信波段要求的几种半导体材料。

表 3.1-1 光源、探测器的工作波长与半导体材料

波长 \ 器件	光　源	探测器
0.85μm	GaAs, $Al_xGa_{1-x}As$	GaAs, Si, Ge,
1.31～1.55μm	$In_{1-x}Ga_xAs$, $In_{1-x}Ga_xAs_yP_{1-y}$	$In_{1-x}Ga_xAs$, $In_{1-x}Ga_xAs_yP_{1-y}$

0.85μm 短波长波段的发光材料，主要有 GaAs、$Al_xGa_{1-x}As$ 二元或三元半导体材料，在 1.31～1.55μm 长波长波段，主要有 $In_{1-x}Ga_xAs$、$In_{1-x}Ga_xAs_yP_{1-y}$ 三元或四元半导体材料。

光电探测材料在 0.85μm 短波长波段，主要有 GaAs、Si、Ge 等半导体材料，在 1.31～1.55μm 长波长波段，主要有 InGaAs、InGaAsP 等多元半导体材料。

光纤通信中最常采用的是半导体光源和探测器，它们具有体积小、重量轻、高效、稳定可靠、超宽带的突出优点，且工作波长与光纤低损耗窗口匹配良好。在实用化的系统中几乎都采用了半导体光源和探测器。3.2 节将介绍半导体发光二极管和激光器及半导体光探测器的基本原理、结构和特性。

3.2 半导体发光二极管(LED)和激光器(LD)

3.2.1 LED 的结构与工作原理

半导体发光二极管(LED)的工作原理是 p-n 结在正向偏压下，其激活区中载流子复合而发出自发辐射的光。因此 LED 发出的光是一种非相干光，其谱线较宽(30～60nm)，发散角也较大。适合应用于低速率的数字通信或窄带的模拟通信系统中，具有驱动电路简单、系统成本低、稳定可靠的优点。

LED可以根据其发光面与p-n结的结平面平行或垂直而分为面发光二极管和边发光二极管两种结构，如图3.2-1所示。在面发光二极管中，发光面积被限制在一个与光纤芯径相当的尺寸上，在器件的衬底上腐蚀一个小孔，然后用环氧树脂将插入小孔的光纤加以固定，并导引发射出来的光进入光纤，光纤的芯径、数值孔径、光纤与LED的距离等诸多因素决定了光纤与LED的耦合效率，将光纤端面制成球形状以及在LED与光纤之间使用微透镜，都可以增加耦合输出效率。

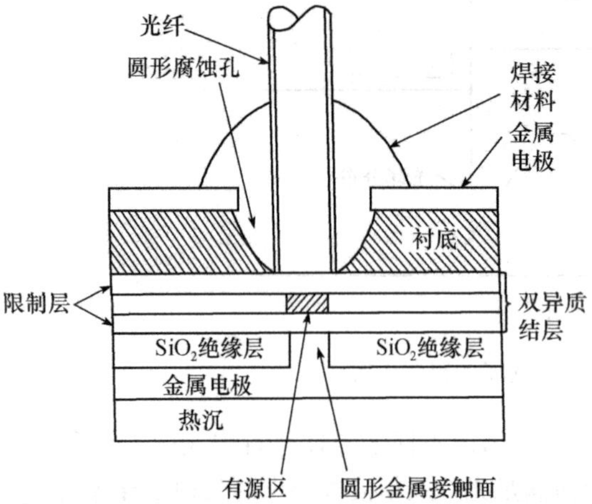

(a) 面发光二极管

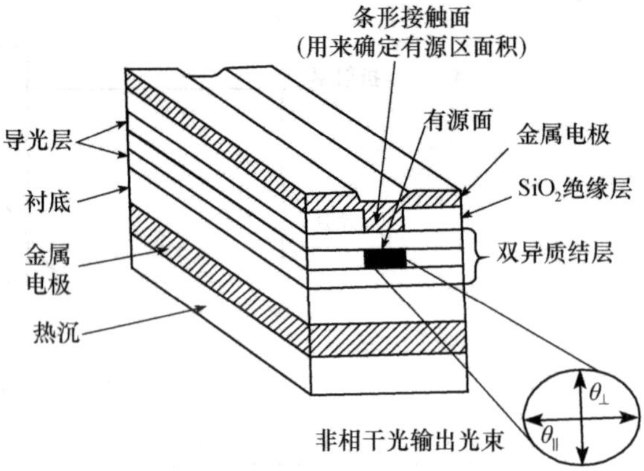

(b) 边发光二极管

图3.2-1　面发光二极管与边发光二极管

边发光二极管具有沿p-n结平面上的波导结构，其光辐射的图形与面发光二极管不一样。在边发光二极管中，在垂直于结平面的方向上辐射角只有30°左右，所以边发光二极管与光纤的耦合具有更高的效率。综合比较两种发光二极管的特点，如表3.2-1所示，边发光二极管具有带宽较宽、效率较高的优势，符合中短程、低速光纤通信系统的要求，目前在光纤通信系统中，边发光二极管为主要器件之一，面发光二极管已被淘汰。

表3.2-1　面发光二极管与边发光二极管的性能比较

特性 \ 器件	面发光二极管	边发光二极管
工作波长	0.85μm、1.31μm、1.55μm波段	
制备工艺	较容易	稍复杂
耦合效率	低(出纤功率小于100μW)	高(出纤功率大于500μW)
调制带宽	低(小于100MHz)	高(大于500MHz)

3.2.2　LED的工作特性

LED的工作特性主要分为两大类：电光转换性能和光学性能，其中包括LED的*P-I*特性曲线、调制特性、输出光谱特性和光束特征等。

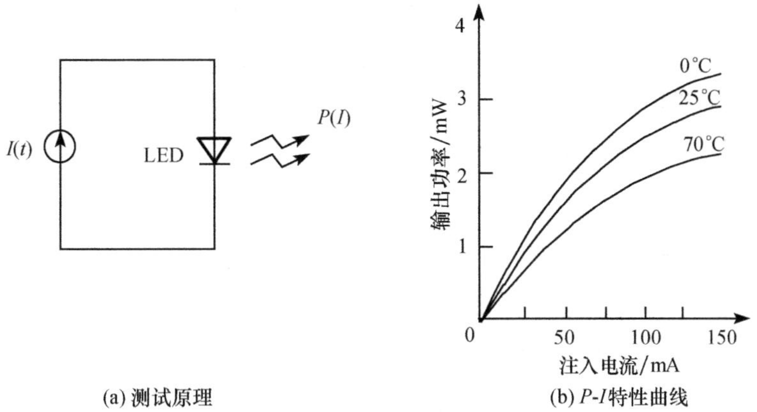

图 3.2-2　LED 的 P-I 特性曲线的测试和典型曲线

1. P-I 特性曲线

LED 的 P-I 特性曲线是指输出光功率随注入电流的变化关系。其测试方法如图 3.2-2(a)所示，通过改变注入 LED 的电流，同时测量 LED 输出的光功率，就可以得到 P-I 特性曲线。图 3.2-2(b)所示为一个典型的 P-I 特性曲线，它具有以下 3 大特征：

(1) P-I 特性曲线基本呈线性关系，可以为光纤通信所用。但实际上只有在注入电流较适中的一段区间才具有较好的线性特征，当调制电流过大时，线性特征将遭到破坏，此时需要一定的补偿机制来满足通信的要求。

(2) P-I 特性曲线随温度升高，斜率下降，即量子效率下降。图 3.2-2(b)所示为一只典型的 LED 在不同温度下的 P-I 曲线，随温度升高，非辐射复合增加，使量子效率下降，从而输出光功率也相应减小。

(3) P-I 特性曲线，随注入电流的升高，LED 输出特性出现饱和。其原因是在较大的注入电流下，p-n 结的温度升高，非辐射复合增加，输出光功率下降。

因此，LED 可以作为光纤通信重要的光源，运用中必须充分考虑 LED 的负温度特性和有限的线性变换特征。

2. 输出光谱和光束特性

LED 是自发辐射光源，因此其光谱较宽。图 3.2-3 所示为 GaAs 和 InGaAsP LED 的典型光谱特性，短波长的 GaAs LED 谱线宽度一般为 30～50nm，而长波长的 InGaAsP LED 谱线宽度

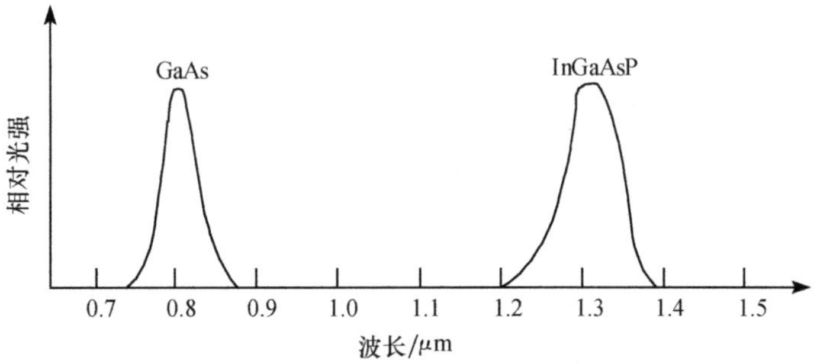

图 3.2-3　GaAs 和 InGaAsP LED 的典型光谱

一般为 50～80nm。由于 LED 的谱宽较宽，采用 LED 作为光源的光纤通信系统将受光纤色散的限制，传输带宽和距离的乘积被限制在一个较小范围内，所以 LED 主要适合于窄带、低速、传输距离在 10km 左右的光纤传输系统。

LED 输出光束在与 p-n 结平行的面内发散角约为 120°，在与 p-n 结垂直的面内具有较强的方向性，其发散角约为 30°。

3. 响应速率与带宽

LED 的调制特性主要受限于有源区光子的产生与泯灭的机制，通常采用自发复合寿命来描述，定义为载流子寿命 τ_c，建立有源区载流子浓度 N 的速率方程

$$\frac{\mathrm{d}N}{\mathrm{d}t}=\frac{I}{qV}-\frac{N}{\tau_c} \tag{3.2-1}$$

式中，V 为有源区体积；q 为电子电荷量；I 为注入电流，由偏置电流和调制电流组成，即

$$I(t)=I_b+I_m\exp(\mathrm{j}\omega_m t) \tag{3.2-2}$$

式中，I_m 为调制电流幅度；ω_m 是调制频率。基于电光变换的线性原理，可以得到

$$N(t)=N_b+N_m\exp(\mathrm{j}\omega_m t) \tag{3.2-3}$$

其中

$$N_b=\tau_c I_b/qV,\quad N_m(\omega_m)=\frac{\tau_c I_m/qV}{1+\mathrm{j}\omega_m\tau_c} \tag{3.2-4}$$

输出光功率与 N_m 呈线性关系，因此 LED 的电光变换的传递函数为

$$H(\omega_m)=\frac{1}{1+\mathrm{j}\omega_m\tau_c} \tag{3.2-5}$$

定义 $|H(\omega_m)|$ 下降一半时为 LED 的 3dB 调制带宽

$$f_{3\mathrm{dB}}=\frac{\sqrt{3}}{2\pi\tau_c} \tag{3.2-6}$$

对 InGaAsP LED，τ_c 的典型值为 1～3ns，相应的调制带宽大致在 80～300MHz，边发光二极管比面发光二极管具有更小的载流子寿命，因此边发光二极管的调制带宽较大。

3.2.3 LD 的结构与工作原理

宽带、长距离的通信能力是光纤通信的显著特点，LED 由于自身的性能局限，将不能满足这一要求，人们自然将目光聚焦到了半导体激光器（LD），它具有输出光功率高、光束质量好、相干性好、调制带宽大的突出优点，能够满足光纤通信系统运用的需要。

1. LD 的结构

典型的半导体激光器由带隙能量较高的 P 型和 N 型半导体材料中间夹一层很薄（约 0.1μm）的带隙能量较低的另一种半导体材料而构成。图 3.2-4 所示为这种典型激光器结构示意图，这种结构与边发光 LED 极为相似，其不同之处在于由半导体材料的解理面形成了 F-P 腔来输出激光。

2. LD 的工作原理

任何激光器为了实现激光输出，都必须满足两个条件：一是增益条件，具有增益介质，能够实现粒子数反转分布；二是相位条件，具有谐振腔，实现相位匹配，自洽放大（正反馈）。

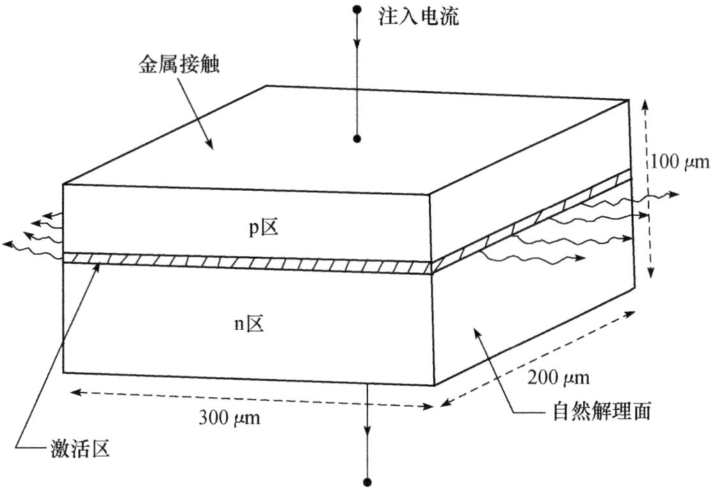

图 3.2-4　典型 F-P 腔半导体激光器

1）光增益

在半导体激光器中，对激活区两边的 P 型和 N 型半导体进行重掺杂，p-n 结在正向偏压下费米能级分裂进入价带和导带而满足条件式(3.1-5)，当注入激活区的载流子浓度超过一定值(称为透明载流子浓度)后，实现粒子数反转，此时，如果有光信号进入激活区，则载流子通过受激辐射复合而对光信号提供光增益为

$$G = \exp(gL) \tag{3.2-7}$$

式中，L 为光信号沿激活区传播的长度；g 称为增益系数。

2）光反馈和激光器阈值

在半导体激光器中，光反馈由激活区两端的自然解理面构成的 F-P 腔来提供，如图 3.2-5 所示，在自然解理面上，由于激活区折射率 n 与空气的折射率 1 不同而构成反射镜，反射率

$$R = \left(\frac{n-1}{n+1}\right)^2 \tag{3.2-8}$$

用于制作 LD 的半导体材料折射率的典型值为 3.5，因此 LD 端面的反射率约为 30%，尽管由此构成的 F-P 腔具有较大的腔损耗，但由于材料增益很高，足以形成激光振荡。

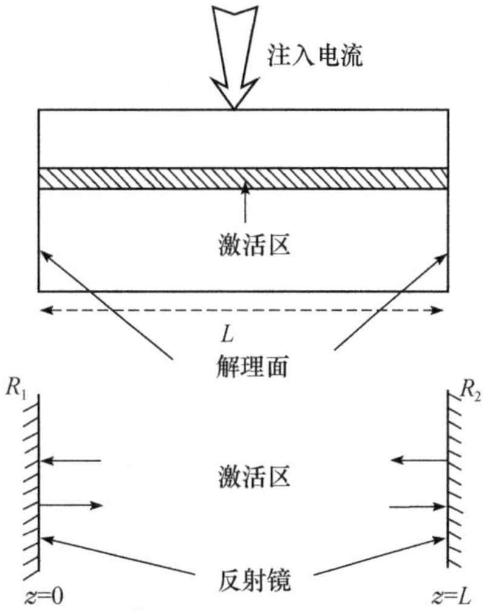

图 3.2-5　自然解理面构成的 F-P 腔

由于 LD 激活区存在吸收、散射等各种损耗及 F-P 腔的输出损耗，注入电流必须大于一定值才能形成激光振荡，该最小注入电流定义为 LD 的阈值电流。此时输出的激光必须满足由 F-P 腔决定的相位条件。阈值条件和相位条件可以通过考察一个光波在腔内往返传播一次，并实现自再现而得到，即

$$g = \alpha_{\text{int}} + \frac{1}{2L}\ln\left(\frac{1}{R_1R_2}\right) \tag{3.2-9}$$

$$\nu = \nu_{\text{m}} = mc/(2nL) \tag{3.2-10}$$

式中，m 为整数；ν 为光频率；R_1、R_2 为两腔面的反射率；α_{int} 为激活区其他机制引起的功率损耗系

数;L 为腔长;n 为有源区折射率。式(3.2-9)表明,增益必须大于腔损耗(包括激活区损耗和腔体损耗),才可能形成激光,而式(3.2-10)表明,振荡的激光频率 ν 必须满足 $\nu_m = mc/(2nL)$ 的条件。当 m 取不同值时,对应于激光器的不同纵模,纵模间隔 $\Delta\nu_L = c/(2nL)$,对腔长 $L = 200 \sim 400\mu m$ 的激光器,$\Delta\nu_L = 100 \sim 200GHz$。

由于半导体激活材料的增益谱很宽(约 10THz),因此 F-P 腔 LD 中常常是有多个纵模起振,从原理上讲,应该只有最接近增益峰值的纵模可以振荡,而其他模式由于模竞争效应而被抑制掉,但实际上在峰值增益附近的几个纵模的增益差很小,因此常常是多纵模发生振荡,这种激光器称为多模半导体激光器,如果采用特殊的结构(如分布式光栅),只对某一模式提供正反馈,则可以实现半导体激光器的单纵模工作。

3. 几种 LD 的实际结构

图 3.2-4 所示的典型结构,尽管在垂直于结平面的方向上载流子和光子都被限制在很窄的范围(双异质结的性能),但在平行于结平面的方向上光子和载流子没有受到限制,因此输出的光斑具有椭圆的形状(约 $1\mu m \times 100\mu m$)。由于电流是沿整个平行于结的激活区平面注入,所以这种激光器的阈值电流很高,而其输出光斑又是椭圆形状且随注入电流而发生不能控制的变化,因此在光纤通信中几乎不采用这种结构的激光器,而是利用某种方法使平行于结平面的激活区由平面结构变成条形结构,即在输出平面(横截面)的横向方向上再对载流子和光子进行限制,使载流子和光子都被局限在一个较窄(约 $2\mu m$)和很薄(约 $0.1\mu m$)的条形区域内,以提高载流子和光子浓度,降低激光器的阈值,同时激光器的输出光斑能较好地与光纤端面匹配,提高耦合效率。相对于宽面激光器,这种激光器称为条形激光器,目前,条形激光器采用了两类结构,即增益导引和折射率导引。

1) 增益导引半导体激光器

在增益导引半导体激光器中,其设计思想是对注入电流进行控制,使其集中于激活区中央的条形区域中,提高工作效率。图 3.2-6 所示为两种增益导引半导体激光器横截面的结构,在图 3.2-6(a)中,p 型材料顶部的边缘沉积了一层绝缘材料(SiO_2),只剩下中央的条形区域可以流过电流,在图 3.2-6(b)中,先在 p 型材料上沉积一层 n 型材料,然后在中央条形区域中采用 Zn 扩散的方法制成一深入 p 型层的 Zn 扩散区域,电流只能通过 Zn 扩散区域而注入激活区,在其他区域,由于最上层的 p-n 结是反向偏置而不能流过电流。这样注入电流就被局限在激活区中

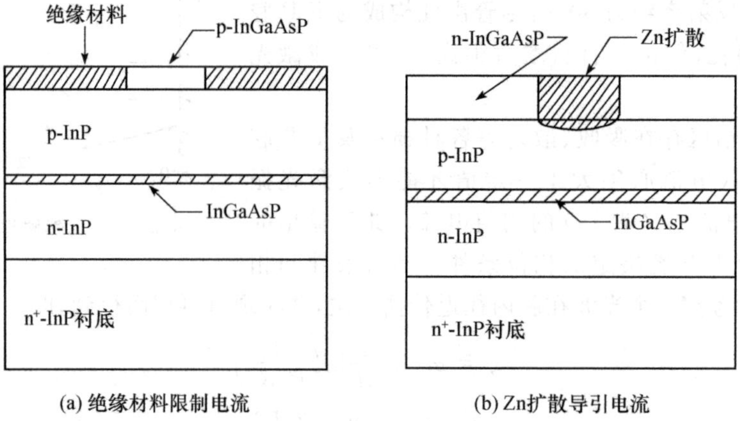

图 3.2-6 两种增益导引半导体激光器横截面结构

心的条形区域(5～10μm 宽)，使得提供增益的非平衡载流子也被局限在中心区域，所以在中心区域光信号的增益也最大，而在激活区条形范围以外光信号具有较大的损耗，因此光信号也被限制在这个条形区域中。由于这种对光子的限制作用是由增益的分布所提供，所以这种半导体激光器称为增益导引半导体激光器。

增益导引半导体激光器的阈值电流通常为 50～100mA，其输出光斑的尺寸约为 1μm×10μm，这种激光器随着注入电流的增大，光斑尺寸不太稳定，为了获得更稳定模式分布的激光器，需要采用另一种折射率导引结构的半导体激光器。

2) 折射率导引半导体激光器

在折射率导引半导体激光器中，其设计思想是在上述电流限制的基础上，通过在横向引入一个折射率差 Δn_L，形成与纵向的双异质结相类似的波导效应而实现对光波的限制。依据 Δn_L 的大小，这类激光器又分为弱折射率导引和强折射率导引两种，图 3.2-7 所示为两种激光器横截面的结构示意图。在弱折射率导引激光器中，常采用脊形波导结构，脊形波导通过先腐蚀掉一部分 p 型层，然后再沉积上 SiO_2 而构成，由于 SiO_2 的折射率比半导体材料低，导致在横向方向上出现一个约为 0.01 的有效折射率差，而实现对光波的限制。

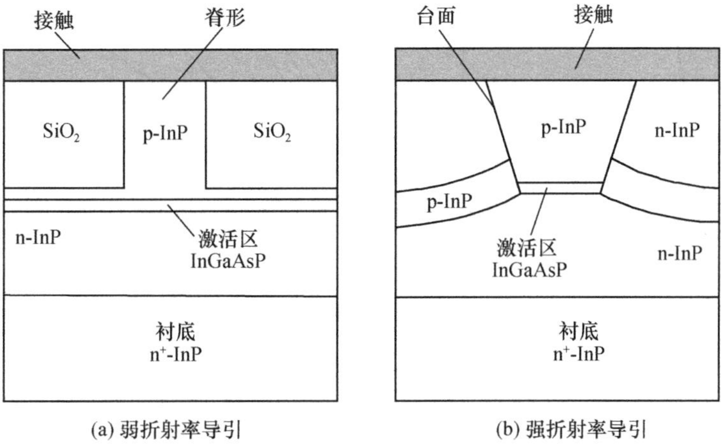

图 3.2-7　两种折射率导引半导体激光器横截面的结构

在强折射率导引半导体激光器中，条形有源区(0.1μm×1μm)被折射率较低的各种半导体材料包围着而形成波导，所以这种激光器也称为掩埋异质结(BH)半导体激光器。根据设计和制造工艺的不同，它们又分为腐蚀台面 BH、平面 BH、双沟道平面 BH 和 V 沟道衬底 BH 激光器等，这种激光器在横向上具有很大的折射率差($\Delta n_L \approx 0.2 \sim 0.3$)，因此对光信号具有很强的限制作用，输出光斑也很稳定，适合于与单模光纤耦合。在大多数光纤通信系统中都采用了强折射率导引的 BH 半导体激光器。

3.2.4　LD 的工作特性

LD 的工作特性与 LED 类似，主要包括 LD 的 *P-I* 特性曲线、调制特性、激光器噪声、输出光谱特性和光束特征等。

1. *P-I* 特性曲线

LD 的 *P-I* 特性曲线是指其输出功率 *P* 随注入电流 *I* 的变化关系，其测量方法与 LED 类似。半导体激光器的典型 P-I 特性曲线如图 3.2-8 所示，随着激光器注入电流的增加，其输出功率增加，但只发出荧光，存在一个阈值电流 I_{th}，只有当注入电流大于阈值电流后，输出功率才随注入电流急剧增加，发射出激光，当注入电流小于阈值电流时，LD 发出的是自发辐射光。

LD 的 P-I 特性曲线随器件的工作温度发生变化，图 3.2-9 所示为一只 1.3μm 的 InGaAsP BH 半导体激光器在 10～130℃ 范围内的 P-I 特性曲线，在室温下，该器件的阈值电流约为 20mA，而在 100mA 的注入电流下，输出功率可达到 10mW，随着温度的升高，激光器的 P-I 特性发生劣化，阈值电流也会升高。

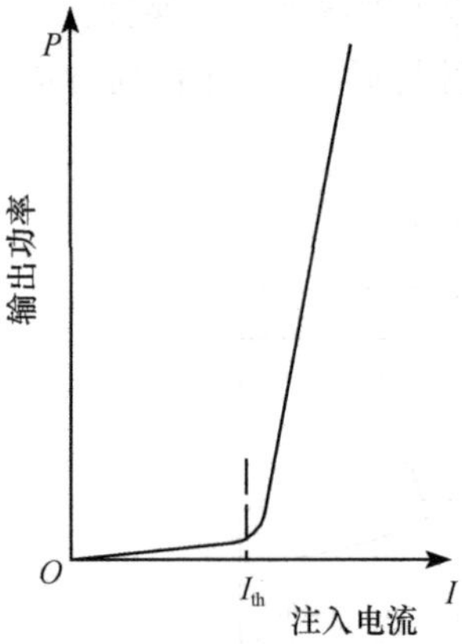

图 3.2-8　半导体激光器的典型 P-I 特性曲线

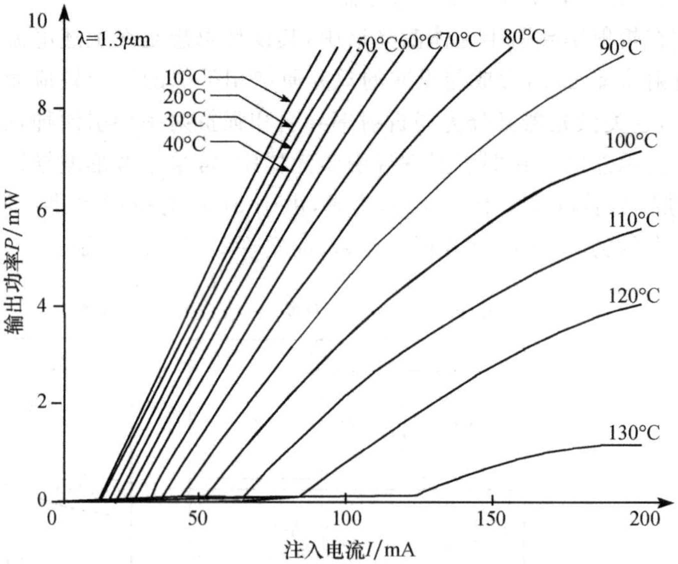

图 3.2-9　InGsAsP BH 半导体激光器的 P-I 特性随工作温度的变化曲线

LD 工作温度的变化将会改变半导体材料的带隙和折射率，使得随着温度的增加，激光器的输出波长将向长波长方向漂移，对于 GaAs 激光器，变化率约为 0.2nm/℃，而对 InGaAsP 激光器，变化率一般为 0.4～0.5nm/℃。

综上所述，LD 的 P-I 特性曲线具有以下特征：

(1) LD 是有阈值电流的器件，当注入电流 $I<I_{th}$，LD 发出荧光；当注入电流 $I\geqslant I_{th}$，LD 发出激光。

(2) 注入电流 $I>I_{th}$，P-I 特性曲线基本呈线性关系，可以为光纤通信服务。但实际上只有注入电流在一个适中的范围，它们才具有较好的线性变换，当调制电流较大时，线性特征将遭到破坏，此时需要一定的补偿机制来满足通信的要求，与 LED 类似。

(3) P-I 特性曲线随温度升高，斜率下降，即量子效率下降。图 3.2-9 所示为一只典型的 LD 在不同温度下的 P-I 曲线，随着温度的升高，非辐射复合增加，使量子效率下降，输出光功率也相应下降。

(4) P-I 特性曲线随温度升高，阈值电流 I_{th} 不断升高，如图 3.2-9 所示。

(5) P-I 特性曲线，随注入电流的升高，LD 输出光功率出现饱和。其原因是在较大的注入电流下 p-n 结的温度升高，非辐射复合增加，输出功率下降，如图 3.2-9 所示。

由 LD 的 P-I 特性曲线，可以得到器件的几个重要参数，其中一个是曲线斜率定义为量子效

率，等于发射光功率与注入电流功率之比，即

$$\eta = \frac{\Delta P}{\Delta I} = \frac{h\nu}{q}\eta_{\mathrm{d}} \tag{3.2-11}$$

式中，η_{d} 为微分量子效率，可表示为

$$\eta_{\mathrm{d}} = \eta_{\mathrm{int}} \frac{\alpha_{\mathrm{mir}}}{\alpha_{\mathrm{int}} + \alpha_{\mathrm{mir}}} \tag{3.2-12}$$

式中，η_{int}为内量子效率，描述了载流子转换成光子的效率；α_{mir}、α_{int}分别表示输出腔损耗和腔内损耗。激光器的外量子效率定义为

$$\eta_{\mathrm{ext}} = \frac{\text{光子辐射率}}{\text{电子注入率}} = \frac{P_{\mathrm{o}}/h\nu}{I/q} \tag{3.2-13}$$

式中，P_{o} 为输出光功率。实际中采用输出(出纤)光功率与注入电功率之比来描述 LD 总的电光转换效率，即

$$\eta_{\mathrm{tot}} = \frac{P_{\mathrm{o}}}{IV_{\mathrm{LD}}} \tag{3.2-14}$$

式中，I、V_{LD}为流过 LD 的电流和 LD 上的电压降。

LD 的 P-I 特性曲线是系统设计和选择器件的重要依据，由于 P-I 特性受温度的影响较大，所以一般需要采用制冷器使 LD 工作在恒温状态。同时对 LD 直接注入电流调制时，需要充分考虑 LD 的线性特征，必要时采用非线性补偿技术，再有 LD 的工作电流应该有效地避开 P-I 曲线的饱和区域，以保证器件的效率和寿命。

2. 调制特性

半导体激光器的调制特性由描述激活区中载流子与光子相互作用的速率方程来分析，该速率方程为

$$\frac{\mathrm{d}N}{\mathrm{d}t} = \frac{I}{qV} - \frac{N}{\tau_{\mathrm{c}}} - GS \tag{3.2-15}$$

$$\frac{\mathrm{d}S}{\mathrm{d}t} = GS + R_{\mathrm{sp}} - \frac{S}{\tau_{\mathrm{p}}} \tag{3.2-16}$$

式中，N、S 分别为载流子和光子的浓度；I 为注入有源区的电流；q 为电子电荷；V 为有源区体积；G 为受激辐射的净增益；R_{sp}为由自发辐射引起的光子数浓度增加；τ_{c}、τ_{p} 分别为载流子和光子的寿命。

式(3.2-15)右边的 3 项分别表示由注入电流产生的载流子浓度增加，由载流子寿命决定的载流子减小和由增益引起的载流子减少。式(3.2-16)右边的 3 项分别表示增益引起的光子数增加，自发辐射引起的光子数增加和由光子寿命引起的光子数减小。

LD 的调制响应特性决定了能够调制到半导体激光器上的最高带宽。利用速率方程式(3.2-15)和式(3.2-16)，设 LD 的注入电流为

$$I = I_{\mathrm{b}} + I_{\mathrm{m}} f(t) \tag{3.2-17}$$

式中，I_{b} 为偏置电流；I_{m} 为调制电流的大小；$f(t)$为调制电流的波形。

LD 的调制响应分为小信号调制和大信号调制两种情况，一般情况下只能对速率方程进行数值求解，通过近似求解得到小信号正弦波调制的解析表达式。所谓小信号调制是指激光器偏置电流 I_{b} 在阈值 I_{th}以上，而调制电流幅度满足 $I_{\mathrm{m}} \ll I_{\mathrm{b}} - I_{\mathrm{th}}$，此时可求得 LD 的 3dB 调制带宽的近似表达式为

$$f_{3\mathrm{dB}} \approx \frac{\sqrt{3}}{2\pi}\Omega_{\mathrm{R}} \approx \frac{\sqrt{3}}{2\pi}\left(\frac{G_{\mathrm{N}}S_{\mathrm{b}}}{\tau_{\mathrm{p}}}\right)^{1/2} = \left[\frac{3G_{\mathrm{N}}\eta_{\mathrm{int}}}{4\pi^2 qV}(I_{\mathrm{b}} - I_{\mathrm{th}})\right]^{1/2} \tag{3.2-18}$$

式中，Ω_{R} 定义为 LD 的张弛振荡频率；G_{N} 为微分净增益系数；S_{b} 为在偏置电流 I_{b} 下的稳态载流子浓度；τ_{p} 为光子寿命；η_{int} 为 LD 的内量子效率。

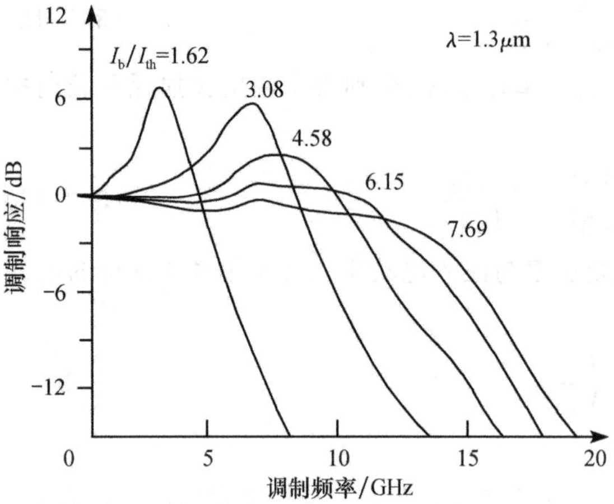

图 3.2-10　DFB 半导体激光器在不同偏置电流下的调制响应曲线

图 3.2-10 所示为一只 1.3μm DFB 激光器在不同的偏置电流下的调制响应曲线，偏置电流在 7.7 倍阈值时，$f_{3\mathrm{dB}}$ 达到 14GHz，可见 LD 的调制带宽与偏置电流呈正相关的趋势，实际运用中可以通过设定偏置电流，得到最佳工作带宽，但不能过大，以免损坏 LD。

在大多数光纤通信系统中，激光器偏置在阈值附近再以较大的矩形脉冲电流调制注入电流而获得数字光信号，这种调制属于大信号调制，在大信号调制下可以对速率方程进行数值求解，光脉冲并不表现为矩阵脉冲，其脉冲的上升时间和下降时间受到激光器调制带宽的影响而展宽，限制了半导体激光器的最大调制速率。半导体激光器的这种大信号数字调制速率可达 10Gbps，若再高速率的调制，就需要采用外调制技术。

3. 半导体激光的噪声

半导体激光器即使在稳定的直流偏置下，其输出光信号的强度、相位和频率也会产生随机波动而形成噪声，产生噪声的两个基本因素是自发辐射和电子-空穴对的复合点噪声，其中自发辐射噪声是主要的噪声源。自发辐射产生的相位随机变化的光场会叠加在受激辐射产生的相干光场上，形成对光场的幅度和相位的随机微扰，从而导致输出光的强度和相位发生漂移，强度的漂移构成对光信号信噪比的影响，而相位、频率的漂移使激光器的输出光信号具有一定的谱宽（线宽）。

1）强度噪声

半导体激光器的强度噪声通常采用相对强度噪声来定义。强度自相关函数定义为

$$C_{\mathrm{PP}}(\tau) = \langle \delta_{\mathrm{P}}(t)\delta_{\mathrm{P}}(t+\tau)\rangle / \bar{P}^2 \tag{3.2-19}$$

式中，$\bar{P}$ 为平均值；$\delta_{\mathrm{P}} = P - \bar{P}$ 代表涨落；$C_{\mathrm{PP}}(\tau)$ 的傅里叶变换定义为相对强度噪声(RIN)，表示为

$$\mathrm{RIN}(\omega) = \int_{-\infty}^{\infty} C_{\mathrm{PP}}(\tau)\exp(\mathrm{j}\omega\tau)\mathrm{d}\tau \tag{3.2-20}$$

半导体激光器的相对强度噪声是衡量激光器性能的重要指标，通常难以得到解析式，往往采用数值求解，或通过实验测量得到。RIN 为功率谱密度的单位为(1/Hz)，一般 RIN 值较小，为了方便通常采用对数单位 dB/Hz。例如，一只 DFB 半导体激光器，RIN＝－160dB/Hz，信号带宽为 1GHz，此时的相对强度噪声系数为 $10^9 \times 10^{-16} = 10^{-7}$，为－70dB，这一部分就是强度噪声对系统噪声的贡献。

图 3.2-11 所示为一个典型的 1.55μm InGaAsP 半导体激光器在不同输出功率下相对强度噪声 RIN 的计算结果，RIN 在张弛振荡频率处具有最大值。在一定频率下，当功率较小时，RIN 随功率的增加按 P^{-3} 关系减小；当功率较大时，这种随功率的增加而减小的关系成为 P^{-1}。

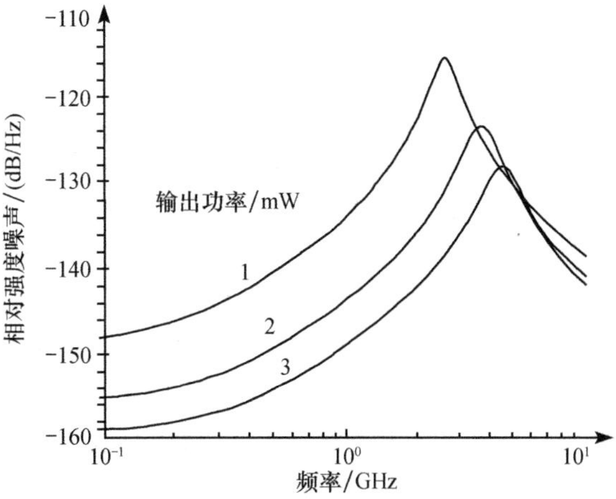

图 3.2-11　半导体激光器在不同输出功率下的相对强度噪声谱

2）相位漂移

LD 的相位漂移导致其输出谱具有一定宽度，光谱线宽定义为洛伦兹曲线在半最大值处的全宽度(FWHM)，表示为

$$\Delta\nu = R_{sp}(1+\beta_c^2)/(4\pi\bar{S}) \qquad (3.2\text{-}21)$$

式中，β_c 为线宽展宽因子；$\bar{S}$ 为平均光子浓度。

式(3.2-21)表明，LD 的谱线宽度随输出功率的增加而减小，这种成反比的关系已由大多数激光器在较低的功率范围(小于 10mW)下的实验所证实，但功率进一步增加到 10mW 以上时，发现激光器的线宽饱和在 1～10MHz 的范围，该公式将不再适用。

3）频率啁啾

当注入电流使载流子浓度发生变化引起增益变化而实现对光信号的调制时，载流子浓度的变化不可避免地引起折射率的变化，从而对光信号形成一个附加的相位调制，在大信号调制的情况下，这种相位的调制更为严重，光波相位随时间发生变化，表明其发射频率将随时间变化而偏离其稳态值。由调幅引起模折射率的变化，导致模式频率的调制，称为激光器的频率啁啾。光脉冲的频率啁啾情况，在脉冲上升沿频率发生升高(蓝移)而在脉冲下降沿发生下降(红移)，啁啾的存在使得光信号的频谱大大展宽。

半导体激光器的频率啁啾是对光纤通信系统传输带宽限制的一个重要因素，对 1.55μm 波段的系统，如果传输距离在 80～100km，采用普通光纤时码率将被限制在 2Gbps 以下，如果采用色散位移光纤，码率可得到一定提高，其他解决频率啁啾问题的方法包括对注入电流脉冲形状的控制、注入锁定、采用耦合腔半导体激光器等。最直接的办法就是设计出具有较小线宽展宽因子的半导体激光器，采用量子阱结构设计，线宽展宽因子值可以降低到普通设计的 1/2。如果激光器工作在直流偏置情况，采用外调制器则可以消除调制引起的频率啁啾，这也是 10Gbps 以上系统几乎都采用外调方式的原因。

4. 激光模式与光场分布

半导体激光器的模式分为纵模和横模，纵模由满足谐振腔纵向相位条件和净增益条件而决定，横模则由谐振腔的横向结构决定。光纤通信要求基模激光输出，即基横模，保证激光输出光束的横向分布，满足光纤耦合与传输的要求，同时通过激光腔控制输出频率。

半导体激光器横向模式实质就是研究有源区矩形光波导的麦克斯韦波动方程，即

$$\nabla^2\boldsymbol{E} + n^2k_0^2\boldsymbol{E} = 0 \qquad (3.2\text{-}22)$$

式中，$k_0=\omega/c=2\pi/\lambda$，在激活区内折射率 $n=n_1$，在激活区外 $n=n_2$。半导体激光器有源区在横截面方向具有矩形结构，有源区宽度(x 方向)尺寸为 W，有源区厚宽度(y 方向)尺寸为 d，可得到由 $\boldsymbol{D}$ 参数和 $\boldsymbol{W}$ 参数分别表示的基模条件，即

$$\boldsymbol{D} = k_0 d(n_1^2 - n_2^2)^{1/2} < \pi \tag{3.2-23}$$

$$\boldsymbol{W} = k_0 W(n_{\text{eff}}^2 - n_2^2)^{1/2} < \pi \tag{3.2-24}$$

式中，n_{eff}为有效折射率。

代入 $n_1=3.55$，$n_2=3.2$，$d=0.1\mu\text{m}$ 的典型值，可得到在 0.8～1.6μm 的波长范围内满足 $\boldsymbol{D}$、$\boldsymbol{W}<\pi$ 的单模条件，W 和 d 的典型值分别在 1～2μm 和 0.1～1μm。

半导体激光器的远场分布通常由光沿 x 和 y 两个方向的辐射角来决定，如图 3.2-12 所示。通常用角度分布函数的半极大值全宽 $\theta_{\perp}$ 和 $\theta_{/\!/}$ 来表征远场分布，$\theta_{\perp}$ 和 $\theta_{/\!/}$ 的典型值分别在 30°～50°和 10°～30°，尽管此角度与 LED 的辐射角相比已经大大减小，但相对于其他类型的激光器来说，半导体激光器的发散角还是相当大的，半导体激光器椭圆形的光斑加上较大的发散角，使得它直接与光纤的耦合效率不高，通常只能达到 30%～50%，可采用耦合透镜来提高效率。

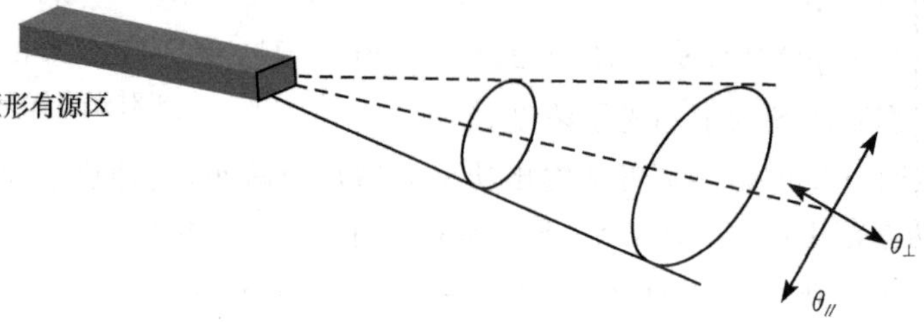

图 3.2-12 半导体激光器有源区的矩形波导与光场分布

3.2.5 单模半导体激光器

通过控制半导体激光器有源区的横向尺寸，可以实现单横模工作，然而由于 F-P 腔在峰值增益处的几个邻近纵模的净增益相差很小，所以普通 F-P 半导体激光器通常是工作在多纵模状态，输出光谱较宽(2～4nm)。这种多纵模半导体激光器可以用于工作在 1.31μm 波段速率高达 2Gbps 的光纤通信系统，但却不能用于 1.55μm 波长或更高速的光纤通信系统，这均由光源线宽带来的色散所限制，因此，有必要设计出单纵模工作的半导体激光器。

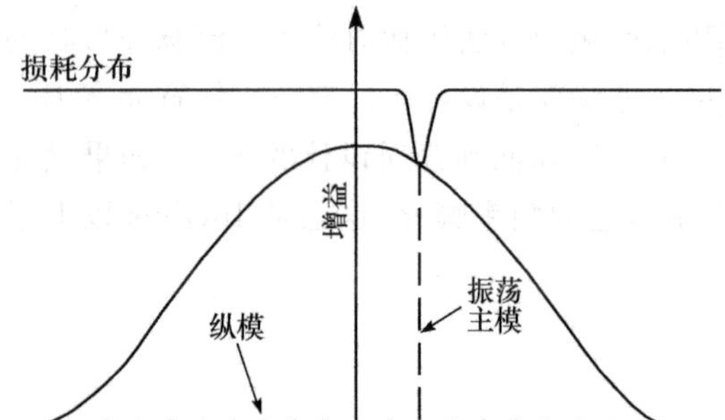

图 3.2-13 单纵模半导体激光器的增益和损耗分布

单纵模半导体激光器的设计思想基于纵模的损耗差，即不同的纵模具有不同的损耗，使某一纵模的损耗最小(净增益最大)而达到振荡条件，图 3.2-13 所示为这种激光器的增益和损耗分布，具有最小损耗的纵模首先达到阈值条件而成为振荡主模，其他模式由于具有较高的损耗而基本上被抑制掉。单纵模半导体激光器的性能通常采用边模抑制比(MSR)来表征，定义为

$$\text{MSR} = P_{\text{mm}}/P_{\text{sm}} \tag{3.2-25}$$

式中，P_{mm} 为主模的功率；P_{sm} 为最大的边模(次模)的功率。对于一个较好的单纵模半导体激光器，MSR 应该至少大于 30dB。单纵模半导体激光器分为两大类：分布反馈式半导体激光器和耦合腔式半导体激光器。

1. DFB 和 DBR 半导体激光器

与 F-P 型激光器不同，分布反馈半导体激光器的光反馈不是由激活区两端面的反射镜提供，而

是由光腔内的分布反馈布拉格光栅提供，模式的选择通过布拉格光栅来实现，该光栅方程为

$$\Lambda = m(\lambda_B/2\bar{n}) \tag{3.2-26}$$

式中，Λ 为布拉格光栅的周期；$\bar{n}$ 为模折射率；m 为整数，表示布拉格衍射的级数，当 $m=1$ 时(第一级布拉格衍射)，前向和后向波之前的耦合最强；λ_B 为激光器某一模式的波长，对于 $\lambda_B=1.55\mu m$ 的激光器，如果在式(3.2-26)中取 $m=1$，$\bar{n}=3.3$，则得到 $\Lambda=235nm$，这样细的光栅可以采用全息技术来制作。

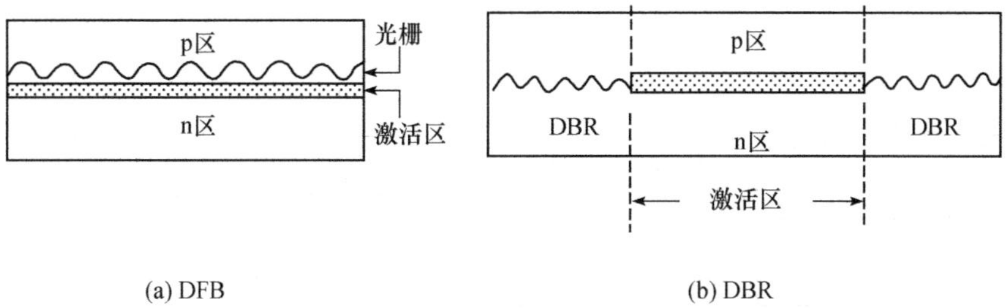

图 3.2-14　DFB 与 DBR 半导体激光器结构

分布反馈半导体激光器又分为分布反馈布拉格光栅半导体激光器(DFB-LD)和分布布拉格光栅反射镜半导体激光器(DBR-LD)两种，如图 3.2-14 所示。在 DFB-LD 中，沿整个有源区光腔长度上都有分布反馈光栅，而在 DBR-LD 中，有源区和分布反馈区是彼此分开的。事实上 DBR-LD 的分布反馈光栅相当于一个满足式(3.2-26)对波长具有选择性的反射镜，波长最接近 λ_B 的纵模，光腔损耗最小，而对其他纵模损耗大大增加。

2. 耦合腔半导体激光器

图 3.2-15(a)、(b)所示为耦合腔半导体激光器示意图，光从激光主腔中耦合进一个外腔，一部分光从外腔反馈回主腔，反馈回来的光并不一定与腔内的光同相，只有那些波长与外腔模式重合的激光模式的反馈光才满足同相条件，实现单纵模工作。事实上，这种外腔反馈可以等效为一

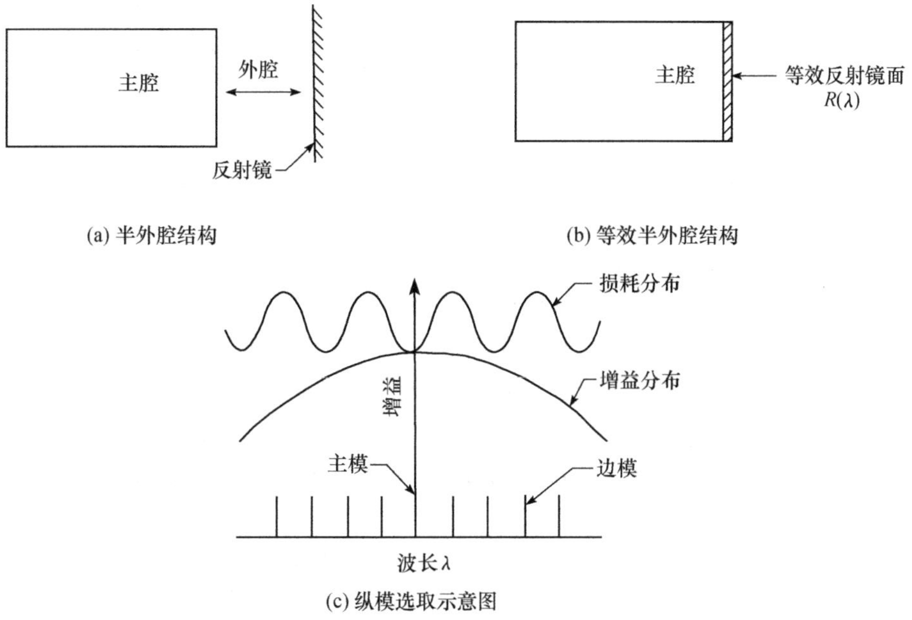

图 3.2-15　耦合腔半导体激光器的单纵模选择原理

个在激光器端面上与波长高度相关的反射镜，该反射镜具有如图 3.2-15(c)所示的损耗分布，在峰值增益附近具有最小损耗的纵模成为主模，当然在其他损耗波谷处可能出现边模，但此边模的净增益已经与主模的净增益差别较大，不影响单模激光输出。

图 3.2-16 所示为 3 种耦合腔半导体激光器的结构，其中图 3.2-16(a)所示为光栅外腔结构，激光器芯片自然解理面通常需要镀增透膜以增强耦合效率，这种激光器称为外腔半导体激光器(ECL)。通过对光栅的旋转，可以实现单纵模调谐，调谐范围约为 50nm。从系统使用来看，ECL 由于没有进行单片集成化而机械稳定性较差。

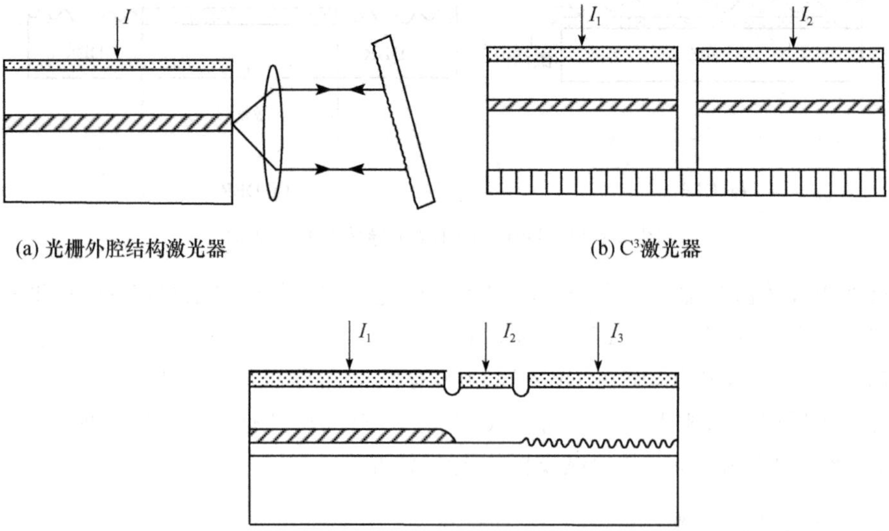

(a) 光栅外腔结构激光器

(b) C^3激光器

(c) 多段DBR激光器

图 3.2-16　3 种耦合腔半导体激光器结构

耦合腔激光器的单片集成设计通常称为 C^3 激光器，如图 3.2-16(b)所示，这是由美籍华人曾唤添在 1984 年发明的。在 C^3 激光器中，将传统的多纵模半导体激光器在中央部位解理成两段，空气间隙的宽度约为 1μm，由于解理面的反射率不高(约 30%)，使得两个区域的光能够发生足够的耦合(当然空气间隙不能太宽)。通过控制某一区的注入电流，C^3 激光器还可以实现 20nm 的波长调谐范围。

从 1988 年开始，人们在多段 DFB 和 DBR 激光器上进行了大量的研究，以期获得可调谐的高稳定度单纵模输出，图 3.2-16(c)是这种类型激光器的一个典型结构，它包括 3 段，分别为激活区、相位控制区和布拉格反射区，每一个区的注入电流彼此独立。布拉格区注入电流的大小可以通过载流子导致的折射率变化而改变布拉格波长($\lambda_B = 2n\Lambda$)，相位控制区注入电流的大小也通过载流子导致的折射率变化而改变从布拉格区反射回来的光场相位，通过控制 3 个区的注入电流，可以实现 5～7nm 的波长连续调节，并且可以很稳定地工作。

3.3　半导体光电二极管(PIN)和雪崩光电二极管(APD)

光电二极管是光接收机的关键器件，其性能的好坏将直接影响到光接收机的优劣。光电二极管的种类很多，在光纤通信系统中，主要有半导体光电二极管(PIN)和雪崩光电二极管(APD)两大类。

3.3.1 PIN 的结构与工作原理

反向偏压下的 p-n 结在入射光的照射下可以产生与入射光强度成正比的光生电流，因此反向偏压的 p-n 结就是一种最基本的 PN 结光电二极管，通过对这种光电二极管的改进，可以获得性能更为优异的 PIN 和 APD。

1. PN 结光电二极管

PN 结光电二极管的原理如图 3.3-1 所示，其中图 3.3-1(a)表示反向偏压下的 p-n 结受到入射光从 p 区照射的情况，图 3.3-1(b)表示了光功率沿整个半导体材料的分布情况，由此可知，光信号不仅在势垒区被吸收，而且在势垒区以外也被吸收，但只有在势垒区被吸收的光产生的电子-空穴对才能在较强的电场作用下快速漂移到 n 区或 p 区，从而形成与入射光强度成正比的光生电流。描述光电二极管性能的重要技术指标是响应时间和转换效率，前者反映了光电二极管的带宽特征，后者反映了光电二极管的光电转换的量子效率，即

$$\tau_{tr} = \frac{W}{v_s} \tag{3.3-1}$$

式中，τ_{tr} 为载流子渡越时间；W 为势垒宽度，决定了转换效率的高低；v_s 为载流子的平均漂移速度。W 与 v_s 由材料、结构和外加电压决定。采用图 3.3-1 所示结构的光电二极管，其响应速率为 1Gbps 左右，转换效率也不高。其原因主要有两个方面：

(1) 在势垒区以外产生的光电流形成了扩散电流，该电流远小于漂移电流的速度，将会减少总体的载流子的速率，限制了光电转换速率的进一步提高。

(2) 势垒宽度由 PN 结决定，吸收区域非常有限，限制了光电转换的效率。

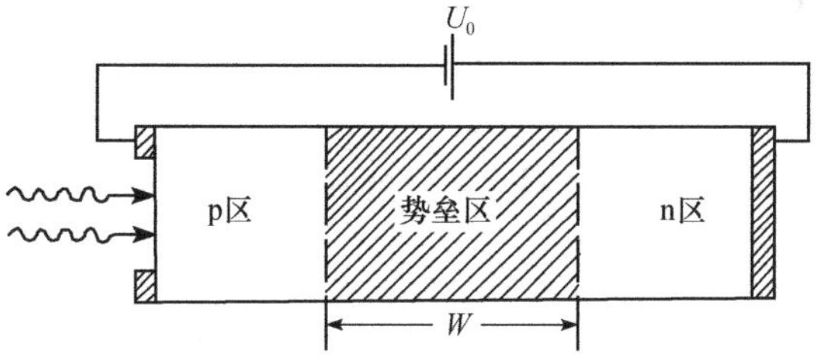

(a) 反偏压下p-n结受到入射光照射

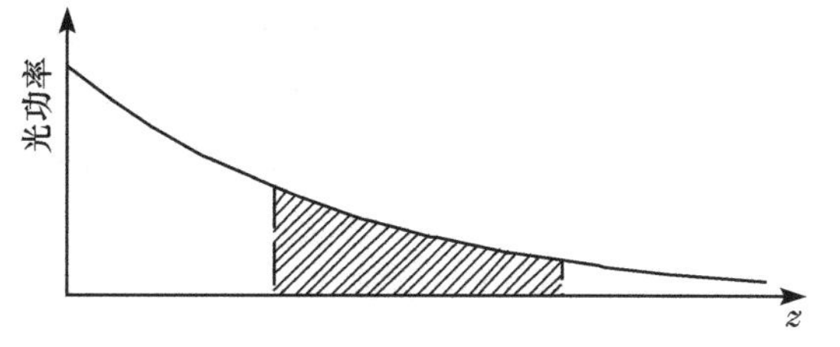

(b) 光功率分布

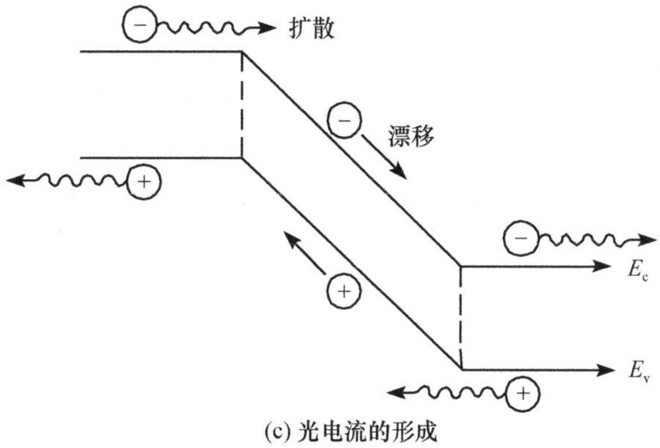

(c) 光电流的形成

图 3.3-1 PN 结光电二极管的原理

因此，改进 PN 结光电二极管的结构是提高性能的必由之路，如缩小势垒区耗尽层两侧的宽度、增加光生电流的吸收区域的宽度，提高光电转换效率。同时，减小扩散分量的比例便可显著提高响应速率，在这一思想指导下，提出了 PIN 光电二极管。

2. PIN 光电二极管

基于上述改进 PN 结光电二极管的思路，设计在 p-n 结中间引入一层本征（或轻掺杂）半导体材料（称为 i 区）。由于 i 区具有较高的电阻，因此外加电压基本落在该区，使得势垒区宽度 W 得到加宽，并可以通过控制 i 区的厚度来改变 W，因此将这类光电二极管称为 PIN 光电二极管。图 3.3-2 所示为一个 PIN 光电二极管的结构以及在反向偏压下的电场分布。

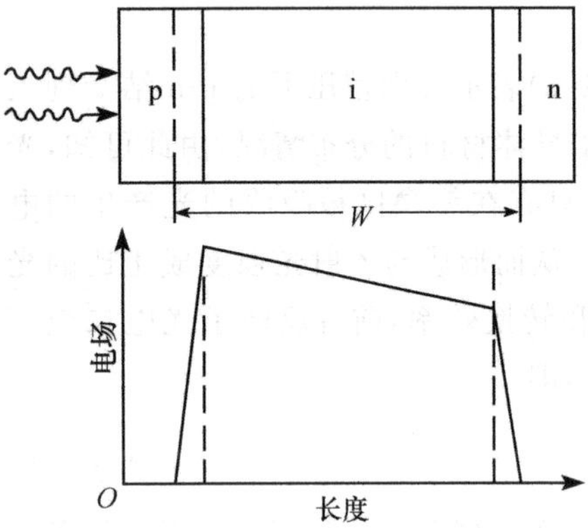

图 3.3-2 PIN 光电二极管的结构和电场分布

PIN 光电二极管势垒区的宽度可根据实际需要而设计，越宽的 W 就会有越多的光能被吸收，提高了响应度，但随着 W 的增大，渡越时间 τ_{tr} 也会增大，从而使 PIN 的响应速度（或带宽）下降，因此 W 需在响应度与响应带宽之间进行最佳化设计。对于 Si、Ge 这些间接带隙半导体材料，为了保证足够的转换效率，W 的典型值通常在 20～50μm，载流子的渡越时间较长（大于 200ps），因此此类 PIN 二极管的响应带宽较低，相比之下，如果采用如 InGaAs 这种直接带隙半导体材料，W 可以小于 3～5μm，渡越时间只有 30～50ps，响应带宽可以达到 3～5GHz。通过优化设计，InGaAs PIN 光电二极管可以达到 20GHz 的响应带宽，进一步减小 i 区的厚度（小于 1μm），甚至可以获得 70GHz 的带宽，但此时转换效率较低。

如果 PIN 光电二极管采用类似于半导体激光器中的双异质结构设计，则性能将大为改善。在这种设计中，p 区、n 区和 i 区带隙能量的合理选择可以使得光吸收仅发生在 i 区，完全消除了扩散电流的影响。在光纤通信系统中，PIN 二极管常采用 InGaAs 材料制成 i 区和 InP 材料制成 p 区和 n 区，由于 InP 材料的带隙能量为 1.35eV，因此对于波长大于 0.92μm 的光信号，InP 表现为透明材料（不吸收），而 InGaAs 材料的带隙能量为 0.75eV（相当于截止波长为 1.65μm），在 1.3～1.6μm 波段上表现为较强的吸收，几微米厚的势垒宽度就可以获得很高的转换效率。图 3.3-3 所示为一个这种 InGaAs PIN 光电二极管的典型结构，归纳起来 PIN 光电二极管有以下 3 个特点：

（1）引入 i 区作为吸收材料，其厚度远大于 p 区和 n 区，提高了转换效率（响应度）。

（2）由于 i 区的高电场，提高了漂移速度，降低了渡越时间，提高了工作带宽。

（3）PIN 采用台面结构，降低了结电容，进一步保证了工作带宽。

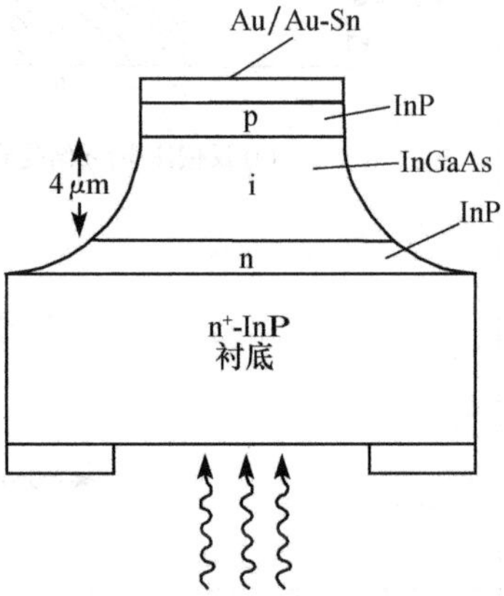

图 3.3-3 一种 InGaAs PIN 光电二极管的实际结构

3.3.2 PIN 的工作特性

光电二极管的主要特性参数包括响应度、量子效应、响应带宽和噪声等。

1. 响应度和量子效率

响应度表征了光电二极管的转换效率，它的定义为

$$R = \frac{I_p}{P_{in}} \tag{3.3-2}$$

式中，P_{in}为入射到光电二极管上的光功率；I_p 为光电二极管对应产生的光电流；R 的单位为 A/W。响应度可以由光电二极管的量子效率 η 来表示，η 的定义为

$$\eta = \frac{\text{电子产生速率}}{\text{光子注入速率}} = \frac{I_p/q}{P_{in}/h\nu} \tag{3.3-3}$$

将式(3.3-2)代入式(3.3-3)，可得

$$R = \eta \cdot \frac{q}{h\nu} \approx \frac{\eta\lambda}{1.24} \tag{3.3-4}$$

式中，波长 λ 的单位取 μm。

式(3.3-4)表明，光电二极管的响应度随入射光波长的增加而增大，这是因为较低能量的光子(λ 较大)也能产生相同的光生电流，但这种关系只有在光子能量大于半导体的带隙能量前提下成立，一旦光子能量小于带隙能量，则 $\eta=0$。

2. 响应带宽

光电二极管的响应带宽由载流子在电场区的渡越时间 τ_{tr}决定，而载流子的渡越时间与电场区的宽度 W 和载流子的漂移速率 v_s 有关。由于载流子渡越电场区需要一定的时间 τ_{tr}，对于高速变化的光信号，光电二极管的转换效率就相应降低。定义转换效率与直流光信号相比下降 3dB 时的频率响应为响应带宽，则 f_{3dB}将与 τ_{tr}成反比，它与 W 和 v_s 的具体关系为

$$f_{3dB} = 0.44\frac{v_s}{W} \tag{3.3-5}$$

通过对 W 和 v_s 的优化设计而获得较高响应带宽的 PIN 光电二极管，目前 InGaAsP PIN 光电二极管的响应带宽已超过 20GHz。

与半导体激光器一样，光电二极管的实际响应带宽常常是受限于二极管本身的分布参数和负载电路参数，而不仅仅受限于自身的响应带宽。图 3.3-4 所示为光电二极管的等效电路，其中 C_d 为二极管的结电容，R_s 为串联电阻，R_p 为跨接电阻，R_L 为负载电阻，一般说来，R_s 只有几欧姆，可以忽略，而 R_p 很大，也可以忽略，因此响应带宽主要由 C_d 和 R_L 的 RC 时间常数来决定，即

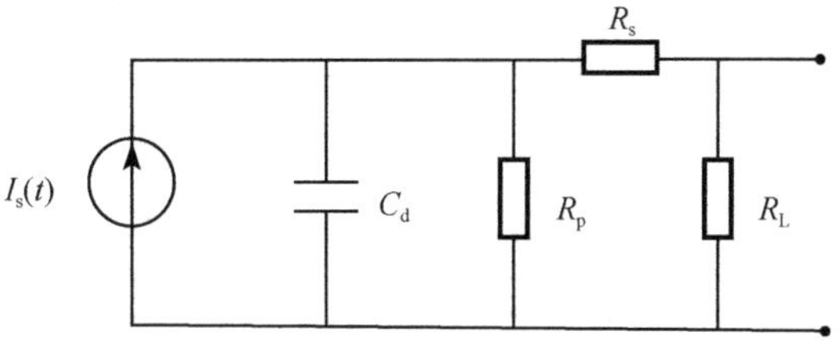

图 3.3-4　光电二极管的等效电路

$$f_{3dB} = \frac{1}{2\pi R_L C_d} \tag{3.3-6}$$

式中，R_L 为光电二极管的串联电阻和负载电阻的总和；C_d 为结电容和管壳分布电容的总和。因此优化负载电阻、减小结电容和分布电容是提高光电二极管响应带宽的主要技术手段。

3. PIN 的噪声

噪声是反映光电二极管特性的一个重要参数，它直接影响光接收机的灵敏度。光电二极管的噪声包括由信号电流和暗电流产生的散粒噪声(shot noise)，以及由负载电阻和后继放大器输

入电阻产生的热噪声。PIN 的噪声通常采用均方噪声电流功率，表示为

$$\sigma_{S}^{2} = 2q(I_{p} + I_{d})\Delta f \tag{3.3-7}$$

式中，q 为电子电荷；Δf 为信号带宽；I_{p} 和 I_{d} 分别为信号电流和暗电流。

式(3.3-7)第一项 $2qI_{p}\Delta f$ 称为量子噪声，是由于入射光子和所形成的电子-空穴对都具有离散性和随机性而产生的。只要有光信号输入就有量子噪声，这是一种不可克服的本征噪声，它决定了光接收机灵敏度的极限。

式(3.3-7)第二项 $2qI_{d}\Delta f$ 是暗电流产生的噪声。暗电流是器件在反偏压条件下，没有入射光时产生的反向直流电流，它包括晶体材料表面缺陷形成的泄漏电流和载流子热扩散形成的本征暗电流。暗电流与光电二极管的材料和结构有关。表 3.3-1 所示为 PIN 光电二极管典型的性能参数。

表 3.3-1　PIN 光电二极管性能参数

参数＼性能	Si-PIN	InGaAs-PIN
波长响应 $\lambda/\mu m$	0.4～1.0	1.0～1.6
响应度 $R/(A/W)$	0.4(0.85μm)	0.6(1.3μm)
暗电流 I_{d}/nA	0.1～1	2～5
响应时间 τ/ns	2～10	0.2～1
结电容 C_{j}/pF	0.5～1	1～2
工作电压/V	5～12	5～12

3.3.3　APD 的结构与工作原理

PIN 光电二极管即使量子效率达到 100%，一个光子最多也只能产生一对电子-空穴，是一种无增益的器件，为了获得更高的响应度，人们设计了一种具有内部增益的雪崩光电二极管(APD)。APD 对光电流的放大基于电离碰撞效应，在一定条件下，由光子产生的一次电子和空穴被加速获得足够的能量，与晶格发生碰撞而产生新的电子-空穴对，这种过程形成一种连锁反应，结果由光吸收产生的一对电子-空穴可以形成大量的电子-空穴对，得到较大的二次光电流，这样 APD 就获得了内部增益，提高了响应度。增益的大小由材料的碰撞电离系数和施加的加速电场决定。

APD 结构如图 3.3-5 所示，它与 PIN 的不同在于 p 区和 n 区都进行了重掺杂，并在 i 区和

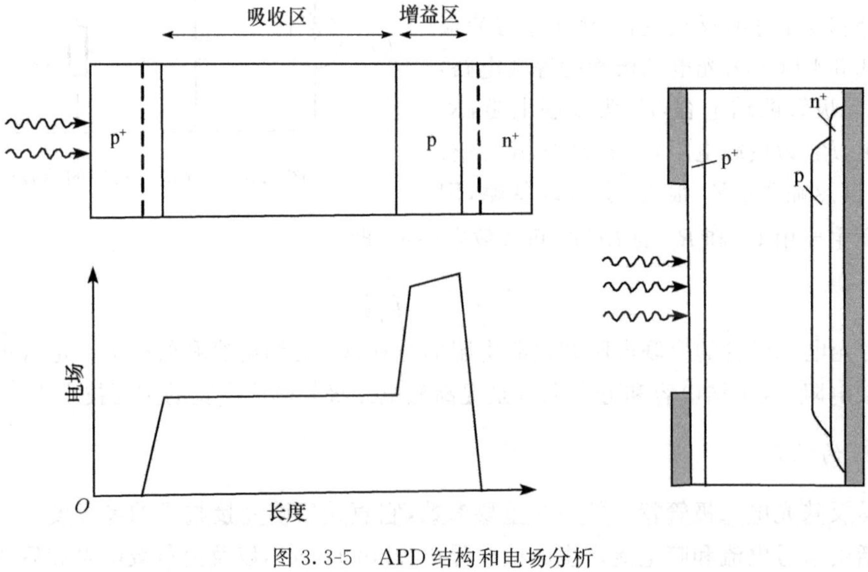

图 3.3-5　APD 结构和电场分析

n^+区引入另一层 p 区作为碰撞电离区(增益区)以产生二次电子-空穴对,在反向偏压下,在 p 区形成较高的电场,i 区仍然作为吸收光信号而产生一次电子-空穴对的区域,所产生的电子在 p 区通过碰撞而形成更多的电子-空穴对,从而实现对一次光电流的放大作用。

3.3.4 APD 的工作特性

1. APD 倍增系数

APD 的倍增系数 M 定义为

$$M = \frac{I_p}{I_0} \tag{3.3-8}$$

式中,I_p 是 APD 的输出光电流;I_0 是一次光电流。在 APD 中,由于不可避免地伴随着噪声,倍增系数是在一个平均值上发生着随机起伏的量,式(3.3-8)的定义应理解为统计平均倍增系数。式(3.3-8)中的电流 I_p 由两部分组成,一部分是信号电流,它占主导地位,另一部分是暗电流。暗电流是 APD 的主要噪声来源,又分成两部分,一部分为漏电流,它是不被 APD 倍增的,另一部分是通过 APD 的倍增被放大的。暗电流越大,则 APD 的噪声也越大。

APD 响应度定义为

$$R_{APD} = MR = M(\eta q / h\nu) \tag{3.3-9}$$

由于 APD 具有电流增益,所以 APD 的响应度 R_{APD} 比 PIN 的响应度 R 大大提高。

2. APD 的噪声

APD 的噪声包括量子噪声、暗电流噪声和由倍增过程产生的倍增噪声,其中量子噪声和暗电流噪声与 PIN 类似。APD 中有特色的是倍增噪声,倍增噪声的机理很复杂,与下面两个过程有关,即在 i 区光子被吸收产生一次电子-空穴对的随机性和在增益区一次载流子产生二次电子-空穴对的随机性,这两个过程都是不能准确测定的,因此 APD 的倍增系数只能是一个统计平均的概念(表示为$\langle M\rangle$),与 APD 的结构类型、材料、工作条件、碰撞电离系数等许多因素有关,其数学形式非常复杂。APD 倍增噪声的功率为

$$\sigma_{APD}^2 = 2qI_0\langle M\rangle^{2+x}\Delta f \tag{3.3-10}$$

式中,x 称为 APD 的附加噪声指数;Δf 为信号带宽。由式(3.3-10)可知,附加噪声指数 x 有明确的物理概念,它表示由于倍增作用而增加的噪声,经过 APD 倍增后,信号功率与$\langle M\rangle^2$ 成正比,而噪声功率则与$\langle M\rangle^{2+x}$成正比,即噪声增大是信号增大的$\langle M\rangle^x$ 倍。

APD 的 x 值一般在 0.3～1,当 $x=0$ 时,$\langle M\rangle^x=1$,这是 APD 的理想情况,PIN 光电二极管即相当于这种情况。

3. APD 的响应带宽

APD 的响应带宽与其倍增系数有一定的关系,对 APD 来说,二次电子-空穴对的产生还需要另一部分时间,由于这个时间的存在,在接收宽带光信号时,APD 的增益将会下降,从而形成对 APD 响应带宽的限制。APD 的传输函数 $H(\omega)$可以写成

$$H(\omega) = \frac{M(\omega)}{M(0)} = \frac{1}{[1+(\omega\tau_e M_0)^2]^{1/2}} \tag{3.3-11}$$

式中,$M_0=M(0)$,为 APD 的低频倍增系数;τ_e 为等效渡越时间,它与空穴和电子的碰撞电离系

数比值 α_k/α_e 有关，在 $\alpha_e > \alpha_k$ 的情况下，$\tau_e \approx \frac{\alpha_k}{\alpha_e}\tau_{tr}$。由式(3.3-11)可得到 APD 的 3dB 带宽为

$$f_{3dB} = (2\pi\tau_e M_0)^{-1} \tag{3.3-12}$$

该式表明了 3dB 带宽与倍增系数 M_0 成反比，也表明采用 $\alpha_k/\alpha_e=1$ 的材料制作 APD，可望获得较高的响应带宽，表 3.3-2 所示为两种典型 APD 器件的主要性能参数。

表 3.3-2 雪崩光电二极管(APD)性能参数

参数 \ 性能	Si-APD	InGaAs-APD
波长响应 $\lambda/\mu m$	0.4～1.0	1～1.65
响应度 $R/(A/W)$	0.5	0.5～0.7
暗电流 I_d/nA	0.1～1	10～20
响应时间 τ/ns	0.2～0.5	0.1～0.3
结电容 C_j/pF	1～2	<0.5
工作电压/V	50～100	40～60
倍增系数 M	30～100	20～30
附加噪声指数 x	0.3～0.4	0.5～0.7

APD 是有增益的光电二极管，在光接收机灵敏度要求较高的场合，采用 APD 有利于延长系统的传输距离。但是采用 APD 要求有较高的偏置电压和复杂的温度补偿电路，结果增加了成本。因此在灵敏度要求不高的场合，一般采用 PIN 光电探测器。

Si-PIN 和 Si-APD 用于短波长(0.85μm)光纤通信系统。InGaAs-PIN 用于长波长(1.31μm 和 1.55μm)系统，性能非常稳定，通常把它和使用场效应管(FET)的前置放大器集成在同一基片上，构成 PIN-FET 接收组件，可以进一步提高灵敏度，改善器件的性能，这种组件已经得到广泛应用。新近研制的 InGaAsP-APD 应用于长波长系统，响应带宽可达几十 GHz，适用于超高速光纤通信系统。由于 Ge-APD 的暗电流和附加噪声指数较大，很少用于实际通信系统。表 3.3-3 对 APD 和 PIN 的性能进行了综合对比。

表 3.3-3 PIN 和 APD 性能对比

参数 \ 性能	PIN	APD
波长响应 $\lambda/\mu m$	0.4～1.65	
带宽	高(几十 GHz)	
倍增系数 M	无	20～100
响应度	低	高
噪声	低	高
工作电压/V	5～12	30～100
工作电路	简单	稍复杂
成本	低	稍高

3.4 无源光器件

一条完整的光纤通信线路，除了要采用光纤光缆及大量的有源器件和设备外，如光发送机、中继器和光接收机等，还需要许多具有光学特征的功能部件。这些部件用来实现各种各样的功能，如波分复用、分路与合路、功率控制、滤波、隔离和偏振选择等，这些功能部件统称为光无源器

件。光纤通信系统的无源器件有很多种类,本章主要介绍光纤连接器、光纤耦合器、光滤波器、光隔离器与光环形器、光开关和光衰减器等器件(波分复用器将在第 7 章介绍)。

3.4.1 光纤连接器

光纤连接器是使一根光纤与另一根光纤相连接的器件,是光纤通信系统中使用最多的器件。光纤连接器有多种类型,如固定接头与活动连接器、多模光纤连接器、单模光纤连接器等。

光纤连接器的功能是实现光纤通信系统不同组成部分之间的平滑低损耗连接。但是考虑到光纤连接器使用的方便性、可靠性和重复性等因素,设计的光纤连接器总会引入一定的功率损耗,称为插入损耗,定义为连接器输出功率与输入功率之间的差值(这里光功率以 dBm 为单位,损耗以 dB 为单位)。光纤连接器的反射损耗定义为连接器反射功率与输入功率之间的差值。在工程应用中还要考虑插拔次数和连接重复性的技术指标。

光纤连接器可分两类,即活动连接器和固定连接器。

光纤固定接头的方法有熔接法、V 形槽法和套管法。熔接法是使光纤端面加热并熔接在一起。V 形槽法是采用 V 形槽或几根平行棒之间的间隔使光纤准直连接。套管法是采用精密孔套管使光纤准直连接,如表 3.4-1 和图 3.4-1 所示。

表 3.4-1　光纤固定接头方法

方　法	熔接法	V 形槽法	套管法	活动连接器
连接工艺	电弧放电	需要粘接剂或匹配液	需要粘接剂或匹配液	陶瓷插针与套筒
特点	易于永久连接	易于临时连接	易于临时连接	活动连接
连接工具	自动或手动熔接机	简单,但用手工	简单,但用手工	各种标准连接器
接头损耗/dB	<0.1	>0.15	>0.15	<0.2

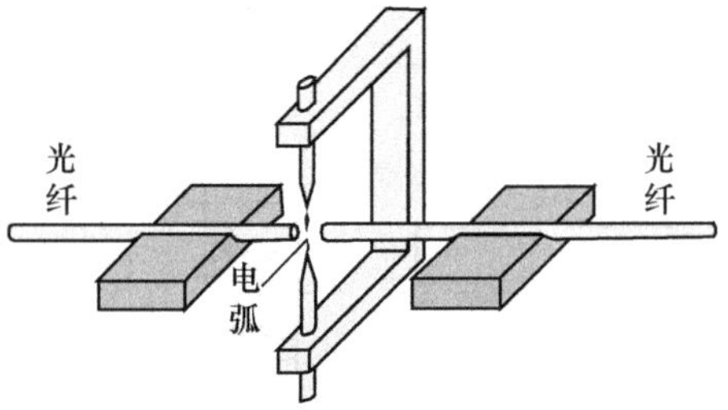

(a) 光纤熔接

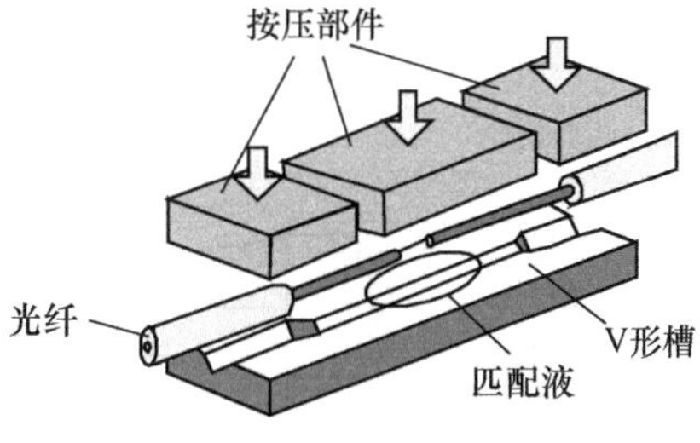

(b) 光纤V形槽连接

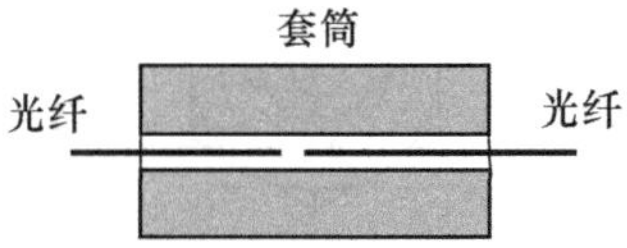

(c) 光纤套管连接

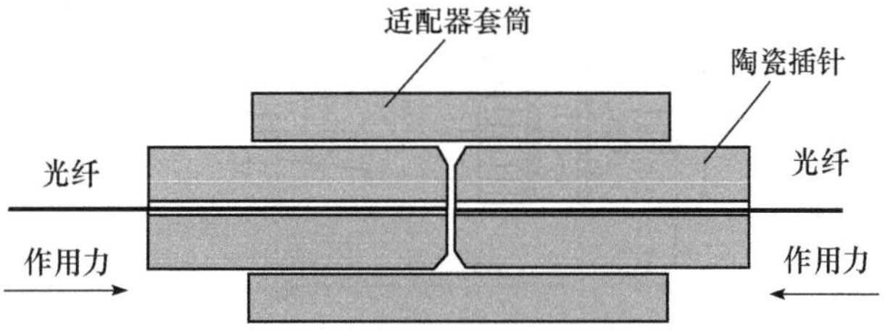

(d) 光纤活动连接

图 3.4-1　光纤固定连接方式

光纤活动连接器的核心是采用圆柱套筒连接方式，如图 3.4-1(d)所示，两根需要连接的光纤被永久地固定在两个陶瓷的套筒内，内套筒中心打有精密小孔，直径控制在 125μm 左右，稍大于包层外径，两个内套筒分别置于一个精密的圆柱形定位筒内，即外套筒，使两根光纤端面可准确地接触。两个内套筒的位置通过两端的保持弹簧来固定。内套筒的材料采用很坚硬耐磨的陶瓷材料，具有更好的耐热、机械和化学性能。目前常见的商用光纤连接器，有 FC、SC、ST 3 种类型，图 3.4-2 描述了 3 种不同的机械结构形式。

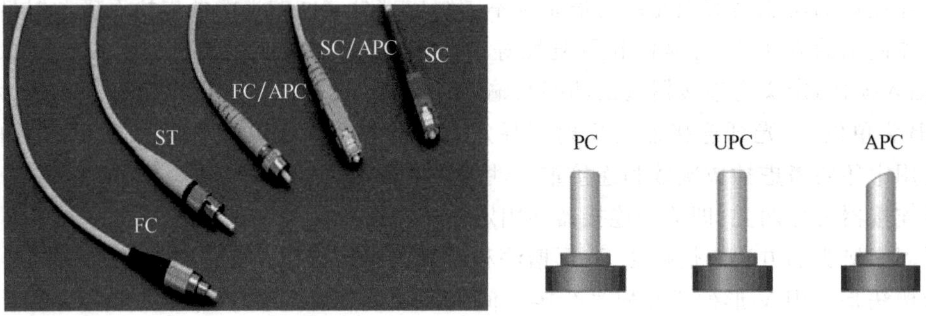

(a) FC、SC、ST光纤连接器与PC、UPC和APC端面

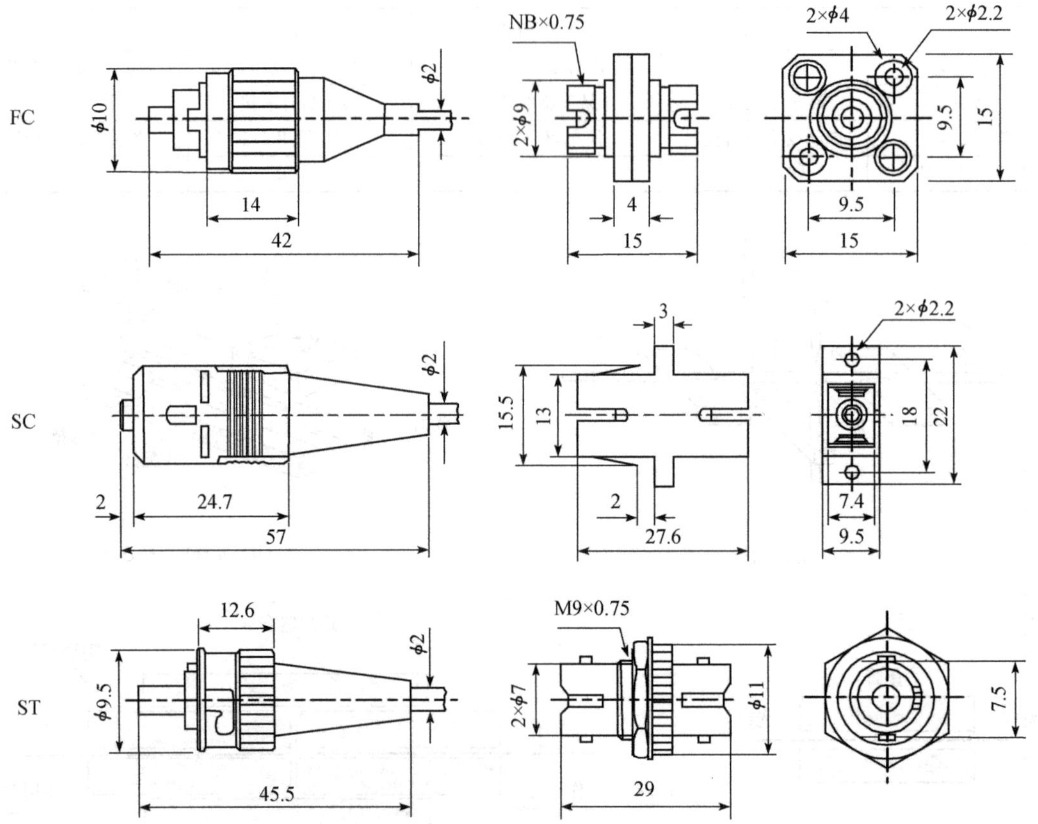

(b) 光纤连接器与适配器结构

图 3.4-2 光纤连接器与结构(单位:mm)

FC 形式为圆形带螺纹连接头，外部加强方式是采用金属套，紧固方式为螺丝扣，有一螺帽拧到适配器上，优点是牢靠、防灰尘，缺点是安装时间稍长。ST 形式为卡接式圆形头，外壳呈圆形，紧固方式为螺丝扣，插入后旋转半周有一卡口固定，缺点是容易折断。SC 形式为卡接式方形连接头，外壳呈矩形，紧固方式是采用插拔销闩式，不需旋转直接插拔，使用很方便，缺点是容易掉出来。光纤连接器端面接触方式有 PC、UPC、APC 型三种，分别表示球面连接、超球面连接和 8°角斜面连接，三者的区别除了物理结构不一样以外，还有回波损耗不一样。常见的组合有 FC-PC、FC-UPC、FC-APC、SC-PC、SC-UPC、SC-APC、ST-UPC、ST-PC 等单模光纤连接器，以及相应的多模光纤连接器(多模光纤没有 APC 型)。一般光纤连接器插入损耗在 0.2dB 左右，PC 型反射损耗优于 35dB，UPC 型反射损耗优于 45dB，APC 型反射损耗优于 55dB。

随着光网络的发展，多芯光纤连接器也得到广泛地运用，这种连接器根据芯数和应用场合不同，有多种结构，其核心是实现多根光纤的同时连接，多用于各种接入网和局域网中。带状光缆的连接，采用塑料铸模技术制造，两个插头用两根导针对准定位，可以一次连接 4～12 芯光纤，平均插入损耗优于 0.3～0.35dB。

3.4.2 光纤耦合器

光纤耦合器是实现光信号分路/合路的功能器件，一般是对同一波长(或不同波长)的光信号进行分路或合路，因此又称分路器或合路器。图 3.4-3 所示为几种典型的光纤耦合器的结构示意图，如 1×2、2×2、$M\times N$、$N\times N$ 等光纤耦合器。

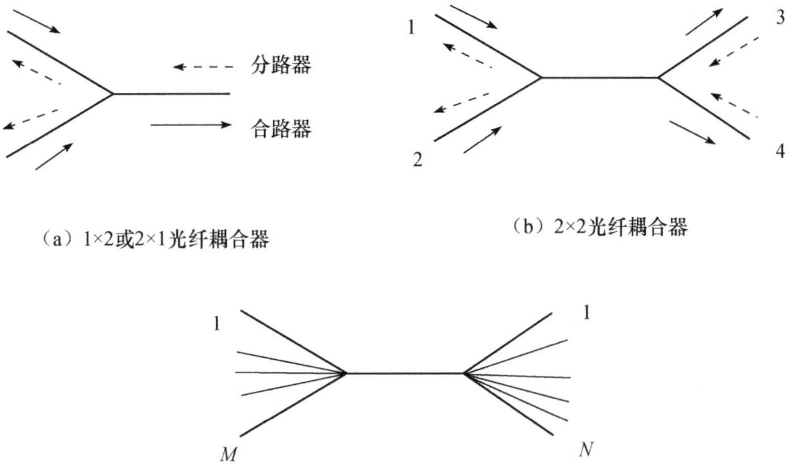

(a) 1×2或2×1光纤耦合器

(b) 2×2光纤耦合器

(c) $M\times N$光纤耦合器

图 3.4-3　几种典型的光纤耦合器

1. 光纤耦合器的基本原理与结构

多模与单模光纤均可做成耦合器，通常有两种结构形式，一种是拼接式，另一种是熔融拉锥式，如图 3.4-4 所示。拼接式结构是将光纤埋入玻璃块中的弧形槽中，在光纤侧面进行研磨抛光，然后将经研磨的两根光纤拼接在一起，靠透过纤芯—包层界面的消逝场产生耦合。如研磨抛光至纤芯部分，则产生了强耦合，否则产生弱耦合。熔融拉锥式结构是将两根或多根光纤扭绞在一起，对耦合部分加热，在熔融过程中拉伸光纤，形成双锥耦合区。在双锥形区，各光纤的包层合并成同一包层，纤芯变细靠近，根据靠近程度的不同，形成弱耦合和强耦合。

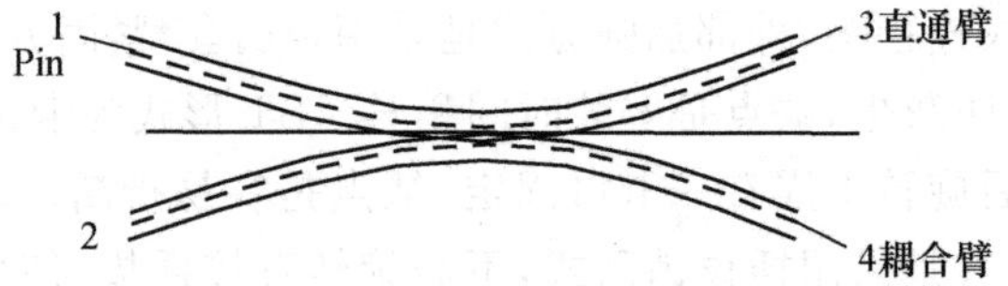

(a) 拼接式光纤耦合器

(b) 熔融拉锥式光纤耦合器

图 3.4-4　光纤拼接式与熔融拉锥式耦合器

以 2×2 光纤耦合器为例分析一下单模光纤耦合器的工作机理。当采用上述任一方法使两个相同结构的纤芯接近后，可用下面的耦合方程来描述两纤芯中光信号的耦合过程

$$P_1 = P_0\cos^2(Cz) \tag{3.4-1}$$

$$P_2 = P_0\sin^2(Cz) \tag{3.4-2}$$

式中，P_0 为输入功率；P_1 为直通臂中的传输功率；P_2 为进入耦合臂中的功率；C 为耦合系数，描述了直通臂光纤中导模的消逝场通过耦合区进入耦合臂光纤，激励起耦合臂光导模的有效程度。对于熔融阶跃弱导拉锥形耦合器，可得耦合系数的近似表达式为

$$C = \frac{\lambda}{2\pi n_1}\cdot\frac{u}{a^2V^2}\cdot\frac{K_0(wd/a)}{K_1^2(w)} \tag{3.4-3}$$

式中，λ 为光波长；n_1 为纤芯折射率；d 为光纤芯间距；V 为归一化频率；u 与 w 为 HE_{11} 模横向传播常数；K_0 与 K_1 为零阶和一阶贝塞尔函数。可以通过改变 λ、a、d、V 等来改变 C。

图 3.4-5 所示为耦合区两纤芯光功率随耦合区长度的耦合交换规律。可根据耦合比要求，决定拉伸长度，但拉锥长度太长，纤芯变得过细后，将引起能量辐射，插入损耗会明显增加。

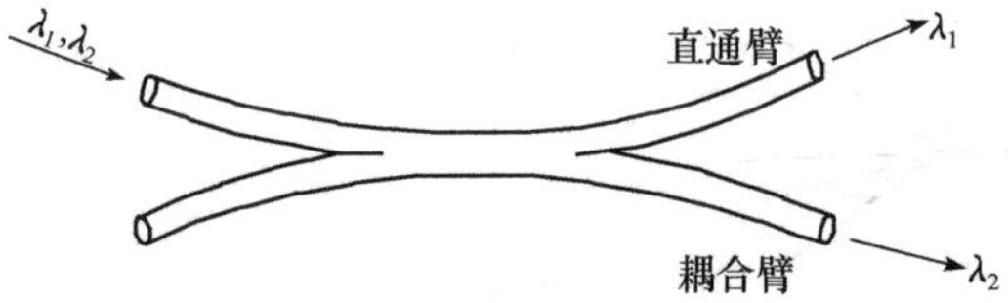

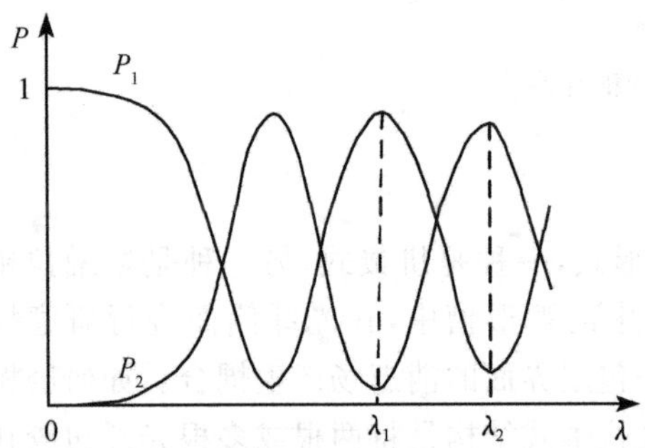

(a) 光纤耦合器和波长与耦合光功率曲线

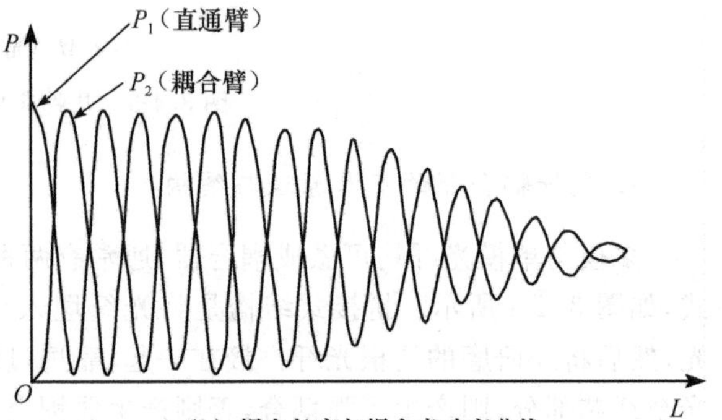

(b) 耦合长度与耦合光功率曲线

图 3.4-5　耦合光功率与耦合长度、波长的关系曲线

表征光纤耦合器性能的主要参数有插入损耗、附加损耗、分光比与隔离度或串音等。

(1) 插入损耗定义为穿过耦合器的某一光通道所引入的损耗，通常以某一特定端口(3 或 4)的输出功率 P_o 与某一输入端口(1 或 2)的输入功率 P_i 之比的 10lg 来表示，单位为 dB。

(2) 附加损耗定义为某一端口的输入功率 P_i 与各输出端口功率和的比值的 10lg，单位为 dB。

(3) 串音定义为由 1 端口输入功率 P_1 与泄漏到 2 端口的功率 P_2 比值的 10lg，而其比值倒数的 10lg 称为隔离度或方向性，串音为正，方向性为负单位均为 dB。

(4) 分光比定义为某一输出端口(如 3 或 4)光功率与各端口总输出功率之比。

这类耦合器最常见的有 2×2 光纤耦合器，其他多端口的耦合器可以采用多个 2×2 耦合器级联的方法构成。例如，将 4 只 2×2 耦合器级联，可以构成 4×4 耦合器，将 12 只 2×2 耦合器级联可以构成 8×8 耦合器，将 32 只 2×2 耦合器级联可以构成 16×16 耦合器等，如图 3.4-6 所示。

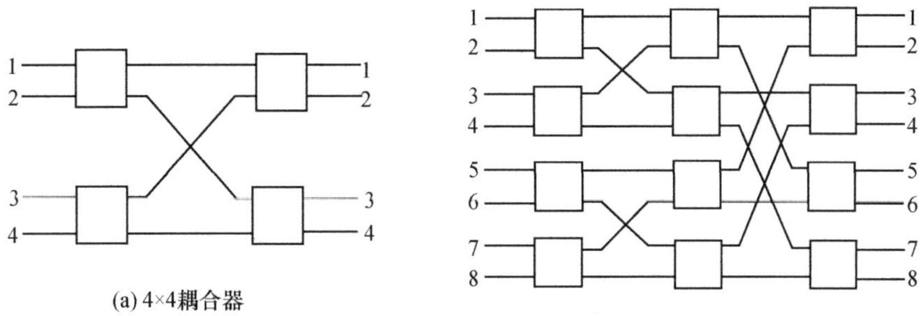

(a) 4×4耦合器

(b) 8×8耦合器

图 3.4-6 基于 2×2 耦合器组成 4×4 和 8×8 耦合器

一个理想的星形耦合器，从任意端口输入的光功率都应均匀分配给所有输出端口，对于一个 2×2 的四端口耦合器其分路损耗为 3dB。同理，对于 4 个 2×2 耦合器构成的 4×4 耦合器，共 2 级，分路损耗为 6dB。将 12 个 2×2 耦合器构成的 8×8 耦合器，共 3 级，分路损耗为 9dB。

采用类似的方法，可将 1×2 或 2×2 耦合器逐次级联，构成 $1\times N$ 或 $2\times N$ 树形耦合器，其级联方案如图 3.4-7 所示。

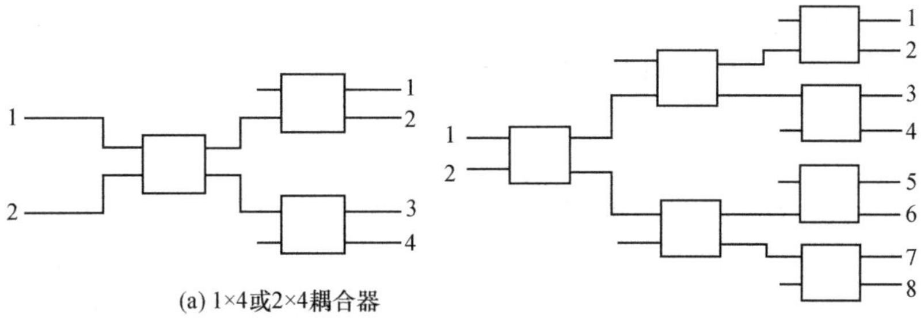

(a) 1×4或2×4耦合器

(b) 1×8或2×8耦合器

图 3.4-7 1×4 和 1×8 光纤耦合器

2. 其他类型耦合器

1) 微光元件型耦合器

微光元件型耦合器采用两个 1/4 焦距的渐变折射率圆柱形透镜(GRIN)，中间夹有一层半透明涂层镜面(也可以在 GRIN 圆柱透镜端面直接镀上这种介质膜)构成，输入光束(功率 P_{in})投射到第一个 GRIN 圆柱形透镜，其中部分光被半透明镜面反射回来耦合进第二根光纤，而透射光则聚焦在第二个 GRIN 圆柱透镜并耦合进第三根光纤，如图 3.4-8 所示。这种微光元件耦合器结构紧凑、简单，插入损耗较低(小于 1dB)，对模功率分配不敏感。如果用一个干涉型滤光片代替图 3.4-8 中的半透明涂层镜面也可构成波分复用器(WDM)。

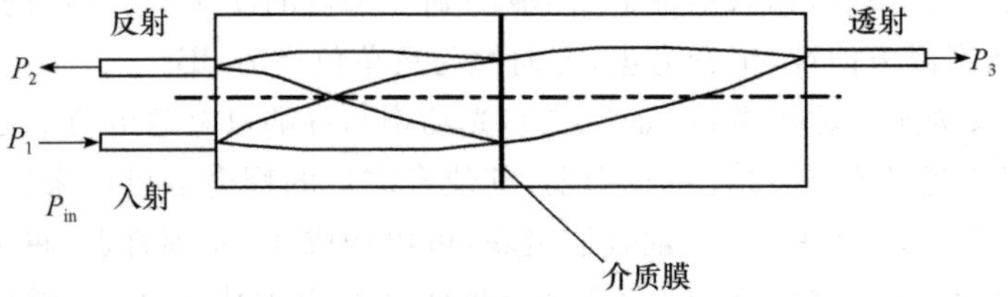

图 3.4-8　微光元件型耦合器

2) 集成光波导型耦合器

采用平面光波导技术也能做成各种不同结构和功能的耦合器，主要采用沉积、光刻与扩散 3 道工艺过程。沉积是在基体上镀膜，光刻是在膜层上刻出所需的图案，扩散是使光刻形成的膜层图案在基体内形成光波导。图 3.4-9(a)所示为最简单的 Y 形(1×2)分支耦合器的基本结构，将多个 1×2 分支耦合器级联可以构成如图 3.4-9(b)所示的 1×4 树形耦合器，这实际上是一种不对称星形耦合器。

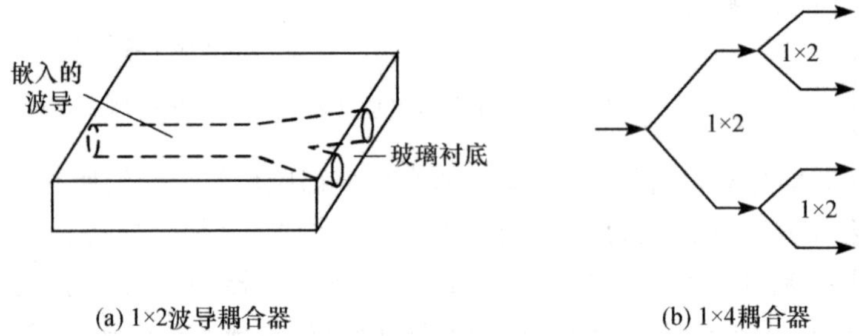

(a) 1×2波导耦合器　　(b) 1×4耦合器

图 3.4-9　集成光波导耦合器

集成光波导耦合器是借鉴集成光路的概念和设计方法而成的新型耦合器，可根据网络应用要求设计成不同结构和性能的各种光波导耦合器。

3.4.3　光隔离器和光环行器

耦合器和其他大多数光无源器件的输入端和输出端是可以互换的，称之为互易器件。然而在许多实际光通信系统中通常也需要非互易器件。隔离器就是一种非互易器件，其主要作用是只允许光波往一个方向上传输，阻止光波往反方向传输。隔离器主要用在激光器或光放大器的输出端，以避免反射光返回到该器件破坏器件的性能。插入损耗和隔离度是隔离器的主要技术指标，显然插入损耗越小越好，而隔离度越大越好，目前器件插入损耗的典型值约为 1dB，隔离度的典型值的大致范围为 40～60dB。

隔离器工作原理如图 3.4-10 所示。这里假设入射光只是垂直偏振光，第一个偏振器的透射偏振方向也在垂直方向，因此输入光能够通过第一个偏振器。紧接第一个偏振器的是法拉第旋转器(Faraday rotator)，法拉第旋转器由旋光材料制成，能使光的偏振态旋转一定角度，如 45°，并且其旋转方向与光传播方向无关。法拉第旋转器后面跟着的是第二个偏振器，这个偏振器的透射偏振方向在45°方向上，因此经过法拉第旋转器旋转45°后的光能够顺利地通过第二个偏振器，也就是说，光信号从左到右通过这些器件是没有附加损耗的(插入损耗除外)。另外，假定在右边存在某种反射(比如光接头的反射)，反射光的偏振态也在45°方向上，当反射光通过法拉第旋转器时再继续旋转45°，此时就变成了水平偏振光。水平偏振光不能通过左面偏振器(第一个偏振器)，于是就达到隔离效果。

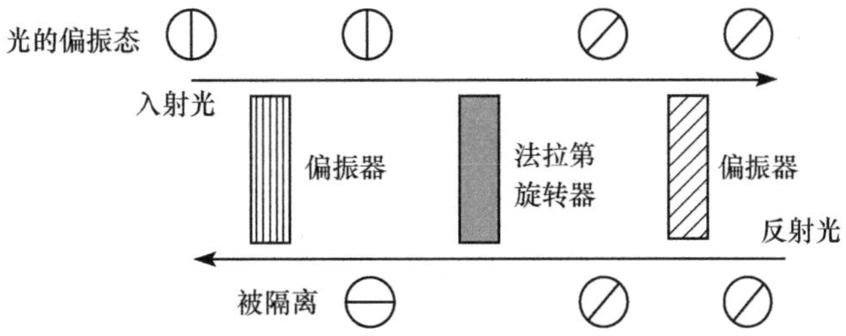

图 3.4-10　隔离器工作原理

然而在实际应用中，入射光的偏振方向是任意的，并且随时间变化，因此必须要求隔离器的工作与入射光的偏振态无关。于是设计了一种与入射光的偏振态无关的隔离器结构，如图3.4-11所示。具有任意偏振态的入射光首先通过一个偏振分束器(Polarization Beam Splitter，PBS，简称分偏器)。这个分偏器的作用是将入射光分解为两个正交偏振分量，让垂直分量直线通过，水平分量偏折通过。两个分量都要通过法拉第旋转器，其偏振态都要旋转45°。法拉第旋转器后面跟随的是一块半波片(λ/2 plate)。这个半波片的作用是将从左向右传播的光的偏振态顺时针方向旋转45°，将从右向左传播的光的偏振态逆时针旋转45°。因而法拉第旋转器与半波片的组合可以使垂直偏振光变为水平偏振光；反之亦然。最后两个分量的光在输出端由另一个分偏器合在一起输出，如图3.4-11(a)所示。另外，如果存在反射光在反方向上传输，半波片和法拉第旋转器的旋转方向正好相反，当两个分量的光通过这两个器件时，其旋转效果相互抵消，偏振态维持不变，在输入端不能被分偏器再组合在一起，于是就起到隔离作用，如图3.4-11(b)所示。

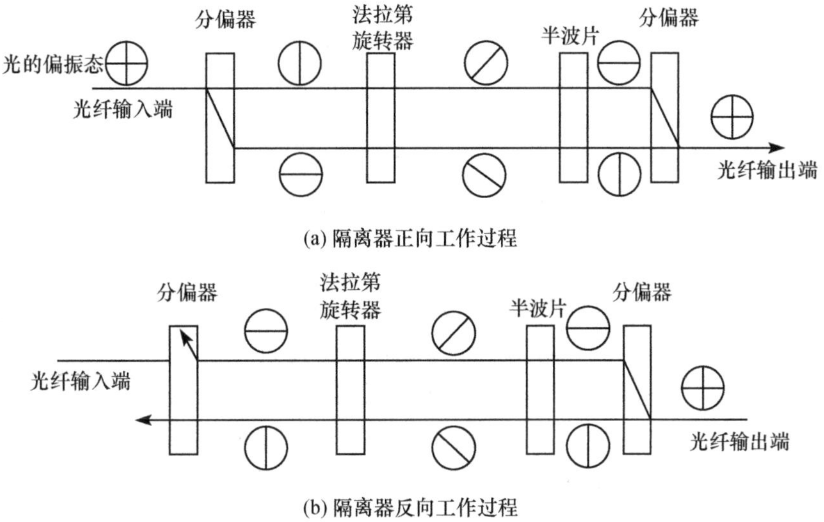

图 3.4-11　一种与输入光偏振方向无关的隔离器

光环行器是一种多端口输入输出的非互易器件，具有正向顺序导通而反向传输阻止的特性，可以完成正、反向传输光的分离，在双向长途干线通信、密集波分复用器和光时域反射计(OTDR)中有广泛的应用。

环行器除了有多个端口外，其工作原理与隔离器类似，典型的环行器一般有 3 个或 4 个端口。在三端口环行器中，端口 1 输入的光信号在端口 2 输出，端口 2 输入的光信号在端口 3 输出，端口 3 输入的光信号由端口 1 输出。但是在许多应用中，这最后一种状态是不必要的，因此，大多数商用环行器都被设计成“非理想”状态，即吸收从端口 3 输入的任何信号。三端口光环行器的原理如图 3.4-12 所示。

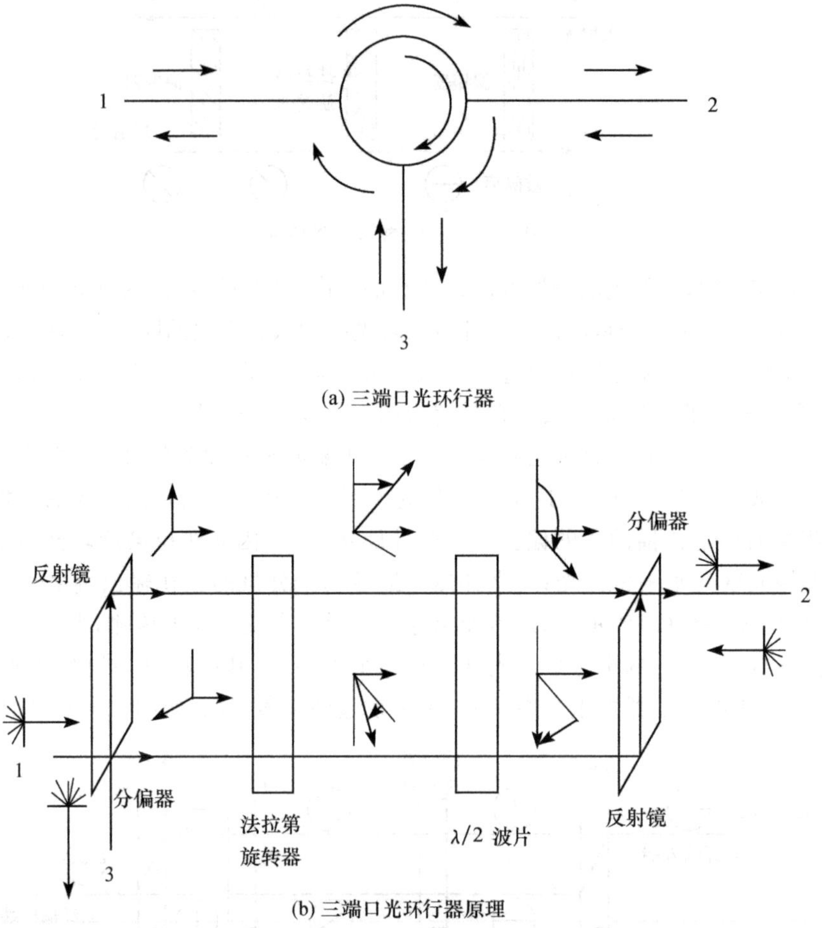

图 3.4-12　三端口光环行器

光环行器主要由法拉第旋转器、$\lambda/2$ 波片和分偏器等组成。当包含两个正交偏振的输入光波由 1 端输入，被第一个分偏器分离成偏振方向平行和垂直的两束光，垂直偏振光经分偏器和反射镜两次反射，再经过法拉第旋转器，偏振方向旋转 45°，通过 $\lambda/2$ 波片，再次旋转 45°，变为平行偏振光。而平行偏振光透过分偏器后，经过法拉第旋转器和 $\lambda/2$ 波片旋转 90°，变为垂直偏振光，两束偏振光通过分偏器再合成为一束光。由于法拉第旋转器对光的旋转方向与入射光的入射方向无关，当反向传输时，即从 2 端输入时，由分偏器从 3 端输出，而不能从 1 端输出，因此，当光线由 2 端输入时，只能从 3 端输出。

3.4.4　光调制器

实现电信号对光波的调制可分为两种，一种是将调制信号直接注入激光器，调制激光输出参数，称为直接调制或内调制；另一种是激光器输出稳定的直流光信号并注入调制器，电信号通过控制调制器的电光、声光等物理效应使其输出光的参数随调制信号而变，称为外调制或间接调制。按被调制光波的参数，调制器可分为强度、相位和偏振等几种类型。

1. 相位调制器

图 3.4-13 所示为一种电光波导调制器的结构示意图，x、y、z 为波导坐标轴，a、b、c 为晶体晶轴取向。它是在 x 向切割的 $LiNbO_3$ 衬底上用钛扩散技术制造的宽 9μm、长 1cm 的条形波导。当电极上施加调制电压时，波导折射率因电光效应而改变，导致光波通过电极区后相位随调制电压而变。波导与衬底的折射率差为 $\Delta n=\Delta n_0+\Delta n_{e0}$，其中 Δn_0 为波导与衬底固有折射率差，Δn_{e0} 为电光效应产生的附加折射率差。

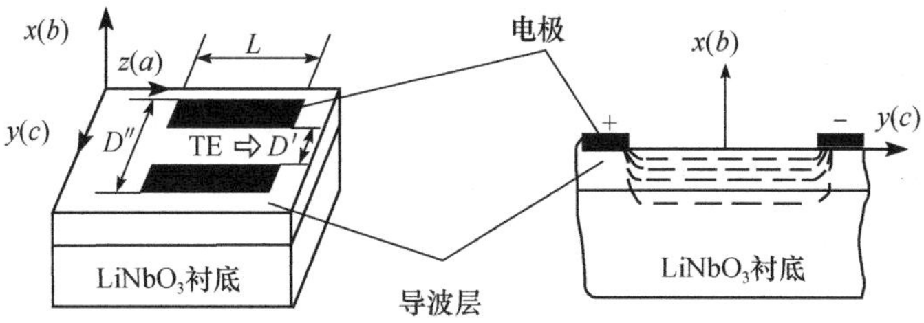

图 3.4-13　电光波导调制器示意图

当在表面电极上加上调制电压时，此电压导致的折射率变化为

$$\Delta n_{e0} = n_e^3 \gamma_{33} V/\pi D' \tag{3.4-4}$$

式中，D'为电极间距；n_e 为原波导材料折射率；γ_{33} 为电光系数，对于 $LiNbO_3$ 晶体，$n_e=2.20$，$\gamma_{33}=30.8\times10^{-12}$m/V。由此引起导波的相位变化为

$$\Delta\phi = \Delta\beta L \approx k\Delta n_{e0} L = 2n_e^3 \gamma_{33} LV/\lambda D' \tag{3.4-5}$$

式中，L 为调制电极长度；当 $\Delta\phi=\pi$ 时所需的调制电压称为半波电压，即

$$V_\pi = \pi\lambda D'/(2n_e^3\gamma_{33}L) \tag{3.4-6}$$

在高速调制时，V_π 通常随调制频率而变，调制器的频率响应将限制高频调制特性。为获得更高的调制频率，可采用行波调制器，目前采用 $LiNbO_3$ 衬底的行波调制器带宽已超过 40GHz，在 1.06μm、1.31μm 和 1.55μm 等波段均有行波相位调制器的商用产品。

2. 强度调制器

强度调制器是光纤通信运用最为广泛的外调制器，重点介绍马赫-曾德干涉(MZ)型 $LiNbO_3$ 电光调制器和半导体电吸收调制器(EAM)。

1) 马赫-曾德干涉(MZ)型电光调制器

这种调制器的结构如图 3.4-14 所示，它在 $LiNbO_3$ 衬底上制作一对平行条形波导，两端均连接一个 3dB 的 Y 形分支波导，条形波导两侧和中间为表面电极，在原理上相当于 MZ 干涉仪，因而称为 MZ 干涉型调制器。当在输入端激励强度为 I_i 的 TE 模时，则调制器的输出光强为

$$I = I_i\cos^2(\Delta\phi/2) \tag{3.4-7}$$

式中，ϕ 为两平行波导中两调相波的相位差，即

$$\Delta\phi = 4n_e^3\gamma_{33}LV/\lambda D' \tag{3.4-8}$$

式中，L 为调制电极长度。

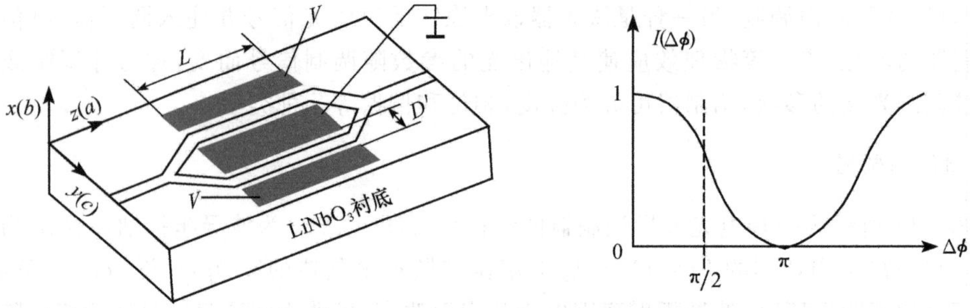

图 3.4-14　MZ 电光波导调制器与调制曲线

由式(3.4-7)和式(3.4-8)可见，最大调制深度可达 100%。对于数字通信，该调制器通过选择合适的调制电压和工作点，就可以达到消光比和平均输出光功率的要求。而模拟宽带通信，将面临调制深度和非线性之间的矛盾，图 3.4-14 所示调制曲线的非线性是显而易见的，因此采用 MZ 调制器传输模拟信号，其要点是选择最佳工作偏置点和必要的非线性补偿，得以改善器件的非线性性能。目前采用 $LiNbO_3$ 衬底的 MZ 调制器带宽已超过 40GHz，在 1.06μm、1.31μm 和 1.55μm 等波段均有商用器件。广泛运用于数字和模拟光纤通信系统。

2）电吸收调制器(EAM)

在外调制技术中，多量子阱电吸收调制器(Multiple Quantum-Well Electroabsorption Modulator，MQW-EAM)由于体积小、驱动电压低、易于集成的优点，成为外调制器的最佳选择。EMA 的工作基本原理是：改变调制器上的偏压，使多量子阱的吸收边界波长发生变化，进而改变透过光束的光功率实现调制。如图 3.4-15 所示，MQW-EAM 属于强度调制器，由所加电压决定入射光的吸收损耗，当输入信号为 V_1 时，输出光功率 P_1，当输入信号为 V_0 时，输出光功率 P_0，由此就可以实现数字信号的调制。目前商用的集成电吸收调制器能够实现大于 10Gbps 的光信号传输。

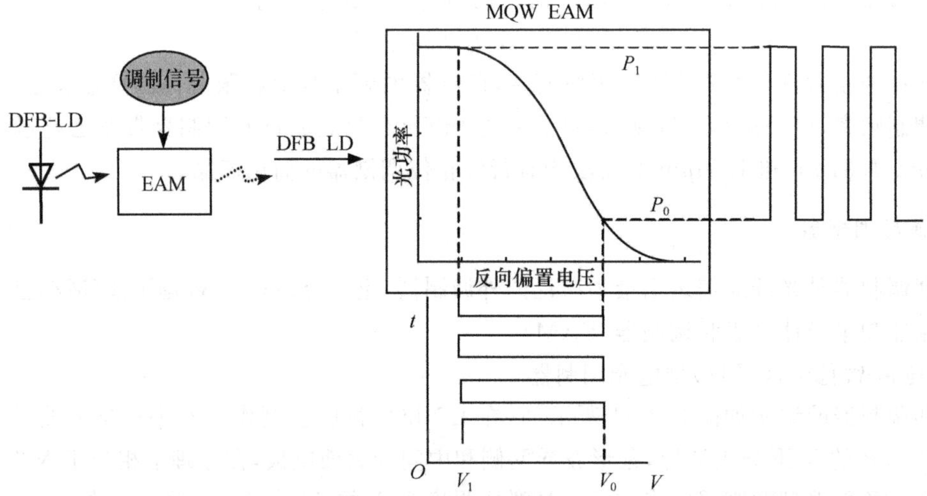

图 3.4-15　EAM 调制特性曲线

3.4.5　光开关

光开关是光纤通信系统链路连接与交换的关键元器件。包括以下几种类型：机械光开关、波导光开关、电光空间光开关、磁光开关、声光开关和MEMS光开关等。机械光开关是利用机械的位移来实现光路的切换。波导光开关是利用相邻波导之间的相互耦合的物理现象，通过施加一定的电压，改变波导之间的耦合系数，实现光信号在光波导之间切换。电光空间光开关的工作原理是利用电光晶体电光效应改变光路，实现对光路的切换与重构。磁光开关是利用磁光晶体的旋光效应改变光路，实现光开关的功能。声光开关是利用声波作用在晶体上改变光路属性，实现对光路的切换。MEMS光开关是利用微机电制成的机械式微型光开关，其特征是在电信号的作用下实现微型光学反射镜的反转或位移，从而改变光路的属性，实现开关功能。表3.4-2所示为几种光开关性能分析对比情况。

表3.4-2 各种光开关性能比较

开关＼性能	插入损耗	串扰	开关速度	功率消耗	体积	实用化程度
光学机械	小(0.5～1dB)	低(<－50dB)	一般(5～15ms)	小	大	高
光波导	一般(1～2dB)	一般(<－25dB)	快(<1ms)	很小	小	低
磁光	小(0.5～1dB)	低(<－50dB)	一般(1～10μs)	小	较小	高
电光	大(2～4dB)	一般	非常快(ns)	很小	较大	高
半导体光放大	小	低	非常快(ns)	大	很小	低
液晶	一般	一般	一般(<10ms)	小	较小	中
MEMS	一般	低	一般(>1ms)	小	很小	高

根据光开关的开关逻辑有1×1、1×2、2×2、4×4、$n\times n$等多种类型，但最基本的是1×1、1×2、2×2，如图3.4-16所示，其他较大光开关阵列可以由基本光开关单元组合而成。

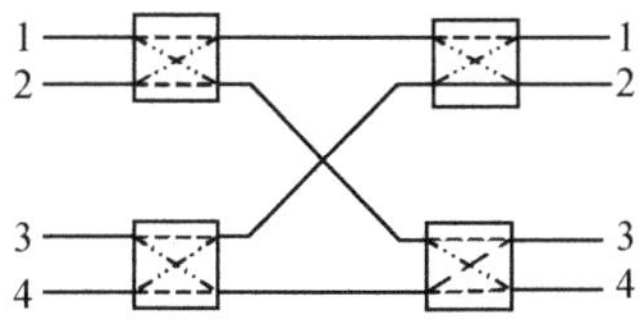

(a) 4×4光开关

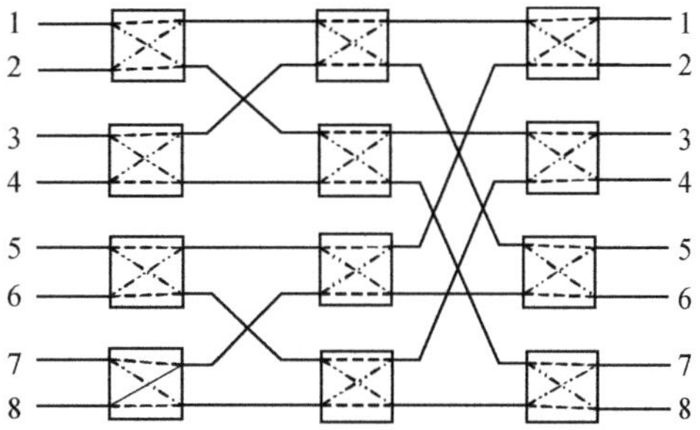

(a) 8×8光开关

图3.4-16 2×2光开关与光开关阵列

3.4.6 光衰减器

光衰减器广泛运用于光纤通信系统中，包括以下几种类型：机械式、光学式和电光式。

1. 机械式

如图3.4-17所示，机械式光衰减器的核心是通过控制光纤连接的光学端面的间距，或控制光纤纤芯轴的间距，来获得光耦合效率的下降或提升，由此达到控制光纤链路的衰减量的目的，此类衰减器主要运用于实验和测试系统中。

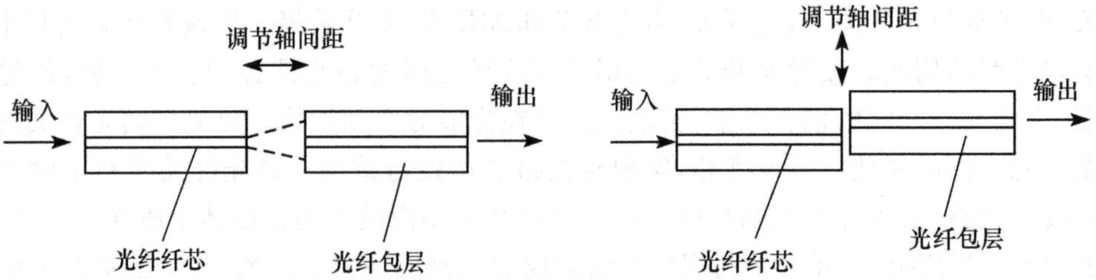

图 3.4-17　机械式光衰减器

2. 光学式

如图 3.4-18 所示,光学式光衰减器的核心是通过在两个光纤端面耦合之间插入不同损耗的光学衰减片,来获得光耦合效率的下降或提升,由此达到控制光纤链路的衰减量的目的,此类衰减器主要运用于实验和测试系统中。可以用该原理制成各种衰减仪器。

3. 电光式

如图 3.4-19 所示,电光式光衰减器的核心是通过电子系统控制光路元件改变光路,如通过 MEMS 光开关旋转反射镜片改变耦合效率,或者采用磁光开关改变光路,最终得到光耦合效率的下降或提升,由此达到控制光纤链路衰减量的目的,此类衰减器主要用于设计智能化的光衰减器,并在光纤通信系统中的光功率自动控制得到广泛运用。

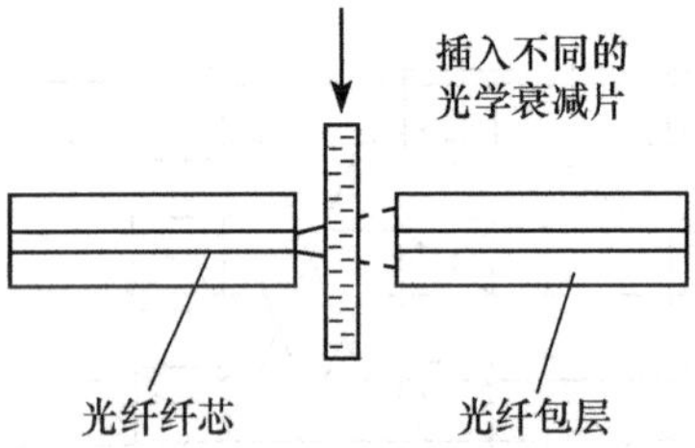

图 3.4-18　光学式光衰减器

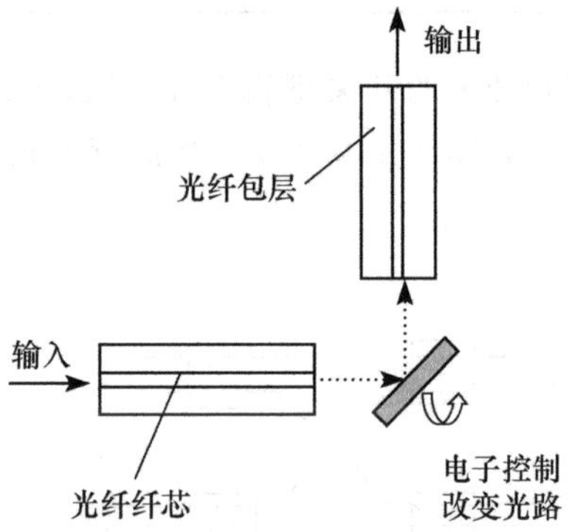

图 3.4-19　电光式光衰减器

小　结

本章的重点是半导体光源和探测器,掌握半导体激光器(LD)、发光二极管(LED)、光电二极管(PIN)和雪崩光电二极管(APD)的工作原理,特别是它们的传输特性,如 LD 的 *P-I* 特性曲线、光谱特性、调制带宽、频率啁啾、量子效率和输出光束等,以及 PIN 和 APD 的噪声、响应度、响应带宽和增益等。掌握光纤通信系统常用的无源器件,包括连接器、耦合器、光隔离器、调制器、光开关、衰减器等的工作原理,并了解它们在光纤通信系统中的应用情况,为系统设计和实践应用打下基础。

习　题　3

3-1　简述二能级系统的电子的 3 种能级跃迁形式,并指出它们与光电或电光转换之间的关系。

3-2　结合图 3.1-5 和图 3.1-6,分析双异质结构对载流子和光子的限制作用。

3-3　简述面发光二极管和边发光二极管的工作原理和结构,通过对比说明为什么短程、低速光纤通信系统主要采用边发光二极管作为光源。

3-4　设计一个测试 LED 的 *P-I* 特性曲线的实验装置,并分析 *P-I* 特性曲线的特点。

3-5　推导 LED 的 3dB 调制带宽的公式(3.2-6),并分析说明提高工作速率的方法。

3-6　论述半导体激光器(LD)的工作原理,分析 LD 产生激光的增益条件和相位条件,由此 LD 采用的典型结构有哪几种?

3-7　解释 LD 的阈值电流的形成机理。

3-8　什么是 LD 的纵模和横模? LD 产生单纵模和单横模需要满足什么条件?

3-9　为什么 FP-LD 是多纵模和单横模的器件? 而 DFB-LD 是单纵模和单横模的器件? 简述两者的不同之处与特点。

3-10　描述 LD 的 *P-I* 特性曲线,并详细分析该曲线的工作特征。

3-11　分析 LD 的 3dB 调制带宽的公式(3.2-18),并分析说明提高工作速率的方法。

3-12　阐述 LD 的噪声形成的机理,以及对光纤通信系统的影响。

3-13　简述 PIN 和 APD 的工作原理及一般结构,并比较它们的异同及其应用特点。

3-14　利用 PIN 的等效电路,推导 3dB 带宽公式(3.3-6),并指出提高带宽的方法。

3-15　定性分析 APD 噪声和带宽的特点,指出其应用的领域。

3-16　简述光纤连接的方法,并说明它们的特点及其应用场合。

3-17　分析图 3.4-12 所示的环行器工作原理。

3-18　分析公式(3.4-7)所描述的 M-Z 调制器的线性特征,并指出在模拟调制时最佳偏置工作点如何选取。

3-19　简述 EAM 的工作原理与特点,并指出其应用领域。

3-20　简述光开关的种类,并说明它们各自的特点。

第 4 章　光纤通信系统原理

光纤通信系统原理是进行光纤通信系统设计必须掌握的核心技术。首先介绍光纤通信系统的组成，并阐明模拟和数字系统的特点与技术要求。然后重点讲述光发射机与光接收机的工作原理和设计要点，再推导出数字（模拟）系统中误码率（信噪比）、速率（带宽）和接收灵敏度之间数学表达式。最后围绕光纤通信系统的拓扑结构、传输带宽、传输距离和系统成本，学习系统设计的基本原理。

4.1　光纤通信系统的组成

光纤通信系统由光发射机、光纤（光缆）和光接收机 3 个部分组成。本章将针对模拟和数字光纤通信系统，按照功能模块详细分析光发射机和光接收机的组成，及其各个部分的功能，为系统设计打下基础。

4.1.1　光纤通信系统的组成

图 4.1-1 所示为光纤通信系统的基本组成，其中光发射模块和光接收模块主要完成光电信号的相互转换，发射电信号处理模块负责处理输入信息及与光发射模块的匹配，接收电信号处理模块负责与光接收模块的匹配，并处理接收到的信息，最终输出完成信息的传送。在系统组成中，模拟和数字光纤通信系统有各自独特的组成模块，图 4.1-2 所示为模拟信号光纤通信系统的典型结构。图 4.1-3 所示为数字信号数字光纤通信系统的典型组成。以上均描述的单向传输系统，双向通信系统反之亦然，不再赘述。

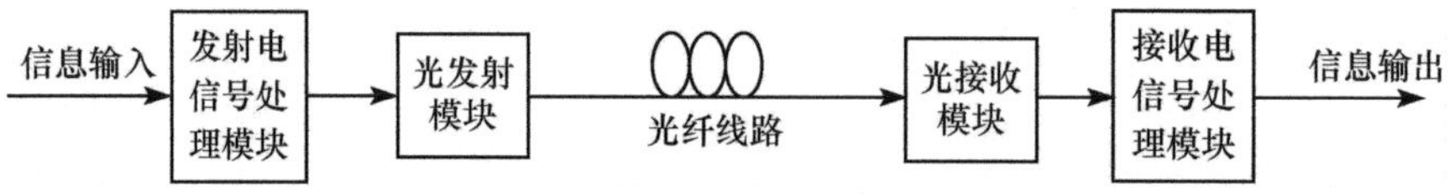

图 4.1-1　光纤通信系统的基本组成

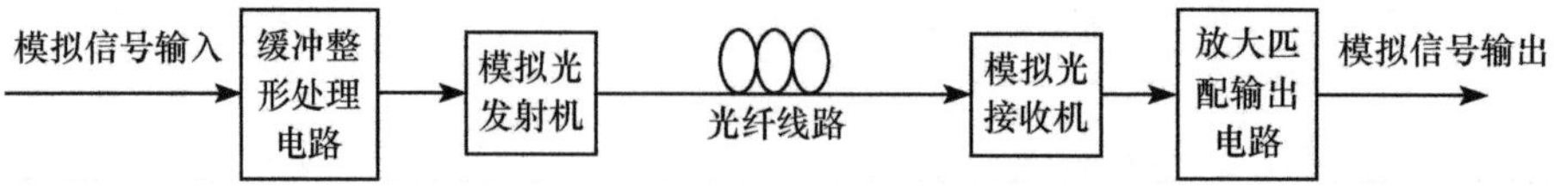

图 4.1-2　典型模拟信号光纤通信系统

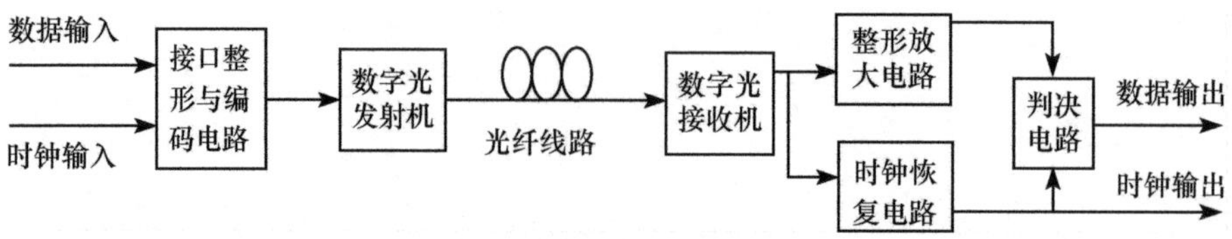

图 4.1-3　典型数字信号光纤通信系统

4.1.2 光发射机的组成

光发射机的主要作用是完成电信号转换成光信号，可以分为数字和模拟两类，具体的电光转换实现方式有直接调制和间接调制。光发射机主要包括电信号接口电路、驱动电路和半导体激光器等部分，对于间接调制就需要稳定光源和外调制器。

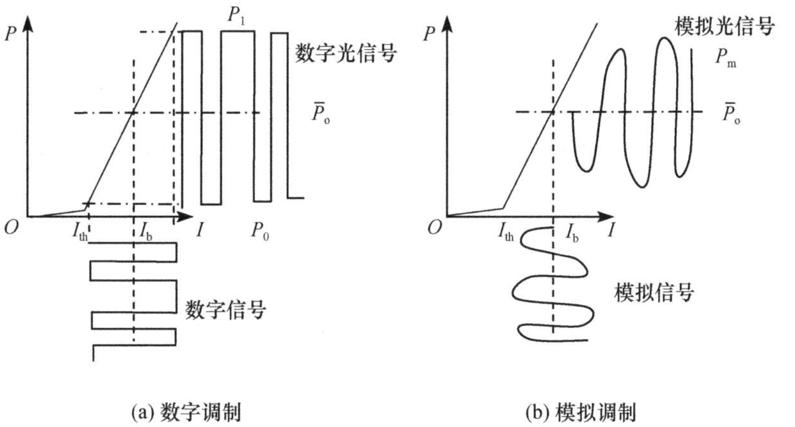

图 4.1-4 LD 数字和模拟信号调制的原理

图 4.1-4 所示为数字和模拟信号调制的原理，图 4.1-4(a)所示为数字信号对 LD 的直接调制，图 4.1-4(b)所示为模拟信号对 LD 的直接调制。直接调制技术的核心是将模拟或数字信号放大直接调制 LD 或 LED 的驱动电流，实现对输出光功率的调制。直接调制受到 LD 输出功率、带宽和频率啁啾的限制，通常只能工作在小功率(小于 20mW)、较低速率(小于 2.5Gbps)和较低带宽(小于 2.5GHz)的情况下。为了实现大功率、宽带、高速的光纤通信，就必须采用间接调制技术，通过驱动电路驱动外调制器(波导调制器或电吸收调制器)对稳定的激光光源进行调制，可实现大于 10Gbps 速率或 40GHz 以上的模拟带宽。

4.1.3 光接收机的组成

光接收机的主要作用是完成光信号转换成电信号，可以分为数字和模拟两类，在这一章里所有研究的技术主要依据光强度检测技术，相干检测将在第 9 章阐述。

无论是数字光接收机还是模拟光接收机，都主要包括光电探测器(PIN 或 APD)、前置放大器和主放大器等电路。对于数字系统将根据传输信号的速率(码型)、误码率(BER)和接收灵敏度的要求进行设计，后续还需要时钟恢复和判决电路，最终输出数据和时钟信号。对于模拟信号光纤传输系统，通常有传输的带宽、信噪比(载噪比)、接收灵敏度、非线性等技术要求，以及根据模拟信号的特征设计相应的输出级电路。

4.2 光发射机

光发射机的作用是在发射端将电信号转变成适合于在光纤中传输的光信号。光源(LED 或 LD)是光发射机的主要部件，但仅有光源是不够的，在光发射机中，还包括信号的调制驱动电路、自动功率控制(APC)电路、自动温度控制(ATC)电路、告警电路和其他辅助电路等。这里重点讨论 LED 或 LD 直接调制的光发射机。

4.2.1 光发射机的技术要求

1. 输出平均光功率

光发射机必须具有一定的发射光功率，此参数决定了传输的距离和传输的质量，通常采用输出平均光功率来描述，模拟和数字光纤传输系统均如此。

2. 输出光功率稳定度

为了满足系统传输性能的要求，光发射机的输出平均光功率必须满足一定的稳定度，输出光功率稳定度定义为

$$\delta = \frac{|\Delta \bar{P}_o|}{\bar{P}_o} \times 100\% \tag{4.2-1}$$

式中，$\bar{P}_o$ 表示输出平均光功率；$\Delta \bar{P}_o$ 表示输出光功率随时间起伏的平均值。稳定度 δ 单位为%。

一般数字光纤通信系统对稳定度的要求较低，而对模拟系统要求较高

$$\begin{cases} \delta \leqslant \pm 5\%, & \text{数字系统} \\ \delta \leqslant \pm 1\%, & \text{模拟系统} \end{cases} \tag{4.2-2}$$

3. 数字系统的消光比

在光纤数字通信系统中，消光比定义为"1"光脉冲光功率 P_1 与"0"光脉冲光功率 P_0 之比，如图 4.1-4 所示，用公式描述为

$$r = \frac{P_1}{P_0} \tag{4.2-3}$$

ITU-T G.597 协议将消光比定义为常用对数形式(单位为 dB)

$$\text{EX} = 10\lg \frac{P_1}{P_0} \tag{4.2-4}$$

数字光发射机消光比越高，输出光功率利用率越高，接收灵敏度也相应提高。通常要求数字光发射机 $r \geqslant 10$ 或 $\text{EX} \geqslant 10\text{dB}$。

4. 模拟系统的调制深度

在光纤模拟通信系统中，调制深度定义为调制的有效光功率 P_m 与平均光功率 $\bar{P}_o$ 之比，如图 4.1-4 所示，用公式表示为

$$m = \frac{P_m}{\bar{P}_o} \tag{4.2-5}$$

模拟光发射机调制深度越大，输出光功率利用率越高，接收灵敏度也相应提高。但调制深度 m 最大不能超过 100%，超出将出现过调制，模拟信号将出现严重失真。调制深度 m 与接收灵敏度成正比，也与非线性失真成正比。模拟光发射机需要根据传输的技术指标要求来设置调制深度 m，为了协调调制深度与非线性失真的矛盾，必要时需要进行非线性补偿。

5. 数字系统的速率

在 1.2.2 小节已经讨论了速率和带宽的概念。光纤数字通信系统的速率是指数字信号在光

纤线路上传输的比特率，单位为 bps，要掌握一个数字信号的特征，还需要知道数字信号的编码形式，从而获得数字信号占用带宽的信息，这样就能够准确地把握光发射机的设计。

6. 模拟系统的带宽

光纤模拟通信系统的带宽是指模拟信号在频域所占用的频谱范围，包括中心频率 f_0、起始频率 f_1、终止频率 f_2 和带内平坦度等重要参数。模拟信号占用的带宽较宽，相对带宽也较大，是模拟系统设计的难点和要点。

4.2.2 LED 和 LD 的封装结构

LED 和 LD 封装结构的共同点是均需要高效地将光源的信号耦合进入光纤中，光源与光纤的耦合效率与光源的类型(LED 或 LD)及光纤的类型(多模光纤或单模光纤)有关，LD 与单模光纤的耦合效率可以达到 20%～50%，而 LED 与单模光纤的耦合效率可能较低，LED 更适合与多模光纤配合。不管采用哪一种耦合方式，除耦合效率要尽量高以外，还要求具有很高的机械稳定性。LD 与光纤的耦合中还需要考虑耦合引起的反射对 LD 的影响，一般在光源与光纤之间插入光隔离器来解决这一问题。

LED 和 LD 的封装结构的有以下几点不同。

(1) LED 工作在低速或窄带系统，LD 工作在高速或宽带系统。

(2) LED 电流密度小，而 LD 电流密度高，需要对其工作温度进行稳定控制，并解决散热问题。

(3) LED 输出功率较稳定，而 LD 需要功率稳定控制电路。

1. LED 的封装结构

LED 主要应用于低速、廉价的光纤通信系统，因此 LED 封装主要有同轴带尾纤封装结构和同轴带光纤适配器的封装结构。如图 4.2-1 所示，图(a)为同轴带 FC 型光纤适配器的 LED，上图为剖面图，下图为立体结构，光纤适配器常见的结构有 ST、SC 等类型；图(b)为同轴带尾纤的 LED，耦合光纤有多模和单模两类。

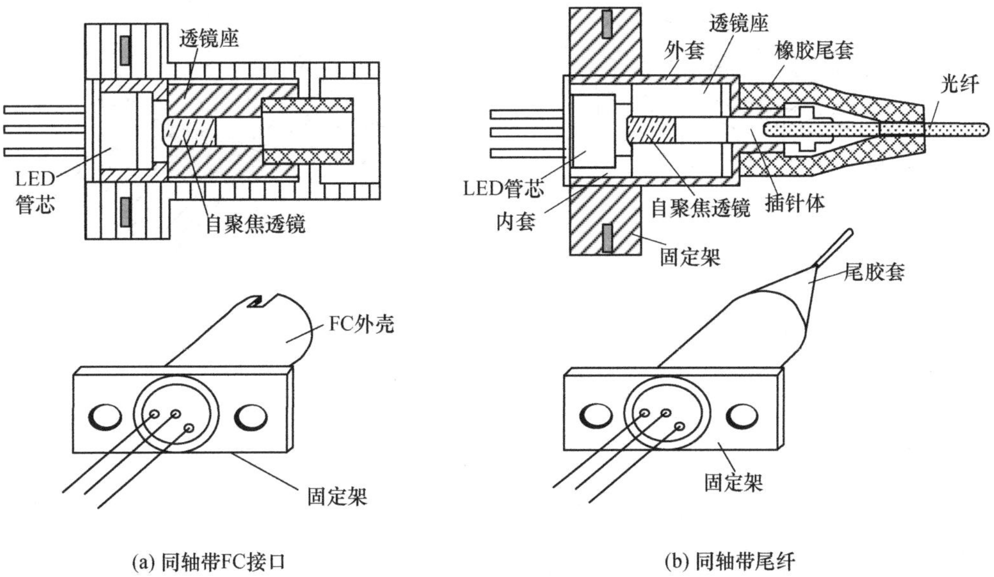

图 4.2-1 LED 的封装结构

2. LD 的封装结构

图 4.2-2 所示为 LD 的内部封装结构，主要包括 LD 半导体芯片、PIN 光电探测器芯片、热敏电阻和半导体制冷器等部件，其余的辅助材料有陶瓷基片、热沉、金丝连线、光纤耦合等。该结构为自动稳定控制(ATC)和自动光功率控制(APC)提供了物质基础。

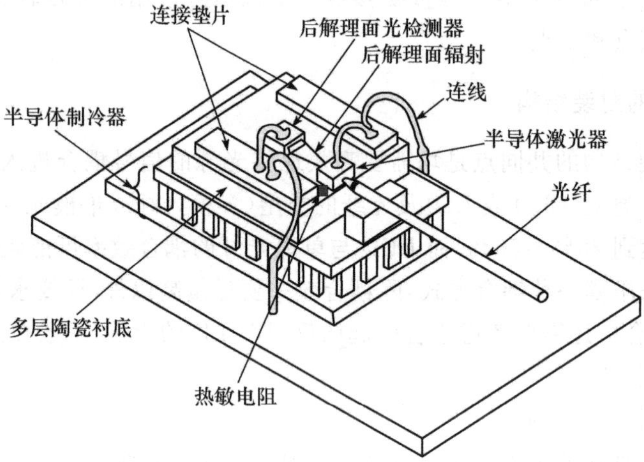

图 4.2-2　LD 实用化封装内部结构

LD 除了有与 LED 相同的同轴封装带尾纤结构和带光纤适配器的封装结构外，还有如图 4.2-3(a)所示的高速双列直插封装结构和图 4.2-3(b)所示的高速宽带蝶形封装结构。前者的工作速率可达 1000Mbps 以上，后者工作速率达到 2.5～10Gbps(激光器管脚的具体定义参考生产厂家的产品说明书)。

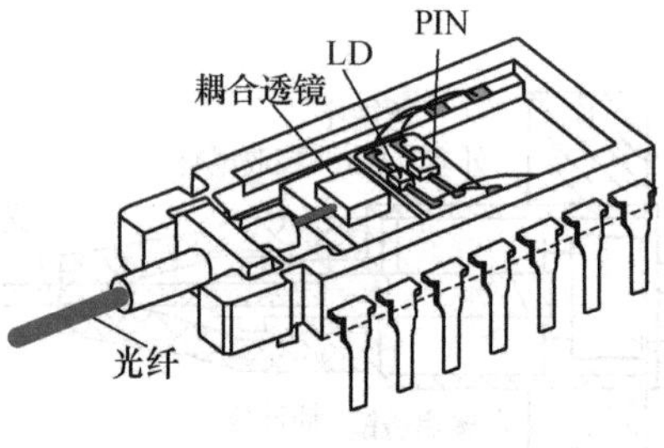

(a) 双列直插封装结构

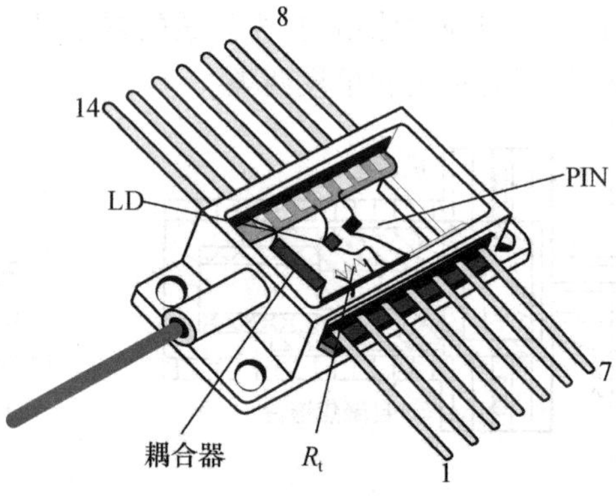

(b) 蝶形封装结构

图 4.2-3　LD 的封装结构

4.2.3　LED 光发射机

LED 和 LD 光发射机有许多相同之处，不同之处在于 LD 比 LED 功率大、带宽大，因此 LD 适用于宽带、长距离系统，而 LED 适用于短程、低速系统。本节从 LED 入手，从数字到模拟，从简单到复杂，再到 LD 的伺服电路与驱动电路。

1. LED 数字驱动电路

图 4.2-4 所示为 LED P-I 曲线的数字调制示意图。

1）TTL 驱动电路

图 4.2-5 所示为 LED 的 TTL 数字信号驱动电路。以 5V TTL 电平为例，输入 2～5V 为高电平“1”，输入 0～0.8V 为低电平“0”，规定输出高电平“1”>2.4V，输出低电平“0”<0.4V，在室温下一般输出高电平是 3.5V，输出低电平是 0.2V。

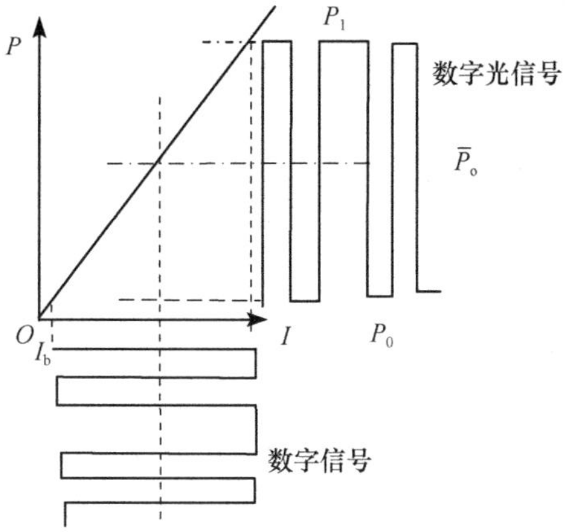

图 4.2-4　LED 的 P-I 曲线数字调制

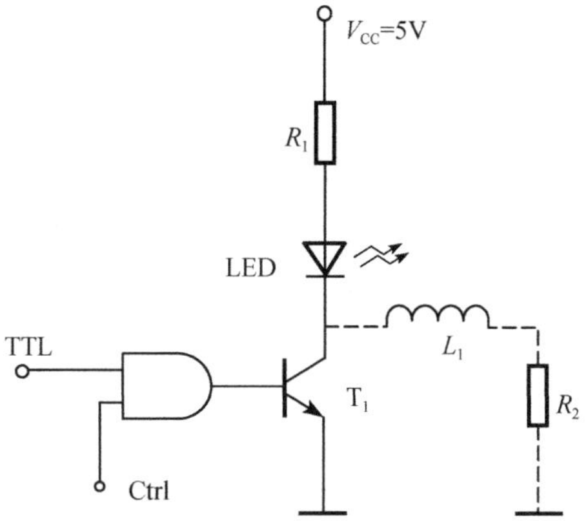

图 4.2-5　LED 的 TTL 驱动电路

$$\begin{cases} I_1 = (V_{CC} - V_{LED} - V_{ce})/R_1, & TTL = \text{“1”} \\ I_0 = 0, & TTL = \text{“0”} \end{cases} \tag{4.2-6}$$

高、低电平对应输出光功率分别为 P_1、P_0，平均输出光功率为 $(P_1+P_0)/2$。通常电源电压 V_{CC} 设为 5V，LED 正向压降 V_{LED} 为 1.4V 左右，三极管 T_1 饱和压降 V_{ce} 为 0.3V 左右。这样就可以根据 LED 的 P-I 特性曲线，选取驱动电流，计算得到限流电阻 R_1 值，完成电路设计。这里 Ctrl 为使能端，对于“与”门，设为“1”有效。L_1 和 R_2 组成的偏置电路为激光器提供较小的预先偏置电流，希望提高 LED 的工作速率，I_b 表示为

$$I_b = \frac{V_{CC} - V_{LED}}{R_1 + R_2} \tag{4.2-7}$$

一般 R_2 取值为 1kΩ 左右，I_b 约为几 mA，R_1 取值几十 Ω，驱动电流约为 100mA。

2）ECL 驱动电路

ECL 全称是射极耦合逻辑电路，其特点是采用−5.2V 电源电压，逻辑“1”高电平为−0.89V，近似为−0.9V，逻辑“0”低电平为−1.69V，近似为−1.7V，高、低电平中间值为−1.3V，逻辑电平摆幅为 0.8V，具有高速的特点，广泛应用于各种高速通信系统，如 SDH 传输系统、以太网传输系统。图 4.2-6 所示为 LED 的 ECL 数字信号驱动电路，是最早研制成功的应用电路，也是目前仍然广泛应用的电路。

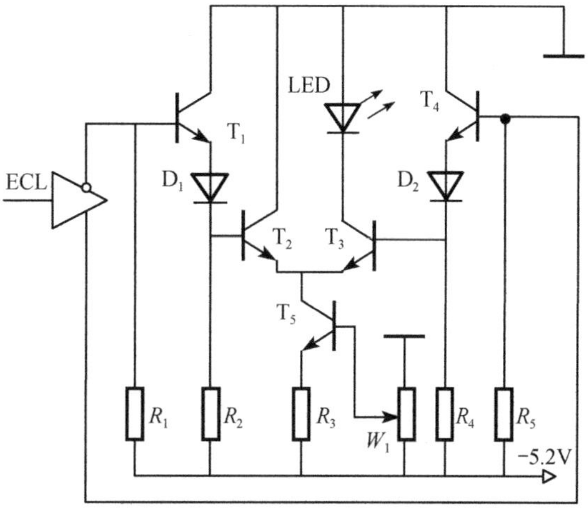

图 4.2-6　LED 的 ECL 驱动电路

该电路由晶体管、电阻、二极管、ECL 接口电路等组成。其工作原理是 ECL 输入后接口电路将其分为差分的两路信号(或直接输入两路差分信号),分别输入晶体管 T_1 和 T_4 的基极,射极输出再通过二极管 D_1 和 D_2 向下电平位移,作用到晶体管 T_2 和 T_3 组成的差分对的基极上,由输入信号的高、低电平控制 T_2 和 T_3 轮流导通,使 T_5、R_3 和 W_1 组成的电流源驱动 LED 发光完成 ECL 数字信号对 LED 的调制。例如,输入 ECL 高电平时,$V_{b1}=-1.7V$,电平位移 1.4V,$V_{b2}=-3.1V$,同时 $V_{b4}=-0.9V$,电平位移 1.4V,$V_{b3}=-2.3V$,这样 $V_{b3}>V_{b2}$,T_3 导通和 T_2 截止,电流源电流通过 T_3 对 LED 实现调制,发出“1”光。反之,$V_{b2}>V_{b3}$,T_3 截止和 T_2 导通,电流源电流流到地,LED 没有电流流过,发出“0”光。这样就实现了 ECL 数字信号对 LED 的调制,该电路的主要优点是(上述 V_{b1}、V_{b2}、V_{b3}、V_{b4}分别代表 $T_1\sim T_4$ 的基极电压):

(1) T_2 和 T_3 工作在非饱和开关状态,工作速率非常高。

(2) T_5 组成的电流源提高驱动电流稳定性,对电源影响小。

(3) 驱动电路消光比高,可参考图 4.2-5 加适当的偏置电流,提高 LED 的工作速率。

2. LED 模拟驱动电路

1) 模拟驱动电路

模拟信号驱动电路的核心实质是将输入的模拟电信号通过模拟电路转换成驱动 LED 的电流信号,变换曲线如图 4.2-7 所示,其中 I_b 为偏置电流,一般设置在 P-I 曲线的 1/2 处。

模拟信号驱动电路包括缓冲放大电路、驱动放大电路(功率放大电路)和匹配驱动电路等 3 部分。模拟信号是世界上最为复杂的信号,其复杂程度和种类是没有穷尽的。针对模拟信号的电路也是各具特色、互不相同。例如,常见的音频信号、基带视频信号(这就是通常 AV 信号)、有线电视信号和微波信号,它们对放大、匹配都有不同的技术要求。因此,这里仅做功能性的分析,其具体电路根据模拟信号的特点,选取相应的电路模块来设计 LED 的驱动电路。缓冲放大电路的作用是匹配接收输入的模拟电信号,匹配是指模拟信号与接口间的阻抗匹配,这是模拟信号传输所必需的。同时根据信号的幅度和带宽,进行信号处理(放大或限幅、滤波或均衡)并满足后级电路的要求。驱动放大电路或功率放大电路的作用是为了得到满足驱动 LED 需要的电流,对信号进行放大。驱动匹配电路的作用是完成驱动源与 LED 的宽带匹配,匹配方式有电阻匹配、传输线变压器匹配和微带线匹配等。该匹配电路需要根据模拟信号的不同来具体设计。图 4.2-8 所示为模拟信号驱动电路示意图。

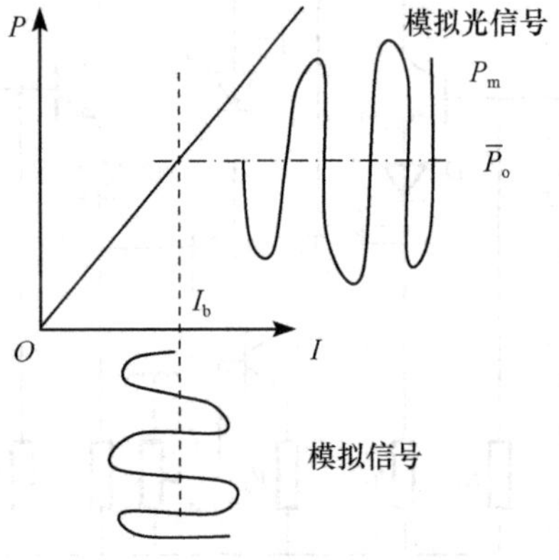

图 4.2-7 LED 的模拟驱动示意图

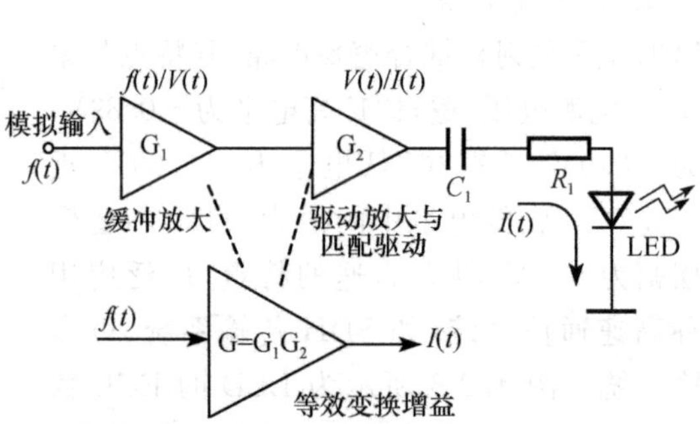

图 4.2-8 LED 的模拟信号驱动电路

2）非线性补偿

在模拟光发射机中，电光转换的非线性失真是最难克服的缺陷，其内在的根源是载流子浓度和光子浓度相互转换的非线性，而半导体 LED 或 LD 的直接强度模拟调制的线性特征完全依赖这一转换的线性特性。从外部电路驱动来看，LED 可以等效为如图 4.2-9 所示的电路，其中 R_1 为 LED 串联电阻，R_2 为 LED 并联电阻，C_{PN} 为 LED 的结电容，C_D 为 LED 的扩散电容，这些参数的取值都与 LED 的偏置及驱动电流的大小密切相关。这样在直接强度模拟调制时，随着驱动电流幅度、偏置和频率的变化，LED 的内部等效电路参数也将发生变化，这样的变化将带来光强度、频率响应的非线性。一般电子元器件的非线性为－60～－70dB，而光电器件的非线性为－30～－50dB，因此，对电光转换的非线性补偿是非常必要的，是高性能模拟光传输系统必需的技术措施。目前采用的主要补偿技术有负反馈非线性补偿、前馈非线性补偿和预失真法等。

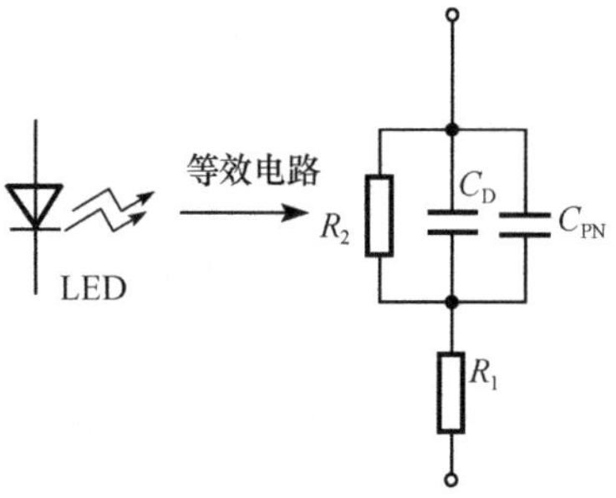

图 4.2-9　LED 等效电路

图 4.2-10 所示为负反馈非线性补偿示意图，A_1 为光信号探测及放大的增益，单位为 A/W（安培/瓦特），描述了光功率转换成光电流的能力。A_2 为电信号驱动放大成电流信号的增益，单位为 A/V（安培/伏特），描述了电信号转换成驱动电流的能力。r 为反馈的分光比。

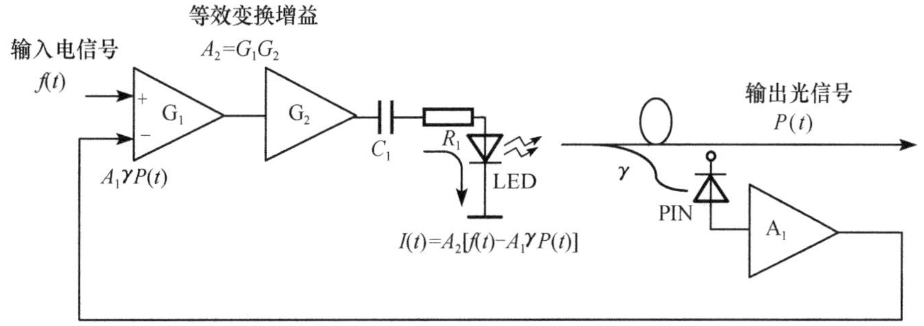

图 4.2-10　负反馈非线性补偿

输出光信号 $P(t)$ 可以表示为驱动电流 $I(t)$ 的线性项、二阶项、三阶项及高次项的叠加，其中 a_1、a_2、a_3 分别表示 LED 的电光转换系数，如式

$$P(t)=a_1I(t)+a_2I^2(t)+a_3I^3(t)+\cdots \tag{4.2-8}$$

当 LED 有足够的线性系数，存在 $a_1\gg a_2\gg a_3$，因此式(4.2-8)变换为

$$P(t)\approx a_1I(t)\left[1+\frac{a_2}{a_1^2}[a_1I(t)]\right] \tag{4.2-9}$$

对式(4.2-9)解驱动电流 $I(t)$ 的一元二方程，得到

$$I(t)\approx\frac{P(t)}{a_1}-\frac{a_2P^2(t)}{a_1^3} \tag{4.2-10}$$

由反馈得到的驱动电流为

$$I(t)=A_2[f(t)-A_1\gamma P(t)] \tag{4.2-11}$$

将式(4.2-10)和式(4.2-11)联立求解，得到

$$\frac{P(t)}{a_1}-\frac{a_2P^2(t)}{a_1^3}=A_2[f(t)-A_1\gamma P(t)] \tag{4.2-12}$$

对式(4.2-12)解 $P(t)$ 的一元二次方程,得到

$$P(t)=Cf(t)\left[1+\frac{(a_2/a_1^2)Cf(t)}{A_1A_2\gamma a_1}\right] \tag{4.2-13}$$

其中 $C=\dfrac{A_2}{A_1A_2\gamma a_1+1/a_1}$,比较式(4.2-9)和式(4.2-13),发现非线性项减小了$\dfrac{1}{A_1A_2\gamma a_1}$,可见负反馈非线性补偿具有降低非线性效应的作用。但当信号带宽足够大时,该电路将不能起到很好的补偿作用,必须采用其他的方法。

图 4.2-11 所示为前馈非线性补偿示意图,该电路为了补偿 LED 的非线性,设计了两套光发射系统,第一套由 G_1、C_1、R_1、LED_1 组成,第二套由 G_2、C_2、R_2、LED_2 组成。PIN 和 A_1 组成探测单元,A_2 为比较放大器。系统的工作原理为首先通过第一套光发射系统将信号变换成光信号,然后由 PIN 和 A_1 组成探测单元检测信号,将探测到的光信号与延迟后的输入电信号通过 A_2 比较,得到由非线性引起的误差信号,再将该误差信号与延迟后的输入信号相叠加,最后将该信号输入第二套光发射机,完成调制光发射。

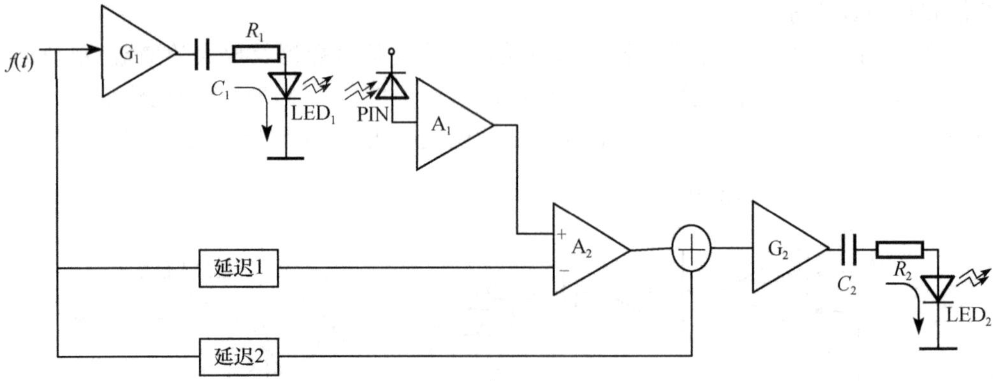

图 4.2-11 前馈非线性补偿

该前馈补偿的核心是由 LED_1 得到非线性信号,并改变驱动信号使它变"坏",再驱动 LED_2,起到"负负为正"的补偿效果。该电路要求第一套和第二套电路完全一致,两只 LED 完全一致,延迟 1 和延迟 2 精确。该系统的优点是可以较好地补偿 LED 的非线性失真,但两套系统的完全一致是难以达到的,因此改进后又提出了预失真电路来补偿非线性失真,它的工作原理是用电子元器件(电阻、电容、二极管、晶体管等)取代第一套发射系统,直接模拟 LED 的非线性失真,这样使系统变得简单可行,是目前广泛采用的非线性补偿手段。

4.2.4 LD 光发射机

LD 具有高效、大功率和工作电流密度大的特点,其工作温度将影响输出功率和波长的稳定性,因此,LD 正常工作需要采用自动温度控制电路(ATC)和自动光功率控制电路(APC)。为了实现 ATC 和 APC,在 LD 实用化封装中加入了半导体热敏电阻、PIN 光电二极管、半导体制冷器等附属电子元件。

1. LD 自动温度控制电路

半导体激光器的输出特性受温度影响很大,当温度发生变化(包括环境温度变化和注入电流引起的温度变化)时,LD 的 P-I 特性和光谱特性都要发生变化,因此在光发射机中需要有自动

温度控制(ATC)电路以保证激光器在恒定温度下工作。一般来说,在实用化的半导体激光器封装中,都带有一个半导体制冷器和一只能够监测激光器芯片温度变化的热敏电阻,可采用图 4.2-12 所示的 ATC 电路来实现激光器工作温度的稳定控制。激光器的热沉与制冷器紧贴在一起,图中 R_1、R_2、R_3、激光器的热敏电阻 R_t 和可调电阻 W_1 构成感温电桥,电桥中 $R_1=R_2$,R_3 与 R_t 相近,通过调整 W_1 设置 LD 的工作温度,一般在室温附近(20～25℃)。

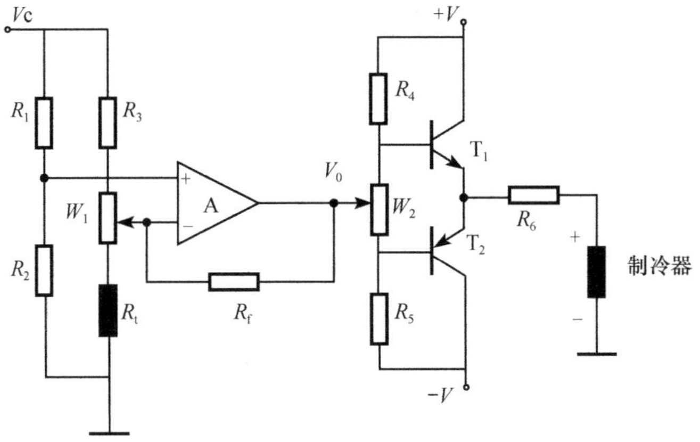

图 4.2-12　LD 自动温度控制电路

半导体制冷器的工作特点是在注入正向电流时,它工作在制冷状态,反之,注入反向电流时,将工作在加热状态。如图 4.2-12 所示,首先设定工作温度,如室温 22℃,再根据热敏电阻特性调制 W_1 使电桥平衡,此时 V_0 近似为零,T_1 和 T_2 构成驱动电路输出电流也近似为 0。当环境稳定或激光器工作温度大于设定值时,热敏电阻探测到 LD 温度升高,R_t 电阻值减少,感温电桥产生一个正误差信号,经放大后输出正电压,V_0 升高,T_1 导通并提供正向流过半导体制冷器。此时半导体制冷器工作在制冷状态,用于补偿半导体激光器注入电流或环境引起 LD 温度升高,结果使 LD 温度保持设定温度。反之,当环境温度低于设定温度时,热敏电阻探测到 LD 温度下降,R_t 电阻值增加,感温电桥产生一个负误差信号,经放大后输出负电压,V_0 下降,T_2 导通并提供反向电流流过半导体制冷器。此时制冷器工作在加热状态,用于补偿环境引起 LD 温度下降,结果使 LD 温度保持设定温度。这样 ATC 电路就完成了控制 LD 工作在恒温状态的目的。

2. LD 自动光功率控制电路

LD 的老化效应和芯片温度的变化将会引起 LD 输出光功率变化,为了稳定激光器的输出光功率,需要在光发射机中设置自动光功率控制(APC)电路。APC 电路利用一只与 LD 封装在一起的 PIN 光电二极管监测 LD 后向输出的光信号,根据检测的光功率大小来自动地改变 LD 的偏置电流,使其输出光功率保持恒定。常用的电路有平均值 APC 电路和峰值/平均值 APC 电路两类。

1) 平均值光功率控制电路

图 4.2-13 所示为平均值 APC 电路原理,PIN 光电二极管检测到的背光信号经 A_1 放大后送到比较器 A_2 的负向输入端,另外直流参考电压 V_R 送到 A_2 的反向输入端,A_2 的输出端向晶体管 T_1、T_2 组成的电流源提供偏置电压,偏流的大小可由直流参考电压 V_R 的调整而进行预置。

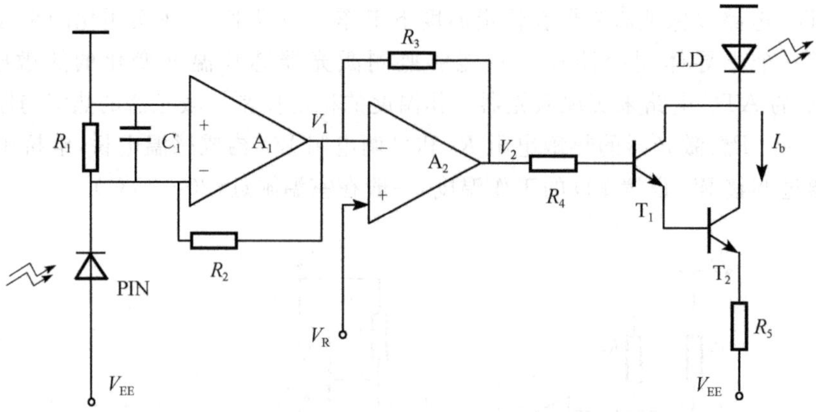

图 4.2-13 LD 平均值光功率控制电路

该电路的工作原理是首先通过 V_R 设置 LD 的偏置电流，然后电路将通过反馈回路控制偏置电流的变化，使输出光功率稳定。具体的工作过程是当输出光功率减少时，PIN 光电二极管探测的光电流减少，输出电压 V_1 将降低，V_2 电压将升高，偏置电流 I_b 将增加，使输出光功率增加。反之，当输出光功率增加时，PIN 光电二极管探测的光电流增加，输出电压 V_1 将升高，V_2 电压将降低，偏置电流 I_b 将减少，使输出光功率降低。该电路的特点是简单易行，稳定度可达 1%，被光发射机广泛采用。

2）峰值/平均值光功率控制电路

图 4.2-14 所示为峰值/平均值 APC 电路原理，该电路将调制信号分成直流偏置电流和交流驱动电流两部分，PIN 光电二极管检测到的信号也分成直流信号和交流信号两部分。一方面，通过比较直流信号的变化控制偏置电流，另一方面，通过比较交流信号的变化控制驱动电流，这样双重控制使输出光功率的稳定性优于 1%。

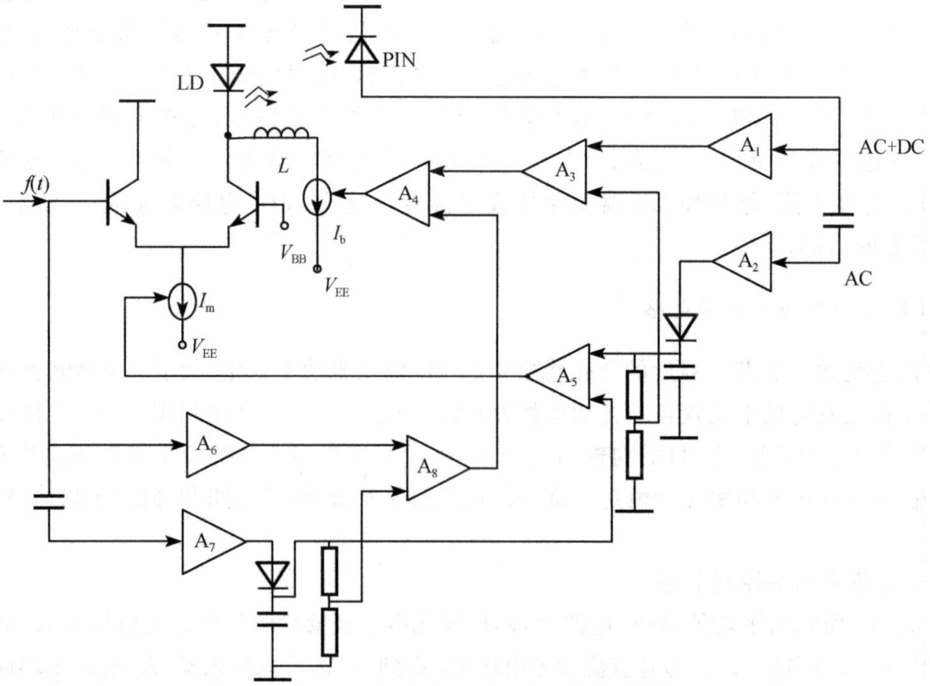

图 4.2-14 LD 峰值/平均值光功率控制电路

该电路首先通过 PIN 光电二极管探测 LD 发出的光信号，然后将该信号分成直流信号和交流信号两部分。一方面，通过 A_1 放大器完成对直流信号和交流信号(AC+DC)的放大，通过 A_3 去除交流信号(AC)，再与输入直流分量通过 A_4 比较得到误差信号，并控制偏置电流 I_b。另一方面，通过电容耦合经过 A_2 完成对交流信号的放大与检波，通过 A_5 与输入交流信号比较得到误差信号，并控制交流驱动电流。其中 A_1、A_6 是直流放大器，A_2、A_7 是交流放大器，输出端设有检波和分压电阻，A_3、A_4、A_5、A_8 是比较放大器。

3. LD 保护电路与告警电路

LD 保护电路包括延迟加电保护电路、过流保护电路和反压保护电路。

图 4.2-15(a)所示为延迟加电保护电路，其目的是保护 LD 不被加电瞬间的冲击电流损坏。当电压 V_0 到来瞬间，C_1 处于虚短路状态，复合晶体管不能导通，通过 R_1 和 C_1 组成充电回路，不断抬高复合晶体管的基极电压，直至达到设定电压，使偏置电流流过 LD。

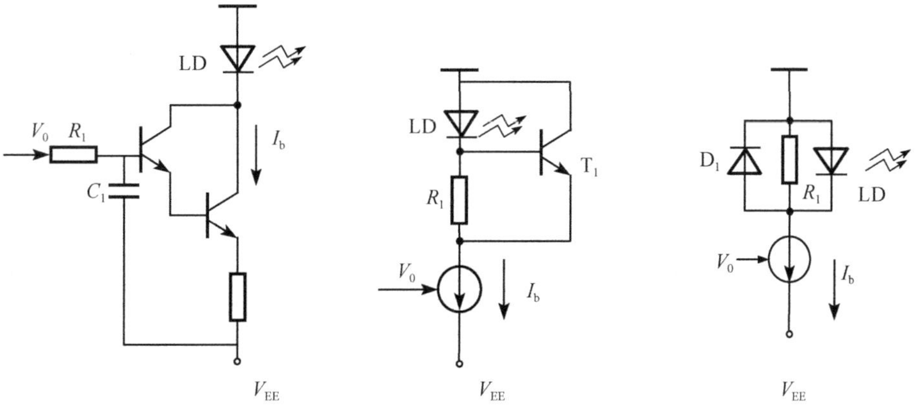

(a) 延迟加电保护电路　(b) 过流保护电路　(c) 反压保护电路

图 4.2-15　LD 保护电路

图 4.2-15(b)所示为过流保护电路，其目的是保护 LD 的工作电流不超过额定电流。当流过 LD 的电流超过额定电流时，$R_1 I_b > V_{be}$，晶体管 T_1 导通，多余的电流通过晶体管到地，起到保护作用。

图 4.2-15(c)所示为反压保护电路，其目的是保护 LD 反向电压击穿损坏。在 LD 两端反向并联二极管 D_1，当有反向电压到来时，D_1 导通保护 LD 不受损坏。

光发射机除上述各种基本电路外，还应有告警电路，一般包括无光告警、寿命告警和激光器温差告警。当光信号中断、激光器失效或电路出现故障而造成光信号中断时，发射机的无光告警指示灯亮，同时送出告警信号。寿命告警由 APC 电路中偏置电流的增大来体现，随着激光器的老化，其阈值电流会升高，P-I 曲线的斜率也会下降，这样在一定的调制电流下，为获得相同的输出功率，必须增大偏置电流，一般认为当偏置电流 I_b 从最初的阈值 I_{th} 附近增大到约 $1.5I_{th}$ 时，应该发出寿命告警，警告使用者激光器已接近其使用寿命，应更换新的激光器。如果激光器的温度超过正常工作温度±5℃(开机时除外)，发射机应能给出温差过大告警，并关掉激光器的偏置和调制电流以避免激光器损坏。

4. LD 数字驱动电路

图 4.1-4(a)所示为 LD 数字驱动的工作原理。LD 的显著特点是工作速率高和较大的输出光功率，LD 数字驱动电路与 LED 的不同之处有两个方面：

(1) LD 需要配置自动温度控制电路(ATC)和自动光功率控制电路(APC)。

(2) 设置偏置电流 I_b，一般 $I_b \geqslant I_{th}$。

LD 数字驱动电路的特点有以下两点：

(1) 驱动电流 $I_m \approx I_{max} - I_{th}$，正比于消光比。

(2) 驱动电路需满足高速数据率的要求，并与半导体激光器匹配，这里匹配包括了两层含义，其一 LD 的工作速率与电路的匹配，其二 LD 的阻抗与高速电路阻抗的匹配。

5. LD 模拟驱动电路

图 4.1-4(b)所示为 LD 模拟驱动的工作原理。LD 的显著特点是宽带和较大的输出光功率，LD 模拟驱动电路与 LED 的不同之处有以下两方面：

(1) LD 需要配置自动温度控制电路(ATC)和自动光功率控制电路(APC)。

(2) 设置偏置电流 $I_b \approx (I_{max} - I_{th})/2$。

LD 模拟驱动电路的特点有以下三点：

(1) 驱动电流 $I_m < I_{max} - I_{th}$。调制深度 m 与接收灵敏度成正比，也与非线性失真成正比。模拟光发射机需要根据传输的技术指标要求来设置调制深度 m，一般 30%～40%。

(2) 解决调制深度与非线性失真的矛盾，根据模拟传输的技术指标进行非线性补偿。

(3) 驱动电路需满足模拟信号带宽的要求，并与半导体激光器匹配，这里匹配也包括了两层含义，其一 LD 的工作带宽与电路的匹配，其二 LD 的阻抗与驱动电路阻抗的匹配。

4.3 光接收机

4.3.1 光接收机的技术要求

光接收机的作用是在接收端对光信号进行接收、放大和处理。光接收机的设计与光发射机中信号的调制方式有关，图 4.3-1 所示为基于强度调制的直接强度检测的数字光接收机和模拟光接收机，无论是数字还是模拟光接收机，其中最为关键的部分为光电探测和前置放大器。对于

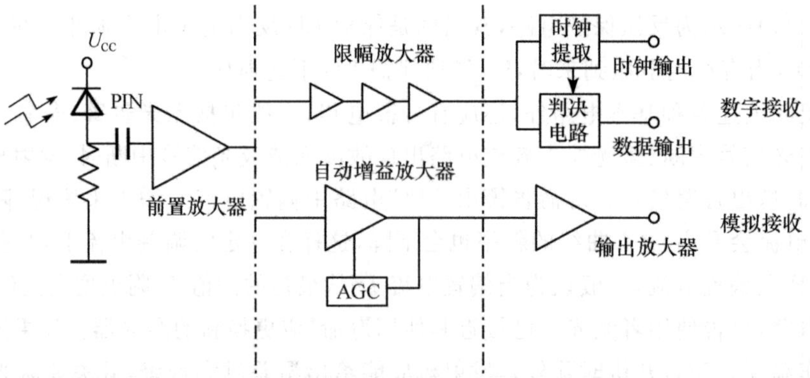

图 4.3-1 光接收机的组成

数字接收机紧随其后的是限幅放大器，然后是时钟提取和判决电路。模拟接收机前置放大器后的电路是主放大器和输出级电路。

(1) 数字接收机的主要技术指标包括信号速率、误码率和接收灵敏度等。

(2) 模拟接收机的主要技术指标包括模拟带宽、信噪比(载噪比)和接收灵敏度等。

4.3.2 光接收前置放大器

光信号通过光纤耦合到光电探测器上，光电探测器将光信号转变成电流信号，前置放大器的作用是将该信号放大到合适幅度，以上统称为光接收机前置放大器。

光接收前置放大器要兼顾接收灵敏度和带宽这两个技术指标，通常采用高阻抗前置(HZ)放大器和跨阻抗(TZ)前置放大器两种设计方案，图 4.3-2 所示为其等效电路。在图中 C_T 为总的输入电容，包含了光电二极管的结电容和前置放大器引起的电容，R_L 为负载电阻(也为负反馈电阻)，G 为放大器增益，I_P 为探测光电流。在高阻抗前置放大器中，如图 4.3-2(a)所示，由于负载电阻 R_L 较大，一般为 2～10kΩ，也是这类放大器得名的由来，其特点是电路简单、带宽较低、动态范围较窄，灵敏度较低，这种电路的 Δf_{3dB} 带宽可表示为

$$\Delta f_{3dB} = \frac{1}{2\pi R_L C_T} \quad (\text{高阻抗}) \tag{4.3-1}$$

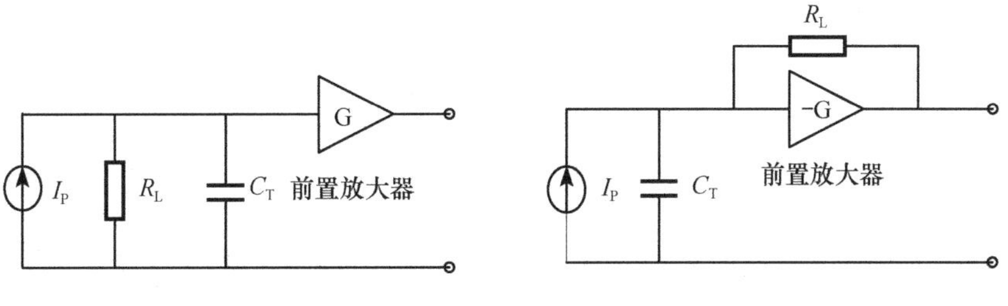

(a) 高阻抗前置放大器　　(b) 跨阻抗前置放大器

图 4.3-2　光接收前置放大器

在满足接收灵敏度要求前提下，可以适当降低 R_L 来增加带宽，这种设计为低阻抗前置放大器，在宽带系统中兼顾阻抗匹配，负载电阻 R_L = 50～75Ω，这样的光接收前置放大器灵敏度极低，不适合通信系统应用，只能满足测试实验系统的运用。

为了兼顾高的接收灵敏度和大的带宽，还具有较大的动态范围，提出了跨阻抗前置放大器，如图 4.3-2(b)所示，负载电阻 R_L 被作为一个反馈电阻跨接在反相放大器的两端，尽管 R_L 很大，但负反馈的作用使放大器的等效输入阻抗降低 G 倍，这样带宽与高阻抗前置放大器相比就增大了 G 倍，如公式(4.3-2)，在光纤通信系统中，均采用了跨阻抗前置放大器，即

$$\Delta f_{3dB} = \frac{G}{2\pi R_L C_T} \quad (\text{跨阻抗}) \tag{4.3-2}$$

图 4.3-3 所示为经典的采用晶体管的跨阻抗光接收前置放大器，T_1 和 T_2 构成负反馈放

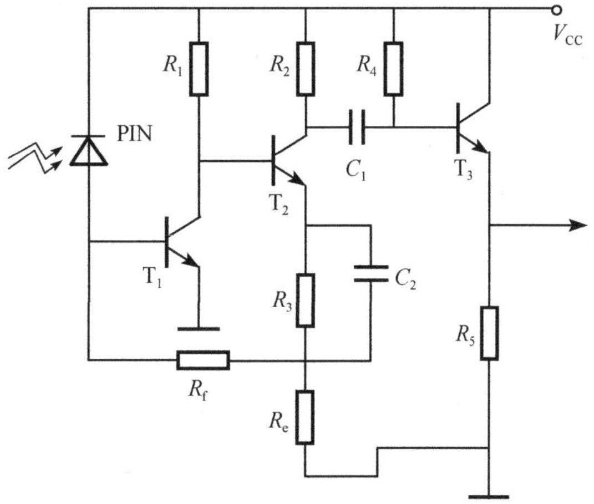

图 4.3-3　跨阻抗光接收前置放大器电路

大，R_f 在电路中实现并联负反馈，同时为 PIN 的光电流提供负载电阻，R_3 和 C_2 对放大器构成带宽补偿，R_3 和 R_e 串联负反馈稳定放大回路的直流工作点。该电路为最早发表的光接收应用电路，采用高速晶体管实现了 600Mbps 以上的工作速率。将上述电路中的晶体管置换为 GaAs 场效应管，可以获得更高宽带和更高灵敏度的光接收机。

4.3.3 光接收机的噪声

如图 4.3-4 所示，光接收机可以等效为一个多级放大器组成的系统。每一级放大器为系统贡献一定的增益，也贡献一定的噪声，分别用增益系数 G_n 和噪声系数 F_n 描述，其总体噪声系数 $F_{总}$ 可以等效为

$$F_{总} = F_1 + \frac{F_2 - 1}{G_1} + \frac{F_3 - 1}{G_1 \cdot G_2} + \cdots + \frac{F_n - 1}{G_1 \cdot G_2 \cdots G_{n-1}} \tag{4.3-3}$$

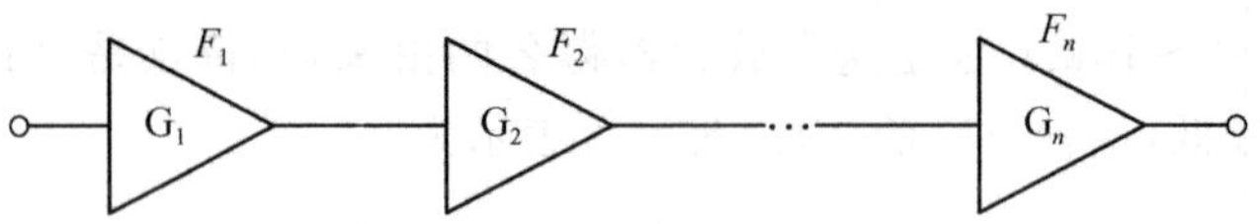

图 4.3-4　多级放大器系统的噪声组成

通常放大器增益 G_1 在 100 倍左右，$G_1G_2 > 1000$，因此总的噪声系数近似为

$$F_{总} \approx F_1 + \frac{F_2 - 1}{G_1} \tag{4.3-4}$$

在合理近似的条件下，当第一级放大器的增益在 100 倍左右时，式(4.3-4)的第二项 F_2 对总体噪声的贡献比第一项 F_1 小 2 个数量级，因此有理由得出结论，对于前置放大器增益足够大的光接收机，其噪声主要来源于光接收前置放大器。同理，可以推断光接收前置放大器的噪声，主要来源于光电探测器的噪声和前置放大器的噪声系数。场效应管(FET)和晶体管(BJT)是前置放大器的主要放大器件，FET 较之 BJT 具有更大的宽带、更低的噪声，价格也较贵，因此，FET 组成的光接收前置放大器是宽带、高速率、高灵敏度光接收机的首选。下面将进一步详细分析光电探测器的噪声。

1. 散粒噪声

散粒噪声是光电转换中产生电子的随机性引起的噪声电流。考虑散粒噪声引起的电流波动时，光信号功率 P 产生的光电二极管的电流可写为

$$I(t) = I_P + i_S(t) \tag{4.3-5}$$

式中，$I_P = RP$，R 为光电二极管的响应度；噪声电流 $i_S(t)$ 是平稳随机过程，具有泊松分布，实际中可用高斯分布近似。根据 Wiener-Khinchin 定理，$i_S(t)$ 的自相关函数与谱密度 $S_S(f)$ 有关，表示为

$$\langle i_S(t) i_S(t+\tau) \rangle = \int_{-\infty}^{\infty} S_S(f) \exp(2\pi j f \tau) \mathrm{d}f \tag{4.3-6}$$

散粒噪声的谱密度为常数，所以散粒噪声也称为白噪声，其值为 $S_S(f) = qI_P$，q 为电子电荷。设 $\tau = 0$，则由式(4.3-6)可得噪声方差为

$$\sigma_S^2 = \langle i_S^2(t) \rangle = \int_{-\infty}^{\infty} S_S(f) \mathrm{d}f = 2qI_P \Delta f \tag{4.3-7}$$

式中，σ_S^2 与光电流 I_P 和接收机的有效噪声带宽 Δf 乘积成正比。σ_S^2 是在产生光电流的过程中产

生的。实际上，当没有光信号照射光检测器时，外界的一些杂散光或热运动亦会产生一些电子-空穴对，光检测器还会产生一些电流，这种残留电流称为暗电流 I_d，暗电流也要产生散粒噪声，因此考虑暗电流的影响后，总散粒噪声表示为

$$\sigma_S^2 = 2q(I_P + I_d)\Delta f \tag{4.3-8}$$

2. 热噪声

热噪声是在温度作用下载流子热运动引起的噪声电流。在光接收机中，前置放大器负载电阻中产生的这种噪声电流将叠加到光探测器产生的光电流中，这样式(4.3-5)改写为

$$I(t) = I_P + i_S(t) + i_T(t) \tag{4.3-9}$$

式中，$i_T(t)$为热噪声引起的噪声电流，可用稳态高斯随机过程来模拟，其谱密度在 0～1THz 范围内均与频率无关，近乎是一种白噪声，由式(4.3-10)给出，即

$$S_T(f) = \frac{2kT}{R_L} \tag{4.3-10}$$

式中，k 为玻耳兹曼常量；T 为绝对温度；R_L 为负载电阻；$S_T(f)$亦是双边谱密度。采用类似于散粒噪声的分析方法，可得热噪声方差为

$$\sigma_T^2 = \langle i_T^2(t) \rangle = \int_{-\infty}^{\infty} S_T(f)\mathrm{d}f = \left(\frac{4kT}{R_L}\right)\Delta f \tag{4.3-11}$$

可见，热噪声与光电流无关，即使没有光功率输入，热噪声仍然存在。

光接收机除了负载电阻产生热噪声外，其他元器件亦可能增加附加噪声，前置放大器肯定要增加噪声，而且其影响远远超过后级放大器的噪声，所以接收机的实际噪声主要取决于前置放大器的噪声系数 F_1，这样热噪声方差改写为

$$\sigma_T^2 = \left(\frac{4kT}{R_L}\right)F_1\Delta f \tag{4.3-12}$$

将散粒噪声和热噪声的影响相加，可得到总电流噪声，其结果为

$$\sigma^2 = \sigma_S^2 + \sigma_T^2 = 2q(I_P + I_d)\Delta f + \left(\frac{4kT}{R_L}\right)F_1\Delta f \tag{4.3-13}$$

3. 强度噪声

强度噪声是光信号强度随时间漂移转变成电流的随机漂移引起的噪声电流。光信号强度的漂移可以由光源或传输链路引起，在光纤传输系统中光源是强度噪声的主要来源，由式(3.2-19)和式(3.2-20)描述，强度噪声方差表示为

$$\sigma_I^2 = (\mathrm{RIN})(RP)^2\Delta f \tag{4.3-14}$$

这样，总噪声为

$$\begin{aligned}\sigma^2 &= \sigma_S^2 + \sigma_T^2 + \sigma_I^2 \\ &= 2q(I_P + I_d)\Delta f + \left(\frac{4kT}{R_L}\right)F_1\Delta f + (\mathrm{RIN})(RP)^2\Delta f\end{aligned} \tag{4.3-15}$$

一般情况下，接收光功率非常小，σ_I^2 对系统影响可以忽略，只需要考虑 σ_S^2 和 σ_T^2 的作用。

4.3.4 模拟光接收机

1. *PIN* 光接收机

信噪比(SNR)是评价模拟光接收机性能的重要技术指标，定义为

$$\text{SNR} = \frac{\text{平均信号功率}}{\text{噪声功率}} = I_P^2/\sigma^2 \tag{4.3-16}$$

对于 PIN 光接收机，$I_P = RP_{in}$，P_{in}为接收光功率，考虑热噪声和白噪声的作用，可得 PIN 光接收机的信噪比为

$$\text{SNR}_{PIN} = \frac{R^2 P_{in}^2}{2q(RP_{in})\Delta f + (4kT/R_L)F_1\Delta f} \tag{4.3-17}$$

式(4.3-17)显示了信噪比与 PIN 光电二极管的响应度 R、输入光功率 P_{in}、负载电阻 R_L、放大器噪声系数 F_1 和有效噪声带宽 Δf 的关系。通常情况下，光纤通信系统接收到的光功率均较小，在 μW 量级，因此 $\sigma_T^2 \gg \sigma_S^2$，白噪声可忽略，热噪声起到了主导作用，得到

$$\text{SNR}_{PIN} \approx (R_L/4kTF_1\Delta f)R^2 P_{in}^2, \quad \sigma_T^2 \gg \sigma_S^2 \tag{4.3-18}$$

式(4.3-18)表明，SNR 与 R_L、$(RP_{in})^2$ 成正比，与 Δf、F_1 成反比。因此，可以通过适当增加输入光功率 P_{in}和负载电阻 R_L 提高 SNR，这也是大多数光接收机采用高阻或互阻抗前置放大器的原因，而少有低阻抗前置放大器在光纤通信系统中使用。

当光功率过大时，$\sigma_S^2 \gg \sigma_T^2$，此时热噪声可忽略，白噪声起到了主导作用，得到

$$\text{SNR}_{PIN} \approx \frac{RP_{in}}{2q\Delta f} = \frac{\eta P_{in}}{2h\nu\Delta f} = \frac{\eta}{2\Delta f}\left(\frac{P_{in}}{h\nu}\right), \qquad \sigma_S^2 \gg \sigma_T^2 \tag{4.3-19}$$

式(4.3-19)表明，SNR 与 RP_{in}成正比，与 Δf 成反比，这是不易出现的特殊情况。当接收光功率较大，热噪声和白噪声相当时，就必须采用式(4.3-17)进行计算。

2. *APD* 光接收机

显然，由于 APD 光电二极管的内部增益，使光电流的响应度 R 增加了 M 倍，同时在响应度增加过程中，APD 的白噪声也增大了，因此信噪比表示为

$$\text{SNR}_{APD} = \frac{(MRP_{in})^2}{2qM^{2+x}RP_{in}\Delta f + (4kT/R_L)F_1\Delta f} \tag{4.3-20}$$

在光检测器中，热噪声与平均光电流无关，因此 APD 倍增过程并不影响热噪声，但是影响白噪声。APD 倍增噪声的功率表示为

$$\sigma_S^2 = 2qM^{2+x}RP_{in}\Delta f \tag{4.3-21}$$

式中，x 称为 APD 的附加噪声指数，它有明确的物理概念，表示由于倍增作用而增加的噪声，APD 的 x 取值范围在 0.3～1。

比较一下接收光功率较小和过大两种情况，也就是热噪声或白噪声分别起主导作用时，PIN 和 APD 所表现出来的信噪比性能，即

$$\text{SNR}_{APD} \approx \left(\frac{R_L}{4kTF_1\Delta f}\right)M^2R^2P_{in}^2, \qquad \sigma_T^2 \gg \sigma_S^2 \tag{4.3-22}$$

$$\text{SNR}_{APD} = \frac{RP_{in}}{2qM^x\Delta f} = \frac{\eta}{2M^x\Delta f}\left(\frac{P_{in}}{h\nu}\right), \qquad \sigma_S^2 \gg \sigma_T^2 \tag{4.3-23}$$

可见，在一般情况下接收光功率较小，热噪声起主导作用，比较式(4.3-18)和式(4.3-22)，可见 APD 较 PIN 信噪比提高 M^2 倍。反之，接收光功率过大，白噪声起主导作用，比较式(4.3-19)和式(4.3-23)，可见 APD 较 PIN 信噪比反而降低了 M^x 倍。因此，APD 更适用于接收较小光功率的探测，光功率较大时将没有意义。

当接收光功率较大时，热噪声和白噪声功率基本相当，对式(4.3-20)求极值，可以求得 APD 倍增增益的最佳值 M_{opt}，使得 SNR 最大。

模拟光接收机的接收灵敏度，定义为在接收一定带宽的模拟信号时，满足一定信噪比，所需要的最小平均接收光功率，可以通过式(4.3-17)到式(4.3-23)计算得到。

4.3.5 数字光接收机

1. 数字光接收机的误码率

误码率(BER)是判定数字光接收机性能的重要标准，它定义为光接收机出现错误比特的概率。通常光纤通信系统都将 $BER \leqslant 10^{-9}$ 的误码率作为对系统的基本要求，有些高性能系统要求 $BER \leqslant 10^{-11}$。数字光接收机的接收灵敏度 P_r，定义为在接收一定速率的数字信号时，满足一定误码率，所需要的最小平均接收光功率。

如图 4.3-5 所示，判决电路首先在判决时刻 T_D 对信号采样，然后将采样值 I 与判决阈值 I_D 进行比较，若 $I>I_D$，则判决为“1”，若 $I<I_D$，则判决为“0”。接收信号受到噪声的影响，I_0、I_1 均有噪声叠加，如图 4.3-5 中描述的 I_0、I_1。由于噪声的影响，在“1”码，出现 $I_1<I_D$，则发生误码，同理，在“0”码，出现 $I_0>I_D$，则同样发生误码。用 $P(1)$ 和 $P(0)$ 分别表示接收到“1”和“0”的概率，$P(0/1)$ 表示收到“1”而错判为“0”的概率，$P(1/0)$ 是收到“0”而错判为“1”的概率，因此，总的误码率为

$$BER = P(1)P(0/1) + P(0)P(1/0)$$

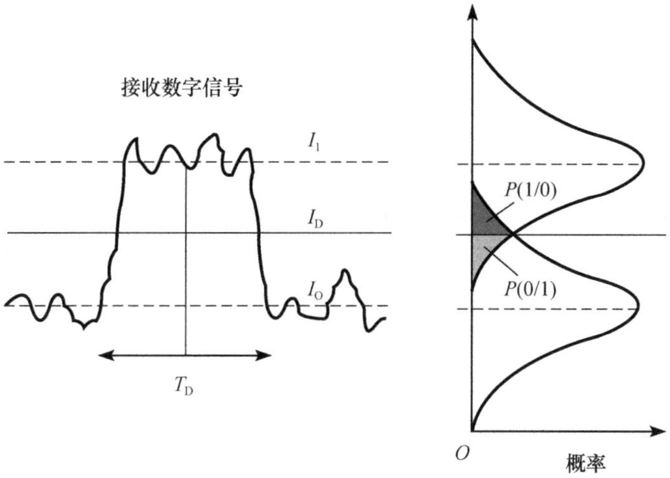

图 4.3-5 数字信号判决与误码率

在数字通信系统中，通常“1”和“0”出现的概率相同，$P(1)=P(0)=1/2$，误码率为

$$BER = 1/2[P(0/1) + P(1/0)] \tag{4.3-24}$$

采样值 I 是具有噪声方差 $\sigma^2=\sigma_S^2+\sigma_T^2$ 的高斯概率密度函数。用 σ_1^2 和 σ_0^2 分别表示“1”码和“0”码的噪声方差，则误码概率可表示为

$$P(0/1) = \frac{1}{\sigma_1\sqrt{2\pi}}\int_{-\infty}^{I_D}\exp\left[-\frac{(I-I_1)^2}{2\sigma_1^2}\right]dI = \frac{1}{2}\mathrm{erfc}\left(\frac{I_1-I_D}{\sigma_1\sqrt{2}}\right) \tag{4.3-25}$$

$$P(1/0) = \frac{1}{\sigma_0\sqrt{2\pi}}\int_{I_D}^{\infty}\exp\left[-\frac{(I-I_0)^2}{2\sigma_0^2}\right]dI = \frac{1}{2}\mathrm{erfc}\left(\frac{I_D-I_0}{\sigma_0\sqrt{2}}\right) \tag{4.3-26}$$

式中，$\mathrm{erfc}(x)$ 代表补余误差函数，定义为 $\mathrm{erfc}(x)=\frac{2}{\sqrt{\pi}}\int_x^{\infty}\exp(-y^2)dy$，代入可得

$$\mathrm{BER} = \frac{1}{4}\left[\mathrm{erfc}\left(\frac{I_1 - I_D}{\sigma_1\sqrt{2}}\right) + \mathrm{erfc}\left(\frac{I_D - I_0}{\sigma_0\sqrt{2}}\right)\right] \tag{4.3-27}$$

由式(4.3-27)可见，BER主要取决于判决阈值 I_D，当式(4.3-27)中的第一项和第二项相等时，即 $\frac{I_1 - I_D}{\sigma_1\sqrt{2}} = \frac{I_D - I_0}{\sigma_0\sqrt{2}}$，此时误码率存在最小值，$I_D$ 为最佳判决阈值，运算得到

$$I_D = \frac{\sigma_0 I_1 + \sigma I_0}{\sigma_1 + \sigma_0} \tag{4.3-28}$$

定义 Q 参数为 $Q = (I_1 - I_D)/\sigma_1 = (I_D - I_0)/\sigma_0$，运算可得

$$Q = \frac{I_1 - I_0}{\sigma_1 + \sigma_0} \tag{4.3-29}$$

根据式(4.3-27)可求得最佳判决设定条件下的BER，利用 $\mathrm{erfc}(Q/\sqrt{2})$ 的渐近展开式，可求得BER的近似表达式为

$$\mathrm{BER} = \frac{1}{2}\mathrm{erfc}\left(\frac{Q}{\sqrt{2}}\right) \approx \frac{\exp(-Q^2/2)}{Q\sqrt{2\pi}} \tag{4.3-30}$$

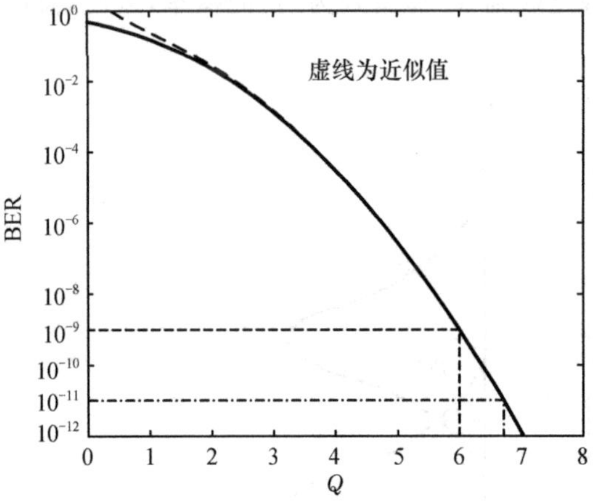

图 4.3-6　Q 参数与误码率

图4.3-6所示为BER随 Q 参数的变化趋势，当 $Q>7$ 时，$\mathrm{BER}<10^{-12}$，当 $Q>6$ 时，$\mathrm{BER}<10^{-9}$，其中虚线是近似值，可见对 $Q>3$，近似表达式有较好的精确度。

2. 数字光接收机的接收灵敏度

误码率公式可用来计算一个接收机以低于某特定误码率(如 10^{-9})所需要的最小光功率，这个功率也称为接收机灵敏度。为简化计算，在消光比足够大的情况下，近似地将"0"码对应的光功率 $P_0 \approx 0$，因而 $I_0 \approx 0$。而"1"比特的功率为 P_1，I_1 与 P_1 的关系为

$$I_1 = MRP_1 = 2MR\bar{P}_r \tag{4.3-31}$$

式中，平均接收光功率定义为 $\bar{P}_r = (P_1 + P_0)/2$；$M$ 为APD增益，$M=1$ 对应PIN光接收机。

白噪声和热噪声均由第3章可得

$$\sigma_S^2 = 2qM^{2+x}R(2\bar{P}_r)\Delta f \tag{4.3-32}$$

$$\sigma_T^2 = (4kT/R_L)F_1\Delta f \tag{4.3-33}$$

式中已忽略了暗电流对白噪声的作用。$\sigma_1^2 = \sigma_S^2 + \sigma_T^2$，$\sigma_0 \approx \sigma_T$ 可得参数 Q 为

$$Q = \frac{I_1}{\sigma_1 + \sigma_0} = \frac{2MR\bar{P}_r}{(\sigma_S^2 + \sigma_T^2)^{1/2} + \sigma_T} \tag{4.3-34}$$

对某一特定的误码率的 Q 参数，通过式(4.3-32)、式(4.3-33)和式(4.3-34)联合求解，可求得 $\bar{P}_r$ 的解析表达式

$$\bar{P}_r = \frac{Q}{R}(q\Delta f M^x Q + \sigma_T/M) \tag{4.3-35}$$

1) PIN数字光接收机的灵敏度

在PIN光接收机中，$M=1$，且热噪声占优势，$\sigma_T \gg \sigma_S$，可得灵敏度的表达式为

$$(\bar{P}_r)_{PIN} = Q\sigma_T/R \tag{4.3-36}$$

σ_T^2 不仅与 R_L 有关，还与 Δf 有关，对于 NRZ 码 Δf 的典型值为 $\Delta f \approx B/2$，B 为数字信号的比特率。例如，$R=0.9\text{A/W}$ 的 1.55μm PIN 光接收机，热噪声典型值为 $\sigma_T=0.1\mu\text{A}$，$\text{BER}=10^{-9}$ 相应的 $Q=6$，则计算得 $\bar{P}_r=0.66\mu\text{W}$ 或 −31.8dBm。

2) APD 数字光接收机的灵敏度

如果热噪声占优势，则 $\bar{P}_r$ 降低了 M 倍，接收机灵敏度也提高了 M 倍，如式(4.3-37)，即

$$(\bar{P}_r)_{\text{APD}} = Q\sigma_T/MR \tag{4.3-37}$$

然而 APD 接收机中散粒噪声也提高很多，当散粒噪声提高到可与热噪声的影响相比时，一般情况下，可用式(4.3-35)准确计算灵敏度。类似对 SNR 的分析，实质就是对公式(4.3-35)求最小值的过程。也可通过调节 APD 的增益 M，得到灵敏度最高所需的最佳 M 值。

3. 接收机灵敏度的其他计算方法

接收机灵敏度是给定 BER 下能可靠工作的最小接收功率，而 BER 和 SNR 与包含在“1”比特的平均光子数有关。例如，在热噪声主导下，$\sigma_0 \approx \sigma_1$，利用 $I_0=0$，由式(4.3-29)可得 $Q=I_1/2\sigma_1$。由于 $\text{SNR}=I_1^2/\sigma_1^2$，因而得到 SNR 与 Q 的关系为 $\text{SNR}=4Q^2$。欲达到 $\text{BER}\leqslant 10^{-9}$，则应使 $Q\geqslant 6$，亦即应使 SNR≥144 或 21.6dB。

在白噪声主导下，这时忽略了热噪声，$\sigma_0=0$，若同时忽略暗电流 I_d，因而有 $\text{SNR}=I_1^2/\sigma_1^2=Q^2$。欲达到 $\text{BER}=10^{-9}$，需要 $Q=6$，则应使 SNR≤36 或 15.6dB。

4. 数字光接收机的极限灵敏度

所谓极限灵敏度是目前通信体制下的理想灵敏度，其理想条件是没有热噪声、没有白噪声，且量子效率为 1，该灵敏度也是目前技术追求的极限灵敏度。对这样的理想光接收机，只要接收到 1 个光子，也能无错误地确定为“1”比特。只有当接收到“1”比特，但一个电子-空穴对也没有产生时才会发生错误。对于这样小数目的光子和电子，不能用高斯分布来近似，而应用精确的泊松分布来模拟。设 N_p 是“1”比特中的平均光子数，产生 m 个电子-空穴对的概率由泊松分布给出

$$P_m = \frac{\exp(-N_p)N_p^m}{m!} \tag{4.3-38}$$

由式(4.3-24)和式(4.3-38)即可计算出 N_p 光子数脉冲的误码率。理想状态下，$N_p=0$ 没有光子时，出错的概率 $P(1/0)=0$。收到 N_p 个光子数，产生 $m=0$ 个电子-空穴时的概率为

$$P(0/1) = \exp(-N_p) \tag{4.3-39}$$

将所得 $P(1/0)$ 和 $P(0/1)$ 代入式(4.3-24)，即得 BER 的表达式为

$$\text{BER} = \frac{\exp(-N_p)}{2} \tag{4.3-40}$$

可以计算为了达到 $\text{BER}<10^{-9}$，每个“1”比特所含光子数 N_p 必须大于 20，也称为光接收机的量子极限。量子极限确定的光子数可转换为用光功率表示：$P_1=N_p h\nu B$，B 为比特率，$h\nu$ 为光子能量，接收机灵敏度为

$$\bar{P}_r = (P_1+P_0)/2 = P_1/2 = N_p h\nu B/2 = \bar{N}_p h\nu B \tag{4.3-41}$$

式中，$\bar{N}_p$ 为每比特的平均光子数，当比特“0”不携带能量时，$\bar{N}_p=N_p/2$。在量子极限下，$\bar{N}_p=10$，由此可用式(4.3-41)计算光接收机的极限灵敏度。例如，对 1.55μm($h\nu=0.8\text{eV}$)，工作在 $B=1\text{Gbps}$的光接收机，$\bar{P}_r=1.3\text{nW}$ 或 −58.9dBm。大多数光接收机工作偏离量子极限 20dB 或

更多(表 4.3-1),如工作于 2.5Gbps 的光接收机的实际灵敏度为-30dBm 左右。

表 4.3-1　不同波长和比特率的光接收机极限灵敏度

波长/μm	0.85			1.31			1.55		
比特率/Mbps	155	1250	2500	155	1000	2500	155	1000	2500
灵敏度/dBm	-69.6	-61.5	-57.5	-67.7	-59.6	-55.6	-67.0	-58.9	-54.9

5. 其他因素对光接收机灵敏度的影响

以上对光接收机灵敏度的分析重点考虑了光接收机的噪声,并没有考虑一些必然存在的因素,比如消光比、强度噪声对灵敏度的影响。

1) 消光比引起的灵敏度恶化

按照式(4.2-3)对消光比的定义,在"0"比特总是有一些光功率输出,所以消光比 $r=P_1/P_0$ 是有限值。对 PIN 光接收机,消光比将使接收机灵敏度的影响劣化了,称为功率代价,表示为

$$\delta_r = 10\lg\left(\frac{r+1}{r-1}\right) \tag{4.3-42}$$

可见,对 $r=8.33$ 时,功率代价为 1dB,而对 $r=2$ 时,功率代价增大到 4.8dB。一般 $r>20$,$\delta<0.4$dB,可以忽略。图 4.3-7(a)所示为功率代价 δ_r 随消光比 r 变化的情况。

2) 强度噪声引起的灵敏度恶化

强度噪声是与激光器强度噪声系数直接相关的,强度噪声系数定义为

$$r_I = (\Delta P_{in}^2)^{1/2}/P_{in} \tag{4.3-43}$$

为保证误码率不变,应维持 Q 值不变,就必须增加入射光的功率,其增加量即为强度噪声引起的功率代价,表示为

$$\delta_I = -10\lg(1-r_I^2Q^2) \tag{4.3-44}$$

图 4.3-7(b)所示为保持 BER$=10^{-9}$、$Q=6$ 时,功率代价 δ_I 随强度噪声参数 r_I 的变化关系。由图可见,当 $r_I<0.01$ 时,$\delta_I<0.02$dB。对大多数数字光发送机,当 $r_I<0.05$ 时,$\delta_I<0.04$dB,因而强度噪声对接收机灵敏度的影响可忽略不计。当 $r_I=0.1$ 时,δ_I 将达 2dB,当 $r_I=0.167$ 时,功率代价将变为无穷大。因此,合理的控制强度噪声是非常必要的。

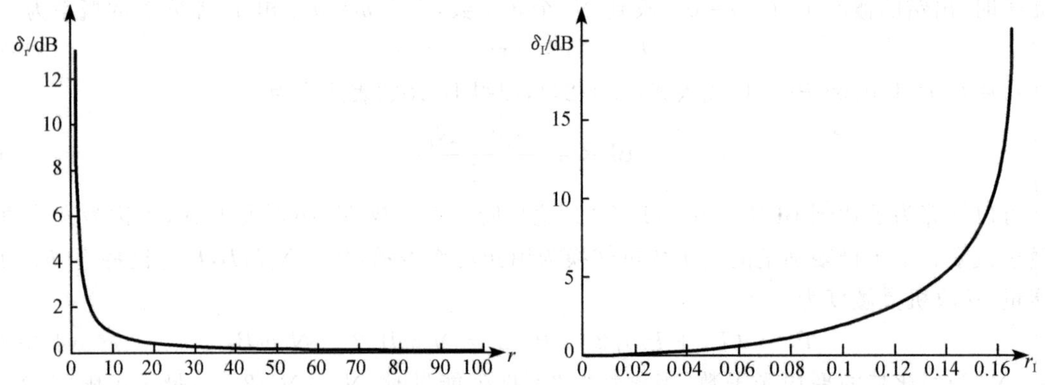

(a) 消光比对灵敏度的影响　　(b) 强度噪声对灵敏度的影响

图 4.3-7　误码率与消光比、强度噪声的关系

4.3.6 主放大器、自动增益控制和动态范围

主放大器一般是多级放大器,它的作用是提供足够的增益,并通过它实现自动增益控制(AGC),使输入光信号在一定范围内变化时,输出电信号幅度保持恒定。

对于模拟系统,主放大器分为两类:一类是具有自动增益控制功能的放大器,用来满足恒定输出信号幅度的要求;另一类是固定增益放大器,输出信号幅度与光信号幅度密切相关,用于实现模拟信号的透明传输。

对于数字系统,主放大器主要由多级限幅放大器组成,它的作用是将前置放大器送来的信号放大到数字逻辑电平的幅度。

动态范围(DR)的定义是:在满足一定误码率(BER)或信噪比(SNR)的条件下,光接收机所能承受的最大平均接收光功率 P_{max} 和所需最小平均接收光功率 P_{min} 的比值,用 dB 表示。根据定义

$$DR = 10\lg \frac{P_{max}}{P_{min}}(dB) \tag{4.3-45}$$

动态范围是光接收机性能的另一个重要指标,它表示光接收机接收光信号范围的能力,数字光接收机的动态范围一般应大于 20dB,而模拟接收机动态范围约为 10dB。

由于传输路径的不同或激光器光功率的变化,使得输入光接收机的光信号大小发生变化,为实现较宽的动态范围,特别是模拟系统,采用 AGC 是十分有必要的。AGC 一般采用运算放大器构成的反馈控制电路来实现。对于 APD 构成的光接收机,AGC 控制光检测器的偏压和放大器的增益。对于 PIN 构成的光接收机,AGC 只控制放大器的增益。

4.4 光纤通信系统的设计和考虑

4.4.1 拓扑结构的设计

光纤通信系统的应用可分为三大类:点到点连接、广播和分配网、星型和环型网络。

1. 点到点连接

点到点连接构成光纤通信系统的普遍网络结构,其作用是将信息从一个地方传送到另一个地方。根据不同的应用,链路连接长度可从几百米到数千千米。例如,在同一建筑或两建筑间连接计算机与终端的计算机数据链路,其传输距离较短(小于 10km),对这种数据链路,光纤的低损耗和宽带并不能发挥重要作用,使用光纤的主要意义在于隔离数据传输过程中的电磁干扰。在越洋海底光纤通信系统中,连接长度达数千到上万千米,在这种系统中,克服光纤的损耗和宽带对系统的限制具有决定性作用。

图 4.4-1 所示为 3 种点到点拓扑结构。当两点间距离超过一定长度时,就必须补偿光纤损耗,否则信号将受到过度衰减变得太弱而不能可靠探测。传统的补偿方法是用中继器,根据不同波长,中继距离在 20～100km 范围内,这个长度称为中继距离。中继器按照光信号再生的方法分为光电光中继器和光光中继器两类。光电光中继器实际上就是一个光接收机和一个光发送机对,它将检测到达的微弱光信号转换为电信号,经放大、整形后再调制到光发送机,恢复光信号强度继续沿光纤传输。所谓光光中继器实质上是采用光放大器来实现对光信号再生中继,光放大器不能无限制级联,因为过多的级联将带来放大噪声使系统性能下降。

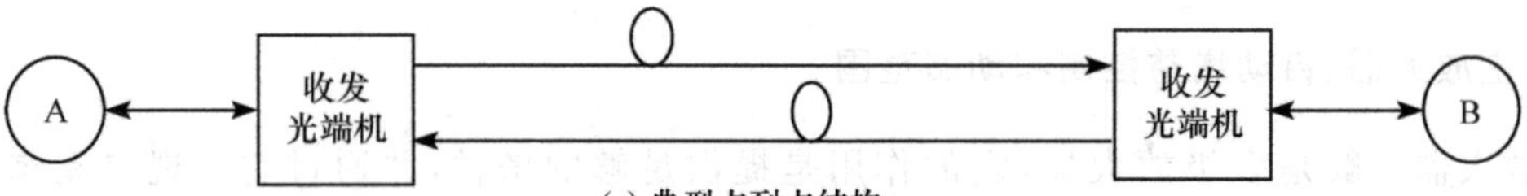

(a) 典型点到点结构

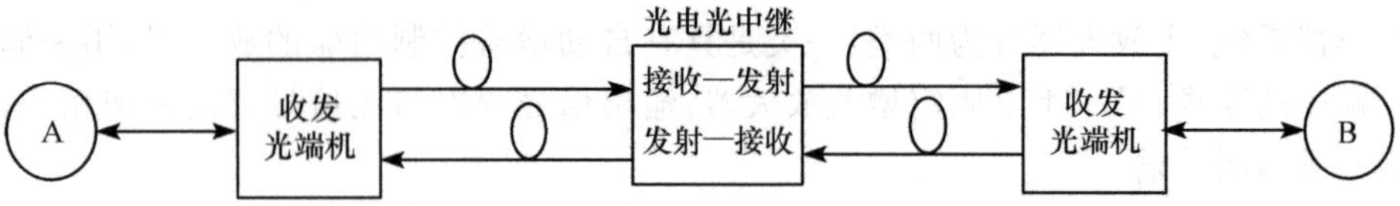

(b) 光电光中继点到点结构

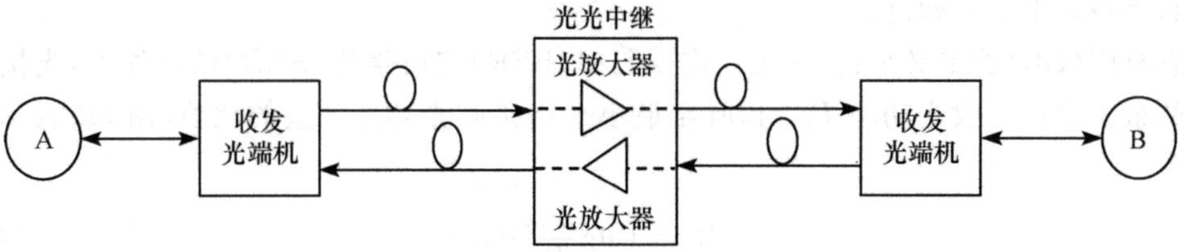

(c) 光光中继点到点结构

图 4.4-1 点到点光纤传输系统

2. 广播和分配网

光纤通信系统的许多应用不仅要求传送信息,而且要求将信息分配到许多用户。这种应用例子包括各种接入网,如无源光网络(PON)、光纤有线电视网络都需要利用光纤完成分配和广播,图 4.4-2 所示为这 3 种拓扑结构。

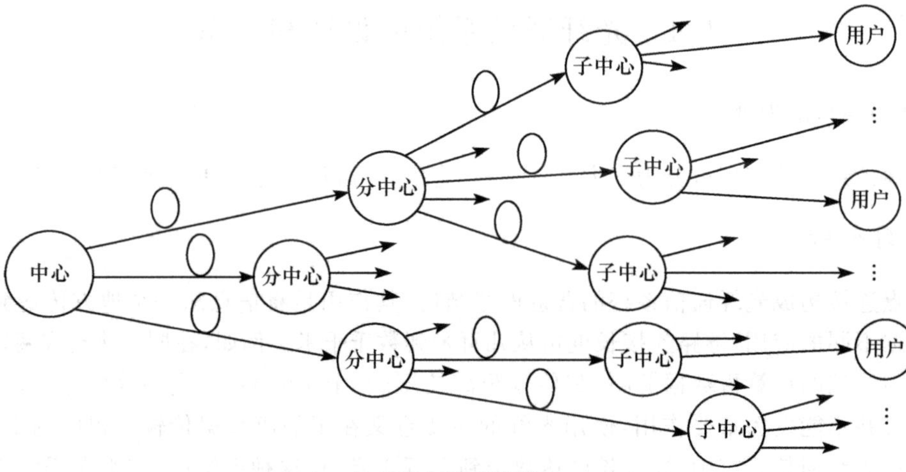

(a) 树形分配拓扑结构

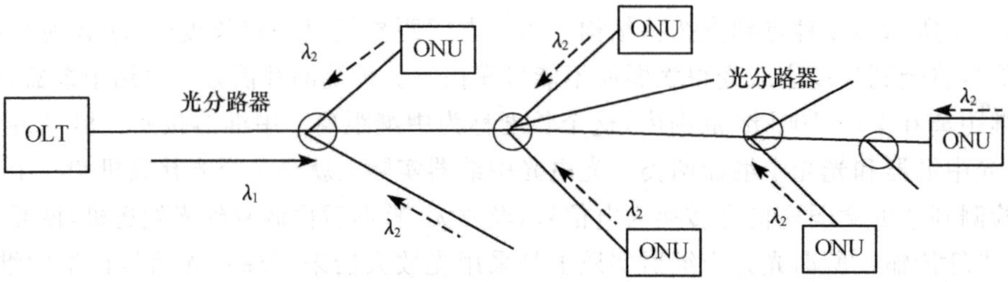

(b) 无源光网络树形拓扑结构

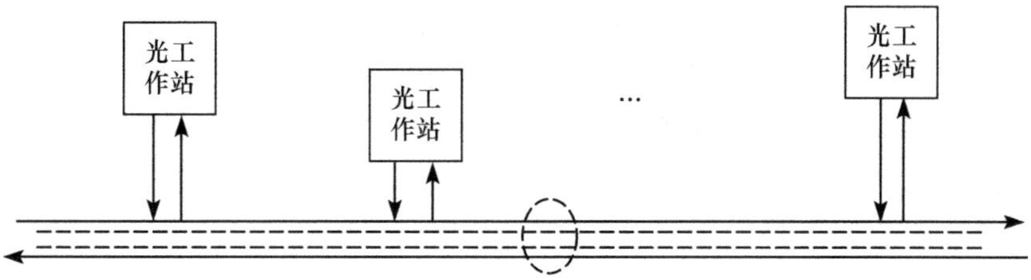

(c) 总线拓扑结构

图 4.4-2　光纤广播与分配网络

图 4.4-2(a)和图 4.4-2(b)均为树形拓扑结构。在图 4.4-2(a)中信道在中心位置分配，可以是电分配或者光功率分配，再通过点到点至下一级中心直至用户。在图 4.4-2(b)中是无源光网络的典型结构，局端设备(OLT)发出广播的下行光信号，波长为 λ_1，通过光分路器(splitter)分配到各个用户终端(ONU)，反之上行波长为 λ_2，通过 ONU 发出反向通过光分路器达到 OLT。整个光路没有有源设备或器件，因此这类网络称为无源光网络(Passive Optical Network，PON)。

图 4.4-2(c)所示为总线拓扑结构，单根光纤或光缆承载整个业务范围的多信道光信号，并通过光分路器完成上下光路，光分路器将一小部分功率分送给每个光工作站用户，同时光工作站的光信号送到光总线上。目前，面对光信号损耗随分路数指数增加，限制了单根光纤总线服务的范围和用户数，同时光总线并不廉价方便，所以总线拓扑结构是一种面向未来的结构。

3. 星型和环型网络

在局域网、城域网和广域网中，都会出现不同形式规模的星型和环型光纤通信网络。图 4.4-3 所示为光纤网络的环型和星型拓扑结构。在环型结构中，点到点连接将节点依次相连以形成单个闭合环。各节点中均设置有光发送机和光接收机对，因而均可完成数据的收发功能，也可用作中继器。光纤分布式数据接口(FDDI)标准，是典型的环型拓扑结构，广泛地应用于机载数据总线中，工作数据率为 100Mbps，目前又发展了新一代数据总线光纤信道(fiber channel)作为机载或舰载数据总线。环型总线可以构筑单环、双环乃至四环的环型总线结构，随着环数的增加，系统将变得非常复杂、成本也将提高，但它的突出优势在于具有极佳的抗毁能力、2～4 倍的冗余度，这也是机载或舰载数据总线采用光纤环型总线的重要原因。环型结构不仅主要应用于局域网，也可用于接入网和骨干网。

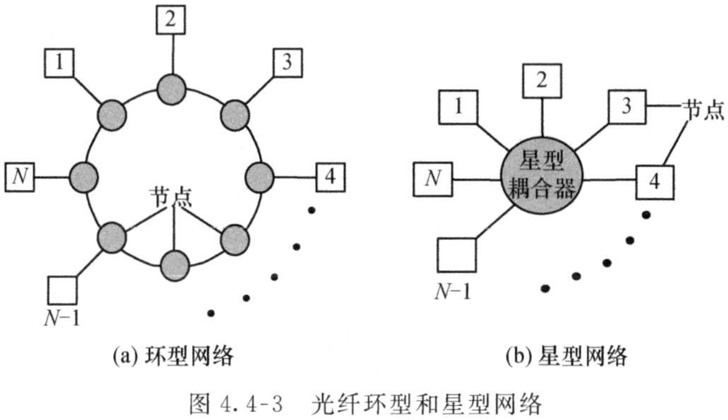

图 4.4-3　光纤环型和星型网络

在星型拓扑结构中，所有的节点都通过点到点连接到一个称为中心或简称为星的中枢节点上。根据星型网络是有源还是无源结构，分别称为有源星型网或无源星型网。在有源星型结构中,所有到达的光信号都通过光接收机转换为电信号,再将电信号分配以驱动各个节点的光发送机。由于在中枢节点中在电域进行分配,所以在中枢节点也能完成交换操作。在无源星型结构中,采用星型耦合器这类无源光器件在光域进行分配,由于从一个节点的输入被分配到许多输出节点,因此传送到每个节点的功率将受到用户数的限制。星型结构的主要优点是节点间全光互联,易于通信,但光功率有限,限制了通信范围和用户数。例如,对一个 $N\times N$ 星型耦合器,发送功率 P_T 在 N 个用户间平均分配,到达每个节点的功率为 P_T/N,再减去无源星型耦合器的插入损耗和光纤传输损耗(通过习题 4-17 掌握损耗计算)。

4.4.2 传输波长与光纤的设计

光纤通信系统设计,要求充分地利用光纤的带宽资源,发挥光纤通信宽带、长距离传输的优势。通过研究光纤损耗和色散特性对光纤通信系统容量、距离的影响,系统工作波长和光纤的设计是光纤通信系统设计的首要问题。

1. 损耗限制光纤通信系统

光纤损耗实质上限制了光纤通信系统无中继的传输距离。为此,对应不同的传输距离要求,选取不同的通信波长和不同类型的光纤。表 4.4-1 所示为不同种类的光纤和损耗。

表 4.4-1 不同种类的光纤和损耗典型值

光纤 / 波长	多模光纤(G. 651)		单模光纤	
	50/125μm	62.5/125μm	9/125μm(G. 652)	9/125μm(G. 655)
0.85μm	<3dB/km	<4dB/km	—	—
1.31μm	<0.8dB/km	<1dB/km	<0.35dB/km	—
1.55μm	—	—	<0.25dB/km	<0.28dB/km

工作于 0.85μm 的系统,光纤损耗最大,中继距离限制在 10km 内。工作于 1.31μm 的系统,光纤损耗较小,中继距离限制在 50km 内。工作于 1.55μm 的系统,损耗最低,中继距离有可能超过 200km,具体情况与信号带宽相关。具体设计中根据传输距离要求,选择波长和光纤,如短距离可优先考虑多模光纤,长距离则以单模光纤为主,同时兼顾系统的性价比,一般多模光纤较单模光纤便宜,短波长较长波长便宜。

2. 色散限制光纤通信系统

1) 0.85μm 光纤通信系统

0.85μm 的光纤传输系统,通常采用低成本的多模光纤作为传输介质。多模光纤的主要限制因素是模间色散。阶跃型多模光纤传输速率距离乘积太小,一般不为通信所用,取而代之的是多模渐变光纤(G. 651),它的速率距离乘积为

$$BL \leqslant 8c/(n_1\Delta^2) \tag{4.4-1}$$

普通多模渐变光纤 $BL<2\text{Gbps}\cdot\text{km}$,速率小于 155Mbps 时,0.85μm 系统为损耗限制,而不是色散限制,而当速率大于 500Mbps 将变为色散限制。第一代陆上光纤通信系统就是采用这种多模渐变光纤,比特率在 50～100Mbps 范围内,中继距离接近 10km。

2) 1.31μm 光纤通信系统

1.31μm 为最小色散波长,这时速率距离乘积方程为

$$BL \leqslant \frac{1}{4 \mid D \mid \sigma_\lambda} \tag{4.4-2}$$

式中，D 为色散参数，其典型值为 2ps/(km·nm)；σ_λ 为光源的线宽。取典型值 $\sigma_\lambda = 1$nm，得到 1.31μm 系统的限制条件为 $BL < 125$Gbps·km，可见，当 $B \leqslant 1$Gbps 时，为损耗限制系统，而当 $B \geqslant 2.5$Gbps时则变为色散限制系统。

3) 1.55μm 光纤通信系统

对于 1.55μm 波长，G.652 光纤色散系数的典型值约为 20ps/(km·nm)，色散是主要的限制因素。采用单纵模窄线宽半导体光源可大大缓解这种限制，其速率距离关系为

$$B^2 L < \frac{\pi C}{8\lambda^2 \mid D \mid} \tag{4.4-3}$$

采用普通单模光纤理想值为 $B^2L \approx 4000$Gbps·km，实际系统近似为 $BL \leqslant 150$Gbps·km，对于速率不大于 1Gbps 的系统为损耗限制，对于速率大于 2.5Gbps 的系统，为色散限制系统。当采用 G.655 光纤时，色散和损耗在 1.55μm 附近均很低，可有效降低色散对系统的限制。

4.4.3 功率与带宽的设计

在系统设计中，首先确定系统设计要求达到的技术指标和应满足的性能标准，包括传输速率(带宽)、传输距离和满足系统性能要求的误码率(或信噪比)等。根据设计指标要求，决定工作波长和光纤类型。接下来设计收发光端机的发射光功率和灵敏度及收发系统的带宽等内容。

1. 光纤通信系统的功率预算

功率预算的目的在于使光纤通信系统在整个寿命期间，确保有足够的光功率到达光接收机以保证系统性能稳定、可靠。接收机要求的最小平均功率是接收机灵敏度 P_r。平均发射功率 P_T 一般对每个光发射机都是给定的，将功率用 dBm 表示，则功率预算可表示为

$$P_T = P_r + C_L + M_S \tag{4.4-4}$$

式中，C_L 为信道总损耗，M_S 为系统裕量。保留裕量的目的在于预留一定量的功率，用来弥补在系统寿命期内由元器件退化或其他不可预知的事件引起的功率下降。设计时一般取 $M_S = 3 \sim 6$dB。信道总损耗 C_L 包括光纤的传输损耗、连接损耗等。在满足技术指标条件的情况下，性价比是选择光发射机和光接收机类型的重要参考因素。

2. 光纤通信系统上升时间预算

上升时间预算是为选取合适的光源、光纤和光探测器的响应带宽提供理论依据，保证系统的传输带宽。一个线性系统的上升时间 T_r 定义为当加上一个阶跃脉冲时，系统响应从 10%上升到 90%所需的时间。线性系统的带宽 Δf 与上升时间 T_r 成反比，表示为

$$T_r = \frac{0.35}{\Delta f} \tag{4.4-5}$$

这种关系对任何线性系统均成立。带宽 Δf 与比特率 B 的关系取决于数字信号的码型。对归零码(RZ)，$\Delta f = B$，$T_rB = 0.35$。而对非归零码(NRZ)，$\Delta f = B/2$，$T_rB = 0.7$，因而上升时间的容限分别为

$$T_r \leqslant \begin{cases} 0.35/B, & \text{RZ} \\ 0.70/B, & \text{NRZ} \end{cases} \tag{4.4-6}$$

光纤通信系统的总上升时间取决于系统各组成单元的上升时间，表示为

$$T_r^2 = T_{Tr}^2 + T_{fr}^2 + T_{rr}^2 \tag{4.4-7}$$

式中，T_{Tr}、T_{fr}和 T_{rr}分别为光发射机、光纤和光接收机对应的上升时间。光发射机的上升时间主要由驱动电路的电子元器件和光源(LD 或 LED)决定。光接收机的上升时间由 PIN 或 APD 及接收机前置放大器的带宽决定。光纤的上升时间主要由光纤的色散决定。

小　结

本章为全书的重点，是光纤通信系统设计必须掌握的核心技术。通过学习掌握光纤通信系统的组成，以及数字和模拟光纤通信系统的特点与技术要求。本章重点掌握的内容还有：①数字光发射机和模拟光发射机的原理和设计方法，以及 LD 的自动温度控制(ATC)电路和自动光功率控制(APC)电路的设计。②模拟光发射机非线性补偿的原理和方案。③光接收的原理以及光接收机的噪声理论分析方法。④模拟接收机灵敏度和信噪比的关系。⑤数字接收机灵敏度和误码率的关系。其他需要掌握的有光纤通信系统拓扑结构的设计，并围绕传输带宽、传输距离及系统成本等因素，设计光纤传输系统的波长、光纤和系统功率与带宽开销等系统参数。

习　题　4

4-1　简述光纤通信系统的组成及各个部分的作用。

4-2　数字光发射机和模拟光发射机的主要技术要求是什么？

4-3　简述 3 种 LD 的封装结构，并说明它们的工作特点。

4-4　分析图 4.2-5 TTL 数字驱动电路的工作原理。

4-5　分析图 4.2-6 ECL 数字驱动电路的工作原理。

4-6　推导图 4.2-10 的负反馈补偿公式。

4-7　分析光发射机产生非线性的原因，简述非线性补偿的几种方法。

4-8　设计一个双向工作的 ATC 电路，并说明其工作原理和设计具体参数。

4-9　根据图 4.2-15 所示的 LD 保护电路和 APC 电路，设计完整的 LD 偏置电路。

4-10　分析高阻抗前置放大器和跨阻抗前置放大器的工作特点，说明后者在光纤通信的优势。

4-11　分析图 4.3-3 所示电路的工作原理。

4-12　根据热噪声公式(4.3-3)分析光接收机噪声的来源。

4-13　光电探测的噪声由哪几部分组成？写出它们的数学表达式并说明物理意义。

4-14　推导信噪比(SNR)与接收灵敏度之间的关系，在接收功率很小的情况下，比较 APD 和 PIN 接收灵敏度的关系。

4-15　推导公式(4.3-30)，并数值计算图 4.3-6 所示的曲线。

4-16　推导公式(4.3-35)，在接收功率很小的情况下，热噪声起主导作用，证明 APD 光接收机的灵敏度是 PIN 光接收机灵敏度的 M 倍(M 为 APD 增益)。

4-17　题图 4-17 所示为一个 PON 的光路，下行 OLT 到 ONU 光波长为 1.55μm，上行 ONU 到 OLT 光波长为 1.31μm，分别计算上下行的传输损耗(其中光纤损耗 α=0.4dB/Km @1.31μm，α=0.25dB/km @1.55μm；3dB 分配器的插入损耗为 0.5dB，3dB 分配器将光功率按 50%：50%分配，3dB 分配器正向和反向传输分配损耗相同)。

4-18　题图 4-18 所示为 LD 的 P-I 曲线，请根据该曲线设计输出平均光功率为 0.5mW 的数字光发射机，工作速率为 10Mbps，占空比为 1：1，NRZ 码，要求消光比优于 10dB，给出驱动电流的波形以及“0”和

"1"码的驱动电流数据，并由此设计数字接口为 TTL 的驱动电路、包括偏置电路、驱动电路的示意图和主要电路参数。

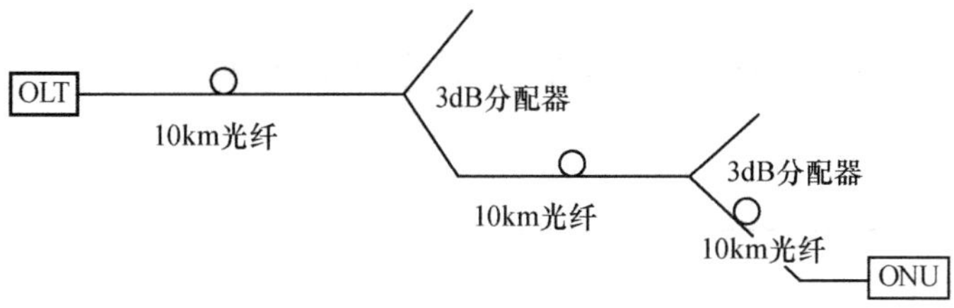

题图 4-17

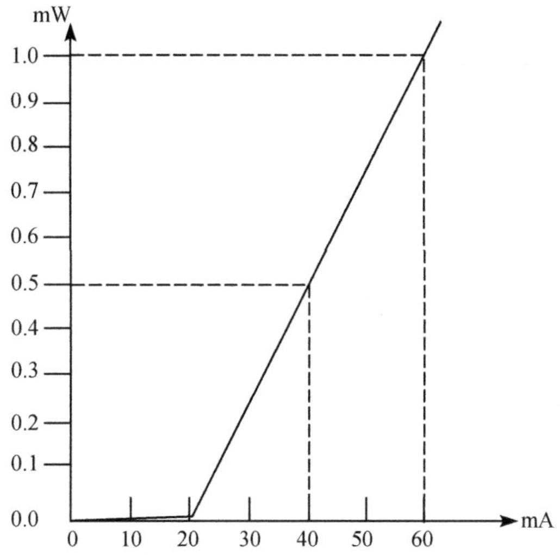

题图 4-18

4-19 100Mbps 数字光纤传输系统(NRZ 码)要求 BER$<10^{-9}$，采用 PIN 的光电探测器和前置放大器为接收机部件，其中热噪声 $\sigma_T=0.1\mu A$ 远大于其他噪声因素，$R=0.9A/W$，计算该光接收机的接收灵敏度。

4-20 已知模拟信号光纤传输系统的最大接收光功率为-10dBm，最小接收光功率为 $0.5\mu W$，计算该光纤传输系统的动态范围。

第 5 章 模拟信号光纤传输系统

模拟信号光纤传输技术是光纤通信技术的重要组成部分。本章将以模拟电视信号为线索，讲述基带模拟电视信号光纤传输系统、多路电视调幅和调频副载波光纤传输系统，重点阐明其中的实现方案和关键技术，并讲述宽带微波信号光纤传输系统的原理和设计方案及其应用。

5.1 基带模拟信号的光纤传输

基带模拟信号的光纤传输是模拟信号光纤传输的核心技术。针对模拟信号传输系统的组成，阐述技术方案和关键技术，目前广泛应用的基带模拟信号包括电视信号、雷达信号和音频信号等。以基带视频信号的光纤传输系统为例，详细分析系统的工作原理和技术指标。

5.1.1 工作原理和系统组成

模拟信号的特征是信号幅度电平随时间连续变化，常见的基带模拟信号有音频信号、视频信号和雷达信号等。它们的特点是：①带宽范围为 10～20MHz。②相对带宽较大为 90%～100%。③信号带内动态范围较大，为 20～30dB。④非线性失真要求高(视系统情况而不同)。⑤传输距离较短(小于 20km)。

针对这些具体的技术要求，基带模拟信号光纤传输系统的技术特点如下。

(1) 光源采用 LED 或 LD。普通情况 LED 就能够满足技术要求，但随着 LD 的成本下降，在低速窄带光纤传输系统中也大量采用 LD。

(2) 采用直接强度调制。针对基带模拟信号的带宽(10～20MHz)，采用直接强度调制是最方便和经济的方案。

(3) 采用非线性补偿技术。当电光转换的线性不能满足模拟信号的传输要求时，采用非线性补偿技术来补偿电光变换带来的非线性失真是非常必要的。

(4) 接收采用 PIN/FET 前置放大器技术，降低噪声，提高接收灵敏度。

(5) 采用动态增益技术，提高动态范围。

图 5.1-1 所示为基带模拟信号光纤传输系统，由光发射机和光接收机两大部分组成。光发射机包括阻抗匹配电路、整形放大电路、非线性补偿电路和匹配驱动电路，以及核心光源器件 LD 或 LED。以下对各部分电路的原理和功能进行分析。

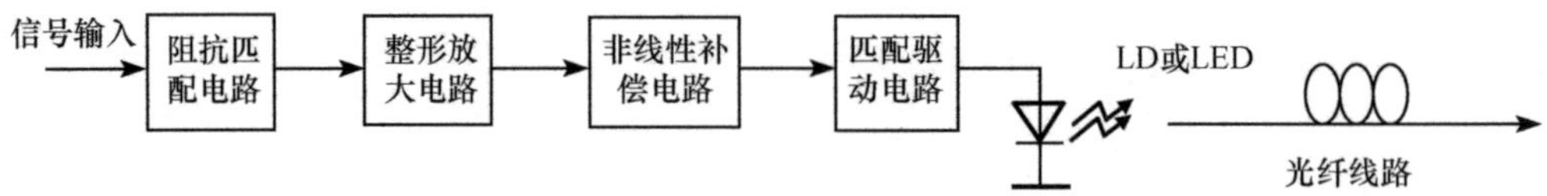

(a) 光发射机

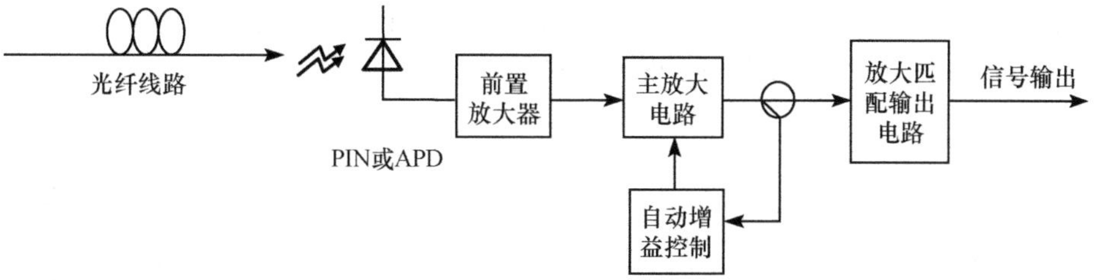

(b) 光接收机

图 5.1-1　基带模拟信号光纤传输系统的组成

(1) 阻抗匹配电路。模拟信号输入接口都要求阻抗匹配来保证信号的传输质量。例如，视频信号的匹配阻抗为 75Ω，有线电视的匹配阻抗也为 75Ω，微波信号的匹配阻抗为 50Ω。输入阻抗的匹配多由电阻网络匹配实现。

(2) 整形放大电路。对于输入的模拟信号，为了满足驱动的要求，通常需要对输入信号的幅度和频带进行补偿，可采用与模拟信号对应的集成放大电路和均衡补偿电路来实现，如基带视频信号就采用视频放大器和均衡器来实现。

(3) 非线性补偿电路。第 4 章分析了无论是 LED 还是 LD，在电光转换过程中均存在非线性失真。当这一非线性失真大于系统对传输信号质量要求时，就必须采用非线性补偿技术，通常采用预失真补偿电路来达到这个目标，该电路的设计与光源非线性特性和模拟信号的特征紧密相关。

(4) 匹配驱动电路。包括两个内容，一个是将模拟信号转换成驱动 LD 或 LED 的电流信号，另一个是实现驱动电路与 LD 或 LED 的阻抗匹配。LD 或 LED 的交流阻抗为 3～5Ω，模拟信号传输的匹配阻抗为 50～75Ω，因此良好的匹配是实现模拟调制的关键。这两部分电路可以分开实现，也可以合二为一来实现。例如，可以将 LD 或 LED 看成驱动电路的一部分来总体考虑驱动与匹配，还可以将模拟信号功率放大到足以驱动由 LD 或 LED 与电阻串联的匹配负载来实现。

(5) LD 或 LED。根据模拟信号的带宽选用不同带宽和不同封装形式的 LD 或 LED。例如，对窄带的系统可以采用同轴封装的 LED 器件，而宽带系统则要采用碟形封装的 LD 器件。

光接收机包括 PIN 或 APD 光电探测器、跨阻抗前置放大器、主放大器和匹配输出放大器(或功率放大器)。以下对各部分电路的原理和功能进行分析。

(1) PIN 或 APD 光电探测器。根据模拟信号的带宽选用不同带宽和不同封装形式的 PIN 或 APD。例如，对窄带的系统可以采用同轴封装的 PIN 器件，而宽带系统则要采用碟形封装或 SMA 封装的 PIN 器件。对接收灵敏度要求较高的系统可选用 APD 器件。

(2) 跨阻抗前置放大器。选用与信号带宽匹配的集成跨阻抗前置放大器芯片。

(3) 主放大器。根据模拟信号的动态范围和输出幅度要求，设计固定增益或具有自动增益控制的主放大器。

(4) 输出放大器(或功率放大器)。模拟信号输出级均要求一定的负载能力，因此需要根据信号特点的设计输出阻抗和输出功率。例如，模拟基带视频信号要求输出阻抗为 75Ω，电平峰峰值为 1V。

5.1.2　基带电视信号的光纤传输系统

1. 基带电视信号

图 5.1-2 所示为 PAL 制式电视信号的行信号和彩条图像。PAL 制式基带电视信号由行信

号和帧信号组成，其中行信号周期为 64μs。通过行信号逐行或隔行扫描，完成 625 行 1 帧图像的扫描，再配合 25Hz 的帧频，就得到了电视图像。

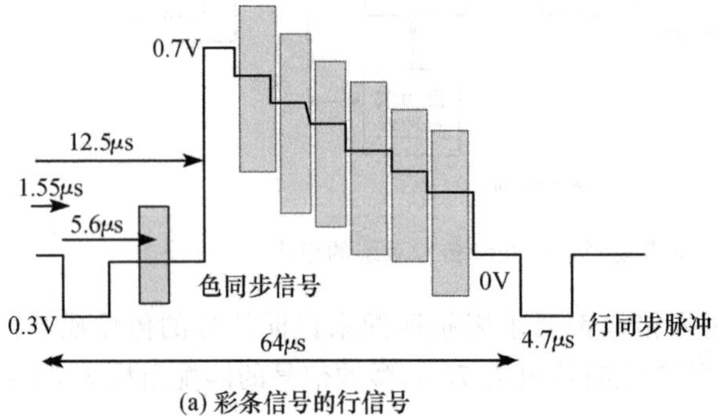

(a) 彩条信号的行信号

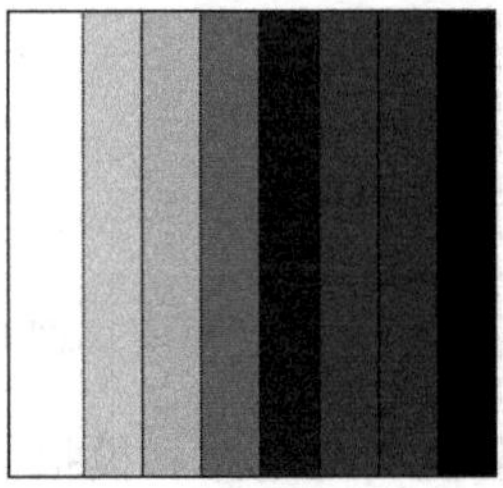
(b) 彩条图像

图 5.1-2　PAL 制式基带电视信号

基带电视信号由图像信号、同步信号和消隐信号组成，其中图像信号包括亮度信号和色度信号。前者代表电视信号的亮度，后者代表电视信号的颜色。色度信号是将色信号调制在 4.43MHz 的副载波上，形成正交平衡调幅波，再叠加到亮度信号上一起形成彩色图像信号。同步信号包括行同步信号、帧同步信号和色同步信号。行同步信号负责行信号的同步，帧同步信号负责帧信号的同步，色同步信号负责色彩信号的重现。以上就构成了电视信号的主体。对于光纤通信系统，更需要了解基带电视信号的带宽和幅度，按照 PAL 制式的标准，基带电视信号的带宽为 6MHz，75Ω 阻抗匹配信号峰峰值为 1V，其中同步信号为 0.3V，图像信号为 0.7V。图 5.1-3 所示为包括伴音的基带电视信号的频谱结构。

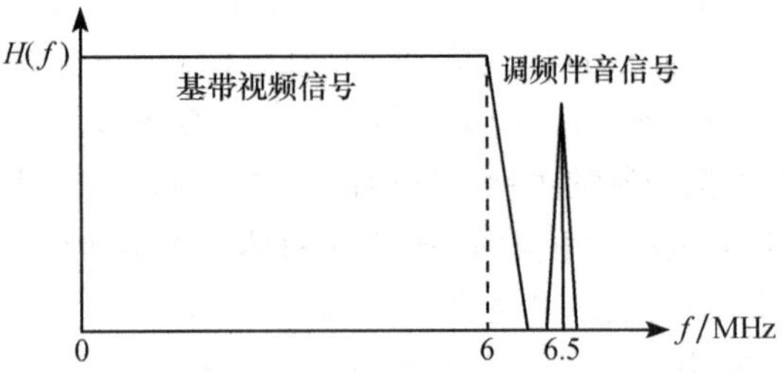

图 5.1-3　PAL 制式基带全电视信号频谱

2. 基带电视信号传输主要技术指标

电视信号传输的技术指标有 60 余项，而光纤传输影响电视信号的技术指标主要有传输带宽、信噪比和非线性(微分增益和微分相位)等，因此文中将重点讨论光纤传输技术对这几项技术指标的作用。

1) 传输带宽

(1) 传输带宽：0～8MHz。

(2) 带内平坦度：<±1dB。

(3) 视频带宽：0～6MHz。

(4) 音频副载波：6.5MHz。

2) 信噪比

(1) 视频信噪比：65dB。

(2) 音频信噪比：60dB。

3) 非线性指标

(1) 视频微分增益：±1%。

(2) 视频微分相位：±1°。

(3) 音频失真：1%。

注意 具体技术指标要根据不同的应用领域而设定。

3. 基带电视信号光纤传输系统的设计

1) 光发射机

(1) 基带电视信号的调制原理。基带电视信号的带宽为 0～8MHz，其特点是绝对带宽不高，但相对带宽较大，其次就是对非线性有较高的要求。图 5.1-4 所示为 LED 的基带电视信号的调制曲线，其工作要点是：①偏置电流 I_b 工作在 3～5mA。②同步头底部电平与 I_b 齐平。③选取合适的调制电流 I_m 与 LED 的 P-I 特性曲线匹配，$I_m < I_{max} - I_b$，考虑线性和工作寿命因素，调制电流约为最大值的 60%～80%。

(2) 光发射机。图 5.1-5 所示为基带电视信号光发射机，它由输入匹配缓冲放大电路、钳位脉冲形成与钳位电路、非线性补偿电路、驱动电路和光源 LED 或 LD 等组成。

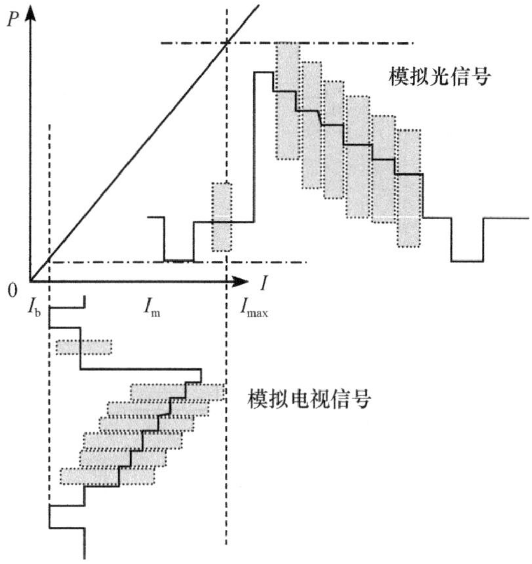

图 5.1-4 基带电视信号对 LED 的调制曲线

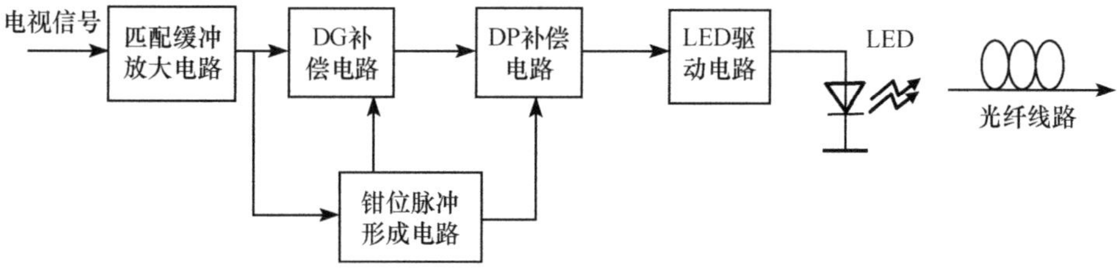

图 5.1-5 基带视频信号光发射机

① 输入匹配缓冲放大电路。该电路输入匹配阻抗为 75Ω，输入信号标准峰峰值为 1V，缓冲放大的作用是对信号的幅度放大，同时起到前、后级隔离的作用。

② 钳位脉冲形成与钳位电路。通过对行同步脉冲进行切割、分离、倒相、放大，就得到了与行同步脉冲序列一致的正脉冲串。钳位脉冲作用在钳位电路，使视频信号在一个行周期保持直流分量不变。钳位电路分为直流钳位和交流钳位电路两类。

③ 非线性补偿电路。包括微分增益(DG)和微分相位(DP)补偿电路，它们的实质就是预失真电路。图 5.1-6 所示为 LED 随调制电流增加，其增益和相位均表现为逐步减少，而光纤传输技术指标要求是保持不变的。这个变化用微分增益和微分相位来描述，微分增益(DG)定义为电光转换增益随电流变化的最大值，微分相位(DP)定义为电光转换相位随电流变化的最大值。

从图 5.1-6 中可见补偿即是采用反向的校正曲线，使得增益和相位不随驱动电流而变化，达到消除 LED 非线性效应的目的。图 5.1-7 所示为典型的 DG 和 DP 校正电路。图 5.1-7(a)所示电路的增益为

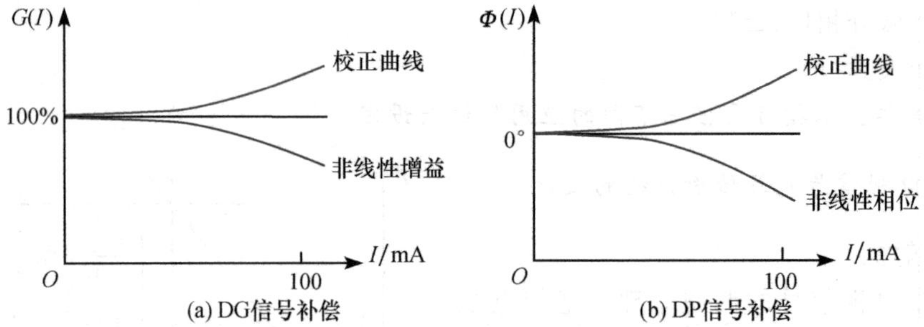

图 5.1-6　DG 和 DP 信号补偿的原理

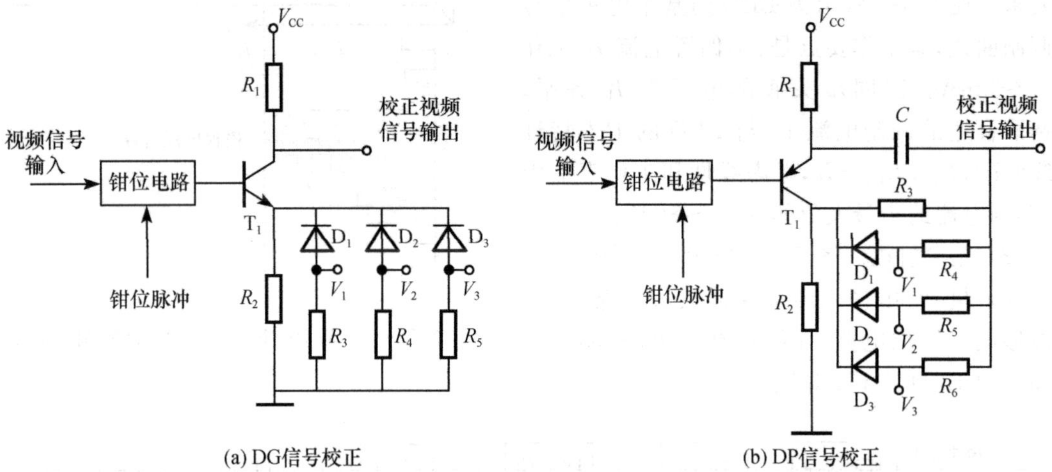

图 5.1-7　DG 和 DP 信号校正补偿电路原理

$$G=\frac{R_1}{R_2 \parallel (R_3+D_1) \parallel (R_4+D_2) \parallel (R_5+D_3)} \qquad (5.1\text{-}1)$$

式中，分母表示 R_3、R_4、R_5 分别与 D_1、D_2、D_3 串联，再与 R_2 并联。电压 V_1、V_2、V_3 分别与 D_1、D_2、D_3 的正端连接，通过调节电压可以改变 D_1、D_2、D_3 的串联阻抗，从而改变了式(5.1-1)的分母阻抗，间接地起到了控制放大电路增益的作用。输入为倒相的视频信号，当电平较低时增益较大，电平较高时增益较小，起到了补偿作用。该电路可以将 DG 补偿到 1%以内。

图 5.1-7(b)所示电路的输出相位变化为

$$\Phi = 2\arctan\frac{1}{\omega RC} \qquad (5.1\text{-}2)$$

式中，R 由 R_4、R_5、R_6 分别与 D_1、D_2、D_3 串联，再与 R_3 并联得到。电压 V_1、V_2、V_3 分别与 D_1、D_2、D_3 的正端连接，通过调节电压可以改变 D_1、D_2、D_3 的串联阻抗，从而改变了式(5.1-2)的分母阻抗，间接地起到了控制电路的传输相位。该电路可以将 DP 补偿到 1°以内。

④ 驱动电路，通常采用视频集成放大电路和射极耦合驱动电路组成。前者保证了足够的放大增益，后者可提供足够的驱动电流。

⑤ 光源 LED 或 LD，光发射机的光源需要选取线性好的 LED 或 LD，发射 −10～3dBm 平均光功率，视传输距离的要求来选择功率大小。

2）光接收机

图 5.1-8 所示为基带电视信号光接收机，它由 PIN 或 APD 光电二极管、前置放大器、均衡电路、钳位脉冲形成、AGC 与主放大器和钳位输出电路等组成。

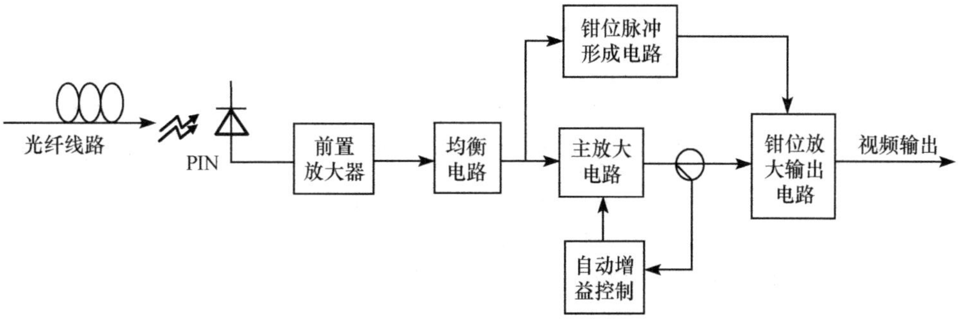

图 5.1-8　基带视频信号光接收机

（1）光电二极管与前置放大器，考虑低噪声与宽带传输的需要，选取 PIN-FET 跨阻抗前置放大器，可以满足视频信号传输的技术要求。

（2）均衡电路实质为带通滤波器，对视频信号频带进行均衡补偿。

（3）钳位脉冲形成和钳位电路与光发射机原理相同。

（4）带 AGC 主放大器，通常采用视频集成放大电路为主放大器，通过视频检波电路和反馈电路控制集成放大器的增益，得到稳定的输出幅度。

（5）钳位输出电路，将黑电平钳位到 0V，输出峰峰值为 1V 的视频信号，输出阻抗为 75Ω。

3）收发光端机的主要技术指标

（1）发射光功率：－10～3dBm。

（2）接收灵敏度：＜－30dBm。

（3）传输带宽：0～8MHz。

（4）视频信噪比：65dB。

（5）DG≤±1％，DP≤±1°。

（6）视频输入/输出阻抗：75Ω；输入/输出幅度峰峰值：1V。

（7）伴音：调频 6.5MHz。

（8）音频信噪比：60dB。

（9）音频失真：小于 1％。

（10）音频输入/输出阻抗：600Ω；输入/输出幅度峰峰值：2V。

注意　具体技术指标要根据不同的应用领域而设定。

5.2　多路副载波信号的光纤传输

多路副载波传输基带模拟信号，其原理是将基带模拟信号调制在副载波上，然后将多路副载波混合成射频信号，通过天线、电缆或光纤传输，在接收端对副载波信号进行解调还原得到基带模拟信号。这种副载波传输的最大好处在于：回避了对基带信号的直接传输，采用更高频率的副载波通过调幅、调频或调相传输基带模拟信号。这类传输方案通过牺牲一定的带宽，换取了较小的相对带宽和较大的动态范围，典型的系统有线电视传输系统包括电视卫星转发器、电视广播系统、微波通信系统等。

5.2.1 多路副载波系统原理和系统组成

副载波复用(Sub-Carrier Multiplexing，SCM)来源于射频信号频分复用技术，当采用同轴电缆传输多路射频信号时，其总带宽限制在1GHz以内，而利用光纤传输多路射频信号时，其传输总带宽可以延伸到40GHz以上。如图5.2-1所示，在这个传输系统中，信号首先调制在射频信号上，然后多个调制了信号的射频信号频分复用合在一起，作为副载波调制到光波上，然后通过光纤传输，在接收端将不同的副载波分配给不同的接收机解调得到基带信号。这种传输方式的最大优点是既延续了广泛应用的射频副载波传输技术，又充分利用了光纤通信的宽带优势。同时副载波加载的信号可以是模拟的电视信号，也可以是数字信号，非常灵活方便，适合在接入网的应用。

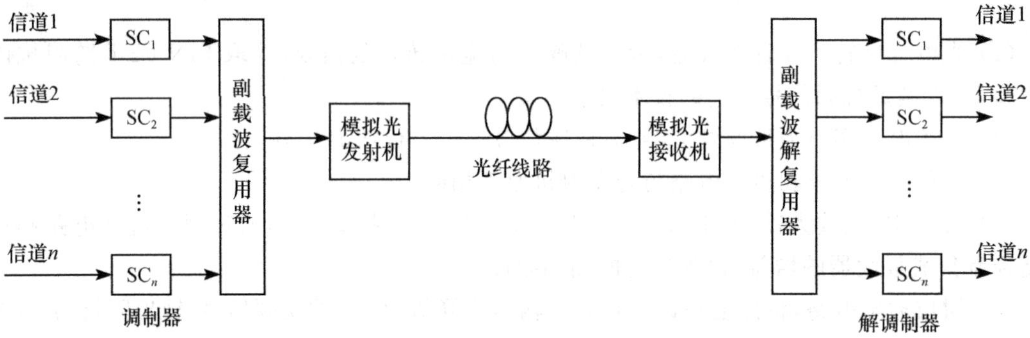

图5.2-1 多路副载波光纤传输系统示意图

图5.2-1所示为SCM光纤传输系统的基本方案。图5.2-2所示为半导体激光器P-I特性曲线由电流直接调制得到的光信号输出波形。P-I特性曲线的非线性失真将会导致光信号波形失真，从而影响系统性能。图5.2-2中右边的频谱图描述了8个副载波频率频分复用的情况。

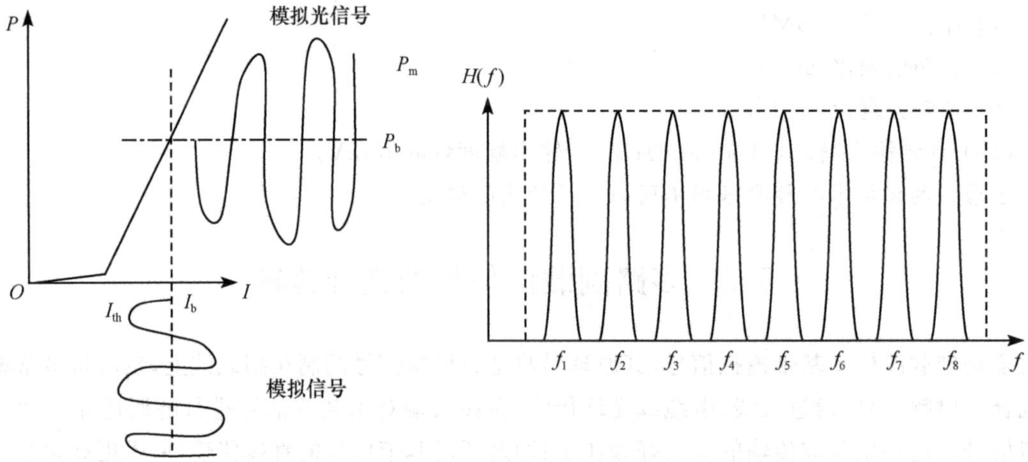

图5.2-2 半导体激光器P-I特性曲线与多路副载波复用频谱

模拟光发射机的调制电流 $I(t)$ 和输出光信号功率 $P(t)$ 可写为

$$I(t)=I_b\left[1+\sum_{i=1}^{N}m_ia_i\cos(2\pi f_it+\phi_i)\right] \tag{5.2-1}$$

$$P(t)=P_b\left[1+\sum_{i=1}^{N}m_ia_i\cos(2\pi f_it+\phi_i)\right] \tag{5.2-2}$$

式中，P_b 为在偏置点的输出光功率；m_i、a_i、f_i 和 ϕ_i 分别为第 i 个射频副载波的调制系数、振幅、频率和相位。根据对副载波使用的是调幅(AM)、调频(FM)还是调相(PM)技术，a_i、f_i 或 ϕ_i 将受到基带信号的调制。

如果通信信道是完全线性的，接收光功率的波形将与发送光功率波形相同，如式(5.2-1)和式(5.2-2)。实际 P-I 特性曲线总存在一定的非线性，从而产生了信号失真，这种失真称为互调失真(IMD)。输出光信号 $P(t)$，可以表示为驱动电流 $I(t)$ 的线性项、2 阶项、3 阶项及高次项的叠加，其中 a_0 为偏置项，a_1、a_2、a_3 分别表示 LD 的电光转化系数的线性项、2 阶项和 3 阶项，高次项的系数并随次数逐级迅速减少，随 LD 线性度增加电光转化系数 2 阶项、3 阶项也逐步减少。考虑 LD 的线性项、2 阶项和 3 阶项已足够精确地描述 LD 的非线性转换特性，调制输出光功率为

$$P(t)=a_0+a_1I(t)+a_2I^2(t)+a_3I^3(t)+\cdots \tag{5.2-3}$$

为了简化计算，并结合实际应用情况，合理假定驱动电流的每一路调制深度和幅度一致，初始相位为零。将式(5.2-1)去除直流项，化简为

$$I(t)=I_0\sum_{i=1}^{N}\cos(2\pi f_it) \tag{5.2-4}$$

代入式(5.2-3)可以得到 2 次项和 3 次项的计算结果为

$$\begin{aligned}a_2I^2(t)&=a_2\left[I_0\sum_{i=1}^{N}\cos(2\pi f_it)\right]^2\\ a_3I^3(t)&=a_3\left[I_0\sum_{i=1}^{N}\cos(2\pi f_it)\right]^3\end{aligned} \tag{5.2-5}$$

展开后得到 2 次项和 3 次项新的频率分量为

$$\begin{aligned}I^2(t)=&\frac{I_0^2}{2}\sum_{i=1}^{N}\sum_{j=1}^{N}\cos2\pi t(f_i+f_j)+\frac{I_0^2}{2}\sum_{i=1}^{N}\sum_{j=1}^{N}\cos2\pi t(f_i-f_j)\\ I^3(t)=&\frac{I_0^3}{4}\sum_{i=1}^{N}\sum_{j=1}^{N}\sum_{k=1}^{N}\cos2\pi t(f_i+f_j+f_k)+\frac{I_0^3}{4}\sum_{i=1}^{N}\sum_{j=1}^{N}\sum_{k=1}^{N}\cos2\pi t(f_i+f_j-f_k)\\ &+\frac{I_0^3}{4}\sum_{i=1}^{N}\sum_{j=1}^{N}\sum_{k=1}^{N}\cos2\pi t(f_i-f_j+f_k)+\frac{I_0^3}{4}\sum_{i=1}^{N}\sum_{j=1}^{N}\sum_{k=1}^{N}\cos2\pi t(f_i-f_j-f_k)\end{aligned} \tag{5.2-6}$$

从 2 次项和 3 次项的计算结果可以看出，半导体激光器存在非线性，将会产生 $f_i\pm f_j$ 和 $f_i\pm f_j\pm f_k$ 的新频率。新频率称为互调产物(IMP)，N 个频率的副载波，将产生 2 阶非线性互调产物 $N(N-1)$ 个，3 阶非线性互调产物 $N(N-1)(N-2)/2$ 个，其中有一些频率位于信号的传输带宽内，被视为噪声将导致模拟信号失真或载噪比(CNR)下降。

基带模拟信号光纤传输系统的性能常采用信噪比(SNR)来描述，而在多路副载波(SCM)光纤传输系统，则通常采用载波与噪声功率比来描述，简称载噪比(CNR)。在副载波传输系统中，

一旦知道了副载波信号的 CNR 和副载波信号的调制格式，就可以判断调制在副载波上的基带信号的信噪比或误码率，CNR 和 SNR 两者的具体关系要视具体情况而定。多路副载波光纤传输接收端的载噪比(CNR)定义为光电检测器输出的均方根载波功率与均方根噪声功率之比，表示为

$$\mathrm{CNR}=\frac{(mRP)^2/2}{\sigma_{\mathrm{S}}^2+\sigma_{\mathrm{T}}^2+\sigma_{\mathrm{I}}^2+\sigma_{\mathrm{IMD}}^2} \tag{5.2-7}$$

式中，m 为信道的总调制系数；R 为检测器响应度；P 为平均接收光功率；σ_{S}、σ_{T}、σ_{I} 和 σ_{IMD} 分别为与散粒噪声、热噪声、强度噪声和与 IMD 相关的噪声电流均方根值。参考式(4.3-15)，σ_{S}^2、σ_{T}^2 和 σ_{I}^2 的表达式为

$$\sigma_{\mathrm{S}}^2=2q(RP+I_{\mathrm{d}})\Delta f \tag{5.2-8}$$

$$\sigma_{\mathrm{T}}^2=\frac{4kTF_1\Delta f}{R_{\mathrm{L}}} \tag{5.2-9}$$

$$\sigma_{\mathrm{I}}^2=(\mathrm{RIN})(RP)^2\Delta f \tag{5.2-10}$$

式中，I_{d} 为暗电流；Δf 为接收机带宽；F_1 为放大器噪声系数；R_{L} 为负载电阻。

5.2.2 多路电视调幅副载波的光纤传输系统

1. 多路电视调幅副载波的传输原理

残留边带调幅(AM-VSB)是应用于电视传输的专有调制技术，它的特点是在传统的双边带调幅的基础上，残留了部分低频的双边带，高频段采用单边带传输，由此得到了残留边带调幅的信号，其频段特点如图 5.2-3 所示。我国的模拟电视信号采用 PAL/D 制式，发射端将双边带调幅信号通过专用的残留边带滤波器，得到如图 5.2-3(a)所示的发射端调制频谱，其中 f_{c} 为副载波频率，低频段保留了 $f_{\mathrm{c}}+1.25\mathrm{MHz}$ 双边带，其余为单边带，伴音采用频率为 $f_{\mathrm{c}}+6.5\mathrm{MHz}$ 的调频载波。整个残留边带调幅信号占用 8MHz 带宽，其中 0.25MHz 为保护带。在接收端通过如图 5.2-3(b)所示的滤波器得到正常的调幅信号。

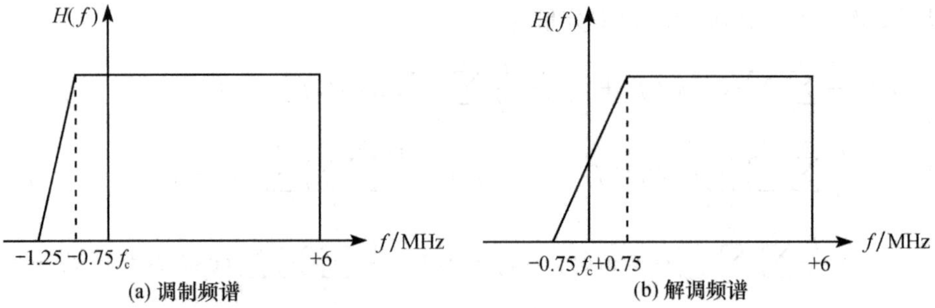

图 5.2-3 残留边带调幅(AM-VSB)信号

AM-VSB 多路副载波信号将以最低 8MHz 间隔通过频分复用到一个信道上，按照我国的广播电视标准，广播传输的调幅电视信号占有带宽为 45～860MHz。其中 L 频段包括 5 个频道，H 频段包括 7 个频道，U 频段包括 12 个频道，V 频段包括 32 个频道。随着广播电视事业的发展，为了提高频率资源的利用率在各个频段之间插入了 42 个增补频道。总共可以运用的频道数为 98 个，如表 5.2-1 所示。

表 5.2-1　GY/T106-1992 标准模拟电视频道划分

波　段	频　道	图像载波频率/MHz	波　段	频　道	图像载波频率/MHz	波　段	频　道	图像载波频率/MHz
	DS-1	49.75		Z-21	328.25		DS-25	607.25
	DS-2	57.75		Z-22	336.25		DS-26	615.25
L 波段	DS-3	65.75		Z-23	344.25		DS-27	623.25
	DS-4	77.25		Z-24	352.25		DS-28	631.25
	DS-5	85.25		Z-25	360.25		DS-29	639.25
	Z-1	112.25		Z-26	368.25		DS-30	647.25
	Z-2	120.25		Z-27	376.25		DS-31	655.25
	Z-3	128.25	A2	Z-28	384.25		DS-32	663.25
A1	Z-4	136.25		Z-29	392.25		DS-33	671.25
	Z-5	144.25		Z-31	408.25		DS-34	679.25
	Z-6	152.25		Z-32	416.25		DS-35	687.25
	Z-7	160.25		Z-33	424.25		DS-36	695.25
FM 广播		87～108		Z-34	432.25		DS-38	711.25
	DS-6	168.25		Z-35	440.25		DS-39	719.25
	DS-7	176.25		Z-36	448.25		DS-40	727.25
	DS-8	184.25		Z-37	456.25		DS-41	735.25
H 波段	DS-9	192.25		DS-13	471.25	V 波段	DS-42	742.25
	DS-10	200.25		DS-14	497.25		DS-43	751.25
	DS-11	208.25		DS-15	487.25		DS-44	759.25
	DS-12	216.25		DS-16	495.25		DS-45	767.25
	Z-8	224.25		DS-17	503.25		DS-46	775.25
	Z-9	232.25	U 波段	DS-18	511.25		DS-47	783.25
	Z-10	240.25		DS-19	519.25		DS-48	791.25
	Z-11	248.25		DS-20	527.25		DS-49	799.25
	Z-12	256.25		DS-21	535.25		DS-50	807.25
	Z-13	264.25		DS-22	543.25		DS-51	815.25
A2	Z-14	272.25		DS-23	551.25		DS-52	823.25
	Z-15	280.25		DS-24	559.25		DS-53	831.25
	Z-16	288.25		Z-38	567.25		DS-54	839.25
	Z-17	296.25		Z-39	575.25		DS-55	847.25
	Z-18	304.25	A3	Z-40	583.25		DS-56	855.25
	Z-19	312.25		Z-41	591.25			
	Z-20	320.25		Z-42	599.25			

AM-VSB 多路副载波传输系统，PAL/D 制式的基带视频信号信噪比（SNR）与副载波载噪比（CNR）之间满足关系式

$$SNR = CNR - 6.4(dB) \tag{5.2-11}$$

式中，CNR、SNR 均采用 dB 单位。由此可见，残留边带调幅的多路副载波传输系统要获得足够的 SNR，副载波传输的 CNR 要付出更高的代价，这个差值为 6.4dB。这就意味着采用光纤通信技术传输 AM-VSB 的多路副载波信号，必须有较高的信噪比，才能得到基带信号较好的传输质量，通常光纤传输系统要求 CNR＞50dB。

在光纤传输系统中,LD调制的非线性将影响频道数较多的宽带多路副载波信号的传输质量。在某个特定传输频道的频带内,由非线性变换得到所有频道的2阶组合($f_i \pm f_j$)产物,恰好落在该特定频道的总和,称为该频道的组合2阶(CSO)互调失真,通常将这个总和的功率与该频道副载波的功率之比,定义为CSO,单位为dBc。一般CSO应低于-60dBc,这意味着CSO形成的噪声功率比副载波功率小60dB,才能满足系统的技术要求。

同理,定义3阶组合差拍,由非线性变换得到所有频道的3阶组合($f_i \pm f_j \pm f_k$)产物,恰好落在该特定频道的总和,称为该频道的组合3阶(CTB)互调失真,通常将这个总和的功率与该频道副载波的功率之比,定义为CTB,单位为dBc。一般CTB应低于-65dBc,这意味着CTB形成的噪声功率比副载波功率小65dB,才能满足系统的技术要求。

由式(5.2-3)至式(5.2-6)得到CSO表达式为

$$\mathrm{CSO}_m = 10\lg \frac{a_2(I_0^2/2)\sum_{i=1}^{N}\sum_{j=1}^{N}\cos 2\pi t(f_i \pm f_j)}{a_1 I_0 \cos(2\pi f_m t)} \tag{5.2-12}$$

式中,($f_i \pm f_j$)属于f_m频道带内,即要求2阶组合频率落在第m频道带内。

同理,可以得到CTB的表达式为

$$\mathrm{CTB}_m = 10\lg \frac{a_3(I_0^3/4)\sum_{i=1}^{N}\sum_{j=1}^{N}\sum_{k=1}^{N}\cos 2\pi t(f_i \pm f_j \pm f_k)}{a_1 I_0 \cos(2\pi f_m t)} \tag{5.2-13}$$

式中,($f_i \pm f_j \pm f_k$)属于f_m频带内,即要求3阶组合的频率落在第m频带内。

式中a_1、a_2、a_3分别表示LD的电光转化系数的线性项、2阶项和3阶项。通过式(5.2-12)和式(5.2-13)可以计算得到CSO和CTB的准确值。通常这样的计算是非常复杂的,并且LD的非线性系数也较难获得,因此实践中采用频谱仪就可以准确测量得到CSO和CTB。

2. 多路电视调幅副载波的非线性补偿

模拟光纤传输系统的非线性主要来源于光发射机,特别是基于直接调制LD的光发射机将不可避免地产生非线性产物。对于多路调幅副载波传输系统,将传输60~100个频道,它们的2阶组合和3阶组合将不可避免地落在传输信道的频带内,引起传输质量下降。因此,对于多路副载波调幅的光纤传输系统,进行非线性补偿是非常必要的。

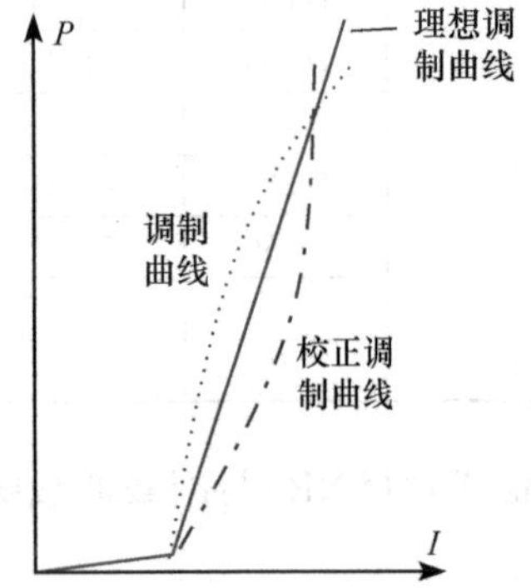

图5.2-4　LD调制非线性补偿曲线

图5.2-4所示为LD调制非线性补偿的原理曲线,其思路是首先获取LD的非线性调制曲线特征,如图5.2-4中的虚线所示,然后通过预失真电路进行反向操作,如图中的点画线,二者的共同作用即可获得图中理想的线性调制曲线(实线部分)。

图5.2-5所示为预失真补偿电路的原理,输入RF信号分配成3路信号,分别对应线性项、2阶项和3阶项。第一路经过延时和幅度调整,第二路产生2阶非线性并经过幅度和相位调整,第三路产生3阶非线性并经过幅度和相位调整,将3路信号合路得到预失真信号。该信号再通过驱动放大电路作用在LD上,就完成了对LD的调制和非线性补偿。

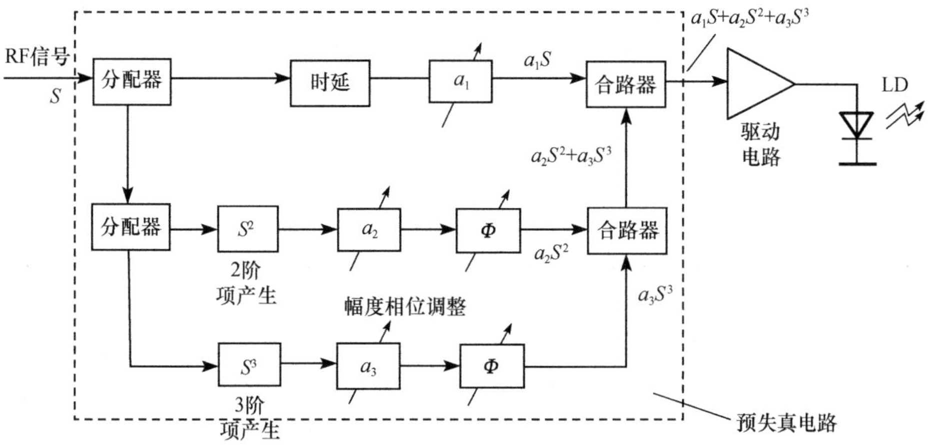

图 5.2-5　预失真补偿原理

预失真电路与半导体激光器是一一对应的，针对不同的传输频道数和不同的半导体激光器，要调整预失真电路的各个参数(幅度、相位、延迟等)，以达到最佳的非线性补偿。采用高线性的半导体激光器，对于传输 30 频道以内的多路调幅信号，无须非线性补偿，就可以达到 CSO＜－60dB和 CTB＜－65dB 的技术要求。但当频道数达到 60 频道时，就必须采用预失真电路来进行非线性补偿，才能达到传输的技术要求。

3. 多路电视调幅副载波信号的载噪比

对 AM-VSB 调制，CNR 通常应超过 50dB 才能获得较好传输质量，由式(5.2-7)粗略估算，可见只有将接收光功率 P 增大到较大值(－3～0dBm)，才能实现这么高的 CNR 值。这样高的接收光功率要求带来了两个问题：一是发射光功率必须达到 10～20dBm，使模拟传输系统具有 10～20dB 的开销，满足传输的需求；二是由于接收光功率较大，在光接收机中强度噪声成了支配系统性能的主要噪声，此时强度噪声远大于热噪声和白噪声。由式(5.2-7)和式(5.2-10)推导得到

$$\mathrm{CNR} \approx \frac{m^2}{2(\mathrm{RIN})\Delta f} \tag{5.2-14}$$

若取 $m^2=0.1(m\approx 0.32)$，$\Delta f=500\mathrm{MHz}$，为实现 50dB 的 CNR，光发射机的半导体激光器的 RIN 应小于－150dB/Hz，一般的 FP 半导体激光器达不到这样的技术指标，只有高质量的 DFB 半导体激光器才能满足对强度噪声的技术要求。当然也可以适当增加调制指数 m 或减少接收机带宽 Δf，降低对半导体激光器强度噪声的要求。因此，在多路电视调幅副载波光纤传输系统中，光源优先选择强度噪声较低、线性好的 DFB 半导体激光器。

虽然采用 DFB 半导体激光器有利于提高系统的 CNR 值，但信号在光纤中传输的过程中 RIN 可能会增大。例如，在沿传输路径遇到的两反射面间的多次反射引起的法布里-珀罗(FP)干涉效应，能将激光器的频率噪声转换到强度噪声。光纤色散使不同频率分量以不同的速度传输，使信号传输过程中的频率波动转换为强度波动，亦是导致 RIN 增大的原因。其增大程度取决于色散参数和激光器线宽，并随光纤长度的 2 次方增加。利用窄线宽(小于 1MHz)激光器或使 SCM 系统工作在零色散波长附近都可以使 RIN 降低。

模拟副载波光纤传输系统的高信噪比要求导致了紧张的功率预算，从而限制了传输距离和

分配用户数。有两种方案可克服这种限制：①采用大功率半导体激光器或半导体泵浦的固体激光器。②采用光放大器对光信号进行在线放大，满足传输或分配的功率需要。光纤放大器是这一系统的最佳选择。

4. 多路电视调幅副载波光纤传输系统

光纤通信系统以其宽带的优势，成为传输宽带多路副载波信号的最佳选择。目前应用最为成功的光纤有线电视系统，就是采用了多路副载波光纤传输技术，解决了千家万户高质量收看模拟和数字广播电视信号的技术问题。系统的典型结构如图 5.2-6 所示，在发射端各路视频和音频信号，分别输入各个频道的调制器，调制器输出的各路副载波混合复用后，送模拟光发射机，通过光纤传输并分配到各个光接收端。在接收端模拟光接收将光信号转换成电信号，通过干线放大器、分配器、支线放大器和分支器等，将多路副载波信号送到用户接收机，通过用户接收机俗称电视接收机或电视机解调恢复得到视频和音频信号。

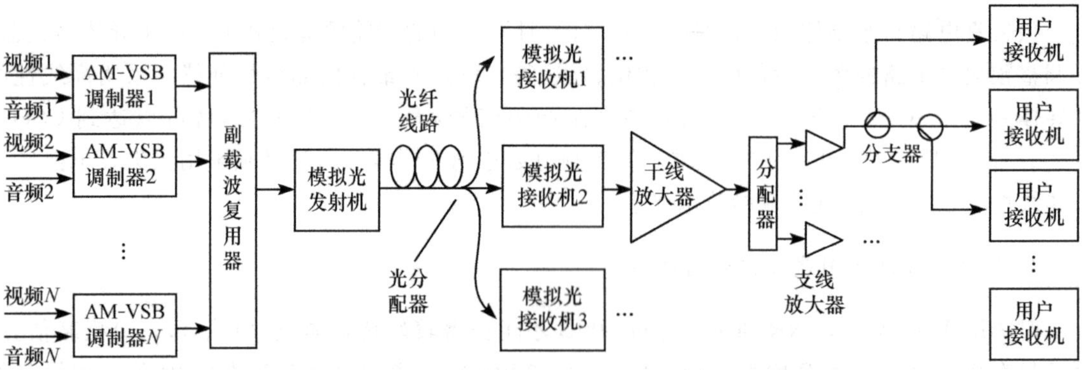

图 5.2-6　多路视频调幅副载波光纤传输系统

1）光发射机

图 5.2-7 所示为多路电视调幅副载波光发射机，它由输入匹配缓冲放大电路、自动增益控制电路、预失真电路、主放大器、驱动匹配电路和 DFB-LD，以及 LD 的伺服电路 ATC 和 APC 等组成。

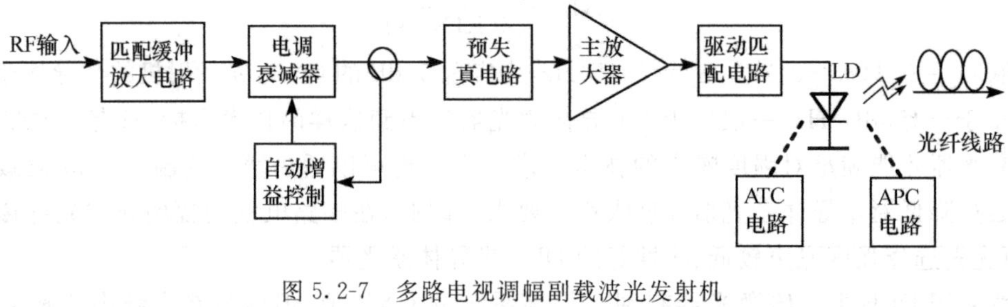

图 5.2-7　多路电视调幅副载波光发射机

(1) 输入匹配缓冲放大电路，该电路输入匹配阻抗为 75Ω，对输入 RF 信号的幅度进行放大，同时起到前、后级隔离的作用。

(2) 自动增益控制电路，由电调衰减器、检波电路和反馈电路组成，通过检波电路获取信号幅度信息，再由反馈电路控制电调衰减器改变信号幅度，从而得到稳定的 RF 输出幅度。

(3) 预失真电路，如图 5.2-5 所示，并与 LD 一一对应使用，使系统的 CSO 和 CTB 满足非线性的技术指标要求。

(4) 主放大器和驱动匹配电路，主放大器为驱动 LD 提供足够的增益(根据 LD 的驱动电流来设定)，匹配电路为 LD 和主放大器提供阻抗匹配，可采用电阻匹配、传输线变压器或微带线来实现(通常 LD 动态阻抗为 3～5Ω，而放大器输出阻抗为 75Ω，因此阻抗匹配对应驱动电路是非常必要的)。

(5) 光源按照前面的理论分析，采用低噪声、高线性的 DFB 半导体激光器。

(6) APC 电路提供 LD 的自动光功率控制与偏置电流，稳定 LD 的输出光功率。ATC 电路提供 LD 的自动温度控制，稳定 LD 的工作温度。

2) 光接收机

图 5.2-8 所示为多路电视调幅副载波光接收机，它由 PIN 光电二极管、前置放大器、自动增益控制电路和主放大器等组成。

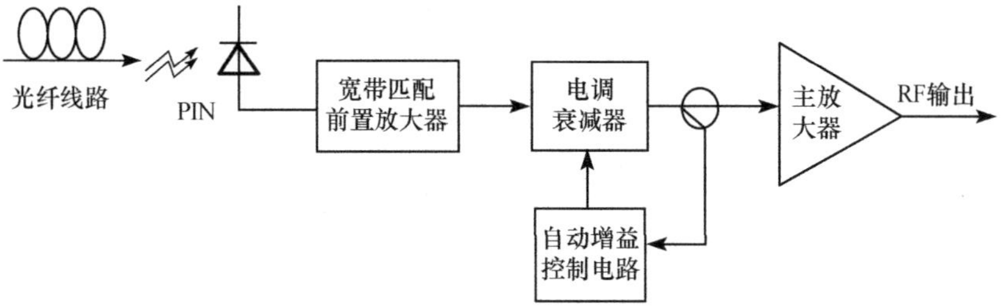

图 5.2-8　多路电视调幅副载波光接收机

(1) 光电探测采用宽带、低噪声、低成本的 PIN 光电二极管，可以满足多路副载波信号传输的技术要求。

(2) 宽带低噪声前置放大器输入/输出阻抗为 75Ω，而 PIN 光电二极管为高阻输出，因此需要设计匹配电路实现阻抗匹配。该电路可采用电阻匹配、传输线变压器或微带线来实现。

(3) 自动增益控制电路与光发射机工作原理相同。

(4) 主放大器为 RF 输出提供足够的增益，一般输出为 120dBμV。

3) 收发光端机的主要技术指标

(1) 发射光功率：10～23dBm。

(2) 接收灵敏度：－3dBm。

(3) 传输带宽：45～860MHz。

(4) CNR：＞50dB。

(5) CSO≤－60dBc，CTB≤－65dBc。

(6) 输入/输出阻抗：75Ω。

(7) 输入电平：不小于 60dBμV；输出电平：不小于 120dBμV。

注意　具体技术指标要根据不同的应用领域而设定。

5.2.3　多路电视调频副载波的光纤传输系统

1. 多路电视调频副载波的传输原理

多路电视调幅副载波光纤传输系统，其最大的优点就是可以低成本传输近 100 个模拟电视频道，且在用户端使用广泛拥有的电视机就可以解调接收。从上一节的分析不难看出，调幅制式的最大缺点在于接收光功率较高，无中继传输距离有限，同时传输质量只能达到一般的收看标准。因此，提出了多路电视调频副载波光纤传输方式。

按照模拟信号调频的原理，将每一路电视信号调制到对应的副载波 f_c 上，调频产生的峰峰频偏为 Δf_{pp}，F_m 为基带信号的带宽，根据卡松公式，副载波调频占有的带宽为

$$B_{FM} = \Delta f_{pp} + 2F_m \tag{5.2-15}$$

式中，Δf_{pp}选取 17MHz；F_m 选取 6.5MHz，这样调频信号占有的带宽 B_{FM}为 30MHz。根据电视信号调频传输的原理，同样可以推导出基带电视信号 SNR 与副载波信号 CNR 之间的关系式为

$$\text{SNR} = \text{CNR} + 10\lg\left(\frac{3\Delta f_{pp}^2 B_{FM}}{F_m^3}\right)(\text{dB}) \tag{5.2-16}$$

将参数代入，计算可得 SNR＝CNR＋19.76(dB)。由此可见，多路电视调频副载波传输系统要获得足够的 SNR，副载波传输的 CNR 只需较小的代价，如选取上述调频参数，可使系统光接收机要求的 CNR 下降 19dB 以上。这就意味着采用多路电视调频副载波光纤传输技术，只需较低的载噪比，就可以获得较好的基带信号传输质量。例如，CNR 为 40dB，此时 SNR 优于 59dB，达到广播级质量标准。而接收光功率则降至 10～50μW，此时热噪声起主导作用，因此载噪比表示为

$$\text{CNR} = \frac{(mRP)^2/2}{(4kTF_1\Delta f)/R_L} \tag{5.2-17}$$

调频系统频道数为 16～24 个，每个占用带宽为 30～40MHz，因此可以忽略非线性的影响。又由于接收光功率较小，可以忽略白噪声和强度噪声对 CNR 的影响。所以，多路副载波调频光纤传输系统可以采用 FP-LD 作为光源，而无须低噪声的 DFB-LD，降低了系统的成本。同样对非线性的要求也降低了，而无须采用预失真补偿技术，降低了系统的复杂度。

对于多路副载波光纤传输系统，应保持总调制度($m_i\sqrt{N}$)＜1，以避免由于激光器阈值处出现光功率的削波而可能发生的非线性失真，这种失真即使当 P-I 曲线是完全线性时也会产生。当 $m_i\sqrt{N}$保持低于 40%就可以忽略这种失真。对于 N＝100 的系统，这种约束条件要求每个信道的调制深度指数限制在 4%以下。由于调频系统的频道数较少，这个值并不会构成对调频系统的限制。但对调幅系统则却是一个基本限制，因为 AM 系统通常要求较大的 m 值以满足式(5.2-14)载噪比的要求，达到 CNR＞50dB。

2. 多路电视调频副载波光纤传输系统

多路电视调频副载波光纤传输的典型结构如图 5.2-9 所示，在发射端各路视频和音频信号，分别输入各个频道的调制器，调制器输出的各路副载波混合复用后，送模拟光发射机，通过光纤传输到光接收端。在接收端模拟光接收将光信号转换成电信号，通过解复用器将各路副载波信号送到对应的解调器恢复得到视频和音频信号。

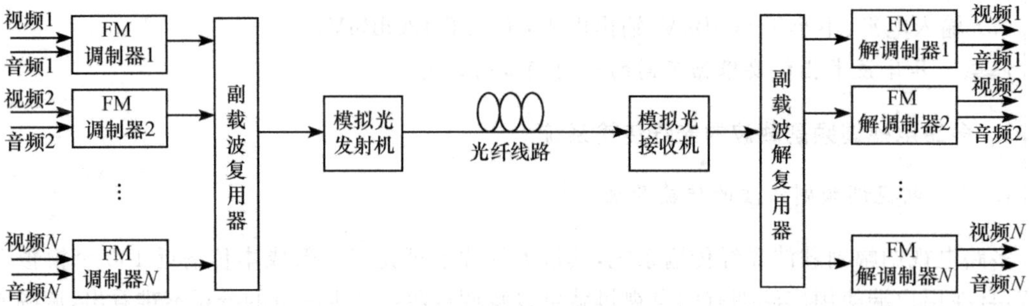

图 5.2-9　多路电视调频副载波光纤传输系统

1）光发射机和光接收机

多路电视调频副载波光发射机，由输入匹配缓冲放大电路、自动增益控制电路、主放大器、驱动匹配电路和FP-LD，以及LD的伺服电路ATC和APC等组成。该发射机与图5.2-7所示的光发射机原理基本相同，不同之处是采用了FP-LD，并取消了预失真电路。多路电视调频副载波光接收机与图5.2-8所示的光接收机一致。

2）FM调制解调

图5.2-10所示为FM调制解调的方案。首先将电视信号通过调频调制在70MHz中频上，然后由上变频器将调频信号搬移到设置的频道，再通过频道滤波器送入副载波复用器，最后由传输信道传送。在接收端，首先由频道滤波器将调频信号滤出，再通过下变频器将调频信号搬移到70HMz的中频上，最后由中频解调器恢复得到电视信号。该方案特色是采用了标准的70MHz中频调制解调器，然后由上、下变频器完成信道配置和下载，为商业化的生产和系统维护带来了便利。

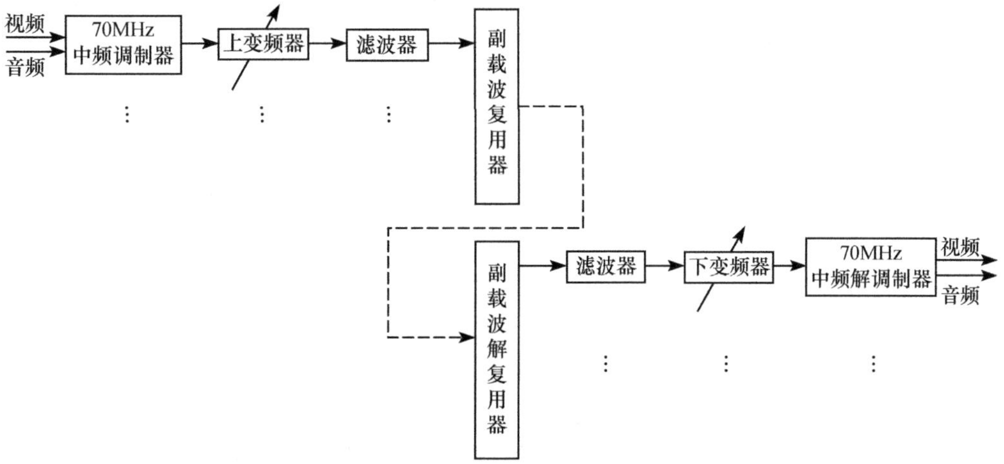

图5.2-10　多路电视调频调制解调方案

3）收发光端机的主要技术指标

（1）发射光功率：3～23dBm。

（2）接收灵敏度：－13～－17dBm。

（3）传输带宽：45～860MHz。

（4）CNR：＞30dB。

（5）输入/输出阻抗：50Ω。

（6）输入电平：不小于60dBμV；输出电平：不小于120dBμV。

注意　具体技术指标要根据不同的应用领域而设定。

5.3　微波信号光纤传输系统

5.3.1　微波信号光纤传输原理

微波信号广泛应用于无线通信系统、卫星通信系统和雷达系统等领域。微波信号频率从1GHz到几十GHz，分为L、S、C、X、Ku、Ka等波段，分别承载不同的通信任务。微波信号除了传统的无线传输方式外，越来越重视采用光波传输微波信号，利用光波通信的优良性能提升微波信号的通信带宽和覆盖范围，典型的系统有空间的激光链路和地面的光纤链路。微波信号光传输原理是采用直接调制技术或外调制技术将微波信号加载到光波上，通过空间信道或光纤信道传输，在接收端由光电二极管实现光电变换，再采用低噪声微波放大器和功率放大器放大输出。其中的关键技术参数有输出平均光功率、调制深度、非线性失真、传输带宽、接收灵敏度和载噪比等。

5.3.2 直接调制微波信号光纤传输

半导体激光器的直接调制带宽一般在20GHz以内，因此微波信号直接调制半导体激光器光纤传输系统，适合传输20GHz以内的微波信号。在光纤中传输需要考虑光纤色散对传输距离与带宽乘积的限制，在空间传输则不受这一限制。

1. 光发射机

图5.3-1所示为微波信号直接调制光纤传输系统的光发射机，它由输入缓冲放大电路、衰减器、主放大器、驱动匹配电路和DFB-LD，以及LD的伺服电路ATC和APC等组成。

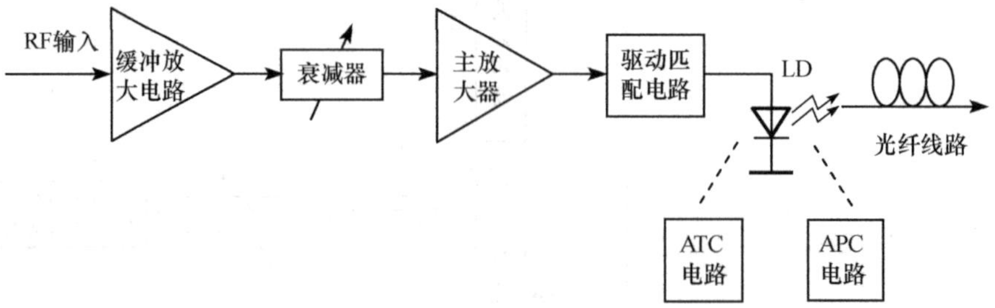

图5.3-1 微波信号直接调制光发射机

(1) 缓冲放大电路，该电路输入匹配阻抗为50Ω，对输入RF信号的幅度进行放大，同时起到前、后级隔离的作用。

(2) 衰减器为两级放大器之间插入调整幅度的元件。

(3) 主放大器和驱动匹配电路，主放大器为驱动LD提供足够的增益(根据LD的驱动电流来设定)，匹配电路为LD和主放大器提供阻抗匹配，可采用电阻匹配、微带线来实现。通常LD动态阻抗为3～5Ω，而放大器输出阻抗为50Ω，因此阻抗匹配对应驱动电路是非常必要的。

(4) 光源采用超宽带、低噪声的DFB半导体激光器。APC电路和ATC电路，分别提供自动光功率控制和自动温度控制，稳定LD的输出光功率和LD的工作温度。

2. 光接收机

图5.3-2所示为微波信号光接收机，它由PIN光电二极管、前置放大器、衰减器和主放大器等组成。

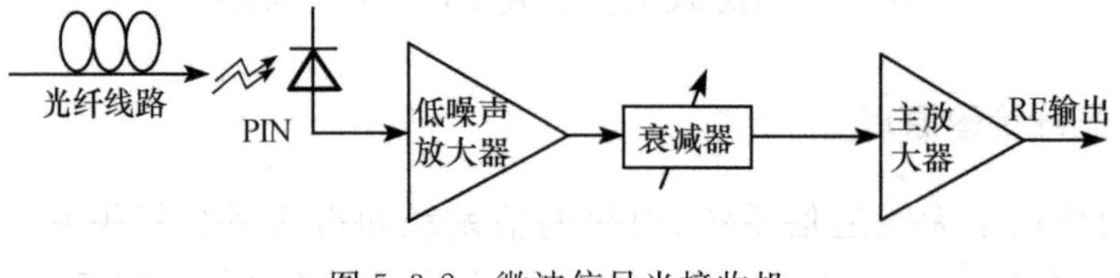

图5.3-2 微波信号光接收机

(1) 光电探测采用超宽带、低噪声 PIN 光电二极管，其带宽满足微波信号带宽的要求。

(2) 宽带低噪声前置放大器输入/输出阻抗为 50Ω，而 PIN 光电二极管为高阻输出，因此需要设计匹配电路实现阻抗匹配。该电路可采用电阻匹配、微带线来实现。

(3) 衰减器为两级放大器之间插入调整幅度的元件。

(4) 主放大器为 RF 输出提供足够的带宽和增益。

3. 关键技术

1) 理论计算

(1) CNR 的计算可采用式(5.2-7)～(5.2-10)，注意根据微波信号选取对应的频点和带宽。白噪声、热噪声和强度噪声通过计算得到，不要进行简单的舍取，以免引起较大误差。

(2) 调制深度 m 需根据微波副载波的总功率和非线性的要求来决定。

(3) 放大器总增益，根据输入微波信号电平、LD 的驱动电流和调制深度计算得到。

2) 器件的选择

(1) 选取满足带宽和功率要求的 LD 和 PIN 器件。

(2) 选取满足带宽、增益和功率要求的微波放大器。

3) 电路设计与调试

(1) 设计满足带宽、增益和功率要求的微波放大电路。

(2) LD 和 PIN 与微波电路的匹配设计，主要是带宽和阻抗匹配。

(3) 根据传输的微波信号的电平、功率和带宽，调整 LD 的偏置工作点、调制深度和接收放大器增益，以获得最佳传输质量。

5.3.3 外调制微波信号光纤传输

对于超过 20GHz 以上的微波信号，将采用外调制(间接调制)技术来实现光纤传输。图 5.3-3 所示为外调制光纤传输系统的光发射机，它由输入缓冲放大电路、衰减器、主放大器、驱动匹配电路、偏置电路、外调制器和稳定化光源等组成。

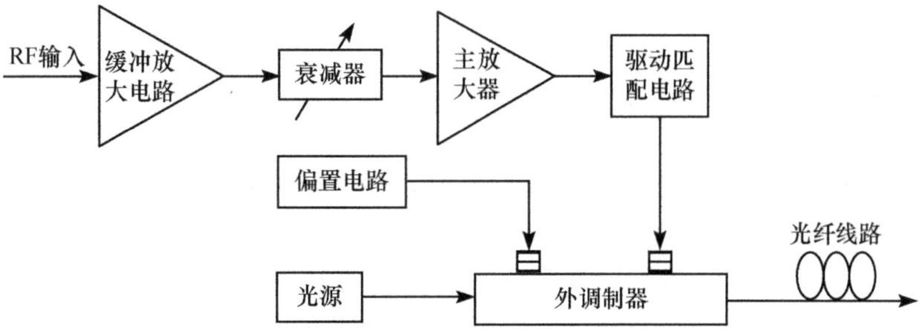

图 5.3-3 微波信号外调制光发射机

(1) 缓冲放大电路、衰减器、主放大器和驱动匹配电路，为驱动外调制器提供足够的增益和驱动功率。

(2) 偏置电路为外调制器提供偏置工作的稳定电压。

(3) 外调制器采用马赫-曾德干涉(MZ)型 $LiNbO_3$ 电光调制器(见 3.4.4 小节)，目前的商用化器件可提供 70GHz 的调制带宽。

(4) 光源采用窄线宽、低噪声的 DFB 半导体激光器或大功率、窄线宽、低噪声的半导体泵浦固体激光器(DPL)。它需要输出稳定的光功率和稳定的光频率。

由于直接调制引起 LD 的频率啁啾是无法避免的,在光纤色散信道的限制下,微波信号的较长距离的光纤传输,就不得不考虑采用外调制技术来实现。所以,应用外调制技术,一方面是克服了 LD 调制带宽的限制,另一方面解决了光纤色散对系统的限制。与外调制光发射机配合的光接收机如图 5.3-2 所示,只需带宽和频率与光发射机对应即可。

小　结

基带模拟信号光纤传输系统具有结构简单、低成本的特点,可应用于窄带、短距离传输系统。多路调幅副载波传输系统具有传输频道多、成本低的优点,但要求 LD 具有极佳的线性和低的强度噪声(一般采用 DFB-LD),同时系统接收灵敏度较低(约为−3dBm)。多路调频副载波传输系统具有传输高质量信号的能力,且对 LD 无特别要求(FP-LD 即可),同时系统接收灵敏度较高(−13～−17dBm),其不足之处是传输频道较少、成本较高。对于短距离或窄带微波信号光纤传输系统,可采用直接调制技术来完成,具有结构简单、低成本的优势。但由于 LD 调制带宽和光纤色散的限制,对于宽带、长距离微波信号传输系统,只有采用外调制技术才能满足传输的技术要求。

习　题　5

5-1　简述模拟信号光纤传输有哪几种技术方案。

5-2　结合基带电视信号光纤传输系统,阐述基带模拟信号光纤传输的技术要点,并分析非线性补偿的原理和方案。

5-3　已知基带模拟信号传输带宽为 0～10MHz,光发射机的调制深度为 0.8,要求光接收 SNR 达到 60dB,首先分析判断在光接收机中哪种噪声起主导作用,然后计算光接收机的灵敏度(放大器噪声系数为 6dB,工作温度为 20℃,负载电阻为 1kΩ,R=0.9A/W)。

5-4　什么是光波的多路副载波传输技术?

5-5　为什么说模拟信号光纤传输的关键在于光发射机?

5-6　为什么多路调幅副载波光纤传输系统需采用 DFB 半导体激光器作为光源?

5-7　为什么多路调频副载波光纤传输系统可采用 FP-LD 作为光源?

5-8　简述多路调幅和调频副载波光纤传输系统的各自特点。

5-9　在微波光纤传输系统中,分析选择直接调制和外调制技术的条件。

5-10　光纤传输系统需要传送 C 波段微波信号(3.7～4.2GHz),带宽为 500MHz,要求接收 CNR 达到 50dB,计算光接收机的灵敏度(其中热噪声远大于其他噪声,放大器噪声系数为 6dB,工作温度为 20℃,负载电阻为 50Ω,R=0.8A/W,光发射的调制深度为 0.6)。

5-11　多路调幅电视光纤传输系统,传输带宽约为 500MHz,包括 DS-1～23 和 Z-1～37 等 60 个调幅频道,为了使 CNR 达到 50dB 的技术指标,计算光源的 RIN 的指标要求(每一路信号幅度相等,调制深度为 5%,接收光功率为 0.5mW)。

5-12　阐述多路调幅副载波光纤传输系统非线性产物形成的原因,如何对 2 阶组合产物和 3 阶组合产物进行补偿?

第6章　数字信号光纤传输系统

数字信号光纤传输技术是光纤通信技术的另一个重要支柱。本章将以异步和同步数字信号传输为线索，讲述低速异步数字光纤传输、高速同步数字信号和突发模式数字信号光纤传输技术。重点阐明2R和3R系统的实现方案和关键技术，并介绍不同速率数字信号光纤传输系统的工作原理和设计方案。最后讲述突发模式光接收机与突发同步电路的原理和技术方案。

6.1　异步数字信号光纤传输系统

数字信号光纤通信系统是一种通过光纤信道传输数字信号的通信系统。数字信号有2电平信号、3电平信号和5电平信号等，只取有限个离散值，如2电平的"1"和"0"，3电平的"+1"、"0"和"−1"等，这种通信系统对信道的非线性失真不敏感，在通信过程中，即使有多次中继也会保持较高的传输质量。因而，与模拟光纤通信系统相比，数字光纤通信系统对光源特性的线性要求和对接收信噪比的要求都不高，更能充分发挥光纤通信的优势，更能体现光纤通信长距离、大容量和高质量传输信息的特征。目前的数字光纤通信系统主要以2电平数字信号为主，3电平系统通常按照模拟信号来处理。

光纤通信网络承载的数字信号可分为3类：电信网络的PDH和SDH数字信号；互联网的以太网数字信号；其他非标准数字信号，如工业控制、数字视频、串行通信RS232和RS485等。光纤通信系统充分利用了光纤的宽带和低损耗的突出优势，为各类信号提供传输信道，本章将重点讲述光纤通信技术如何解决不同速率和不同模式数字信号的传输。

6.1.1　异步数字信号光纤传输原理

光发射机只完成数字信号"1"和"0"序列的发送，在接收端光接收机需要完成对接收到的光信号的整形、再生，恢复数字信号，即所谓的2R(reshaping，regenerating)系统，无需定时恢复(retiming)，这类系统称为异步数字信号光纤传输系统。

图6.1-1所示为异步数字信号光纤传输系统，包括光发射机和光接收机。光发射机包括接口与电平转换电路、数字驱动电路和LD或LED等部分。

(1) 接口与电平转换电路。数字信号输入接口要求逻辑电平和速率配匹，并将输入的数字信号电平转换成后续驱动电路要求的逻辑电平，如将RS232、RS485转换成TTL信号。

(2) 数字驱动电路。参考4.2节的内容，设计TTL电平接口的驱动电路。

(3) LD或LED。根据数字信号的速率和传输距离，选用不同速率和不同封装形式的LD或LED。例如，对低速短程系统，则可以采用同轴封装的LED器件，对高速或长距离系统则要采用LD器件。

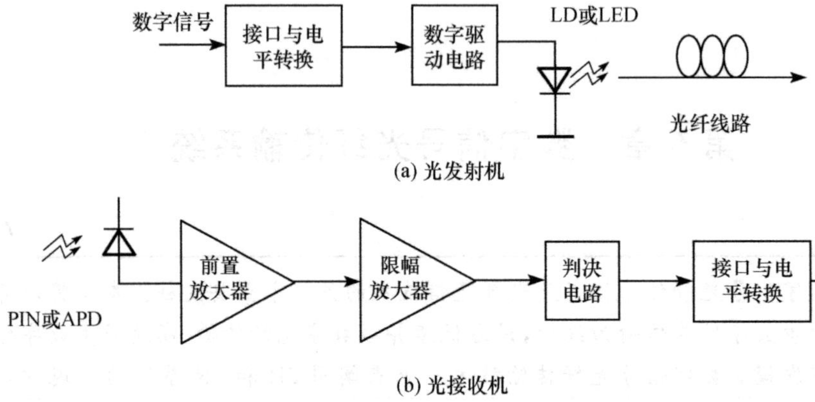

图 6.1-1　异步数字信号光纤传输系统

光接收机包括 PIN 或 APD 光电探测器、跨阻抗前置放大器、限幅放大器、判决电路和接口与电平转换电路。

(1) PIN 或 APD 光电探测器。根据数字信号的速率和传输距离，选用不同速率和不同封装形式的 PIN 或 APD。例如，对低速短程系统则可以采用同轴封装的 PIN 器件，对接收灵敏度要求较高的系统可选用 APD 器件。

(2) 跨阻抗前置放大器。选用与信号速率匹配的集成跨阻抗前置放大器芯片。

(3) 限幅放大器。根据数字信号的动态范围和输出幅度要求，选用与之对应的芯片。

(4) 判决电路。将放大到一定幅度的数字信号进行幅度判决，可以由模拟电路或数字门电路来完成。2R 接收机限幅放大器具备一定幅度判决功能。

(5) 接口与电平转换电路。进行与发射机类似的逆向变换。

6.1.2　连续数字信号光纤传输系统

异步数字信号可以分为两类：一类是连续传输的数字信号，如 100Mbps、1000Mbps 以太网信号；另一类是传输不连续的数字信号，如 RS233、RS485 等串行信号。本节以传输 100Mbps 以太网信号为例，说明连续数字信号光纤传输的设计。

IEEE802.1u 工作组推出了 100Mbps 以太网的协议，IEEE802.3u 标准支持的通信介质有双绞线和光纤两类，重点研究 100Base-FX 协议涉及的光纤传输。

100Base-FX 协议是在一对多模渐变型光纤上传输 100Mbps 速率数据的以太网标准，全双工方式下的传输距离在 2km 左右。不过，市场上也有厂家提供以单模光纤为传输介质的产品，传输距离可远远超过 2km。100Base-FX 采用 4B/5B 编码形成的 125Mbps 码流，由于该协议以光纤为传输介质，传输带宽大、损耗低，能够轻松地完成传输。而不必像 100Base-TX 那样需在线路上采用 MLT-3 三电平编码技术来降低线路上的信号带宽。

1. 100Mbps 光纤以太网的拓扑结构

图 6.1-2 所示为 100Mbps 光纤以太网常见拓扑结构。图 6.1-2(a)所示为总线型拓扑结构，由传输光纤、光收发器(transceiver)、双绞线、100Mbps 电交换机和服务器、工作站、PC 等组成。在满足上层网络协议要求的基础上，可进行光中继(optical repeater)和电中继(repeater)，从而进一步拓展传输距离和网络覆盖范围。图 6.1-2(b)所示为有源星型网络结构。由 100Mbps 电/

光交换机构成有源星型网络的主体，其他组成部分为传输光纤、光收发器(transceiver)或光收发模块、双绞线、服务器、工作站和 PC 等。同样在满足上层网络协议要求的基础上，也可以进行光中继和电中继，而进一步拓展传输距离和网络覆盖范围。

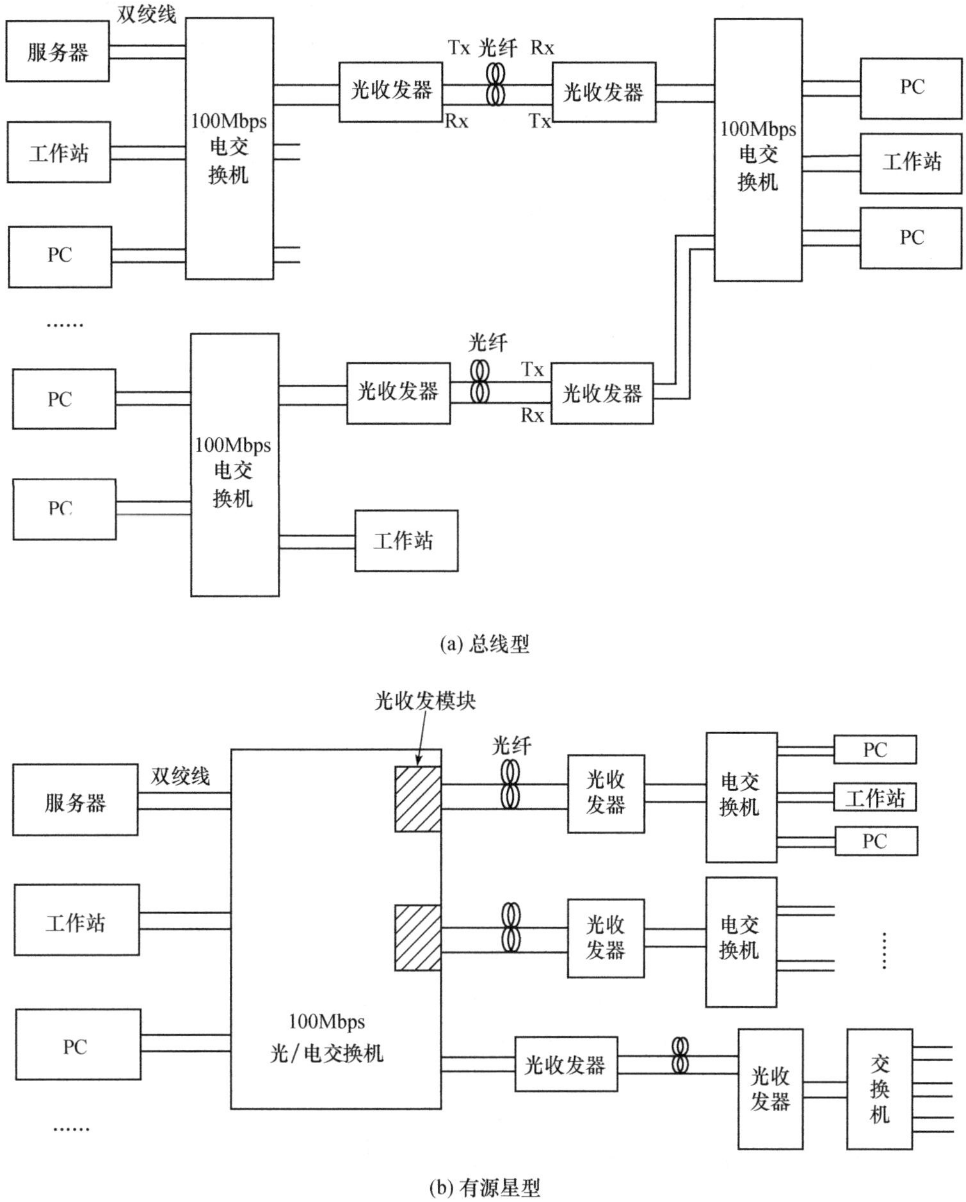

图 6.1-2　100Mbps 光纤以太网的拓扑结构

2. 100Mbps 光纤以太网的光纤传输系统设计

100Mbps 光纤以太网的光纤传输系统设计主要包括两方面的内容。

1) 传输光纤和波长的选择

(1) 光纤几何尺寸。多模渐变型光纤为 50/125μm 或 62.5/125μm，或 G.652 单模光纤为 9/125μm。

（2）工作波长。850nm 波段，或 1310nm 波段。

（3）传输损耗。多模光纤传输损耗为 3dB/km@850nm 和 1dB/km@1310nm；G.652 单模光纤传输损耗为 0.35dB/km@1310nm（典型值）。

（4）带宽与距离乘积。300～400MHz·km（62.5/125μm）到 1000MHz·km（50/125μm）。

（5）色散系数。G.652 单模光纤色散系数为 2ps/（nm·km）（1310nm 波段）。

（6）光纤连接器。FC、SC、ST 较为常见。

在选择传输光纤和波长时，既要兼顾传输数据速率和距离的需求，又要充分考虑系统构造的性价比。一般短距离（2～10km）采用多模渐变型光纤 62.5/125μm 和 1310nm 波段的 LD 光源，而长距离（10km 以上）采用单模光纤 9/125μm 和 1310nm 波段 LD 光源。

2）光收发器的设计

通常光纤传输系统中，光发射机和光接收机统称为光端机，在光纤以太网中叫做光收发器。光收发器的设计主要包括接口电路、光发射机和光接收机的设计。

（1）接口电路设计。接口电路包括两种：PECL 接口电路和双绞线接口电路。图 6.1-3 所示为 100Mbps 光收发器接口电路，其中，图 6.1-3（a）所示为 PECL（差分 ECL）接口，主要为 100Mbps 以太网板卡和交换机与光收发器的接口，主要由 ECL 线路接收与发射器件组成。图 6.1-3（b）所示为 100Base-T 接口电路，主要由两个隔离变压器和 ECL 线路接收与发射器件组成。

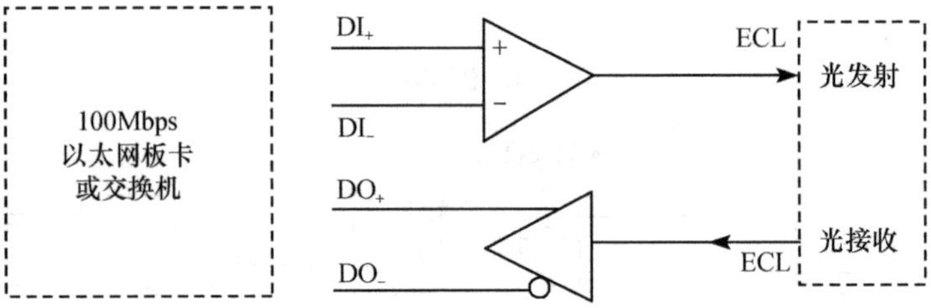

(a) PECL接口

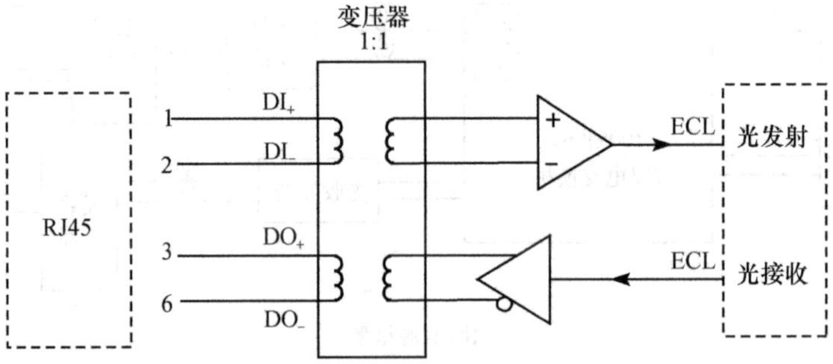

(b) 双绞线(RJ45)接口

图 6.1-3　100Mbps 以太网光收发器接口电路

（2）光发射机设计。由于数据信号经过 4B/5B 编码形成 125Mbps 较高速率的数据流，相应的光发射机的设计就需要采用 ECL 驱动电路和半导体激光器（LD）。参考 4.2 节的 ECL 驱动电路，如图 4.2-6 所示。偏置电路根据 LD 的 *P-I* 特性曲线设置偏置电流和自动光功率控制。

（3）光接收机的设计。100Mbps 以太网光接收机，它由 PIN 跨阻抗放大器、限幅放大器、判决电路和接口电平转换电路等组成。如图 6.1-1 所示，选用速率达到 155Mbps 的相关集成电路来实现。

在实际应用中，将光发射和光接收合二为一，形成一个整体，构成新的功能模块，100Mbps以太网光收发器。如果是嵌入以太网板卡或交换机的光收发器，物理层的控制协议由板卡或交换机完成，光收发器无需这项功能。而独立于以太网板卡或交换机之外的双绞线接口(RJ45)的光收发器，就需要增加协议控制模块，完成物理层的通信控制功能。

(4) 主要技术指标。

- 工作波长：850nm 波段或 1310nm 波段。
- 发射光功率：$-20\sim-10$dBm。
- 接收灵敏度：小于-30dBm。
- 传输速率：125Mbps NRZ 码。
- 系统传输误码率：小于 10^{-9}。

6.1.3 串行数字信号光纤传输系统设计

1. 串行信号的特点

与连续数字信号相比较，串行信号具有两方面的特点。

(1) 速率较低。一般 RS232、RS422、RS485 等串行信号，速率从几十 kbps 到几 Mbps，主要用于工作控制、监控系统等控制信号的传送。

(2) 数字信号不连续。这些串行信号根据一定的协议按字节(8～12bit)传送，字节之间的间隔可能是无穷大，也可能是几个 bit 周期，这样就形成了不连续的数字信号流。

2. 串行信号的光纤传输

对于低速不连续的串行信号，可以采用基带数字直接强度调制光纤传输，也可以采用 ASK、FSK、PSK 电调制后再利用光纤传输。它们各具优、缺点，下面将逐一分析。

1) 直接强度调制光纤传输

以 RS232 信号为例，传输速率范围从几 kbps 到几百 kbps，图 6.1-4 所示为采用直接强度调制技术的光纤传输系统的组成，包括光发射机和光接收机。

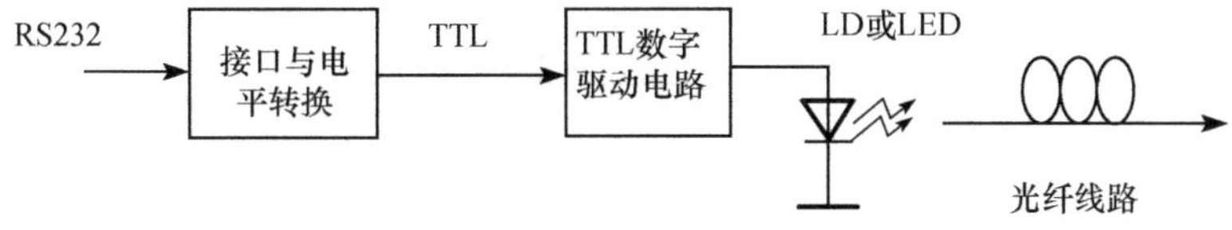

(a) 光发射机

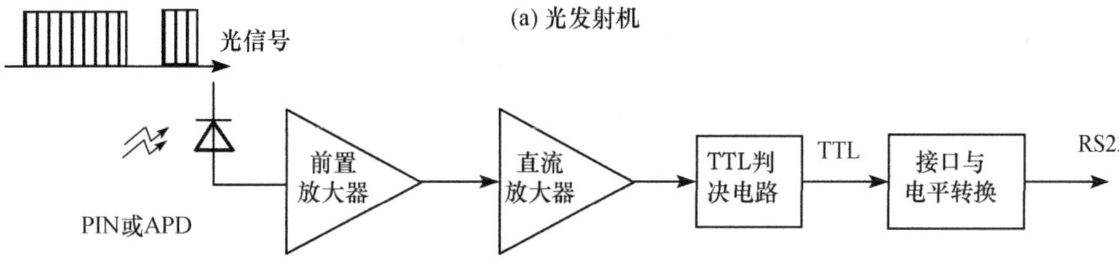

(b) 光接收机

图 6.1-4 RS232 信号直接调制光纤传输系统

光发射机包括 RS232 接口与电平转换电路、TTL 数字驱动电路和 LD 或 LED 等部分。

(1) RS232 接口与电平转换电路。采用专用集成电路芯片(如 1489),将 RS232 信号变换成 TTL 信号。

(2) TTL 数字驱动电路。采用如图 4.2-5 所示设计的 TTL 驱动电路。

(3) LD 或 LED。短程系统可以采用同轴封装的 LED 器件,而长距离系统则要采用无制冷的同轴封装 LD 器件。

光接收机包括 PIN 或 APD 光电探测器、跨阻抗前置放大器、直流放大器、TTL 判决电路和 RS232 接口与电平转换电路。

(1) PIN 或 APD 光电探测器。短程系统则可以采用同轴封装的 PIN 器件,对接收灵敏度要求较高的长距离系统可选用同轴封装的 APD 器件。

(2) 跨阻抗前置放大器。选用与信号速率匹配的集成跨阻抗前置放大器芯片。

(3) 直流放大器。对于前置放大器输出的信号需要进一步放大才能判决,这里有两种选择采用直流放大器和交流放大器。交流放大器工作稳定,放大倍数高,但不能准确地反映长的连"0"和连"1",如串行信号间隔时间长,这样就需要接收较大的光功率,避免直流噪声,设置合适的判决电平来完成信号的接收。最终,交流耦合放大器设计的串行信号接收机灵敏度较低,动态范围较小,但电路简单易行。

直流放大器是针对上述需求设计的,其特点是对前置放大器输出信号的高、低电平如实的放大,然后再判决。其特点是解决了交流耦合的缺点,但电路长时间的运行会带来直流漂移,这同样会影响接收机的灵敏度和动态范围。

(4) 采用 TTL 接口电路设计判决电路。

(5) RS232 输出接口与电平转换电路采用集成电路(如 1488)来实现。

2) FSK 信号光纤传输

基带信号首先进行幅移键控(ASK)或频移键控(FSK)或相移键控(PSK),然后再将调制后的信号通过光纤传输。这将解决基带信号直接强度调制,接收灵敏度较低和动态范围小的缺点。图 6.1-5 所示为 RS232 信号 FSK 光纤传输系统组成,传输速率范围从几 kbps 到几百 kbps,包括光发射机和光接收机。

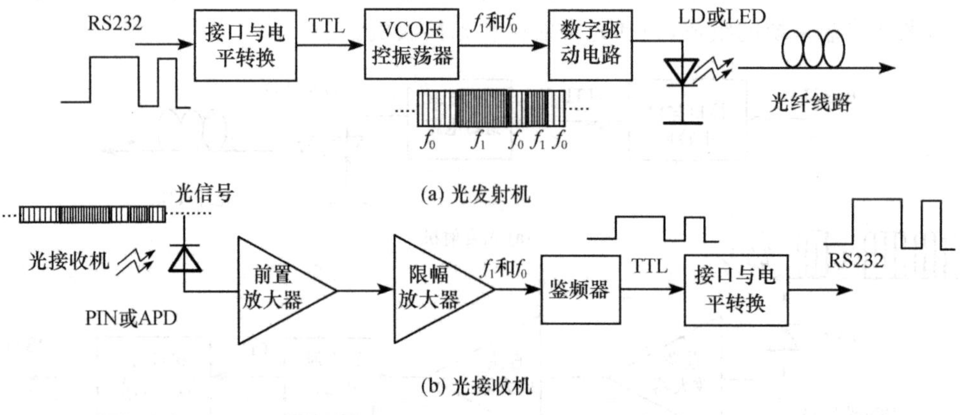

图 6.1-5 RS232 信号 FSK 光纤传输系统

光发射机包括 RS232 接口与电平转换电路、压控振荡器、数字驱动电路和 LD 或 LED 等部分(RS232 接口与电平转换电路和前述电路相同)。

(1) 压控振荡器将 TTL 数字信号的"1"和"0"电平转换成频率为 f_1 和 f_0 的数字连续信号。

(2) 数字驱动电路采用如图 4.2-5 所示设计的电路，将由 f_1 和 f_0 组成的数字连续信号转换成光信号。

(3) 短程系统可以采用同轴封装的 LED 器件，而长距离系统则要采用无制冷的同轴封装 LD 器件。

光接收机包括 PIN 或 APD 光电探测器、跨阻抗前置放大器、限幅放大器、鉴频器和 RS232 接口与电平转换电路。

(1) 短程系统则可以采用同轴封装的 PIN 器件，对接收灵敏度要求较高的长距离系统可选用同轴封装的 APD 器件。

(2) 跨阻抗前置放大器和限幅放大器。选用与信号速率匹配的集成电路芯片。

(3) 鉴频器使输出电压和输入信号频率相对应，然后通过电平调整得到 TTL 电平。

6.2 同步数字信号光纤传输系统

6.2.1 SDH 同步数字系列

SDH 发展到今天，已经是一种广泛应用的成熟技术。在第 1 章导论中简述了 SDH 和 PDH 的基本特点，本节将进一步阐述 SDH 的细节和规范。

1. SDH 的特点

SDH 传输体制是针对 PDH 存在的不足而发展起来的新一代传输体制。ITU-T 推出的 SDH 不仅适用于光纤传输，也适用于微波和卫星传输的通用技术体制。与传统的 PDH 体制不同，按 SDH 组建的通信网是一个高度统一的、标准化的、智能化的网络，它采用全球统一的接口来实现设备多厂家环境的兼容，在全程全网范围实现高效协调一致的管理和操作，具备灵活的组网、快捷的业务调度和高效的网络资源利用等优势。且由于网络自愈和维护功能的加强，大大降低了设备的运行维护费用。SDH 的优点如下。

1) 业务接口

(1) 电接口方面。SDH 对网络节点接口(NNI)作了统一的规范，规范的内容包括数字信号速率等级、帧结构、复接方法、线路接口和监控管理等。使 SDH 设备容易实现多厂家互联，体现了横向兼容性。SDH 体制有一套标准的信息结构等级，基本的信号传输结构等级是同步传输模块——STM-1，速率是 155Mbps。高等级的数字信号系列，如 622Mbps(STM-4)、2.5Gbps(STM-16)等，是通过将低速率等级的信息模块通过字节间插同步复接而成，复接个数是 4 的倍数，如表 1.2-2 所示。

(2) 光接口方面。SDH 信号的线路编码仅对信号进行扰码，不再进行冗余码的插入。扰码的标准是世界统一的，这样对终端设备仅需通过标准的解码器就可与不同厂家 SDH 设备进行互连。扰码的目的是抑制线路中的长连“0”和长连“1”，便于从线路信号中提取时钟信号，并且扰码后 SDH 的线路信号速率与 SDH 标准信号速率一致。

2) 复用方式

低速 SDH 信号是以字节间插方式复用进入高速 SDH 信号的帧结构中，这样就使低速 SDH 信号在高速 SDH 信号帧中的位置是固定的。因此，高速 SDH 信号可以直接分/插出低速 SDH 信号，简化了信号的复接和分接，使 SDH 体制特别适合于高速大容量的光纤通信系统。另外，由于采用了同步复用方式和灵活的映射结构，可将 PDH 低速支路信号（如 2Mbps）复用进 SDH 信号的帧中（STM-*N*），使低速支路信号在 STM-*N* 帧中的位置也是固定的，于是可以从 STM-*N* 信号中直接分/插出低速支路信号。这样就节省了大量的复接/分接设备，增加了设备的可靠性，并降低了成本。SDH 的这种复用方式使数字交叉连接（DXC）功能更易于实现，使 SDH 传送网络具有了很强的自愈功能，便于用户按需动态组网，实时灵活地进行业务调配。

3）运行维护

SDH 信号的帧结构中安排了丰富的用于运行、管理和维护（OAM）功能的开销字节，加强了网络的监控功能。以 PCM30/32 信号为例，其帧结构中仅有 TS0 时隙和 TS16 时隙中的比特是用于 OAM 功能。而 SDH 信号丰富的开销占整个帧所有比特的 5%，大大加强了 OAM 功能。

4）兼容性

SDH 具有很强的兼容性，可以传送 PDH 业务。另外，异步转移模式（ATM）的信号、FDDI 信号等其他体制的信号也可用 SDH 网来传输。SDH 具备了前向兼容性和后向兼容性的特点。

当然，SDH 的这些优点是以牺牲其他方面性能为代价的，例如：

（1）频带利用率低。SDH 信号的帧结构中加入了大量的用于 OAM 功能的开销字节，SDH 的可靠性得到了增强，在传输同样多有效信息的情况下，SDH 信号所占用的频带（传输速率）要比 PDH 信号所占用的频带（传输速率）高。

（2）指针调整机理复杂。SDH 体制可从高速信号中直接分/插低速信号，省去了多级复用/解复用过程。而这种功能的实现是通过指针机理来完成的，指针的作用就是时刻指示低速信号的位置，以便在“拆包”时能正确地拆分出所需的低速信号。但是指针功能的实现增加了系统的复杂性。最重要的是，使系统产生 SDH 的一种特有抖动（由指针调整引起的结合抖动）。这种抖动多发于网络边界处（SDH/PDH），其频率低、幅度大，会导致低速信号在拆出后性能劣化，这种抖动的滤除会相当困难。

（3）软件的大量使用影响系统安全性。SDH 的 OAM 自动化程度高，意味着软件在系统中占有相当大的比例，这就使系统很容易受到计算机病毒的侵害。另外，在网络层上人为的错误操作、软件故障，对系统的影响也是致命的。

2. SDH 的帧结构

ITU-T 的 G.707 协议规定了 STM-*N* 的帧是以字节（8bit）为单位的矩形块状帧结构，如图 6.2-1 所示。STM-*N* 的帧结构由 3 部分组成：段开销（Section OverHead，SOH）、管理单元指针（AU-PTR）、信息净负荷（Payload）。STM-*N* 的信号是 9 行×270×*N* 列的帧结构，表示此信号由 *N* 个 STM-1 信号通过字节间插复用而成。由此可知，STM-1 信号的帧结构是 9 行×270 列的块状帧。当 *N* 个 STM-1 信号通过字节间插复用成 STM-*N* 信号时，仅仅是将 STM-1 信号的列按字节间插复用，行数恒定为 9 行。STM-*N* 信号的传输也遵循按比特的传输方式，帧结构中的字节从左到右、从上到下依次地传输，传完一行

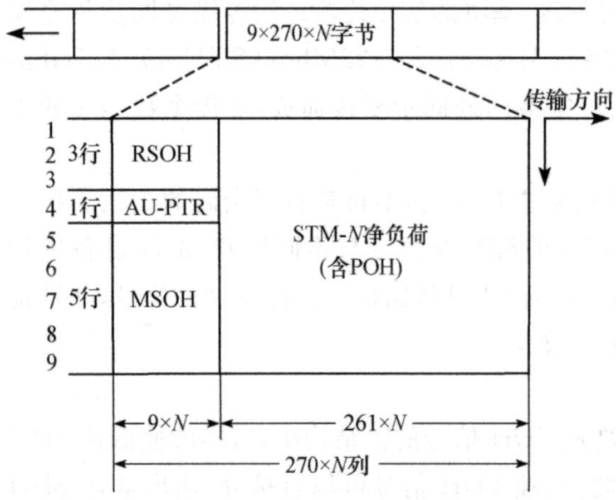

图 6.2-1　SDH 的帧结构

再传下一行，传完一帧再传下一帧。ITU-T 规定对于任何的 STM 等级，帧频是 8000 帧/s，也就是帧长或帧周期恒定为 125μs。对于 STM-1 而言，帧长为 9×270×1＝2430Byte，每帧的比特数为 2430×8＝19440bit，传输速率为 19440×8000＝155.52Mbps。由于帧周期的恒定使 STM-*N* 信号的速率以 4 倍递增。例如，STM-16 恒定等于 STM-4 的 4 倍，等于 STM-1 的 16 倍。

(1) 信息净负荷。信息净负荷由 STM-*N* 帧传送的各种业务信号组成。为了实现对业务的监测、管理和控制，在装载低速信号的过程中加入了通道开销(Path OverHead，POH)。POH 作为信息净负荷的一部分与业务信号一起装载在 STM-*N* 帧中传输。

(2) 段开销(SOH)。段开销是为了保证信息净负荷正常灵活传送所附加的字节，是供网络运行、管理和维护(OAM)使用的字节。段开销又分为再生段开销(RSOH)和复用段开销(MSOH)，分别对相应的段、层进行监控。RSOH 和 MSOH 的区别主要在于监管的范围不同。RSOH 在 STM-*N* 帧中的位置是第 1～3 行的第 1～9×*N* 列，共 3×9×*N* 个字节。MSOH 开销在 STM-*N* 帧中的位置是第 5～9 行的第 1～9×*N* 列，共 5×9×*N* 个字节。

对于 STM-1 而言，每帧有 72 字节(576bit)用于段开销，相当于有 4.608Mbps 可用于 SDH 传输系统的运行、管理和维护。与 PDH 信号的帧结构相比较，段开销丰富是 SDH 信号帧结构的一个重要特点。

RSOH、MSOH、POH 提供了 SDH 信号的层层细化的监控功能。例如，对于 STM-16 系统，RSOH 监控的是 STM-16 的信号传输状态，MSOH 监控的是 STM-16 中每一个 STM-1 信号的传输状态，POH 则是监控每一个 STM-1 中每个打包了的低速支路信号(如 E1)的传输状态。这样，通过开销的层层监控功能，可以方便地从宏观和微观的角度来监控信号的传输状态，便于分析和定位。

(3) 管理单元指针(AU-PTR)。AU-PTR 是用来指示信息净负荷的第一个字节在 STM-*N* 帧内准确位置的指示符，以便接收端根据这个指针值所指示的位置找到信息净负荷。管理单元指针位于 STM-*N* 帧中第 4 行的 9×*N* 列，共 9×*N* 个字节。采用指针方式是 SDH 的重要创新，消除了 PDH 的延时和性能损伤。

3. SDH 的复用

SDH 的复用包括两种情况，一种是将低阶的 SDH 信号复用成高阶的 SDH 信号，另一种是将低速的支路信号(以 PDH 的 2Mbps、34Mbps 和 140Mbps 数据流为主)和高速的信号(大于 140Mbps 的数据流)，复用成 SDH 的 STM-*N* 信号。

第一种情况复用的方法主要通过字节间插复用方式来完成，如 4×STM-1→STM-4、4×STM→STM-16。在复用过程中保持帧频不变，这就意味着高一级的 STM-*N* 信号是低一级的 STM-*N* 信号速率的 4 倍。在进行字节间插复用过程中，各帧的信息净负荷和指针字节按原值进行间插复用，而段开销则会有些取舍。在复用成的 STM-*N* 帧中，段开销并不是由所有低阶 SDH 帧中的段开销间插复用而成，而是舍弃了一些低阶帧中的段开销。

第二种情况是将 PDH 信号复用进 STM-*N* 信号中去。SDH 网络的兼容性要求 SDH 的复用方式既能满足异步复用，又能满足同步复用，而且能方便地由高速 STM-*N* 信号分/插出低速信号，同时不造成较大的信号时延和滑动损伤。这就要求 SDH 网络需采用自己独特的一套复用步骤和复用结构。在这种复用结构中，通过指针调整定位技术来取代 125μs 缓存器，用以校正支路信号频差和实现相位对准，各种业务信号复用进 STM-*N* 帧的过程都要经历映射(相当于信号打包)、定位(相当于指针调整)、复用(相当于字节间插复用)3 个步骤。对速率较高的信号通过级联的方法实现，级联是一种结合过程，把多个虚容器组合起来，使得它们的组合容量可以当作一个保持比特序列完整性的单个容器使用。

1）SDH 的复用单元

（1）信息容器(C)。信息容器的功能是将常用的 PDH 信号适配进入标准容器。目前，针对常用的 PDH 信号速率，G.707 规定了 5 种标准容器，即 C-11、C-12、C-2、C-3、C-4，分别对应 1.554Mbps、2.048Mbps、6.312Mbps、34.368Mbps 或 44.736Mbps、139.264Mbps。

（2）虚容器(VC)。信息容器出来的数字流加上通道开销(POH)后就构成了虚容器，这是 SDH 中最重要的一种信息结构，主要支持通道层连接。

（3）支路单元(TU)。支路单元是一种为低阶通道层与高阶通道层提供适配功能的信息结构，它由低阶 VC 与 TU-PTR 组成。其中 TU-PTR 用来指明低阶 VC 在 TU 帧内的位置，因而允许低阶 VC 在 TU 帧内的位置浮动，但 TU-PTR 本身在 TU 帧内的位置是固定的。

（4）支路单元组(TUG)。一个或多个 TU 的集合组成支路单元组。

（5）管理单元(AU)。管理单元是一种为高阶通道层与复用段层提供适配功能的信息结构，它由高阶 VC 与 AU-PTR 组成。其中 AU-PTR 用来指明高阶 VC 在 STM-*N* 帧内的位置，因而允许高阶 VC 在 STM-*N* 帧内的位置浮动，但 AU-PTR 本身在 STM-*N* 帧内的位置是固定的。有 AU-3 和 AU-4 两种结构。

（6）管理单元组(AUG)。一个或多个 AU 集合组成管理单元组。

2）SDH 的复用结构

ITU-T 的 G.707 协议规定的复用结构如图 6.2-2 所示。复用也就是通过字节间插方式把 TU 组织进高阶 VC 或把 AU 组织进 STM-*N* 的过程。同步复用采用字节间插复用方式，完成 STM-1 到 STM-4，再到 STM-16 的复用。异步复用完成把 PDH 复用到 STM-*N* 的过程，通过把低阶通道层的信号适配进高阶通道层(如 TU-12(×3)→TUG-2(×7)→TUG-3(×3)→VC-4)或把多个高阶通道层信号适配进复用层的过程(如 AU-4(×1)→AUG(×*N*)→STM-*N*)。

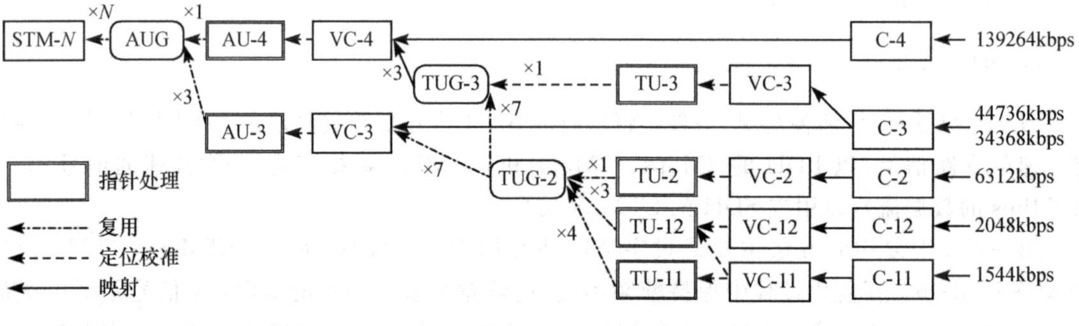

图 6.2-2　G.707 复用结构

3）中国的复用结构

尽管低速信号复用成 STM-*N* 信号的途径有多种，但是对一个国家或地区则必须使复用途径唯一化。中国的光同步传输网络技术体制规定了以 2Mbps 信号为基础的 PDH 系列作为 SDH 的有效负荷，并选用 AU-4 的复用途径，其结构如图 6.2-3 所示。

我国 PDH 传输系统中较多地应用了 2.048Mbps 和 139.264Mbps 支路接口，也提供 34.368Mbps 支路接口。其中 STM-1 只能容纳 3 个 34.368Mbps 支路接口，不够经济，一般不建议使用 34.368Mbps 的复用线路。

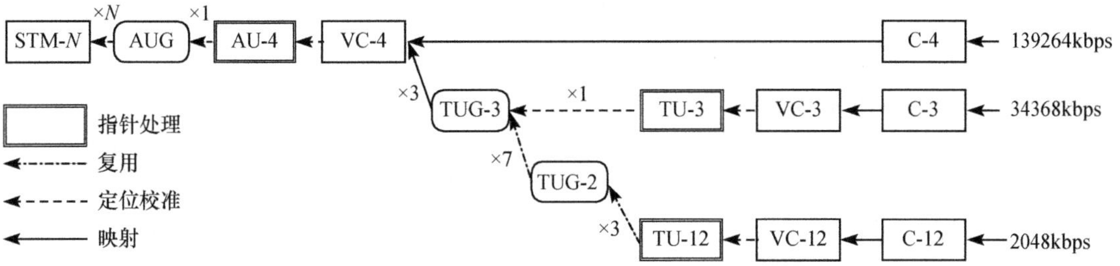

图 6.2-3　中国的 SDH 复用结构

4. SDH 的映射

具有一定速率频差的各种支路信号进入 SDH 的 STM-*N* 的帧都要经过 3 个过程:映射、定位和复用。

1) 映射

映射是一种在 SDH 网络边界处(如 SDH/PDH 边界处),将支路信号适配进虚容器的过程。正如经常将各种速率(如 139.264Mbps、34.368Mbps、2.048Mbps)信号先经过码速调整,分别装入到各自的标准容器中,再加上相应的通道开销(POH)构成 VC 的过程。映射分为异步、比特同步、字节同步 3 种方法与浮动 VC 和锁定 TU 两种模式。

(1) 异步映射。异步映射是一种对映射信号的结构无任何限制,也无需与网络同步,利用码速调整将信号适配进 VC 的映射方法。

(2) 比特同步映射。对支路信号的结构无任何限制,但要求低速支路信号与网同步(如 E1 信号保证 8000 帧/s),无需通过码速调整即可将低速支路信号打包成相应的 VC 的映射方法。

(3) 字节同步映射。要求映射信号具有以字节为单位的块状帧结构,并与网同步,无需任何速率调整即可将信息字节装入 VC 内规定位置的映射方式。

(4) 浮动 VC 模式。浮动 VC 模式指 VC 净负荷在 TU 内的位置不固定,由 TU-PTR 指示 VC 起点的一种工作方式。

(5) 锁定 TU 模式。锁定 TU 模式是一种信息净负荷与网同步并处于 TU 帧内的固定位置,因而无需 TU-PTR 来定位的工作模式。

综上所述,3 种映射方法和两类工作模式共可组合成 5 种映射方式。异步映射浮动模式最适用于异步/准同步信号映射,包括将 PDH 通道映射进 SDH 通道的应用,能直接分插低速 PDH 信号,但是不能直接分/插 PDH 信号中的 64kbps 信号。异步映射接口简单,引入映射时延少,可适应各种结构和特性的数字信号,是一种最通用的映射方式,也是 PDH 向 SDH 过渡期内必不可少的一种映射方式。异步映射浮动模式是绝大多数厂家设备采用的模式。

2) 定位

由虚容器(VC)出来的信号进入支路单元(TU)或管理单元(AU),并在 TU 或 AU 中进行速率调整。在调整过程中,设置指针(TU-PTR 或 AU-PTR)指向低阶 VC 的起点在 TU 中的具体位置或高阶 VC 起点在 AU 中的具体位置,这个过程叫做定位。

3) 复用

复用就是通过数字间插方式把 TU 组织进高阶 VC 或把 AU 组织进 STM-*N* 的过程。经过 TU 和 AU 指针处理后的各个 VC 支路已经相位同步,此过程为同步复用,其工作原理类似数字信号的串并变换。

下面以 PDH 的 4 次群(E4)复用到 STM-N 和 C-12 直接复用到 AU-4 进行举例说明。

例 1 PDH 的 4 次群(E4)复用到 STM-N 过程。

如图 6.2-4 所示,标称速率为 139.264Mbps 的 PDH 4 次群(E4)数字信号进入 C-4,经过码速调整(比特塞入法)适配后输出为 149.760Mbps(9×260×8000×8)。这里进行的是异步信号速率适配,通过码速调整可将其速率转换为标准速率。E4 信号的速率范围是

$$139.264\text{Mbps} \pm 15 \times 10^{-6} = (139.261 \sim 139.266)\text{Mbps}(\text{G.703 规范标准})$$

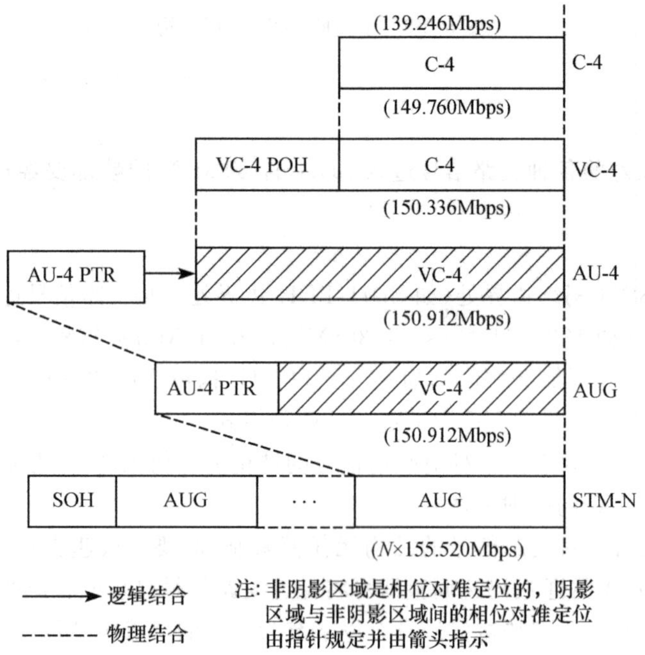

图 6.2-4 利用 AU-4 直接从 C-4 复用的方法

为了能够对 E4 的通道信号进行监控,在复用过程中要在 C-4(9 行×260 列)的块状帧前加上一列通道开销字节(高阶通道开销 VC-4POH,相当于 576kbps),构成 VC-4 高阶虚容器(=C-4+VC-4POH,9 行×261 列),速率为 150.336Mbps(9×261×8000×8),它与 AU-4 净负荷容量一样,这是映射过程。

VC-4 进入 AU-4 可能位置有所浮动,AU-4PTR 的作用就是指明 VC-4 相对 AU-4 的位置,AU-4PTR 为 9 字节(576kbps),所以加上 AU-4PTR 指针后的 AU-4 速率为 150.912Mbps。这里,通过指针的作用,允许高阶 VC 在 STM 帧内浮动,也就是说允许 VC-4 和 AU-4 有一定的频偏和相差。但 AU-PTR 不在净负荷区,AU-PTR 本身在 STM 帧内的位置是固定的。这就保证了收端能正确地在相应位置找到 AU-PTR,进而通过 AU-PTR 定位 VC-4 的位置,从 STM-N 信号中分离出 VC-4,这个过程是定位。

将得到的 AU-4 直接置入 AUG,再由 AUG 加上 72B 的段开销 SOH(8 行×9 列,速率 4.608Mbps)的数字信号就构成了 STM-1,其标称速率为 155.520Mbps 的 SDH 信号。N 个 STM-1 信号通过字节间插复用,便构成了 STM-N 的 SDH 系列数字信号,这个过程是复用。

例 2 利用 AU-4 复用线路直接从 C-12 复用的方法。

当前运用得最多的复用方式是将 2Mbps 信号复用进 STM-N 信号中,它也是 PDH 信号复用进 SDH 信号最复杂的一种复用方式,具体步骤如图 6.2-5 所示。

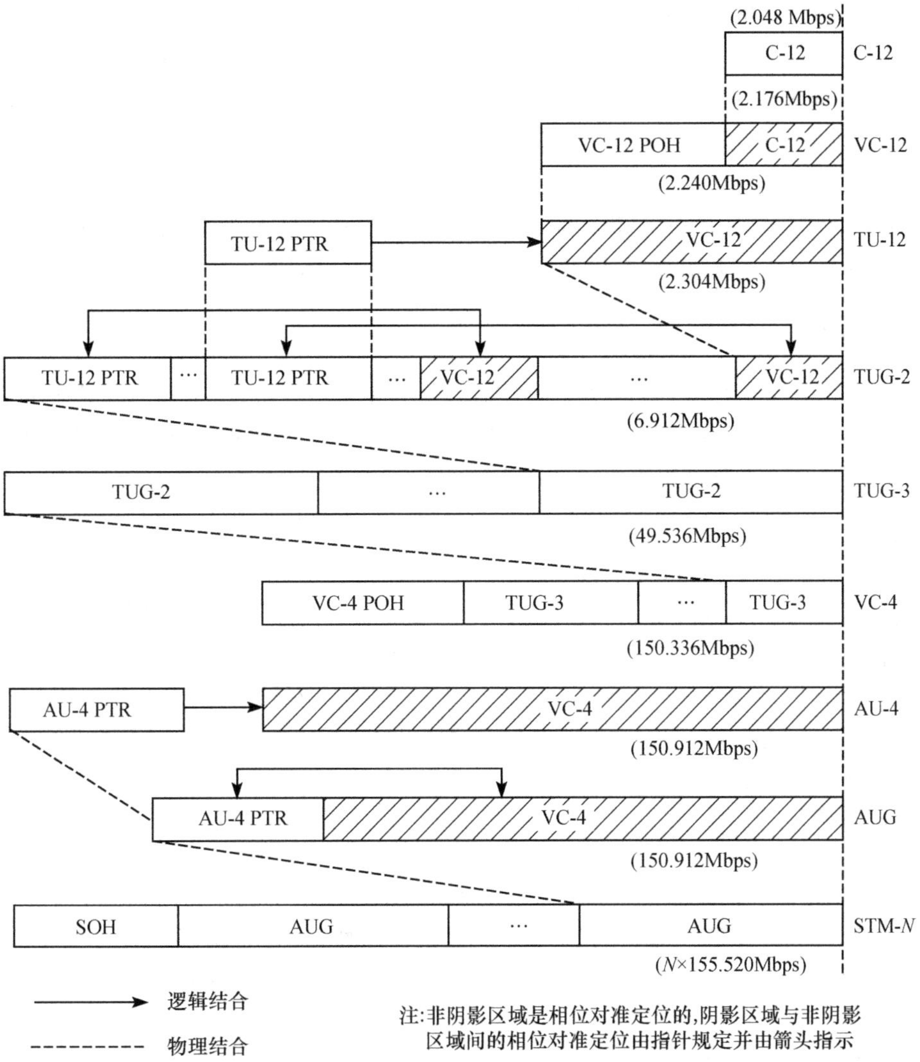

图 6.2-5　利用 AU-4 直接从 C-12 复用的方法

标称速率为 2.048Mbps PDH 一次群数字信号先进入 C-12 作适配处理,E1 信号的速率在 2.046～2.050Mbps 的范围内,经过码速调整将其速率调整成标准的 C-12 速率 2.176Mbps。为方便码速率调整,实际采用 4 个子帧(或称“行”)装入方式。

每个子帧装入 34 字节,其中有 32 个信息字节,2 个填充字节用以实现同步映射,所以 C-12 速率为 4×34 字节/500μs=2.176Mbps。

为了在 SDH 网的传输中能实时监测任何一个 2Mbps 通道信号的性能,需加入相应的通道开销 VC-*n*POH(低阶通道开销),使其成为 VC-12 的信息结构,其速率为 2.240Mbps。VC 可看成是一个独立的实体,因此对 2Mbps 业务的调配是以 VC-12 为单位的。

VC-12 加上 TU-12PTR,以指明 VC-12 相对 TU-12 的位置,并经速率调准和相位对准后的 TU-12 速率变为 2.304Mbps。

3 个 TU-12 经均匀同步复接,即字节间插组成 TUG-2,此时的帧结构是 9 行×12 列,速率为 3×2.304Mbps。再经 7 个 TUG-2 字节间插组成 TUG-3,组成的信息结构是 9 行×84 列。

为满足 TUG-3 的信息结构 9 行×86 列，则需在 7 个 TUG-2 合成的信息结构前，加入 2 列固定塞入比特，加上塞入字节使速率达到 49.536Mbps。再由 3 个 TUG-3 经字节间插并加上高阶 POH，得到信息结构是 9 行×258 列的块状帧结构，而 VC-4 是 9 行×260 列的块状帧结构，于是在 3 个 TUG-3 的合成结构前面加两列塞入比特，使其成为 VC-4 的信息结构，即为 VC-4 净负荷，速率为 150.336Mbps。

最后加上 AU-4PTR 的 576kbps 的指针信号，组成了 AU-4，速率为 150.912Mbps。单个 AUG 直接接入加上 4.608Mbps 的段开销组成 STM-1 的帧结构，标称速率为 155.520Mbps。

5. SDH 的开销和指针

所谓开销，是指传输码流中除了信息净负荷之外的剩余部分，所以又称为开销字节。SDH 在每帧的码流中安排了占总码流量约 5%的开销字节，分为段开销 SOH(Section OverHead)与通道开销 POH(Path OverHead)分别用于段层与通道层的运行、管理、维护与指配(OAM&P)。段开销还可以分为再生段开销与复用段开销，它们分别用于再生段和复用段的运行、管理与维护。通道开销也可以分为两种，即高阶通道开销(VC-4 POH/VC-3 POH)与低阶通道开销(VC-12 POH)。

STM-1 的段开销字节安排如图 6.2-6 所示，STM-1 的段开销共有 9 行×9 列＝81 字节，其中第(1～3)行×9 列＝27 字节为再生段开销字节(RSOH)；第 4 行为管理单元指针(AU-PTR)；第(5～9)行×9 列＝45 字节为复用段开销字节(MSOH)。此外，为了考虑以后的发展和兼顾各国的不同情况，还留出了一些保留字节，如国际保留字节(空格)、国内保留字节(×)及与传输媒体有关的字节(△)(字节定义详见相关协议)。

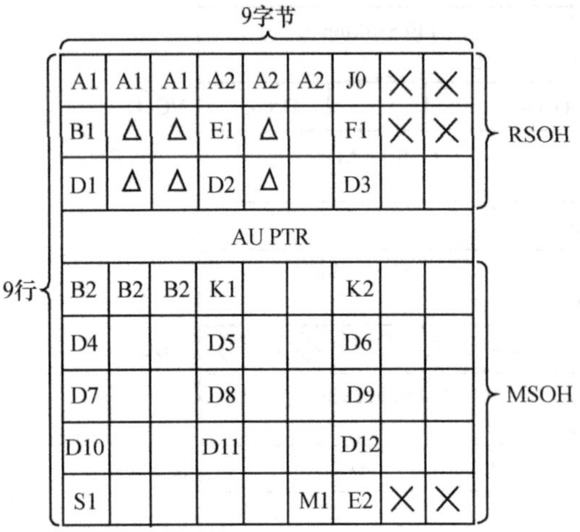

图 6.2-6 STM-1 段开销的字节安排

指针处理是在 SDH 的复用映射过程中的一种适配速率和相位的重要技术。SDH 中的净负荷指针可以分为两种，即管理单元指针和支路单元指针，管理单元指针分为 AU-4 PTR 与 AU-3 PTR，而支路单元指针则又可以分为 TU-3 PTR 与 TU-12 PTR。此外，还有指示 TU-12 子帧位置的字节 H4(包含在 VC-4/VC-3 POH 中)。

6. SDH 设备

SDH 网络通过不同的设备完成各种传送功能，如上/下业务、交叉连接业务、网络故障自愈等。SDH 设备包括 SDH 终端设备或称 SDH 终端复用器(Terminal Multiplexer，TM)、分插复用设备(Add/Drop Multiplexer，ADM)、数字交叉连接设备(Digital Cross Connect，DXC)和再生中继器(Regenerative Repeater，REG)等网络单元，也称为网元(NE)。SDH 网络就是由这些基本网络单元组成的，在传输介质上(如光纤、微波等)进行同步信息传输、复用、分插和交叉连接的传送网络。

1) TM 终端复用器

TM 用在网络的终端站点上，主要功能是复接/分接和提供业务适配，将支路端口的低速信号(如 E1)复用到线路端口的高速信号 STM-*N* 中，或从 STM-*N* 的信号中分出低速支路信号，如

图 6.2-7 所示。TM 的线路端口输入/输出一路 STM-N 信号，而支路端口却可以输出/输入多路低速支路信号。

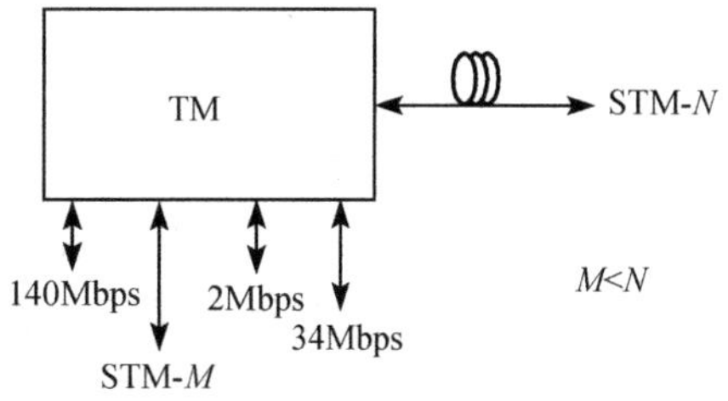

图 6.2-7　终端复用器模型

2) ADM 分插复用设备

ADM 是一种特殊的复用器，是 SDH 网络中最具特色，也是应用最广泛的设备。ADM 用于 SDH 传输网络的转接站点处，ADM 是一个三端口的设备，如图 6.2-8 所示。ADM 有两个线路口和一个支路口，支路信号可以是各种准同步信号，也可以是同步信号。ADM 的作用是从主流信号中分出一些信号并接入另外一些信号。

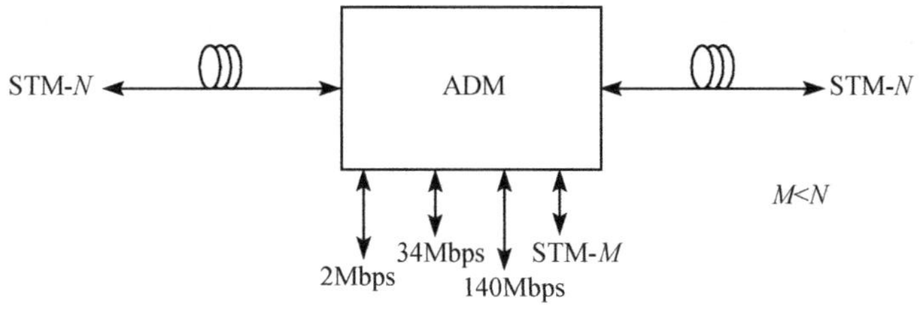

图 6.2-8　ADM 模型

ADM 利用分接(drop)功能将输入信号所承载的信息分成两部分，一部分直接转发，另一部分卸下给本地用户，同时通过复接(add)功能将转发部分和本地上送的部分合成输出。

3) DXC 数字交叉连接设备

DXC 是一种具有一个或多个准同步数字体系(G.702)或同步数字体系(G.707)信号的端口，可以在任何端口信号速率(及其子速率)间进行可控连接和再连接的设备。它是一个多端口设备，实际上相当于一个交叉矩阵，类似于交换机，通过适当配置，完成各个信号间的交叉连接，如图 6.2-9 所示。

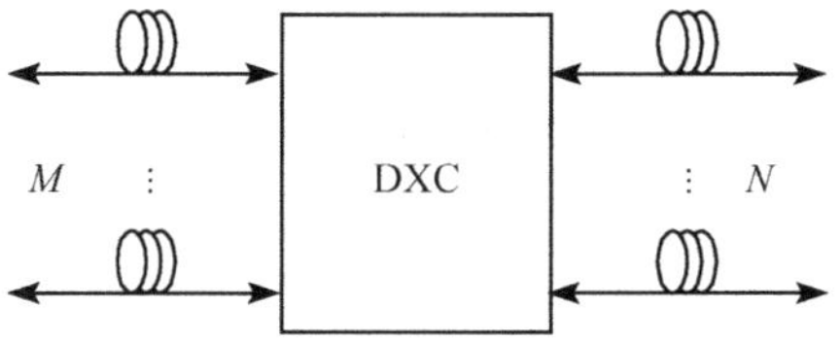

图 6.2-9　DXC 功能

功能强的 DXC 能完成高速信号(如 STM-16)在交叉矩阵内的低级别交叉连接(如 VC-12)。小容量的 DXC 可由 ADM 来等效。通过 DXC 的交叉连接作用，在 SDH 传输网内可提供许多条传输通道，每条通道都有相似的结构。DXC 的功能包括：分离本地交换业务和非本地交换业务；为非本地交换业务(如专用电路)迅速提供可用路由；为临时性重要事件(如政治事件、重要会议和运动会)迅速提供电路；网络出现故障时，迅速提供网络的重新配置；按业务流量的季节性变化使网络最佳化；网络运营者可以自由地在网中使用不同的数字体系(PDH 或 SDH)。

4) REG 再生中继器

光传输网的再生中继器有两种：一种是纯光的再生中继器，主要进行光功率放大以延长光传输距离；另一种是电再生中继器，主要通过光/电变换、电信号整形、判决、再生、电/光变换，以达到不积累线路噪声，并保证线路传送信号波形的完好性。REG 是双端口器件，如图 6.2-10 所示。

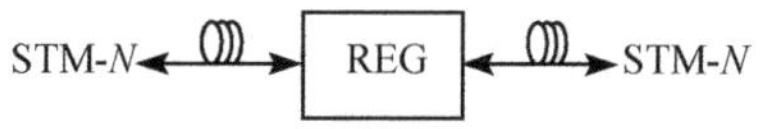

图 6.2-10　再生中继器

7. SDH 网络同步

同步是SDH网络的最大特点，也是SDH网络的最大优势。所谓同步，是使网内运行的所有数字设备都工作在一个相同的速率上。为保证网络的正常运行，不仅要使网络中的设备保持良好的同步状态，而且还应保证网络本身、网络与网络之间保持良好的同步状态。

1）同步方式

在目前的SDH网络中节点时钟的同步有两种方式：主从同步方式和相互同步方式。

（1）主从同步方式。主从同步方式使用一系列分级的时钟，每一级时钟都与其上一级时钟同步。在网络中最高一级的时钟称为基准主时钟或基准时钟（PRC），它是一个高精度和高稳定度的时钟，该时钟经同步分配网（即定时基准分配网）分配给下面的各级时钟。目前ITU-T将各级时钟分为4类，分别是基准主时钟（符合ITU-T G.811建议）、转接局时钟（符合ITU-T G.812建议）、端局从时钟（符合ITU-T G.812建议）和SDH网元时钟（符合ITU-T G.813建议）。

通常，同步分配网采用树型结构，将定时基准信号送至网内各节点，然后通过锁相环使本地时钟的相位锁定到收到的定时基准上，从而使网内各节点的时钟都与基准主时钟同步。这是一种单端控制方式。

主从同步方式的主要优点是网络稳定性好，组网灵活，适于树型结构和星型结构，控制简单，网络的抗滑动性较好。主要缺点是对基准主时钟和传输链路的故障较敏感，一旦基准主时钟发生故障会造成全网的问题。为此，基准主时钟应采用多重备份以提高可靠性，该方式在各国公用电信网中获得了广泛的应用。

目前网络中普遍使用的时钟类型主要有3种，分别是铯原子钟、石英晶体振荡器和铷原子钟。铯原子钟利用铯原子的能量跃迁现象构成的谐振器来稳定石英晶体振荡器的频率。这是一种长期频率稳定和精确度很高的时钟，其长期频偏优于1×10^{-11}，可以作为全网同步的最高等级的基准主时钟，无故障工作时间为5～8年。石英晶体振荡器造价低廉，可靠性高，寿命长，频率稳定性范围很宽。缺点是长期频率稳定度不好，一般高稳定度的石英晶体振荡器可以作为长期交换局和端局的从时钟。铷原子的稳定度和精确度介于上述两种时钟之间，价格也适中。频率可调范围大于铯原子钟，长期稳定度低一个量级左右，寿命约10年。铷原子钟适于作某个同步区的基准时钟。

（2）相互同步方式。在相互同步系统中，不分时钟级别，不设主时钟，所有的时钟皆采用互连方式。即每个时钟通过锁相环受所有接收定时基准信号的共同加权控制，在各时钟的相互作用下，选择合适网络参数，可以实现网内时钟的同步。相互同步法因易形成扰动，实际中已经很少采用。

2）节点从时钟工作模式

在主从同步方式中，节点从时钟通常有3种工作模式，分别为正常工作模式、保持工作模式和自由运行模式。

正常工作模式时钟同步于输入的基准时钟信号，影响时钟精度的主要因素有基准时钟信号的固有相位噪声和从时钟控制环的相位噪声。通常输入基准时钟信号可以跟踪到网中的主时钟。但也有可能是从另一更高等级符合G.812建议的时钟中获取定时。当所有定时基准丢失后，从时钟就进入所谓的保持模式，此时，从时钟利用定时基准信号丢失之前所存储的最后的频率信息作为定时基准而工作。这种方式可以应付长达数天的外定时中断故障。实际应用中，转接局时钟、端局时钟和一些重要的网络单元（如DXC等）时钟都具备保持模式功能。当从时钟不仅丢失所有的外部定时基准时钟信号，而且也失去了定时基准记忆或根本没有保持模式时，从时钟内部振荡器工作于自由运行模式。

3）SDH网同步结构和方式

（1）SDH网同步结构。SDH网同步结构通常采用主从同步方式，要求所有网络单元时钟的定时都能最终跟踪至全网的基准主时钟。同步定时的分配则随网络应用场合不同而不同。

① 局内应用。局内同步分配通常采用逻辑上的星型拓扑，即所有网络单元时钟都直接从本局内最高质量的时钟(BITS)获取定时，只有BITS是从来自别的交换节点的同步分配链路中提取定时并能一直跟踪至全网的基准主时钟。该节点时钟一般至少为3级或2级时钟。定时信号再由该局内的SDH网络单元经SDH传输链路送往其他局的SDH网络单元。

② 局间应用。局间同步分配一般采用树型拓扑，使SDH网内的所有节点都能同步。低等级的时钟只能接收更高等级或同一等级时钟的定时，这样可以避免形成定时信号的环路，造成同步的不稳定。为此，设计同步分配网时应能保证即使在故障条件下，也只有有效的高一级时钟基准出现在该级时钟的输入。此外，设计较低等级时钟时还应有足够宽的捕捉范围，以便能够自动进行捕捉并锁定于基准定时信号。

（2）SDH网同步方式。在规定和设计同步网时必须考虑到地域和网络业务情况，一般应遵循下列原则：在同步网内不应存在环路；尽量减少定时传递链路的长度；应从分散路由获得主、备用基准；受控时钟应从其他同级或高一级设备获得基准时钟信号；选择可靠性高的传输系统传送基准。

SDH同步网定时基准传输链路，节点时钟之间经N个SDH网络单元互联，最长的基准传输链路所包含的符合G.812建议的从时钟数不超过K个，由于同步链路数的增加，同步分配过程的噪声和温度变化所引起的漂移都会使定时基准信号的质量逐渐恶化，因此节点间允许的SDH网络单元数是受限的，通常可以大致认为最坏值为$K=10$，$N=20$，符合G.813建议的时钟的数目最多不超过60个。为了提高同步网的可靠性，通常要求所有节点时钟和NE时钟都至少可以从两条同步路径获取定时。当原有路径出现故障时，从时钟可重新配置从备用路径获取定时。此外，不同的同步路径最好由不同的路由提供。对于具有一个以上定时基准输入的网络节点或SDH网络单元，当所选定的定时基准丢失后，SDH设备应能自动地倒换至另一定时基准输入。如果选择的定时基准是STM-N信号，则只有当STM-N的可用保护倒换和其终端电路已不能恢复STM-N信号时才能倒换至另一定时基准输入。当所有输入定时基准都丢失时需要即时维护。此时，利用时钟的保持模式可以在一段有限的时间内维持足够的定时精度不致使业务受损。由于再生器不具有保持模式的时钟源，定时基准丢失会导致丢失来自网络单元的数据，此时发送告警指示信号并进入自由运行模式。

4）SDH设备的定时工作方式

SDH网元既包含DXC和ADM这样复杂的设备，又包含光终端和再生器这样比较简单的设备。这些网元在SDH网中的地位是不一样的，因而其对时钟的要求也是不同的。SDH网络提供3种不同的网元定时方法。

（1）外同步定时。采用外同步定时方式，网元的同步是由外部定时源供给。采用PDH网络同步钟2048kHz作为同步定时源，是国内当前运用广泛的方式。随着SDH网络的发展，以STM-N为载体的同步定时源将逐渐增多。

（2）从接收信号中提取的定时。从接收信号中提取定时信号是目前广泛应用的一种同步定时方式。随着应用场合的不同，该方式又细分为通过定时、环路定时和线路定时3种方式。

① 通过定时，网元在同方向终结的输入 STM-N 信号中提取定时信号，并由此再对网元同方向的发送信号及同方向来的支路信号进行同步。因而每个 ADM 或再生器将有两个方向的定时信号，再生器在实际应用中多采用该种方式。

② 环路定时，网元的每个 STM-N 信号都在相应的输入 STM-N 信号中提取定时信号，这种方式主要应用在线路终端设备。

③ 线路定时，在线路定时方式中，所有发送的 STM-N 信号的定时信号都是在某一特定输入的 STM-N 信号中提取。这种方式在 SDH 设备中最常见。

(3) 内部定时。多数网元都具备内部定时源，以便在外同步源丢失时可以使用内部自身的定时源。根据网元的不同，其内部定时源的要求也不同。对于再生器网元只要求内部定时源的频率准确度为 20×10^{-6} 即可；光终端、分插复用器这样的网元要求内部定时源的频率准确度为 4.6×10^{-6}；像 DXC 这样的复杂网元应随应用不同而不同，其时钟既可以是 2 级或 3 级时钟，也可以是频率准确度为 4.6×10^{-6} 的时钟。

6.2.2 同步数字光纤传输的工作原理

光发射机完成数字信号(Data)和时钟(CLK)编码形成的线路码流。在接收端光接收机需要完成对接收到的光信号的整形、再生、时钟恢复与判决，即所谓的 3R(reshaping、regenerating、retiming)系统，这类系统称为同步数字信号光纤传输系统。

典型的同步数字信号的传输如图 6.2-11 所示，它包括光发射机和光接收机。光发射机包括编码、高速数字驱动电路和半导体激光器等部分。光接收机包括光电探测器、跨阻抗前置放大器、限幅放大器、定时提取与判决电路和解码电路。

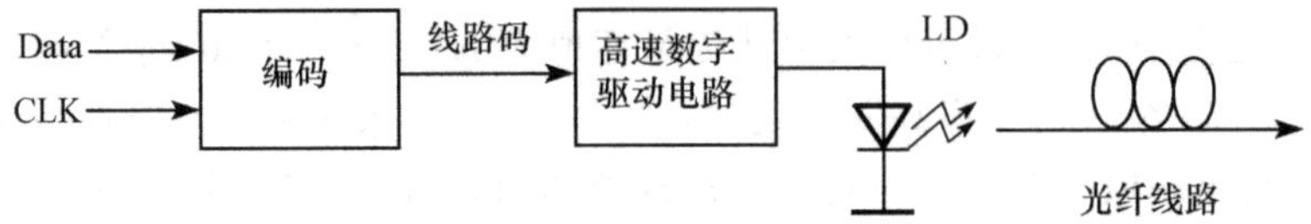

(a) 光发射机

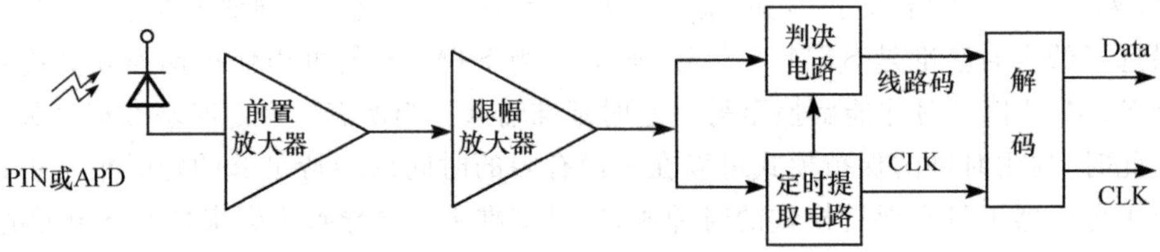

(b) 光接收机

图 6.2-11 同步数字信号光纤传输系统

1. 编码和解码

编码的主要作用是为线路传输和时钟提取提供方便，线路码应该满足下面的基本要求。

(1) 避免码流中的长连“0”或长连“1”，有利于时钟提取。

(2) 信号功率谱集中在时钟频率附近，减少功率谱密度中的高、低频分量，以降低对系统相对带宽的要求。

(3) 编码后码率的提高要尽量小。

(4) 不中断业务和误码监测。

(5) 电路易于实现。

在已有的同步数字光纤传输系统中，采用的线路码多达数十种，常见的有伪双极性码、mBnB码和插入比特码及扰码等。

1) 伪双极性码

PCM技术中常采用3电平码(AMI码)，在光通信中，由于无法得到负光脉冲，因而也无法得到AMI码，但可以通过码型变换，得到相当于AMI的单极性码，称为伪双极性码。常用的伪双极性码有CMI码和DMI码，它们与AMI码的变换规则如表6.2-1所示。对于二值码变换成CMI码和DMI码如表6.2-2所示。

表6.2-1 AMI与CMI和DMI码的变换规则

AMI	CMI	DMI
+	11	11
0	01	"+"之后为01,"−"之后为10
—	00	00

表6.2-2 由二值码变换成CMI码和DMI码的变换规则

二值码	CMI		DMI	
	模式1	模式2	模式1	模式2
0	01	01	01	10(链"0"模式不变)
1	00	11	00	11

由表6.2-1和表6.2-2可以看出，CMI码和DMI码由01、10、11、00 4种码构成，其中01和10码组含有的0和1的个数相等，称为均等码，而00和11码组含有的0和1个数不等，称为非均等码。由于线路码中采用了模式1和模式2依次倒换，当上次出现非均等码时工作于模式1，下一次出现非均等码时工作于模式2，而模式1是"0"多，模式2是"1"多，所以全线路码流中"0"和"1"的个数均等，保证了线路码流中无直流起伏，减小了基线漂移。

2) mBnB码

mBnB码又称为组码，它是把原始的码流按m比特分成一组，然后又根据一定的规则将每一组码变换成新的n比特的码组($n>m$)，这样就在线路码中引入了一定的冗余度。

常用的mBnB码有1B2B码、2B3B码、3B4B码、4B5B码和8B10B码等。伪双极性码CMI和DMI实际上属于1B2B码，这种码型的缺点是码率提高过高(1倍)，一般适用于低速率的传输。表6.2-3和表6.2-4给出了2B3B码和3B4B码变换规则。

表6.2-3 2B3B码的变换规则

输入码	2B3B	
	模式1	模式2
0	001	001
1	010	010
2	100	100
3	110	000

表 6.2-4　3B4B 码的变换规则

3B	4B	
	模式 1	模式 2
000	0100	1011
001	0011	0011
010	0101	0101
011	0110	0110
100	1001	1001
101	1010	1010
110	1100	1100
111	0010	1101

3）插入比特码

插入比特码将原始码流按 m 比特分成一组，在每一组码的末尾加入一个比特码而构成线路码。根据插入码的用途不同，可分为 mB1P 码和 mB1C 码。

mB1P 码又称为附加奇偶位码，在这种码型中，每组码末尾加入一位奇偶校正码（P 码），以保持每组码内"1"的个数为偶数（或保持"0"的个数为偶数）。例如，8B1P 码的典型码如下：

… ┊ 110110011 ┊ 000100100 ┊ 111101100 ┊ …
　 ┊ 　　　　P ┊ 　　　　P ┊ 　　　　P ┊

在 mB1C 码中，每一码组末尾加入一个 C 码，C 码称为反码或补码，当第 m 位码为"1"时，补码为"0"；反之，补码为"1"。例如，8B1C 码的典型码如下：

… ┊ 110110010 ┊ 00010010 ┊ 111101101 ┊ …
　 ┊ 　　　　C ┊ 　　　　C ┊ 　　　　C ┊

C 码的作用是避免码流中出现长连"1"或长连"0"。

4）扰码

SDH 线路传输建议采用扰码技术，扰码技术最大的特点是可以在不增加码率的前提下，实现线路编码的基本功能。扰码（scramble）定义为把一个码元序列变换为另一个统计性质更完善的序列的过程。扰码可以减少连"0"或连"1"长度，保证接收机能提取到位定时信号，并且加扰后的信号频谱更能适合基带传输。由于线路信号仅通过扰码，所以 SDH 的线路信号速率与 SDH 电器标准信号速率相一致，这样就不会增加线路的速率代价。

扰码最常用的方法是在待传信号上叠加一个最长线性移位寄存器序列（m 序列），使得信号的统计特性适合于在相应的信道中传输。而 m 序列可以由几级线性反馈移位寄存器来简单地得到。图 6.2-12 所示为一个 n 级线性反馈移位寄存器。

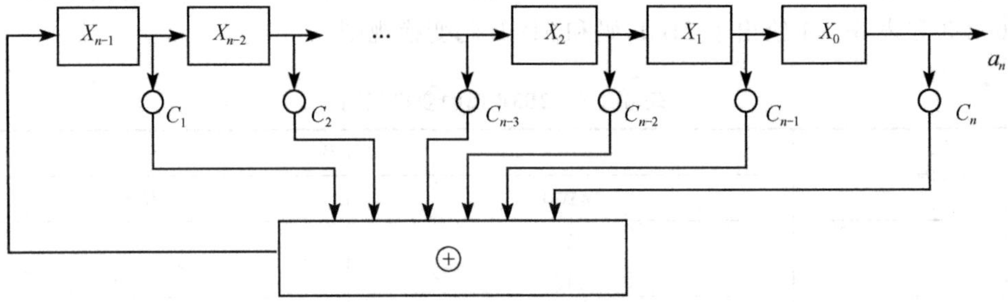

图 6.2-12　n 级线性反馈移位寄存器

其中 $C_i(i=1,2,3,\cdots,n)$是反馈系数。只取 0、1 两个值，0 表示不参与反馈，1 表示参与反馈。把参与反馈的值模二加后，送到末级寄存器，作为它的输入。输出序列 a_n 的前 n 个值为寄存器的初始状态(α_0、α_1、α_2、…、α_{n-1})，后面的值可以表示为

$$\alpha_k = \sum_{i=1}^{n} C_i \alpha_{k-i}, \qquad k \geqslant n \tag{6.2-1}$$

用这种方法产生的序列 a_n 实质上是一个线性递推序列，它由初始状态(α_0、α_1、α_2、…、α_{n-1})和反馈系数 C_i($i=1,2,3,\cdots,n$)决定。数字电路只包含 0 和 1 两个，因此序列 a_n 是一个二元序列，由特征多项式表示为

$$f(x) = 1 + C_1 x + C_2 x^2 + \cdots + C_{n-1} x^{n-1} + C_n x^n \tag{6.2-2}$$

代数学中已经证明，对应于一个 n 级移位寄存器，该移位寄存器的输出 a_n 为最长线性移位寄存器序列，即 m 序列。m 序列的周期为(2^n-1)，在一个周期当中，1 出现 2^{n-1} 次，0 出现($2^{n-1}-1$)次。起到解决长连"1"和"0"的问题，并改善了频谱结构。

m 序列在统计特性上具有随机序列的特征，而同时它又可以用简单的方法来产生，所以 m 序列在许多领域中得到了应用。扰码主要有 3 种比较典型的方法：帧同步扰码、分布取样扰码和自同步扰码。在光纤通信中，这 3 种扰码技术的应用范围也各有不同。帧同步扰码比较适合于帧长较大的信号，如 SDH、SONET。分布取样扰码适于帧长较小的信号，如 ATM 信号。而自同步扰码则对各种成帧和不成帧的信号都能适用。图 6.2-13 和图 6.2-14 所示为特征多项式为 $f(x)=1+x^3+x^5$ 的扰码器和解扰码器。

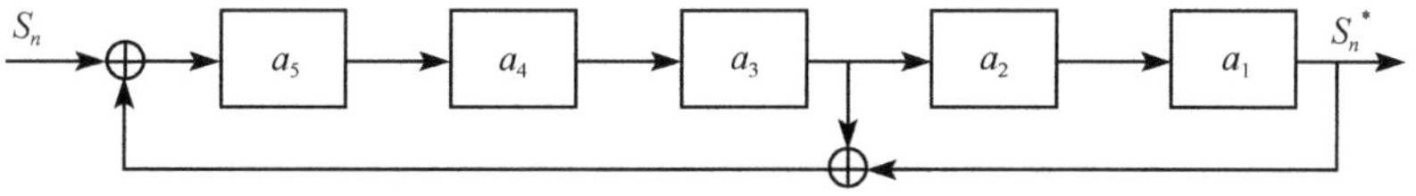

图 6.2-13　5 位扰码器

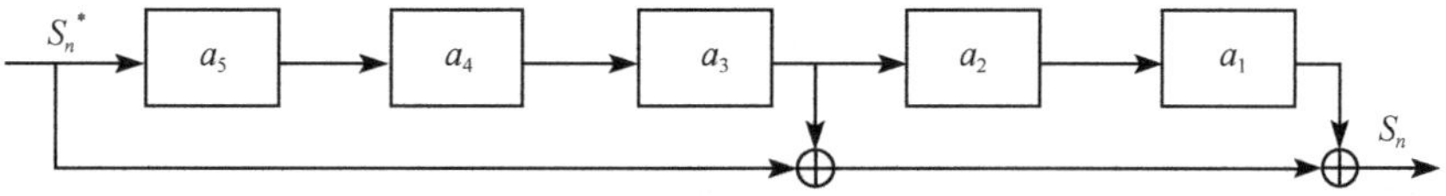

图 6.2-14　5 位解扰码器

发射端电信号经过编码形成线路码，通过光纤传输到接收端后，在光接收机中同样需要按一定规则的码型变换电路(解码)将线路码还原成信号码型。

2. 高速数字驱动

1) 直接调制高速数字驱动

由于半导体激光器调制带宽的限制，以及高速调制引起半导体激光器的啁啾效应，通常直接调制技术适于不大于 2.5Gbps 速率的数字通信系统，如图 6.2-15 所示。

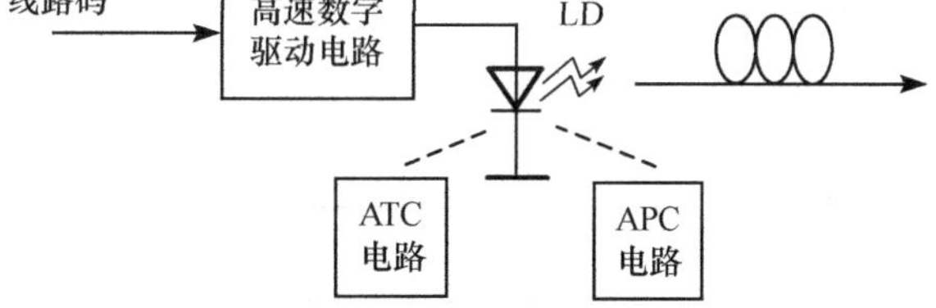

图 6.2-15　直接调制数字光发射机

通常采用蝶形封装的LD，辅以自动光功率控制电路(APC)和自动温度控制电路(ATC)，利用高速数字信号LD驱动芯片实现调制。

2) 外调制高速数字驱动

对于大于2.5Gbps速率的数字系统，可采用半导体电吸收外调制(EAM)技术，当速率进一步提高到10Gbps以上时，需要采用$LiNbO_3$的MZ波导外调制器。

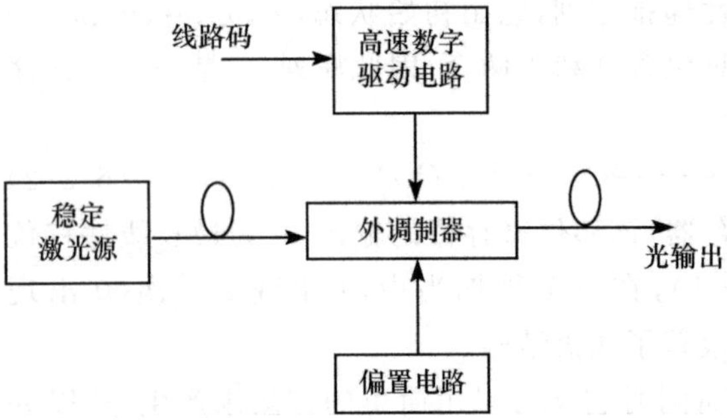

图6.2-16 外调制数字光发射机

图6.2-16所示为高速外调制系统的组成，通常的LD和EAM集成为一个光发射模块，再利用高速数字信号驱动芯片即可实现调制。而$LiNbO_3$的MZ波导外调制器和稳定的激光光源则需要采用保偏光纤连接，再对MZ外调制器施加一定的偏置，才能通过高速数字驱动芯片实现调制。

3. 高速光接收模块

针对光信号的速率，选用对应的光电探测器(PIN或APD)和前置放大器(TIA)，现代光电技术通常采用二次集成和光电集成(OEIC)技术将两部分集成，形成光接收模块。

4. 限幅放大器和CDR

根据信号速率选用与信号速率匹配的集成电路芯片，完成对前置放大器输出小信号的放大。该信号输入与之匹配的CDR(Clock and Data Recovery)芯片，完成定时提取和数据信号恢复。

6.3 突发模式光纤传输系统

6.3.1 突发模式光纤传输的应用方向与技术要求

1. 应用方向

在光交换系统中，特别是光突发交换(Optical Burst Switching，OBS)和光分组交换(Optical Packet Switching，OPS)的光突发分组或光分组的传输，均具有突发模式信号的特征。具体来讲就是传输的光信号分组长度、幅度、到达时间均有较大的随机性。图6.3-1所示为传输示意图，

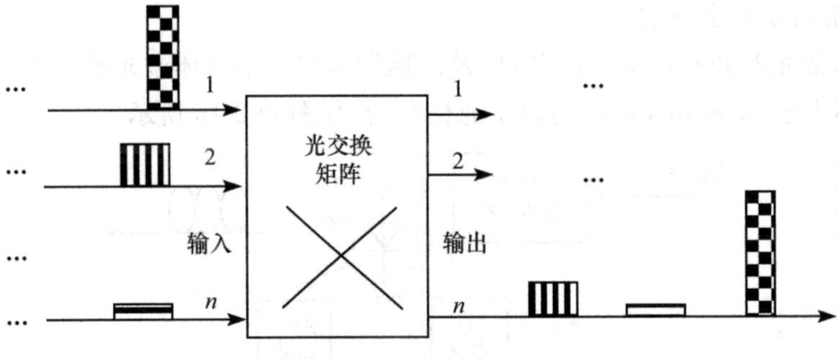

图6.3-1 光交换系统突发模式光传输示意图

来自不同边缘节点的光分组信号，经过不同的传输路径达到光交换矩阵，根据路由信息进行交换，然后送往另一个边缘节点，这时到达光接收机的光分组信号呈现幅度和时间的随机性，这就需要采用突发模式传输技术来解决对光分组信号的发射和接收。

图 6.3-2 所示为无源光网络(Passive Optical Network，PON)的传输模式，几个光网络单元(Optical Network Unit，ONU)通过光纤和耦合器共享一个光线路终端(Optical Line Terminal，OLT)。在 PON 系统中，下行数据传输采用广播传输连续的数字信号。上行数据的传输采用时分复用的方式共享上行信道，传输的数字信号幅度、相位具有突发模式特征。因此，在 PON 系统中也需要开发光突发模式发射机和光突发模式接收机。

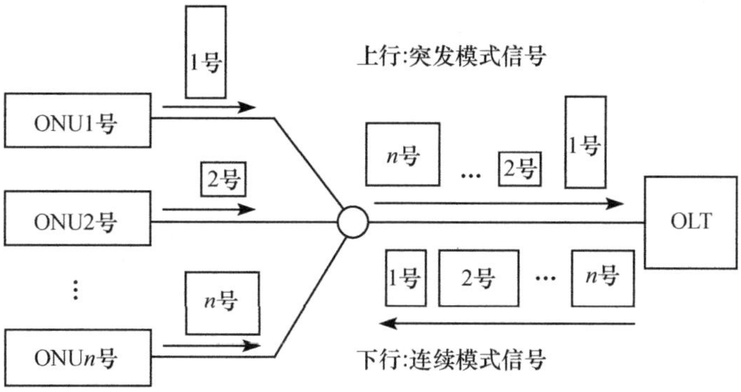

图 6.3-2　PON 系统结构

2. 技术要求

在突发模式光信号传输系统中，突发模式光发射机与传统的数字光发射机要求基本一致，要求有高的发射消光比，希望逻辑“0”电平输出光功率尽量小，以避免与小信号幅度太接近。突发模式光接收机与传统的数字接收机有较大的区别，成为突发模式传输系统中的关键技术，如图 6.3-3所示，光突发模式接收机的设计主要围绕以下几方面的技术展开研究。

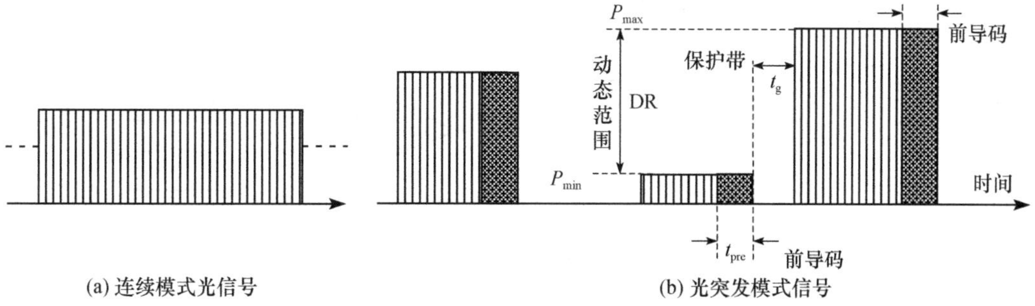

图 6.3-3　两种模式光信号

(1) 突发数据的传输速率。

(2) 接收灵敏度。突发数据接收误码率(BER)优于 10^{-9} 的最小接收平均光功率，记为 P_r 或 P_{min}。

(3) 动态范围。$DR=P_{max}-P_{min}$(dB)，其中 P_{max} 为突发数据接收误码率(BER)优于 10^{-9} 的最大接收平均光功率(单位：dBm)。

(4) 前导码时间。在每一个光突发包的前部设置了为对光突发包的数据进行幅度恢复和相位同步的特殊码元，记为 t_{pre}。

(5) 保护带时间。相邻光突发包之间存在的间隔时间，记为 t_g，当前一个突发包完成接收后该时间为接收系统重新设置(RESET)准备接收下一个突发数据包。

6.3.2 突发模式光发射机

与常规的数字光发射机相比，突发信号对光发射机提出了更高的要求。由于光信号传输的路径不同，使得突发数据包到达光突发接收机的光功率也不同，这样就会出现离接收机最近的发射机由于没有关闭产生的背景光，使得最远路径的接收机的光信噪比劣化。基于以上考虑，要求光突发模式发射机在发射数据时输出的信号具有高的消光比，在不发射数据时，必须处于完全关闭状态。

1. LD 直接调制突发模式光发射机

图 6.3-4 所示为突发模式光发射机的组成。采用数字信号直流耦合直接调制半导体激光器的模式，并设计合理的激光器驱动电路和伺服电路。这一电路的设计要点是：根据半导体激光器(LD)的 P-I 特性曲线，设计偏置电流(I_b)和调制电流(I_m)，并通过检测发射的光信号的背光电流获取 AC 和 DC 分量，它们分别代表突发光包的幅度和无信号噪声光功率，反馈控制电流源 I_m 和 I_b，得以实现突发模式光发射机要求的高消光比和低的直流光功率。

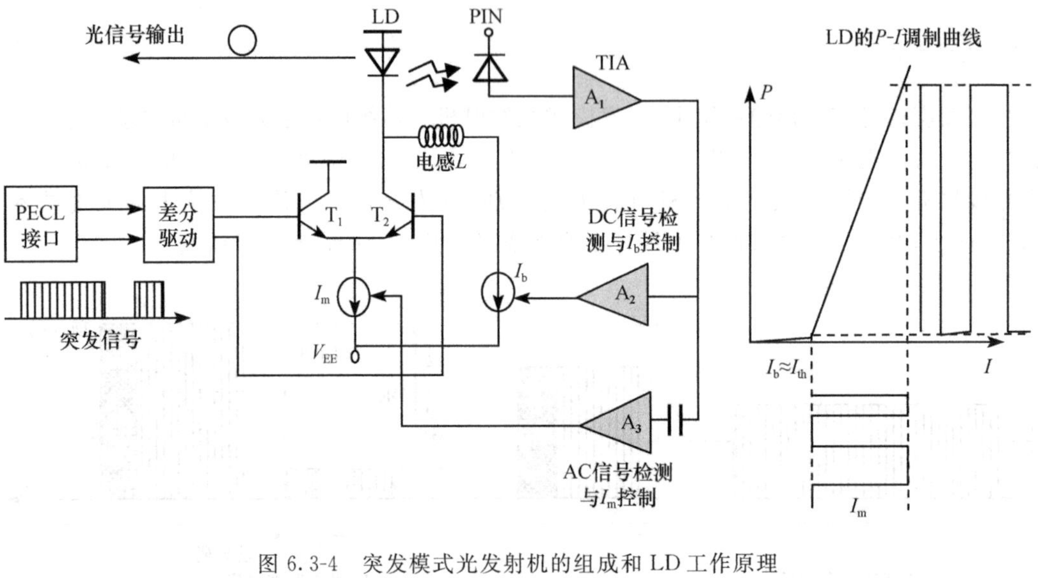

图 6.3-4 突发模式光发射机的组成和 LD 工作原理

突发模式直接调制 LD 光发射机包括以下 4 部分：ECL 电信号接口电路、差分驱动电路、背光信号探测与调制信号的控制电路及常规的 LD 自动温度控制电路。

高速突发模式数字信号通过接口电路送入光发射机(通常为 PECL 信号、差分 ECL 信号)，由差分驱动电路实现电平移动，分别作用于差分调制的 T_1 和 T_2 的基极，形成 T_1 和 T_2 的轮流导通，使电流源的调制电流 I_m，流过 LD 产生调制，同时偏置电流 I_b 经过电感 L 流过 LD 对其实施直流偏置，通常偏置电流 I_b 近似等于 LD 阈值电流 I_{th}，为了满足突发模式光发射机高消光比和低的直流光功率的要求，可设置为略低于 I_{th}。本设计的特色在于通过背光信号探测控制 I_b

和 I_m，将 PIN 探测的 LD 背光信号通过直流耦合的跨阻抗前置放大器 A_1(TransImpedance Amplifie，TIA)放大，并分成两路，其中一路通过交流耦合放大(A_3)并检测信号幅度，然后控制 I_m 使其稳定工作，另一路通过直流耦合放大(A_2)并检测信号幅度，然后控制 I_b 使其稳定工作，满足突发模式光发射机的技术要求。

2. LD 间接调制突发模式光发射机

直接调制技术是实现对 LD 调制的最佳方法，但直接调制存在较严重的啁啾，将直接影响 DWDM 光纤传输系统光波长的稳定和系统的色散管理，因此，间接调制(也称为外调制)成了 DWDM 高速突发模式光发射的最佳选择。在外调制技术中，多量子阱电吸收调制器(Multiple Quantum-Well Electro Absorption Modulator，MQW-EAM)由于体积小、驱动电压低、易于集成的优点，成为外调制器的最佳选择。其工作基本原理是：改变调制器上的偏压，使多量子阱的吸收边界波长发生变化，进而改变透过光束的能量实现调制。如图 6.3-5 所示，MQW-EAM 属于强度调制器，由所加电压决定入射光的吸收损耗。

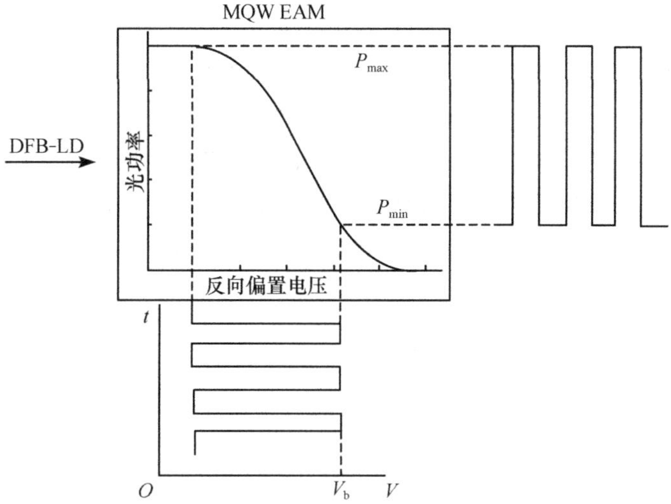

图 6.3-5　MQW-EAM 调制特性曲线

图 6.3-6 所示为外调制 DWDM 突发模式光发射机的构成，其中包括半导体激光器、电吸收调制器、驱动电路、接口电路及半导体激光器伺服电路。半导体激光器为符合 ITU-T DWDM 波长要求的光源，伺服电路具有波长、温度和光功率控制功能。间接调制突发模式光发射机，要满足消光比尽量大和突发包间隙发射光功率要尽量小的条件，其重点在 MQW-EAM 的选择和驱动电路的设计。外调制器工作在较高的速率，必须考虑外调制器与驱动电路之间的阻抗匹配，以提高消光比，减少信号劣化。

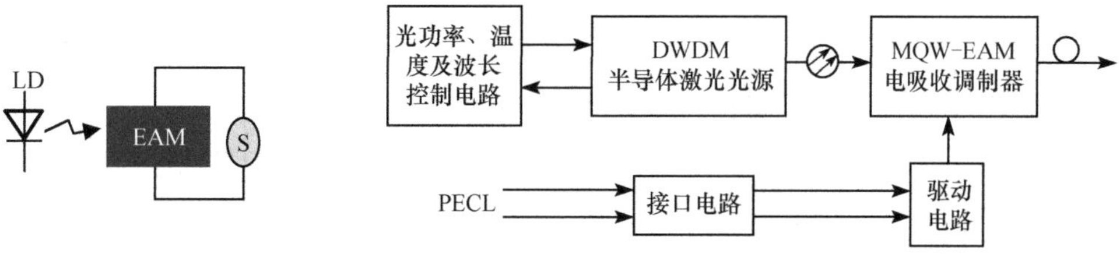

图 6.3-6　外调制 DWDM 突发模式光发射机的组成

6.3.3 突发模式光接收机

1. 光突发模式接收机与传统接收机的比较

在传统的点对点光纤通信系统中，光接收机一般接收另外一个固定节点发送的连续模式光信号，如图 6.3-3(a)所示。图 4.3-1 所示为传统光接收机原理框图，光探测器将接收到的光信号转换为电信号，经过跨阻抗前置放大器(Trans Impedance Amplifie，TIA)和限幅放大器(Limiting Amplifier，LA)放大后实现等幅输出，时钟和数据恢复电路(Clock and Data Recovery，CDR)的功能是用来从限幅放大器输出的信号中提取时钟并恢复出数据。

在点对多点或多点对多点通信系统中，光接收机接收来自不同发送节点的光分组信号，由于不同发送节点发送的光分组信号功率不同、传输距离不同而引起的损耗也不同，因而信号幅度变化较大，如图 6.3-3(b)所示。在这种情况下，光接收机就不能采用传统的方法，这是因为，传统的光接收机一般采用交流耦合方式，而突发信号缺少直流平衡分量，信号经过交流耦合后，信号很难实现对称分布，这样放大就会造成严重的失真。而假如采用直流耦合的方式，由于突发信号幅度相差很大，存在幅度非常小的信号，因此要求接收机的放大倍数要大，这样就会出现直流电平随着小信号一起放大，使得放大器饱和而不能工作。因此，必须对光接收机进行专门的设计，以适应光突发模式信号的要求。衡量光突发模式接收机的指标有动态范围、灵敏度、前导码时间(前导码是指在每一个光突发包的前部设置的为了对光突发包的数据进行幅度恢复和相位同步的特殊码元)、保护带时间(保护带是指相邻光突发包之间存在的间隔时间区域)，它们在光突发模式信号的示意均已被标在图 6.3-3(b)中，光突发模式接收机的设计主要围绕这几个指标展开。

2. 3 种不同类型的光突发模式接收机

常见的光突发模式接收机通常有 3 种：交流耦合光突发模式接收机、直流耦合光突发模式接收机和差分光突发模式接收机。

1) 交流耦合光突发模式接收机

由前面的分析知道，传统的光接收机主要采用交流耦合法，这种方法经过适当处理后也可以用于光突发模式接收机，如图 6.3-7(a)所示，TIA 得到的电压信号通过交流耦合(等效高通滤波器)后，不同幅度的数据自动、对称地分布在阈值电平的两端，输出波形如图 6.3-7(b)所示。然而这种方法存在一个较大的缺点，由于信号要通过交流耦合，因此低频分量有很大的损失，尤其是在遇到长连“0”和连“1”的情况下，信号将发生较大的波形畸变，引起严重的误码，因此，要采用该方法就必须对信号进行特殊的线路编码，使得信号尽量不出现长连“0”和长连“1”的情况。

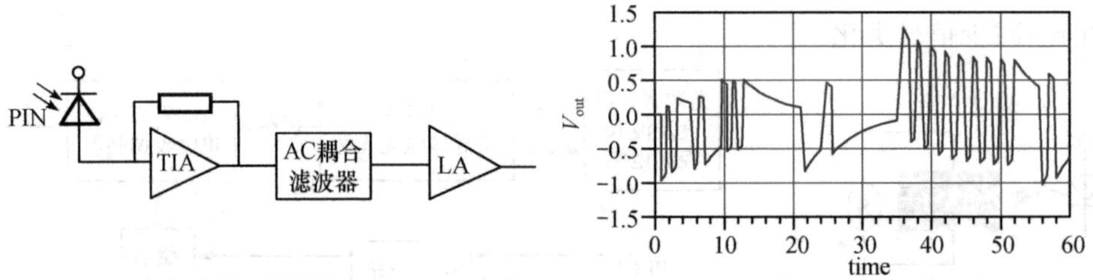

(a) 交流耦合接收机原理　　(b) 接收机滤波器输出波形

图 6.3-7　交流耦合突发模式接收机

同时,使用该方法时,对耦合电容的选择一定要适当,电容值不能过大,否则充放电时间过长,前导码时间和保护带时间会大大增加;电容值也不能过小,否则,低频分量损失过大,严重地增加误码。当然,交流耦合法也有它自身的优点,如电路结构相对简单,可以较少考虑直流工作点的漂移,不需要复位电路等。

2) 直流耦合光突发模式接收机

由于交流耦合光突发模式接收机不能对直流和低频分量做出响应,因此往往采用直流耦合光突发模式接收机。直流耦合光突发接收机主要分为两类:反馈式与前馈式,如图 6.3-8 所示。

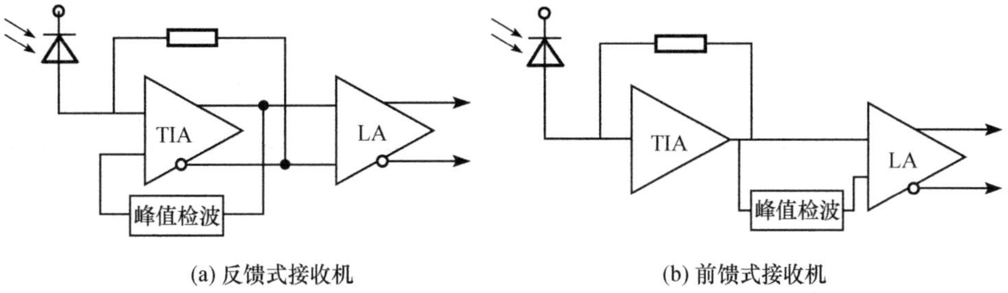

图 6.3-8 两种数据整形原理框图

反馈式采用差分跨阻抗放大器作为前置放大器,其判决电流(反馈电流)为输入光电流幅度的一半,判决电流由一个专门的电压峰值检测电路检测出其输出电压的幅度,再通过串联一个电阻而产生,检测电路输入为差分前置放大器的正向输出,差分前置放大器的两路输出直流耦合到下一级限幅放大器,其最终输出基本为等幅信号。前馈式采用一般的直流耦合放大器作为前置放大器,前置放大器输出被分为两路,一路输入到峰值检测电路,检出信号幅度的一半作为下一级限幅放大器的判决电压(前馈电压),另一路直流耦合到限幅放大器的另一个输入端。限幅放大器的输出经过进一步放大,即可达到等幅输出。这两种方式都采用动态的判决信号,以便使信号在放大过程中最大程度地减小脉冲失真。所不同的是,前者采用电流反馈且判决电流取自于自身的输出,后者采用电压前馈,其判决电压取自于前一级作用于后一级。由于反馈式采用反馈环路,设计难度相对较大,另外更为严重的是,由于反馈式判决信号引入到前置放大器的输入端,而判决信号叠加有各种噪声,这必然使反馈式接收机接收灵敏度较前馈式有所下降。

3) 差分光突发模式接收机

由于交流和直流耦合光突发模式接收机均不能对信号做出及时响应,需要一定的前导码和保护带时间,对于高速突发信号将严重地影响信道开销,造成信道资源的浪费。因此,人们不断寻找能够解决这个问题的方法,光差分检测接收法就是在这种情况下被提出来的。这种方法的基本原理如图 6.3-9 所示,曼彻斯特编码的信号经过掺铒光纤放大器(Erbium-Doped Fiber Amplifier,EDFA)放大后,用光耦合器进行均分,其中一路信号经过半个比特的延迟,两路信号分别入射到两个相同的光电探测器上,获得的光电流是两路曼彻斯特编码信号的差值,因此,可以得到围绕电平对称分布的差分曼彻斯特编码信号。这样,就可以采用交流耦合的方式继续对信号进行处理。然而该方法存在一些难以克服的缺点,如半比特的延迟时间难以精确控制、信号需要特殊编码、时钟与数据恢复电路结构复杂等。

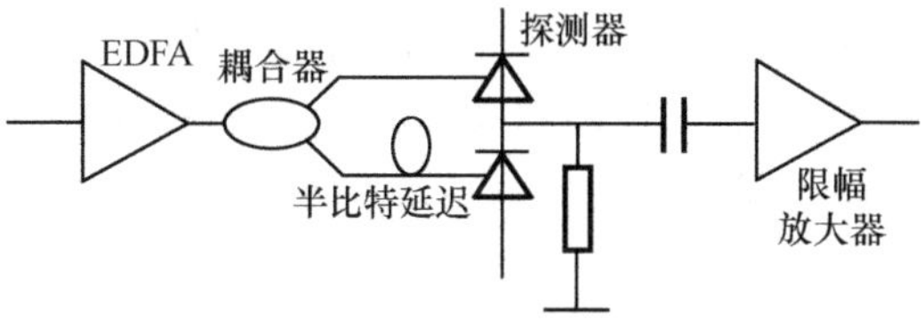

图 6.3-9 光差分接收机

表 6.3-1 总结了近几年国外关于光突发模式接收机的研究情况，从这个表可以清楚地看到，国外对光突发模式接收机的研究相当活跃，到目前为止仍然不断有高质量的成果发表。其中，前馈式方法最为人们所关注，结合前面对前馈式方法的分析，可以发现前馈式光突发模式接收机是目前最有发展前景的高速光突发模式接收机技术。

表 6.3-1　光突发模式接收机研究情况

采用方法	最高工作速率/Gbps	最高灵敏度/dBm	最大动态范围/dB	优　点	缺　点
交流法	1.25	−27	22.9	电路结构简单	信号需编码、灵敏度低
前馈法	1.25	−42	30	工作速率高、灵敏度高	稳定性欠佳
反馈法	2	−35	27.5	稳定性好	灵敏度低
差分法	10	−32.7	25	工作速率高	信号需要编码

3. 典型光突发模式接收机

前馈式突发模式光接收机与其他几种比较具有较多的优点，如灵敏度高、动态范围大，本小节以此展开详细的相关电路设计。图 6.3-10 所示为接收机结构，由光电二极管、跨阻抗前置放大器、自动阈值判决电路、限幅放大器和放电整形电路等部分组成。

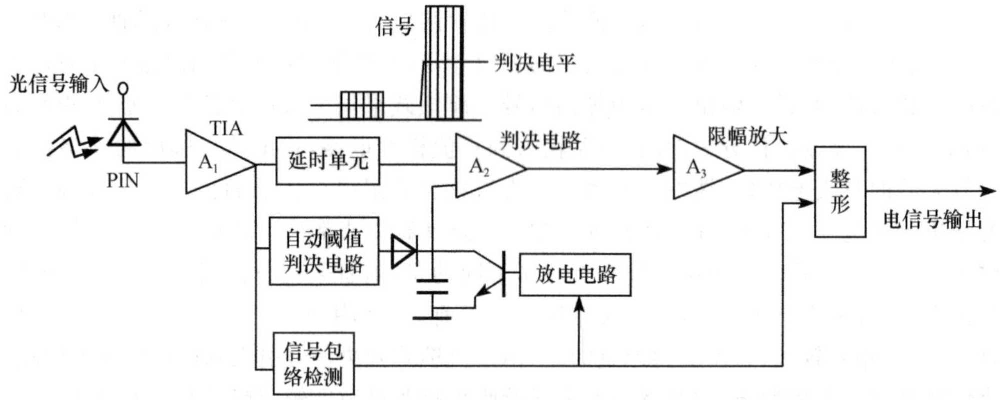

图 6.3-10　突发模式光接收原理

如图 6.3-11 所示，典型的突发模式光接收机由光电二极管、跨阻抗前置放大器、顶部探测电路、底部探测电路、电阻分压器、限幅放大器组成。输入光信号经光电二极管转化成光电流经跨阻抗放大器放大，放大后的信号分成 3 路，一路输入到顶部探测电路，另一路输入到底部探测电路；顶部探测电路和底部探测电路输出的信号经过电阻分压后得到判决电平，它和跨阻抗前置放大器的第三路输出一起输入到限幅放大器进行判决，然后放大得到输出信号。

对突发包的探测，实质上就是一个检波电路，需要对探测电路中的电容进行充电获得判决电平。在两个突发包之间，需要一个复位脉冲信号对探测电路中的电容进行放电。现有的突发模式光接收机其复位脉冲信号一般是外加的，需要通过一系列复杂的电路在突发包的间隙产生复位脉冲信号，并对其复位时间进行控制，这样难以做到精确控制，而且增加了接收机的复杂程度。还有这类突发模式光接收机的顶部探测电路使用了一个固定电容，存在大信号充电时间长和小信号检波误差大的矛盾，使得较高的信道利用率和较小的误码率不能兼得。

图 6.3-12 所示为改进的光突发模式接收机，它同样由光电二极管、跨阻抗前置放大器、顶部

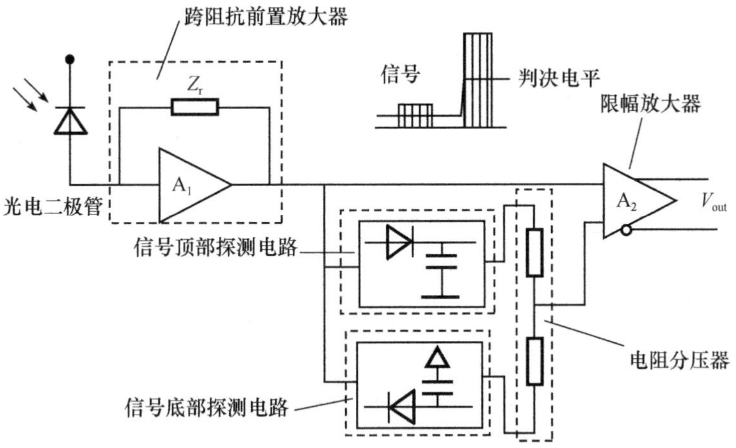

图 6.3-11　典型前馈式光突发模式接收机

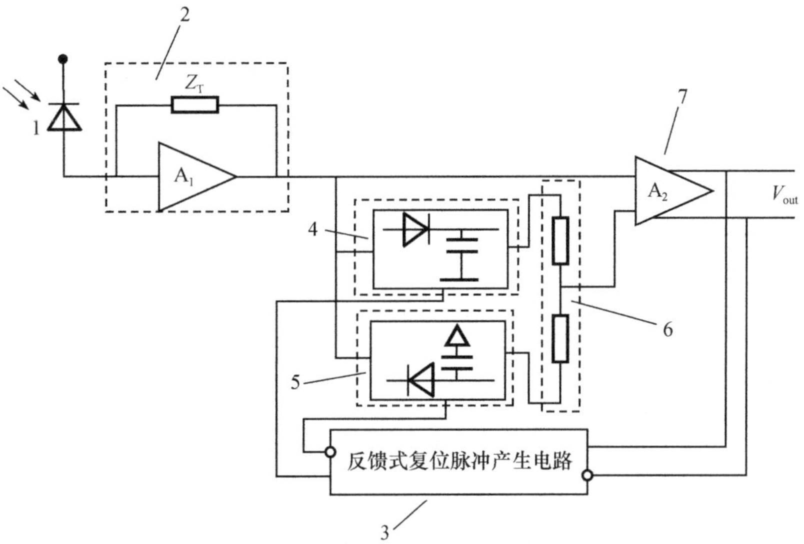

图 6.3-12　一种能够自动产生复位脉冲信号的突发模式光接收机

1-光电二极管；2-跨阻抗前置放大器；3-复位脉冲信号产生电路；4-顶部探测电路；5-底部探测电路；6-电阻分压；7-限幅放大器

探测电路、底部探测电路、电阻分压器、限幅放大器组成，并增加了反馈式复位脉冲信号产生电路。与图 6.3-11 所示的接收机不同之处在于，它是通过反馈式复位脉冲信号产生电路产生复位脉冲信号。这种反馈式复位脉冲信号产生电路的输入信号是限幅放大器的差分输出，它们经过两个包络探测器和比较器电路及一系列用来稳定输出的门电路后得到所需的复位脉冲信号，然后将这个复位脉冲信号分两路，一路反馈到顶部探测电路，另一路经反相后反馈到底部探测电路，在突发包的间隙对电容进行放电。

6.3.4　突发模式同步技术

突发信号的特征是各分组信号间幅度、相位差异很大，而各分组信号时间间隔一般又很小。如何在极短的时间内快速地对信号之间大的幅度、相位突变作出正确的响应是突发同步技术的关键。突发信号一般产生于多点发射一点接收的时分复用系统中，各发射端到接收端的距离不同、信道条件不同。在普通连续码信号光纤通信系统中，同步采用定时提取技术，在连续的码流提取时钟信息，并与本地时钟进行比对，再控制本地时钟与信号同步，这就是常用的锁相环技术，这一技术广泛应用在连续码的光纤通信系统中。

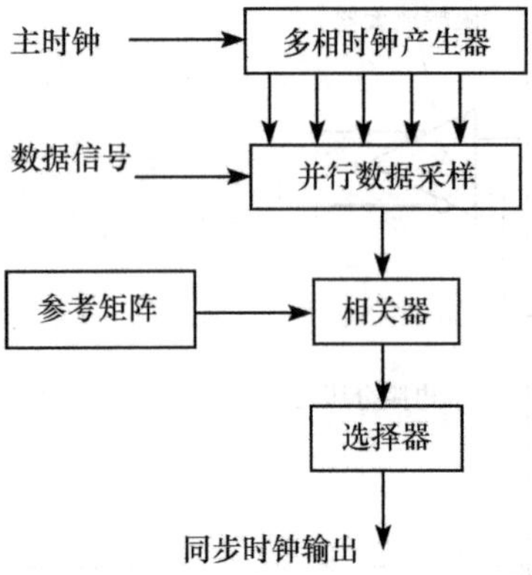

图 6.3-13　相关同步法原理

突发同步的主要方法有相关同步法和门控振荡法两大类。图 6.3-13 所示为相关同步法原理框图，由多相时钟发生器产生多相时钟，其相位差为 $\pi/8 \sim 2\pi$。根据每路时钟相位与主时钟相位的关系，分别加入一定的延时，数据信号分别与多相时钟进行相关运算，选择相关度最高的一路时钟为同步时钟。

一个简单的实现方案如图 6.3-14 所示，最上方为与主时钟同步的数据波形，DATA IN 为实际输入数据，中间为多相时钟产生器输出的移相时钟，时钟的上升沿处标的数字为该时钟对实际输入数据的采样结果，SAMPLE OUT 为并行数据采样器综合各时钟采样结果的最后输出，该输出在相关器中分别与各移相时钟相对应的参考数据进行相关，最后由选择器选出最大相关值所对应的移相时钟为同步时钟。此方案的优点是全数字可以用 FPGA 器件实现，但电路复杂。相关法存在不可避免的相位误差，且误差的大小由两相邻移相时钟的相位差所决定，因此移相时钟越多，移相越精细，误差就越小，但这对高速传输系统来说实现有一定难度。

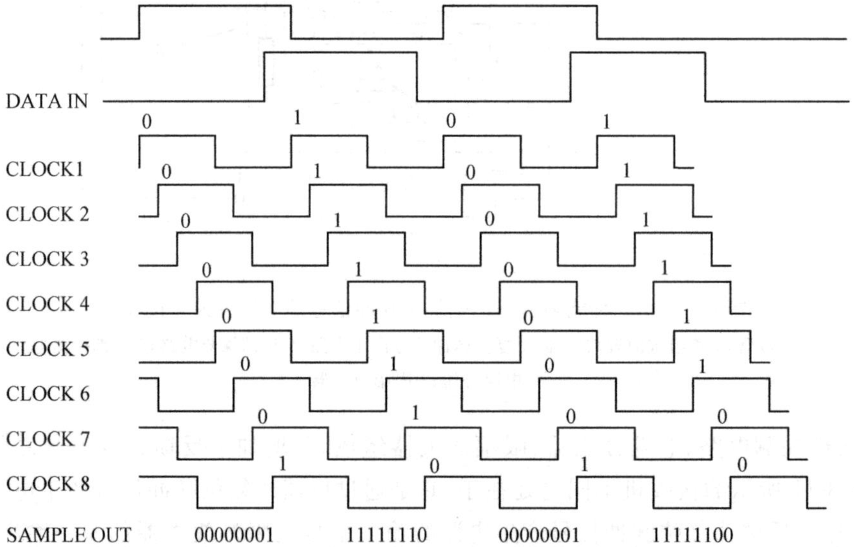

图 6.3-14　相关法实现波形

图 6.3-15 所示为门控振荡法示意图，此系统包含 3 个振荡器 A、B 和 C，其振荡频率受频率控制(frequency control)电压控制，振荡与否受到门控信号(Gate)的高低控制。振荡器 C、鉴相器和滤波器组成锁相环路，使振荡器 C 锁定在参考频率下，连续运转。当 A 和 B 的参数与 C 完全相同时，则由于 A 和 B 受到与 C 相同的频率控制信号的控制，A 和 B 的振荡频率也和参考频率相同。这样，只要参考频率和接收数据的时钟频率一致，就能保证 A 和 B 的输出时钟频率和

接收信号的时钟频率相同。在这种条件下，让接收数据作用于A、B的Gate端，就可以开启或关断A、B的振荡，强迫A、B输出相位与输入信号的相位同步。这种同步方法在连0或连1的长度满足一定要求的条件下，即使本地振荡频率与接收信号的时钟不完全一致的情况下也可以工作，因为B的门控输入信号与接收信号反相，在任一时刻A和B仅有一个正在工作，接收信号的每一次0、1跳变或者1、0跳变都可以使A和B的其中之一开启而另一个关断，每一次重新开启和关断都可以把由于接收信号时钟与本地振荡频率不一致而在连0或连1情况下积累的相位偏离清除掉。其优点是无记忆性系统，在门控振荡器关闭时任何由于振荡频率或传输频率不匹配而积累的相位错误都会被屏蔽掉。此方法能满足高速系统的要求。缺点是制造工艺要求很高、成本高、系统复杂。其工作波形如图6.3-16所示。

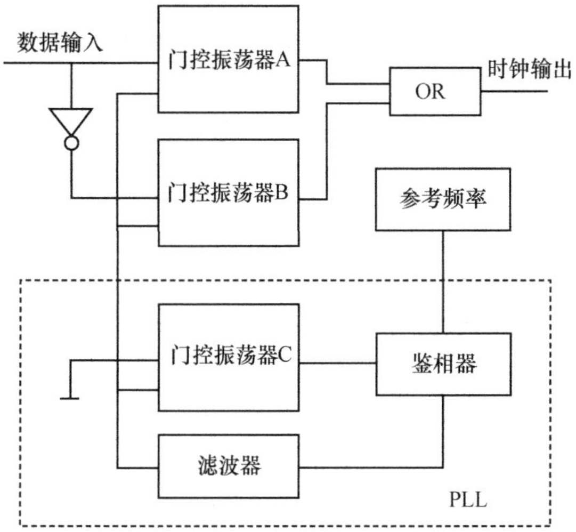

图6.3-15　门控振荡法原理框图

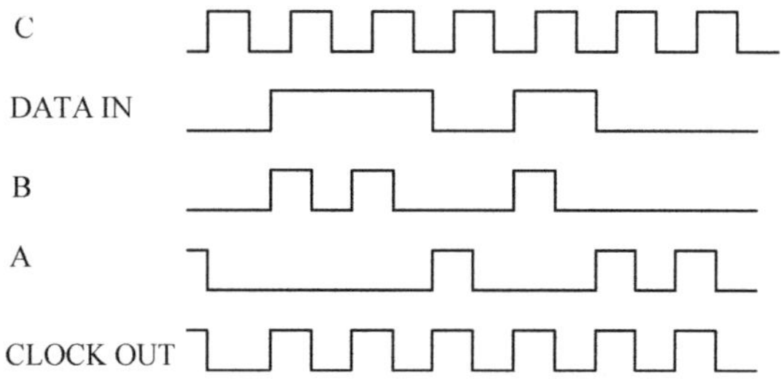

图6.3-16　门控振荡法工作波形

相关同步法实现了对速率从52～1244Mbps的突发数据的自动识别、时钟提取和数据再生。门控振荡电路可以采用CMOS集成电路实现，利用ASIC技术，可以将同步电路做成一块体积很小的专用芯片，利用这种技术已实现了660Mbps和1.5Gbps速率的突发模式接收的时钟恢复。综合成本和实现难易程度，门控振荡法是较理想的技术方案。

小　　结

数字信号光纤传输系统包括光发射机和光接收机两部分。随速率由低到高，光发射机采用直接调制(不大于2.5Gbps)、电吸收调制(不大于10Gbps)和波导调制技术(不小于10Gbps)来适应不同的传输要求。光发射机的关键在于选取与速率匹配的调制技术和驱动技术。光接收机可分为2R(reshaping，regenerating)和3R(reshaping，regenerating，retiming)光接收机，分别对应异步和同步数字信号光纤传输。2R接收机由光电探测器(PIN或APD)、前置放大器(TIA)和限幅放大器(LA)组成，3R接收机在2R的基础上增加时钟提取和数据恢复电路(CDR)。光接收机设计根据传输速率选取不同的光接收模块和集成电路芯片即可实现。突发模式数字信号的传输是近年发展起来的新技术，包括突发模式接收技术和突发模式同步技术。具有突发信号顶部探测和底部探测功能，以及反馈式复位脉冲信号产生电路的前馈式突发模式光接收机，被证明是最有应用前景的技术。门控振荡法的突发同步技术,具有高速、易于集成和低成本的特点,成为较佳的实现方案。

习 题 6

6-1 简述数字信号光纤传输有哪几种技术方案。

6-2 简述 SDH 的结构,并说明同步复用和异步复用的特点。

6-3 按照 SDH 的结构,计算 STM-1 模块的传输速率。

6-4 设计 RS232 接口(速率为 38.4kbps)的直接调制光发射机和光接收机(通过网络查找专用芯片)。

6-5 设计 RS422 接口(速率为 192kbps)的采用 FSK 技术的光发射机和光接收机(通过网络查找专用芯片)。

6-6 设计连续码率为 125Mbps 的直接调制光发射机和光接收机(通过网络查找专用芯片,包括驱动芯片、光发射组件、光接收组件、TIA、LA 等)。

6-7 什么是数字信号 2R 和 3R 光接收机?

6-8 高速数字信号光纤传输系统编码的意义何在?

6-9 数字信号光纤传输系统常见的编码方式有哪几种?

6-10 设计 3R 码率为 2.5Gbps 的采用直接调制技术的光发射机和光接收机(通过网络查找专用芯片,包括驱动芯片、光发射组件、光接收模块(TIA)、LA、CDR 等)。

6-11 设计 3R 码率为 10Gbps 的采用 $LiNbO_3$ 波导调制器的光发射机和光接收机(通过网络查找专用芯片,包括驱动芯片、光源、调制器、光接收模块(TIA)、LA、CDR 等)。

6-12 为什么对于突发数字信号要采用突发模式光接收机?

6-13 突发模式光接收技术有哪几类?分别阐述其工作特点与优、缺点。

6-14 突发模式同步技术有哪几种?各自的特点是什么?

6-15 突发模式光接收机有哪几个重要技术指标?

6-16 为什么说数字信号光纤传输系统的设计要点是光接收机?

第7章 波分复用技术

波分复用(WDM)技术是20世纪光通信领域最伟大的发明之一,以极高的性价比获得了超大容量的光纤传输,它的成功应用极大地推动了光纤通信技术的进步。本章介绍光信道复用和光波分复用系统的基本概念,讲述光波分复用系统的关键技术,包括DWDM和CWDM的相关标准、波分复用器及波分复用技术在光网络中的运用。

7.1 波分复用技术的工作原理

7.1.1 波分复用技术的提出

光纤通信对传输容量的追求是光纤通信技术发展的源动力。虽然,光波的单一波长的通信容量可达Tbps量级,但实际的光波系统中由于受到光纤色散和电子线路的限制,单路光信道的速率一般只能达到10Gbps,最高商用可达到40Gbps,其经济效益已迅速下降。人们不断地思索、寻找新的解决方案,最终提出了多波长复用在一根光纤里传输的波分复用(Wavelength Division Multiplexing,WDM)技术,其核心理念是在不过多提高单一波长传输速率的情况下,通过增加复用波长数在一根光纤里传输,达到在一根光纤物理信道中传输超大容量的目标,解决了光纤通信对容量的新要求。

类似于电的频分复用(Frequency Division Multiplexing,FDM)技术和时分复用(Time Division Multiplexing,TDM)技术,光纤通信的多信道复用技术,先后提出了光时分复用技术、光码分复用技术和光波分复用技术,这些技术都在不断发展进步,只是目前波分复用技术在应用中占据主导地位。

1. 光时分复用

TDM是一种广泛采用的通信技术,它将通信时间分成若干时隙,某一固定信道占用某一固定时隙,这样各信道按照一定的时间顺序进行传输。传统的TDM是在电域内进行的,如电信系统的PDH和SDH传输系统,均是采用这一成熟技术。

光时分复用(Optical Time Division Multiplexing,OTDM)是TDM在光域里的对应产物,通过在光域内对光脉冲进行时间上的复用,获得高比特光数字码流,如2×10Gbps、4×10Gbps、…、8×40Gbps、32×40Gbps等。

不管是电时分复用还是光时分复用,都是以单个光波长承载TDM比特流,从这个意义上讲,它仍属单信道系统,但这种单信道系统超越了电子学限制,能产生很高(可达到数100Gbps)的比特流。OTDM的核心关键技术主要包括超短光脉冲的产生和光纤传输。

(1) 光时分复用的时隙将远小于电时分复用,因此光脉冲宽度需要至少为ps或亚ps量级,这样才能体现 OTDM 大容量的优势。然而超短脉冲技术的形成与调制技术，目前仍然没有性价比较高、易于光纤通信应用的成熟技术方案。

(2) 光纤的色散将是对超短脉冲传输的巨大限制，即便采用低色散光纤或色散补偿技术也难以承担 ps 量级光脉冲的长距离传输，这也限制了 OTDM 技术的应用。

由于上述技术的不成熟，有待进一步突破，所以 OTDM 技术至今未得到商用。

2. 光码分复用

光码分复用(Optical Code Division Multiplexing，OCDM)技术来源于电码分复用(CDM)技术。CDM 的实质是利用扩频通信技术，将每个信道扩频编码复用后共同在一个信道中传输，频谱扩展码称为特征序列，不同用户分配不同的特征序列，组成特征序列编码。在 OCDM 通信系统中，每个用户都拥有一个唯一的地址码，这个地址码是一组光正交码中的一个，不同的用户采用不同的相互正交的地址码。在进行数据信息传输时，首先用特定的地址码数据信息进行光调制，传输后在接收端使用与发射端相同的地址码进行光解调，实现用户间的通信。

OCDM 技术能够充分发挥光纤信道宽带的特点，具有保密性强、多址接入、动态分配带宽和地址等优点，适用于保密要求高、多用户接入的光纤通信系统。

OCDM 技术也有它自身的缺点。例如，扩频带来以带宽的低效利用为代价，当信号码率较高时更为不利。OCDM 的实现较多地利用了光延迟技术、波分复用技术和超短脉冲技术，目前的性价比和成熟度还不足以支持全面商用。

3. 光波分复用

光波分复用(Wavelength Division Multiplexing，WDM)是指将两个或多个各自携带有大量信息的不同波长的光载波信号，在发射端经复用器汇合，并将其耦合进同一根光纤中进行传输，在接收端，通过解复用器对各种波长的光信号进行分离，然后由光接收机做进一步的处理，使原信号恢复。这种复用技术不仅适用于单模或多模光纤通信系统，同时也适用于单向或双向传输。光波分复用技术是目前最为成功、应用最广泛的光信道复用技术，为建设超大容量的光纤网络奠定了物质基础。

7.1.2 波分复用技术的工作原理

1. 波分复用技术的工作原理

在波分复用系统中，来自不同信道的数字或模拟信号调制到不同波长的光载波上，多个不同波长的光载波通过波分复用器耦合在一起，混合的多个波长信号通过一根光纤传输，并可由光放大器进行放大，增加传输距离，在接收端，由波分复用器将多个光载波分开，分别送入不同的光接收机进行接收，解调得到模拟或数字信号。

图 7.1-1 所示为 WDM 光纤传输系统的示意图，分别描述了单纤双向传输系统和双纤双向传输系统的组成。发射端 λ_1、λ_2、…、λ_n 等 n 个波长通过波分复用器合波注入一根光纤中传输，在接收端采用波分解复用器将各个波长分开来，由不同的接收机探测对应波长的传输信息。图中 MUX 代表复用器，DEMUX 代表解复用器。通常在光纤通信系统中，复用器和解复用器是一对互易器件，即 MUX 和 DEMUX 是同一个器件，统称光波分复用器，合波时由多路合路到 1 路，反之，分波时由 1 路分到多路。

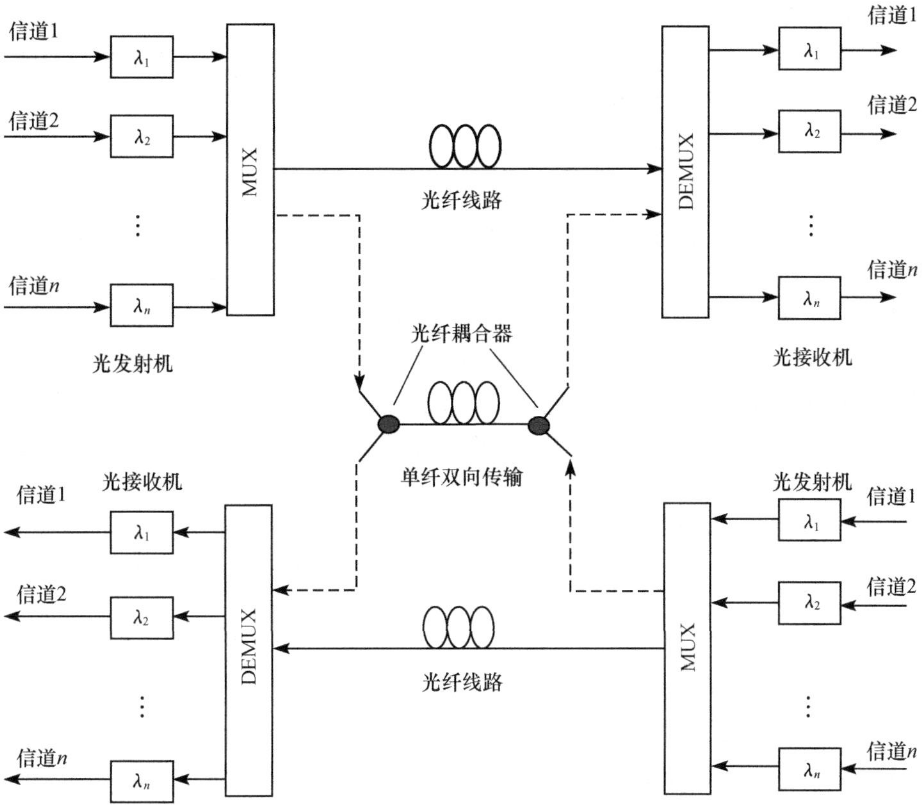

图 7.1-1　波分复用双纤或单纤双向光纤传输系统

2. WDM 技术的优势

1) 巨大的带宽资源

WDM 技术使一根光纤的传输容量比单波长传输增加几倍、几十倍甚至上百倍，使得单一光纤信道可以实现 Tbps 量级的巨大传输容量。同时单模全波光纤具有 1270～1620nm 的丰富的波长资源，可以同时传输几百个波长，甚至上千个波长，所以采用 WDM 技术可以充分利用光纤的巨大带宽资源，在很大程度上解决了光纤传输容量的问题。

2) 灵活的组网、传输与应用

由于 WDM 技术中使用的各波长相互独立，波分复用通道对数据格式是透明的，即与信号速率及调制方式无关。因而可以同时传输特性完全不同的信号，完成各种电信业务信号的传输，包括数字信号和模拟信号，实现多种信号(如 SDH、PDH、IP、音频、视频、数据、文字、图像等)混合在同一根光纤中传输。

利用 WDM 技术选路，实现网络交换和网络恢复，从而可实现透明、灵活、经济且具有高度生存性的网络。

WDM 技术可以有多种应用形式，如长途干线网、广播式分配网络、多路多址局域网络和接入网络等。

3) 高的经济性

随着传输速率的不断提高，许多光电器件的响应速度已受到电子瓶颈的限制。采用 WDM 技术可降低一些器件在性能上的极高要求，同时又可以实现大容量的传输。

采用 WDM 技术可以使多个波长复用起来在单根光纤中传输，在大容量长途传输时可以节约大量光纤。另外，对已建成的光纤通信系统扩容方便，可增容而不必对原系统做大的改动。采用 WDM 双向复用可以节省大量的线路投资，提升系统的经济性能。

3. 波分复用技术的分类

WDM 的类型是随技术的进步发展而不断演进的，20 世纪 80 年代出现的波分复用系统是跨波段的，如 0.85μm、1.31μm 和 1.55μm 3 个波段组成的波分复用系统是当时的主流技术，随着长波长技术的成熟和长距离、大容量的通信需求，在 90 年代形成了 1.55μm 波段的密集波分复用（Dense Wavelength Division Multiplexing, DWDM）系统，ITU-T 推出了 100GHz 和 50GHz 波长间隔的标准，是目前商用光纤通信系统主要采用的技术。DWDM 技术基本解决了光纤骨干网对信道传输容量的需求，但 DWDM 系统相对较高的成本不利于在城域网或局域网中的应用，同时城域网和局域网不需要太多的波长，因此提出了粗波分复用（Coarse Wavelength Division Multiplexing, CWDM）的思路，ITU-T 也推出了相应的技术规范。由此波分复用（WDM）可以分为两大类：高端大容量的密集波分复用（DWDM）系统和高性价比的粗波分复用（CWDM）系统。

1）粗波分复用

粗波分复用的基本特点是工作波长覆盖 1270～1610nm 波段，波长间隔为 20nm 以上，ITU-T 的 G694.2 标准定义了 16 个信道。由于 CWDM 波长间隔较大，对半导体激光器（LD）的波长稳定性和线宽的要求较低，同时对波分复用器的性能要求也较低，因此该系统的成本较低，性价比较高。可见，CWDM 系统适合应用于容量较小的城域网或局域网光纤通信系统及光纤接入网。

2）密集波分复用

密集波分复用的基本特点是工作波长覆盖 1480～1620nm 波段，ITU-T 的 G.692 定义了波长间隔为 50GHz 和 100GHz 的标准，中心波长为 1552.52nm（频率为 193.1THz）向长波长和短波长延伸，又分别定义了 C（center）波段 1530～1560nm、L（large）波段 1560～1620nm 和 S（short）波段 1480～1530nm。100GHz 的间隔在 C 波段即可容纳 40 个波长信道，可以获得较大的通信容量。因此，DWDM 是解决大容量传输的最佳技术手段，在光纤骨干网的运用中得到了充分发挥。

7.2 波分复用的关键技术

7.2.1 波分复用的国际标准

1. DWDM 的国际标准

ITU-T 的 G.692 建议对 WDM 系统的绝对参考频率、信道间隔、标准中心频率、中心频率偏差都作出了明确的规定。

1）标准中心频率和波长范围

ITU-T G.692 确定 DWDM 系统的中心参考频率为 193.10THz。G.692 还规范了 DWDM 系统信道的标准中心波长，其中 C 波段标准中心波长范围为 1528.77～1560.61nm，如表 7.2-1 所示。

表 7.2-1 C 波段标准中心频率

标准中心频率（50GHz 间隔）/THz	标准中心频率（100GHz 间隔）/THz	标准中心波长/nm	标准中心频率（50GHz 间隔）/THz	标准中心频率（100GHz 间隔）/THz	标准中心波长/nm
196.10	196.10	1528.77	194.05		1544.92
196.05		1529.16	194.00	194.00	1545.32
196.00	196.00	1529.55	193.95		1545.72
195.95		1529.94	193.90	193.90	1546.12
195.90	195.90	1530.33	193.85		1546.52
195.85		1530.72	193.80	193.80	1546.92
195.80	195.80	1531.12	193.75		1547.32
195.75		1531.51	193.70	193.70	1547.72
195.70	195.70	1531.90	193.65		1548.11
195.65		1532.29	193.60	193.60	1548.51
195.60	195.60	1532.68	193.55		1548.91
195.55		1533.07	193.50	193.50	1549.32
195.50	195.50	1533.47	193.45		1549.72
195.45		1533.86	193.40	193.40	1550.12
195.40	195.40	1534.25	193.35		1550.52
195.35		1534.64	193.30	193.30	1550.92
195.30	195.30	1535.04	193.25		1551.32
195.25		1535.43	193.20	193.20	1551.72
195.20	195.20	1534.82	193.15		1552.12
195.15		1536.22	193.10	193.10	1552.52
195.10	195.10	1536.61	193.05		1552.93
195.05		1537.00	193.00	193.00	1553.33
195.00	195.00	1537.40	192.95		1553.73
194.95		1537.79	192.90	192.90	1554.13
194.90	194.90	1538.19	192.85		1554.54
194.85		1538.58	192.80	192.80	1554.94
194.80	194.80	1538.98	192.75		1555.34
194.75		1539.37	192.70	192.70	1555.75
194.70	194.70	1539.77	192.65		1556.15
194.65		1540.16	192.60	192.60	1556.55
194.60	194.60	1540.56	192.55		1556.96
194.55		1540.95	192.50	192.50	1557.36
194.50	194.50	1541.35	192.45		1557.77
194.45		1541.75	192.40	192.40	1558.17
194.40	194.40	1542.14	192.35		1558.58
194.35		1542.54	192.30	192.30	1558.98
194.30	194.30	1542.94	192.25		1559.39
194.25		1543.33	192.20	192.20	1559.79
194.20	194.20	1543.73	192.15		1560.20
194.15		1544.13	192.10	192.10	1560.61
194.10	194.10	1544.53			

2）信道间隔

G.692 规定 WDM 系统的信道间隔为 25GHz 的整数倍，目前优先选用的是 100GHz 和 50GHz 的信道间隔。

3）信道配置

为了避免四波混频效应（FWM）的影响，G.692 中采用了等间隔和不等间隔两种配置方案，不等间隔方案是可以避免 FWM 的影响的。鉴于使用 G. 652 和 G. 655 光纤的 DWDM 系统中没有观察到 FWM 的明显影响，G. 692 建议选用的标准中心波长如表 7. 2-2 所示（等间隔配置）。而使用 G. 653 光纤的 DWDM 系统中，由于 FWM 而引起信道间的串扰，G. 692 建议选用的采用一些不等间隔的波长配置。

表 7. 2-2　针对 G. 652 和 G. 655 光纤的波长配置

标准中心频率/波长 /（THz/nm）		信道间隔						
		100GHz 不小于 8 信道	200GHz 不小于 4 信道	400GHz 4 信道		500/400GHz 8 信道	600GHz 4 信道	1000GHz 4 信道
196. 10	1528. 77	√	√					
196. 00	1529. 55	√						
195. 90	1530. 33	√	√					
195. 80	1531. 12	√						
195. 70	1531. 90	√	√					
195. 60	1532. 68	√						
195. 50	1533. 47	√	√				√	√
195. 40	1534. 25	√						
195. 30	1535. 04	√	√			√		
195. 20	1534. 82	√						
195. 10	1536. 61	√	√					
195. 00	1537. 40	√						
194. 90	1538. 19	√	√				√	
194. 80	1538. 98	√				√		
194. 70	1539. 77	√	√					
194. 60	1540. 56	√						
194. 50	1541. 35	√	√					√
194. 40	1542. 14	√						
194. 30	1542. 94	√	√			√	√	
194. 20	1543. 73	√						
194. 10	1544. 53	√	√					
194. 00	1545. 32	√						
193. 90	1546. 12	√	√	√		√		
193. 80	1546. 92	√						
193. 70	1547. 72	√	√		√		√	
193. 60	1548. 51	√						
193. 50	1549. 32	√	√	√				√
193. 40	1550. 12	√				√		
193. 30	1550. 92	√	√		√			
193. 20	1551. 72	√						
193. 10	1552. 52	√	√	√			√	
193. 00	1553. 33	√				√		
192. 90	1554. 13	√	√		√			
192. 80	1554. 94	√						
192. 70	1555. 75	√	√	√				
192. 60	1556. 55	√						
192. 50	1557. 36	√	√		√	√	√	√
192. 40	1558. 17	√						
192. 30	1558. 98	√	√	√				
192. 20	1559. 79	√						
192. 10	1560. 61	√	√			√		

4）中心频率偏差

中心频率偏差定义为标准中心频率与实际中心频率之差。中心频率偏差的规定大小与信道间隔相关，信道间隔越小，中心频率偏差要求越严格。激光频率偏移是由光源啁啾、自相位调制展宽、环境条件变化和老化效应等引起。对于100GHz和200GHz信道间隔的DWDM系统，要求最大频率偏移为±20GHz和±40GHz（折合波长±0.16nm和±0.32nm）。

2. CWDM的国际标准

CWDM作为一种低成本的波分复用技术在城域光传送网中逐步得到应用并推广，引起世界上各电信运营商及电信设备制造商的关注。ITU-T SG15于2001年启动CWDM的标准研究，并于2002年4月开发出第一个关于CWDM的建议G.694.2（Spectral Grids for WDM Applications：CWDM Wavelength Grid）。2003年对G.694.2进行了修改，并通过了新建议G.695（Optical interfaces for Coarse Wavelength Division Multiplexing applications）。G.695基于目前的光纤、器件等技术条件，现只规范最多至16波、最高速率至2.5Gbps且不带光放大器的系统参数。

1）波长范围与间隔

对于G.694.2规定CWDM的波长间隔为20nm，波长范围为1271～1611nm，中心频率为1271nm、1291nm、1311nm、…、1591nm、1611nm，如表7.2-3所示。

表7.2-3　CWDM波长配置

序　号	中心标准波长/nm	对应波段	序　号	中心标准波长/nm	对应波段
1	1271.0	O	11	1471.0	S
2	1291.0		12	1491.0	
3	1311.0		13	1511.0	
4	1331.0		14	1531.0	C
5	1351.0		15	1551.0	
6	1371.0	E	16	1571.0	L
7	1391.0		17	1591.0	
8	1411.0		18	1611.0	
9	1431.0				
10	1451.0				

2）中心波长偏移

中心波长偏移G.695最后确定中心波长偏移值为±6.5nm，但同时指出±7nm与G.695建议的其他参数对于任何应用都是横向兼容的。需要指出，±7nm的偏移对激光器精度要求较低，而对波分复用器要求较高。因为CWDM采用了非制冷激光器，并认为单纤双向的应用情况下±7nm更安全。

关于单纤双向应用。此方案将系统波长分为长波段和短波段两部分，每部分的传输方向相反。例如，1471～1611nm的8个波长中，1471～1531nm向一个方向传输，而1551～1611nm向相反方向传输。G.695中定义了波长数为2+2、4+4、6+6等在不同的速率等级下（NRZ 1.25G、NRZ 2.5G）的单纤双向应用。

在无光放大器的情况下，如何降低光无源器件的总插入损耗尤为重要。另外，由于CWDM系统的波长间隔较宽，如对于一个8波系统来说，其覆盖了S+C+L波段，大约160nm。在此波长范围内 G. 652 光纤的衰减系数存在不小的差异。因此，为了进一步延长传输距离，波分复用的优化设计和使用应引起重视。

7.2.2 波分复用器

1. 光波分复用器

波分复用器分为发送端的合波器和接收端的分波器。合波器又称复用器，其作用是将满足 DWDM(或 CWDM)规范的多个波长的光信号合成一路合波信号，然后耦合进同一根光纤传输。分波器又称解复用器，它的作用是在接收端将一根光纤传输来的合波信号分解还原成多路光波长信号。大多数波分复用器都是可逆器件，即从一个方向看它们是合波器，反方向使用就成了分波器。波分复用器的主要技术指标有 3 项。

(1) 插入损耗，定义为特定波长信号通过波分复用器的相应通道时所引入的功率损耗。波分复用器件不存在分路损耗，只考虑真正的插入损耗。通常希望插损越小越好，其大小由主要器件类型和制造工艺决定。

(2) 隔离度(串音)，指波分复用波长间隔离度或通道间隔离度，定义为在某一指定波长输出端口所测得的另一非选择波长的功率与该波长输入功率之比的对数。在系统应用要求中，希望隔离度越大越好，其大小不仅与波分复用器的设计和制造技术有关，还与所用光发送机光源的线宽有关。对窄谱线光源，隔离度较大，影响可忽略不计。但对谱线较宽的光源，其影响将不可忽视，特别在接收端，串音将影响接收机灵敏度。

(3) 通道带宽，定义为波分复用器分配给某指定光发送机的波长范围。根据波分复用光纤传输采用的 DWDM 或 CWDM 技术及信道间隔，参考 ITU-T 建议限制的光频率或波长偏移量来设计通道带宽。

光波分复用器的种类很多，大致可以分为熔锥光纤型、介质膜干涉型、光栅型和波导型等 4 大类。

1) 熔锥光纤型

利用前面所述的熔锥型光纤耦合器的波长依赖性，可以制作 WDM 器件。由于式(3.4-1)和式(3.4-2)中的耦合系数 C 随波长而变，因而耦合长度亦随波长而异，从而使功率耦合具有一定的选择性。图 7.2-1 所示为熔锥型光纤波分复用器的制作装置原理，夹具一方面使两根光纤靠紧，同时又起控制光纤耦合距离的作用，合适的耦合系数则直接由光监测来控制。在 WDM 器件中则改变熔融拉锥工艺，使分光比随波长急剧变化，如图 3.4-5 所示，该器件结构类似于 2×2 单模光纤耦合器，通过设计熔融区的锥度，控制拉锥速度，使直通臂对波长 λ_1 的光有接近 100% 的输出，而对波长为 λ_2 的光输出接近零；使耦合臂对波长为 λ_2 的光有接近 100%的输出，而对波

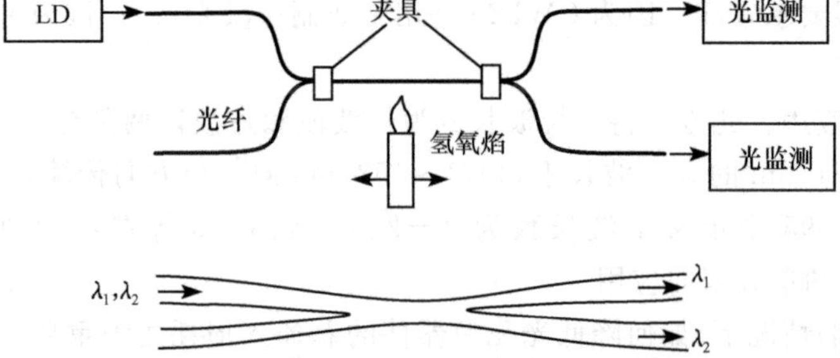

图 7.2-1 熔锥型光纤波分复用器制作工艺

长为 λ_1 的光输出接近于零。这样当输入端有 λ_1 和 λ_2 两个波长的光信号同时输入时，λ_1 和 λ_2 的光信号则分别从直通臂和耦合臂输出；反之，当直通臂和耦合臂分别有 λ_1 和 λ_2 的光信号输入时，也能将其合并从一个端口输出，所以这种器件是一种可逆器件。

熔融光纤型 WDM 的特点是插入损耗低，最大值小于 0.5dB，典型值为 0.2dB，结构简单，无需波长选择器，并有较高的光通路带宽与通路间隔比和温度稳定性。缺点是尺寸偏大、复用路数偏少(典型应用于双波长 WDM)、隔离度较低(约 20dB)。采用多个熔锥式 WDM 器串接的方法，可以改进隔离度(为 30～40dB)，适当增加复用波长数(不多于 6 个)。熔锥型 WDM 常用于单模 WDM 系统，如 1310/1550nm，还普遍用作光放大器泵浦光源与信号光源的复合，如 980/1550nm 和 1480/1550nm。

2) 介质膜干涉型

采用多层介质膜制作光滤波器，使某一波长的光通过，而其他波长的光被阻止。干涉滤波器由多层不同材料(如 TiO_2 和 SiO_2)、不同折射率和不同厚度的介质膜按设计要求组合而成，每层厚度为 $\lambda/4$(相当于 $\pi/2$ 相移)，因而经低折射率层反射的光经历 2π 相移，与经高折射率层的反射光同相叠加，这样在中心波长附近，各层反射光叠加，在滤波器输入端面形成很强的反射光。在偏离高反射波长两侧，反射光陡然降低，大部分光成为透射光。据此可使对某一波长范围呈带通，而对其他波长范围呈带阻，从而形成所要求的滤波特性。利用这种对某指定波长的选择特性的干涉滤波器就可以将不同波长的信号分离或合并起来。

利用上述介质膜干涉型 WDM 器件的主要优点是信道带宽平坦、插入损耗低、结构尺寸小、性能稳定、与偏振无关。图 7.2-2 所示为利用楔状玻璃块蒸镀 λ_1、λ_2、λ_3、…、λ_7、λ_8 滤波器，构成多反射型分波器结构。当 λ_1～λ_8 的光信号从同一根光纤输入时，λ_1 光首先通过滤波器输出，λ_2～λ_8 反射，继而 λ_2 通过滤波器输出，以此类推，完成多波长解复用目的。如改变传输方向，从输入端口 1～8 分别输入 λ_1～λ_8 的光波，则可从输出端口得到 λ_1～λ_8 的复用合光信号。结构中的棒透镜主要起准直光路的作用。

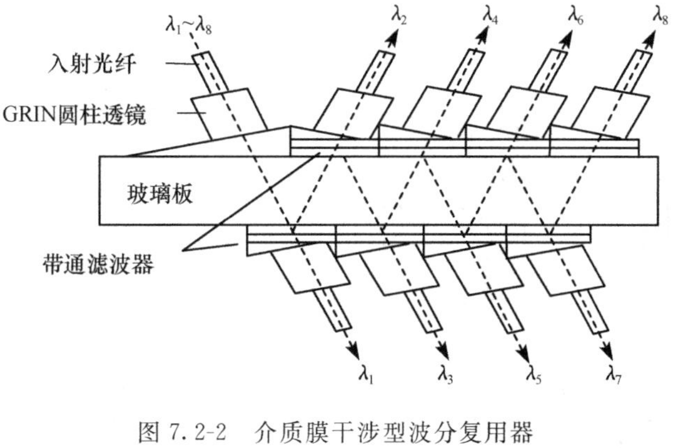

图 7.2-2　介质膜干涉型波分复用器

介质膜干涉型 WDM 用器件是应用最为广泛的器件，其典型复用波长数为 12～16 个，最大可达 32 个。插入损耗与复用波长数相关，典型 12 波长器件插入损耗小于 12dB，串音优于－40dB，信道间隔为 100GHz 或 200GHz。

介质膜干涉型波分复用器的优点是原理简单，有成熟的镀膜工艺，通过调整膜厚和入射角达到技术要求，器件设计的关键在于结构的合理性。其最大的缺点是各波长成分的插损差异较大，而且分光的线宽相对较宽，一般限于 16 波以下的波分复用系统使用。

3）光栅型

所谓光栅是指在一块能够透射或反射的平面上刻画平行且等距的槽痕，形成许多具有相同间隔的狭缝。当含有多波长的光信号在通过光栅时产生衍射，不同波长成分的光信号将以不同的角度出射，从而实现分波。或相反，将各个波长的光汇聚成而合波。WDM中得到应用的光栅有体形平面或曲面光栅、平面光波导型光栅和柱形光纤光栅。

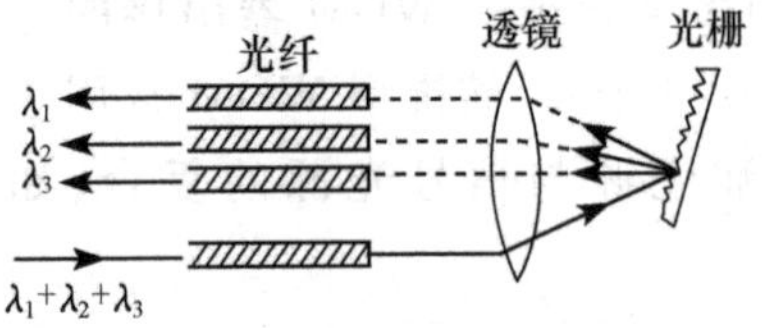

图 7.2-3　光栅型光波分复用器结构示意图

(1) 体形平面或曲面光栅 WDM。这种 WDM 器件采用在 Si 衬底上沉积环氧树脂后制造的光栅，按图 7.2-3 所示结构安装，多波长信号经光纤输入和普通透镜聚焦在反射光栅上，反射光栅将各波长分开，然后经透镜将各个波长的光聚焦在各自的光纤，实现了多波长信号的分接，采用相反的过程，亦可实现多波长信号复接。

体形光栅 WDM 具有优良的波长选择特性，通道间隙小（约 1nm），光栅器件并联工作，插入损耗不随通路数的增加而增长，复用路数多，已达 120 路。缺点是插入损耗较大，为 3～8dB，对偏振较敏感。

(2) 平面阵列波导光栅 WDM。这种 WDM 器件采用两个沉积于 Si 衬底上的平面星型光栅耦合器构成，如图 7.2-4(a) 所示，星型耦合器的平面波导分别与输入/输出波导和阵列光栅（AWG）耦合，如图 7.2-4(b) 所示，构成 1∶1 的成像系统，使衍射光聚焦在输出平面波导的光斑与输入平面波导的相同。连接两平面波导的 AWG 由规则排列的波导组成，相邻波导的长度相差固定值 ΔL，因而产生的相移随波长而改变，焦点的位置随信号波长而改变，这样，AWG 的工作类似于凹面衍射光栅。由相位匹配条件，得到的光栅方程为

$$n_s d\sin\theta_i + n_c \Delta L + n_s d\sin\theta_o = m\lambda \qquad (7.2\text{-}1)$$

式中，$\theta_i = \dfrac{i\Delta x}{L_f}$、$\theta_o = \dfrac{j\Delta x}{L_f}$为输入、输出平面波导的衍射角，$\Delta x$、$d$、$L_f$ 的定义如图 7.2-4(b) 所示；

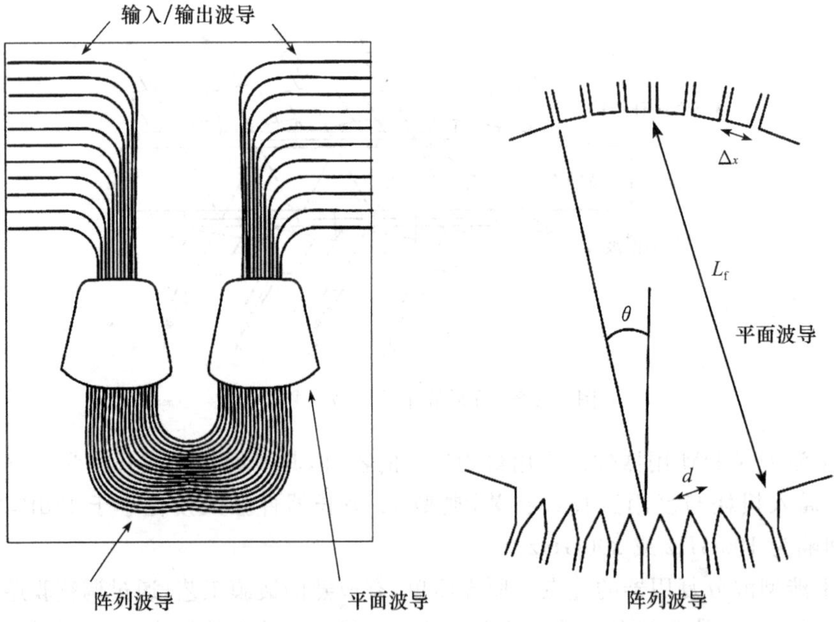

(a) AWG波分复用器　(b) 平面波导结构

图 7.2-4　AWG 波分复用器

λ 为波长；m 为光栅的衍射阶数；n_s 和 n_c 分别为平面波导和输入/输出波导的有效折射率；i 和 j 分别为输入/输出波导序号。由光栅方程可知，对于在某指定输入端口输入的多波长复合信号，将被分解至不同的输出端口输出，实现多波长复合信号的分接。通过合理设计 AWG 凹面光栅阵列的形状、间距、输入/输出平面波导的位置、间距和连接两个 AWG 的长度，即可实现多波长光信号的分接。同样可实现对多端口输入的多个波长信号进行复接。

采用上述设计方案和制造技术，已制成 16×16、32×32 和 128×128 的 WDM 器件，AWG 型光波分复用器具有波长间隔小、信道数多、通带平坦等优点，非常适合超高速、大容量的 WDM 系统使用，并已应用于 WDM 多信道系统中作为中继站的上下路波分复用器和光交换系统中作为新型多波长选择开关，是一种具有重要应用前景的新型 WDM。

(3) 光纤光栅 WDM。在低损耗窗口，光纤是一种无频率选择性的均匀介质，但是当光纤纤芯经充氢处理，并在强光干涉谱照射一段时间后将导致折射率沿轴产生周期性扰动，即形成了光纤光栅。光纤光栅大体可分为两类：一类称为传输型或长周期光栅，折射率的周期性扰动将导致同向传输模式间的耦合；另一类称为反射型或短周期光栅，亦称布拉格光栅(FBG)，折射率的周期扰动将导致相反方向传输模式间的耦合。这种普通型布拉格光栅在满足相位匹配条件时，具有很高的反射率，调节光栅长度和耦合系数时可以改变光栅的带宽。采用这种普通布拉格光栅，可做成光纤光栅 WDM，但需结合光环行器和光带通滤波器使用，结构复杂，实用性不强。

4) 典型波分复用器件

(1) CWDM。表 7.2-4 所示为典型的采用介质膜干涉滤波器制成的 CWDM 波分复用器主要参数。

表 7.2-4　典型 CWDM 波分复用器参数

参数指标	信道数			
	2	4	8	16
中心波长	ITU-T G.695			
通带宽度/nm	±6.5			
通带平坦度/dB	≤0.5			
典型插入损耗/dB	1.6	1.8	2.8	4.6
相邻信道隔离度/dB	≥30			
非相邻信道隔离度/dB	≥45			
偏振相关损耗/dB	≤0.10	≤0.15	≤0.20	≤0.25

(2) DWDM。表 7.2-5 所示为典型的采用介质膜干涉滤波器制成的 DWDM 波分复用器主要参数。

表 7.2-5　典型 DWDM 波分复用器参数(100GHz 间隔)

参数指标	信道数			
	4	8	16	32
中心波长	ITU-T G.692			
通带宽度/nm	±0.11			
通带平坦度/dB	≤0.5			
典型插入损耗/dB	1.8	2.8	4.2	5.2
相邻信道隔离度/dB	≥25			
非相邻信道隔离度/dB	≥45			
偏振相关损耗/dB	≤0.15	≤0.20	≤0.25	≤0.30

(3) AWG 型波分复用器。表 7.2-6 所示为典型的采用 AWG 技术制成的 DWDM 波分复用器主要参数。

表 7.2-6 典型 AWG 波分复用器参数(100GHz 间隔)

参 数	指 标
信道数	40
中心波长	ITU-T G.692,C 或 L 波段
通带宽度/GHz	±12.5
通带平坦度/dB	≤0.5
典型插入损耗/dB	≤2.5
相邻信道隔离度/dB	≥26
非相邻信道隔离度/dB	≥35
偏振相关损耗/dB	≤0.5

2. 可调谐光滤波器

WDM 系统利用可调谐光滤波器可以从多信道复用的光信号中选择出一定波长的信号,以供接收机进行接收。为了使接收机能够接收所有信道的信号,要求光滤波器具有可调谐性,并且调谐范围应该能够覆盖整个系统的波长范围,而滤波器的带宽则应该大于信道带宽,同时小于信道间隔,以避免信道丢失和信道间的串扰。

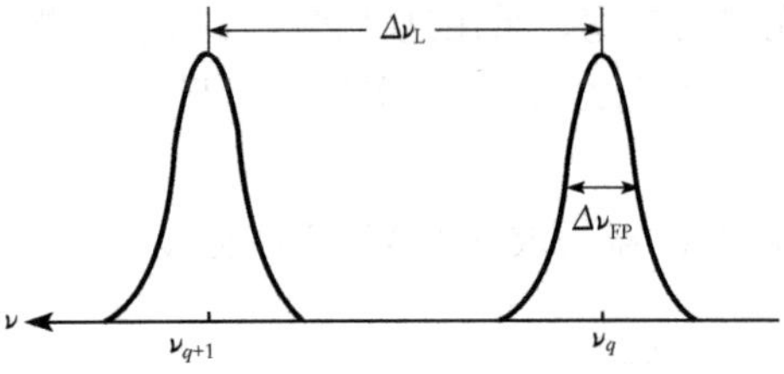

图 7.2-5 FP 干涉仪的传输特性

通常使用法布里-珀罗(FP)干涉仪作为光滤波器,其多谐振峰的传输特性如图 7.2-5 所示。其中 $\Delta\nu_L$ 为 FP 的自由谱宽,$\Delta\nu_{FP}$ 为透过峰的宽度,它们均由 FP 的结构参数决定,即

$$\Delta\nu_L = \frac{c}{2nL} \tag{7.2-2}$$

$$\Delta\nu_{FP} = \frac{\Delta\nu_L}{F} = \frac{1-R}{\pi\sqrt{R}} \cdot \frac{c}{2nL} \tag{7.2-3}$$

$$\nu_q = q \cdot \frac{c}{2nL}, \qquad q = 1,2,3,\cdots \tag{7.2-4}$$

式中,c 为真空中的光速;n 为构成 FP 的材料折射率;L 为 FP 的腔长度;R 为 FP 腔两个腔面的反射率;ν_q 为透过峰的光频率。

透过峰的光频率与 FP 的腔长度有关,如果改变腔长 L,则可以改变透过峰的频率,从而实现调谐。可以将 FP 的一个腔面固定在压电陶瓷上,通过外加电压改变压电陶瓷的伸缩性,使 FP 腔长发生变化,从而达到对 FP 的透过峰进行调谐的目的。

3. WDM 系统的信道串扰

WDM 系统的信道串扰是指一个信道的能量转移到另一个信道。当存在信道串扰时会引起接收信号误码率的升高,如果此时仍要求系统能够保持正常工作,那么系统必须在保证一定误码率的前提下,增加接收机信道的光功率,这样串扰就引起接收灵敏度下降。

WDM 系统产生信道串扰的原因主要有两类,一类是选择信道的解复用元件的非理想特性导致的线性串扰,另一类是由光纤线路的非线性性质引起的非线性串扰。

1）线性串扰

线性串扰通常发生在解复用过程中，它与信道间隔、解复用方式及器件的性能有关。在强度调制/直接检测的多路复用光波系统中，常采用光滤波器去复用，因而串扰的大小取决于用于选择信道的光滤波器的特性。

2）非线性串扰

当光纤处于非线性工作状态时，光纤中的几种非线性效应均可能在信道间构成串扰，具体来讲，就是一个信道的光强和相位将受到其他相邻信道的影响，从而形成串扰。由于是光纤非线性效应引起的，故这种串扰便称之为非线性串扰。引起串扰的光纤的非线性效应包括受激拉曼散射、受激布里渊散射、交叉相位调制和四波混频等。

7.2.3 稳定的光源

1. DWDM 系统的光源

光源采用窄线宽的制冷型 DFB 半导体激光器，满足 ITU-T 对光源线宽的要求。同时采用高可靠自动温度控制电路（ATC），通过双向控制半导体制冷器的工作电流，使它工作在制冷或加热状态，使 LD 稳定地工作在 23℃附近，温度控制精度在 1℃以内。

2. CWDM 系统的光源

CWDM 系统主要采用无制冷激光器。激光器的工作温度是影响激光器输出波长稳定度的最为重要的因素，通常无制冷激光器的热漂移系数为 0.08nm/℃，工作温度范围为 0～70℃。然而根据大多数激光器制造商的定义，标称中心波长指的是 23℃左右时激光器的输出波长值，显然无制冷激光器的平均输出波长对应的平均工作温度约为 35℃。CWDM 的中心频率应选择无制冷激光器工作温度为 35℃时的输出波长。由于受热漂移的影响，此时的输出波长已向长波长方向漂移了约 1nm（0.08nm/℃×（35℃－23℃）＝0.96nm≈1nm）。考虑到这一实际情况，CWDM 的中心频率最后均向长波长方向移动 1nm，才修改为 1271nm、1291nm、1311nm、…、1591nm、1611nm 等，如表 7.2-3 所示。

7.3 波分复用技术的应用

7.3.1 大容量点对点传输系统

WDM 技术首先用于许多点到点连接，增加总传输容量。图 7.1-1 所示为一个典型的大容量 WDM 系统框图，若干光发送机分别工作于各自的载波（λ_i）。借助波分复用器复用为多路信号进入光纤，传输至接收端，在此处借助一个解复用器将复用信号分离后，分别送到各自的接收机。当比特率分别为 $B_1, B_2, \cdots, B_N$ 的 N 信道同时经长度为 L 的光纤传输后，总比特率—距离积为 $(B_1+B_2+\cdots+B_N)\times L$，当各路比特率相同时，系统容量比单信道时增加 N 倍。目前这一技术可以轻松地得到 Tbps 容量的信息传输。

7.3.2 多信道广播与分配网

单波长广播与分配网的拓扑结构，是通过一条总线、树型或星型耦合器将多路信息或节目分配给用户。基于相同拓扑结构，可采用多个光发射机，发送多个光波长信道，借助波分复用器将多波长信道复用，经光纤传输至接收端，用户通过波分复用器解复用，选取相应的波长和信息。

这种采用 WDM 技术的网也称为广播或分配网，其信息分配量和用户数将比单波长广播网高得多。广播网最终容许的分配能力受分配损耗和插入损耗的限制，也与网络的拓扑结构有关。使用光放大技术可以补偿分配损耗的限制，可大大增加分配用户数。

7.3.3 多路多址光纤网络

图 7.3-1 所示为星型 WDM 网络的结构，它将信号分配到各个节点，其特点在于每个节点都配置各自波长的光发送机和能够选择接收 N 个波长工作的接收机，N 为节点或用户数。每个节点能接收整个网络的所有信息，因而可实现各节点间的完全连接，构成无阻塞网，其容量和连接可根据应用要求用电控方法改变。这种结构对比特率和调制格式都是“透明”的，不同的用户能以不同波长、不同的比特率和不同的调制格式发送模拟和数字信号。网络具有很高的灵活性，可用于电信局间的话音传输，也能用于视频广播和使用分组交换技术的网络。

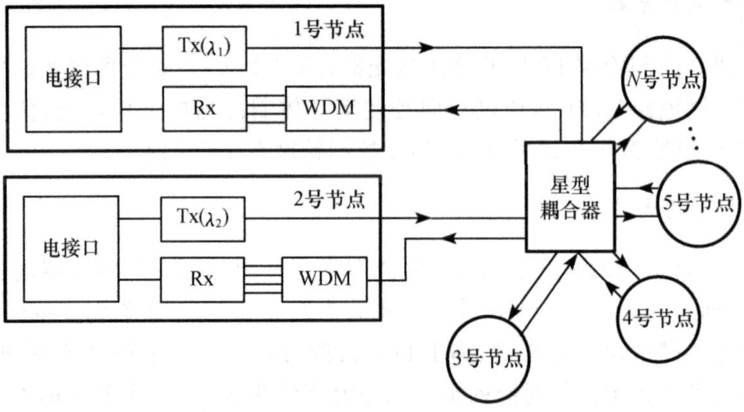

图 7.3-1 基于 WDM 的无源光网络

图 7.3-2 所示为 WDM 无源光网络(PON)的结构框图，在中心局设置有波长为 $\lambda_1,\lambda_2,\cdots,\lambda_N$ 的 N 个光发送机和工作于波长为 $\lambda_{N+1},\lambda_{N+2},\cdots,\lambda_{N2}$ 的 N 个光接收机，$\lambda_{N+1},\lambda_{N+2},\cdots,\lambda_{2N}$ 为 N 个用户所用的波长。发送至每个用户的信号由不同波长的光载波承载，来自各用户的信号由一个远程节点复接后将复合信号传输到中心局，经解复用后送至接收机，中心局的交换机根据接收到的信号波长为信号选定路由。远程节点是无源 WDM 波分复用器。WDM 无源光网络近年来引起了广泛的重视，由于网络的无源性质，降低了建设和维护费用，在电信业中越来越普遍地用于本地环路。在该环路中，一个中心局或远程终端，将信息传送到路边、大楼或各个用户家，开辟了光纤到路边、到家庭的有效途径。

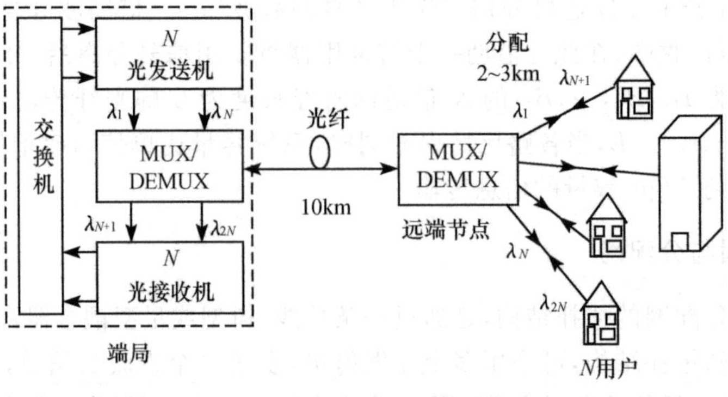

图 7.3-2 基于 WDM 的无源光网络

小　结

在不提高单一波长传输速率的前提下，通过波分复用（WDM）技术可以在一根光纤上复用上百个光波长信道，以极高的性价比获得了 Tbps 量级超大容量的光纤传输。ITU-T 先后推出 DWDM 和 CWDM 的标准，前者应用于大容量、长距离的骨干网，后者适用于城域网和局域网。WDM 的关键部件包括窄线宽、高稳定的半导体激光器、波分复用器和光滤波器等。其中波分复用器以干涉滤波器型和阵列波导光栅（AWG）为主流，前者适用于 32 波以下的系统，后者适用于 32 波以上的较多信道的光纤通信系统。DWDM 光源采用制冷型半导体激光器。CWDM 光源采用非制冷型半导体激光器来实现。

习　题　7

7-1　简述波分复用技术的几种分类及其各自的特点。

7-2　描述 ITU-T 关于 DWDM 标准的要点。

7-3　描述 ITU-T 关于 CWDM 标准的要点。

7-4　波分复用器有哪几类？它们的特点是什么？

7-5　根据 ITU-T 标准设计一个 8 波长的 DWDM 系统，波长间隔为 100GHz，以 C 波段为中心，完成波长的设计、波分复用器选定和计算每个波长信道的传输损耗（通过网络查找波分复用器）。

7-6　根据 ITU-T 标准设计一个 4 波长的 CWDM 系统，波长间隔为 20nm，以 C 波段为中心，完成波长的设计、波分复用器选定和计算每个波长信道的传输损耗（通过网络查找波分复用器）。

7-7　波分复用系统的信道串扰包括哪些内容？

7-8　设计一个采用 AWG 波分复用器的光纤传输系统，使其总的工作速率达到 1.6Tbps，每个信道速率为 40Gbps，完成波长设计、波分复用器选择，并计算每个信道的传输损耗。

第 8 章　光放大技术

光放大技术是 20 世纪光通信领域又一伟大的发明，为实现超长距离、超大容量的光纤传输系统奠定了基础。本章介绍光放大技术的原理和技术参数及光放大器的分类。重点讲述半导体光放大器、掺铒光纤放大器、光纤拉曼放大器和光纤布里渊放大器的原理、结构、特性和应用。

8.1　光放大器的工作原理

8.1.1　光放大器的提出

由于光纤损耗和色散的存在，任何光纤通信系统的传输距离都要受到损耗或色散的限制，损耗导致光信号能量的降低，而色散则使光脉冲发生展宽。在长距离光纤传输系统中，必须利用中继器对已衰减和失真了的光信号进行放大和处理。

传统的光纤通信系统采用的是光电光的中继器，在这种光电光中继器中，光信号首先由光电二极管转变成电信号，经电路整形放大后再重新驱动一个光源，从而实现光信号中继传输，如图 8.1-1(a)所示。这种光电中继器具有装置复杂、体积太大、能耗大的缺点，尤其是在多信道复用和双向复用光纤通信系统中，这种中继方式将变得十分复杂和昂贵。

图 8.1-1　光电光和光光中继器原理图

如图 8.1-1(b)所示为另一种光到光的中继形式，其核心实质就是对输入的小信号光进行功率放大的过程，光放大器在光域通过泵浦对光信号实现放大，泵浦的形式有电泵浦和光泵浦两类。这种通过光放大的中继形式改善了光电光的中继形式的缺点，使超长距离的光纤通信得以实现，是目前光纤通信系统中延长中继距离的主要技术手段。

8.1.2　光放大器的主要技术参数

一般光放大器的原理是在泵浦能量(电或光泵浦)的作用下实现粒子数反转，然后通过受激辐射而实现对入射光信号的放大作用。放大器的增益不仅与信号光的频率和强度有关，而且还与增益介质的特性紧密相关，对于光放大依赖的均匀展宽二能级系统，其增益介质的增益系数 g 表示为

$$g(\omega)=\frac{g_0}{1+(\omega-\omega_0)^2T_2^2+P/P_s} \tag{8.1-1}$$

式中，g_0 为峰值增益，由增益介质和泵浦强度决定；ω 为入射光信号的频率；ω_0 为增益介质的跃迁频率；P 为信号光功率；P_s 为饱和光功率，它与介质的辐射寿命及辐射截面等参数有关；T_2 称为横向弛豫时间，其大小为 0.1ps～1ns。式(8.1-1)可以用来研究放大器的增益带宽、放大倍数、饱和输出功率等重要参数。

1. 增益谱宽和放大器带宽

在小信号放大状态，$P\ll P_s$ 时，式(8.1-1)中忽略掉 P/P_s，则增益系数为

$$g(\omega)=\frac{g_0}{1+(\omega-\omega_0)^2T_2^2} \tag{8.1-2}$$

称为小信号增益系数。式(8.1-2)表明，当 $\omega=\omega_0$ 时，增益系数最大，当 $\omega\neq\omega_0$ 时，增益按洛伦兹分布变化，如图 8.1-2 所示。增益谱宽定义为增益谱 $g(\omega)$的半极大值全宽(FWHM)，对于洛伦兹分布的增益谱，增益谱宽为

$$\Delta\omega_g=\frac{2}{T_2}\quad 或\quad \Delta\nu_g=\frac{\Delta\omega_g}{2\pi}=\frac{1}{\pi T_2} \tag{8.1-3}$$

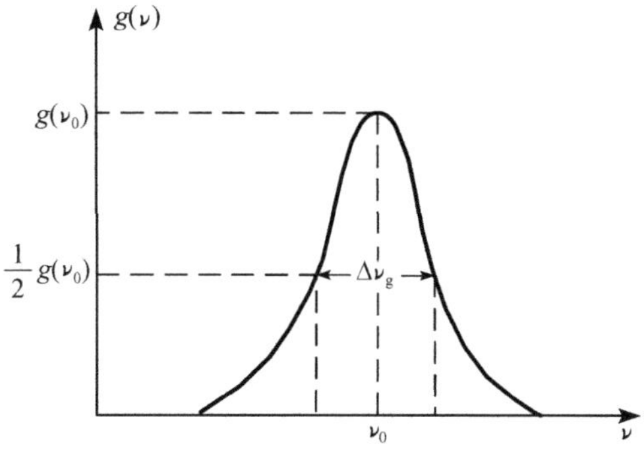

图 8.1-2 洛伦兹分布增益曲线

对于半导体激光放大器，$T_2\approx 0.1$ps，可得增益谱宽 $\Delta\nu_g\approx 3$THz。定义光放大器的增益或放大倍数为

$$G=P_{out}/P_{in} \tag{8.1-4}$$

式中，P_{in}和 P_{out}分别为光放大器的输入和输出光功率。光放大器增益与放大器的长度 L、增益谱 $g(\omega)$呈现指数的变化，关系为

$$G(\omega)=\exp[g(\omega)L] \tag{8.1-5}$$

因此光放大器的增益与光信号频率有关，定义光放大器的带宽 $\Delta\nu_A$ 为 $G(\omega)$的半极大值全宽，它与增益谱宽 $\Delta\nu_g$ 的关系为

$$\Delta\nu_A=\Delta\nu_g\left(\frac{\ln 2}{g_0L-\ln 2}\right)^{1/2} \tag{8.1-6}$$

可见，光放大器的带宽要远小于增益介质的增益谱宽，$\Delta\nu_A\ll\Delta\nu_g$。

2. 增益饱和与饱和输出光功率

式(8.1-1)表明，增益谱 $g(\omega)$与信号光功率有关，在 $P\ll P_s$ 的情况下，信号光功率对增益谱基本没有影响，近似得到式(8.1-2)。但随着 P 的不断增大，$g(\omega)$随着 P 的增大而减小，这就是增益饱和现象。为了简化分析，考虑信号光与增益峰值频率一致($\omega=\omega_0$)，此时，在光放大器中 z 处的光功率 $P(z)$可表示为

$$\frac{dP(z)}{dz}=g(\omega)P(z)=\frac{g_0P(z)}{1+P(z)/P_s} \tag{8.1-7}$$

对式(8.1-7)在放大器长度 0～L 上积分，并利用 $P(0)=P_{in}$，$P(L)=P_{out}=GP_{in}$及式(8.1-5)，可得

$$G = G_0 \exp\left(-\frac{G-1}{G}\frac{P_{\text{out}}}{P_s}\right) \tag{8.1-8}$$

式中，G_0 为小信号放大峰值增益。式(8.1-8)表明，当 P_{out} 大到可以与 P_s 相比较时，放大器的增益将明显减小。图 8.1-3 所示为这种饱和效应的曲线。

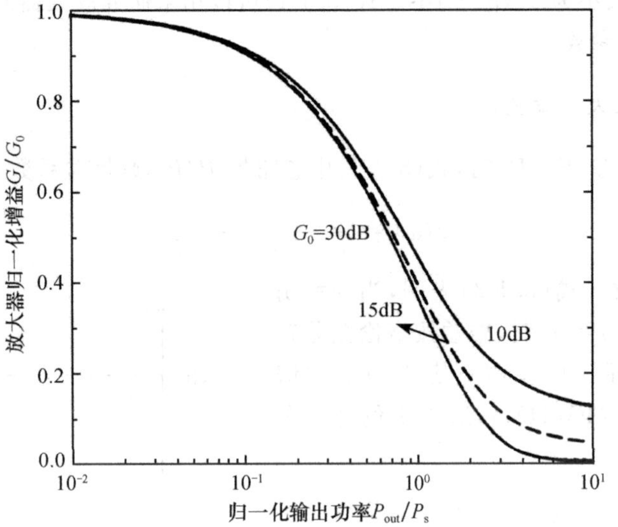

图 8.1-3　放大器的增益饱和效应

在实际应用中，放大器有一个重要的参数叫饱和输出功率 P_{out}^{s}，它定义为放大器的增益 G 从 G_0 下降 3dB 时的输出功率，在式(8.1-8)中令 $G=G_0/2$，可得到

$$P_{\text{out}}^{s} = \frac{G_0 \ln 2}{G_0 - 2} P_s \tag{8.1-9}$$

在一般情况下，$G_0 \gg 2$，所以 $P_{\text{out}}^{s} \approx (\ln 2) P_s \approx 0.69 P_s$，即 P_{out}^{s} 一般为 P_s 的 70%。

3. 光放大器噪声

当光放大器对光信号进行放大时，由于噪声的影响，光信号的信噪比(SNR)将会降低，用光放大器的噪声系数 F 来表征这种影响的大小，定义为

$$F = \frac{(\text{SNR})_{\text{in}}}{(\text{SNR})_{\text{out}}} \tag{8.1-10}$$

这里 SNR 是指将光信号转换成电信号的信噪比。对于放大前后的光信号来说，光探测的噪声是一样的，通过式(8.1-10)可以完全消除光探测的影响，为了方便计算，这里重点考虑白噪声的作用。输入信号的信噪比表示为

$$(\text{SNR})_{\text{in}} = \frac{I^2}{\sigma_s^2} = \frac{(RP_{\text{in}})^2}{2q(RP_{\text{in}})\Delta f} = \frac{P_{\text{in}}}{2h\nu\Delta f} \tag{8.1-11}$$

式中，P_{in} 为入射信号光功率；$I=RP_{\text{in}}$ 表示平均光电流；$R=q/h\nu$ 为理想探测器(量子效率为 1)的响应度；$\sigma_s^2=2q(RP_{\text{in}})\Delta f$，为探测器的白噪声；$\Delta f$ 为探测器的带宽。

在计算放大器输出信号的 SNR 时，应考虑到放大器自发辐射对探测器噪声的贡献，放大器自发辐射导致的噪声近似为白噪声，噪声谱 $S_{\text{sp}}(\nu)$ 可表示为

$$S_{\text{sp}}(\nu) = (G-1)n_{\text{sp}}h\nu \tag{8.1-12}$$

式中，n_{sp} 为自发辐射因子或反转数因子，对于二能级系统 n_{sp} 为

$$n_{sp} = N_2/(N_2 - N_1) \tag{8.1-13}$$

式中，N_1、N_2 分别为基态和受激态的粒子数浓度。当放大器实现粒子数完全反转时，$n_{sp}=1$；在非完全反转情况下，$n_{sp}>1$。自发辐射对放大器输出功率的影响在于探测过程中它引起光电流漂移，研究表明，这种影响主要来源于自发辐射与信号的差拍噪声，这样在放大器出端探测到的噪声为

$$\sigma^2 = 2q(RGP_{in})\Delta f + 4(RGP_{in})(RS_{sp})\Delta f \tag{8.1-14}$$

其中，第一项表示白噪声，第二项表示自发辐射与信号差拍噪声，为简化计算忽略了其他的噪声。在式(8.1-14)中，当 $G\gg 1$ 时可以忽略掉第一项而只考虑第二项，这样，输出信号的信噪比为

$$(\text{SNR})_{out} = \frac{I^2}{\sigma^2} = \frac{(RGP_{in})^2}{\sigma^2} \approx \frac{GP_{in}}{4S_{sp}\Delta f} \tag{8.1-15}$$

利用式(8.1-10)、式(8.1-11)、式(8.1-15)可得到放大器的噪声系数

$$F = 2n_{sp}(G-1)/G \approx 2n_{sp} \tag{8.1-16}$$

式(8.1-16)表明，即使是理想的放大器($n_{sp}=1$)，输入信号的 SNR 也被降低了 3dB，光放大器噪声系数的理想值为 3dB，实际上光放大器的 F 在 4～6dB。

8.1.3 光放大器的分类和特征

目前应用于光纤通信系统的光放大器主要包括 3 大类：半导体激光放大器、掺杂光纤放大器和非线性光纤放大器。

半导体激光放大器是在半导体激光器的研发过程中产生的，其特点是在半导体激光器芯片两端镀上增透膜而形成行波放大器，由于在半导体器件中载流子浓度非常高，因此半导体激光放大器的单程增益较高，并具有和 LD 相似的特性。

掺杂光纤放大器在光纤通信中起着十分重要的作用，许多稀土离子(如 Er^{3+}、Pr^{3+}、Nd^{3+} 等)都被用作掺杂材料而构成掺杂光纤。掺 Er^{3+} 光纤放大器工作波长为 1.55μm，而掺杂 Pr^{3+} 光纤放大器工作在 1.3μm 波段。掺杂光纤放大器利用掺杂离子在泵浦光作用下形成粒子数反转分布，当有入射光信号通过时实现对入射光信号的放大。掺杂光纤放大器是目前最为成熟，并广泛应用的光放大器。

非线性光纤放大器利用光纤中的非线性效应，如受激拉曼散射(SRS)和受激布里渊散射(SBS)实现对信号光的放大，通常称为光纤拉曼放大器和光纤布里渊放大器。这类光纤放大器需要对光纤注入泵浦光，泵浦光能量通过 SRS 或 SBS 转移到信号光上，同时有部分能量转换成分子振动(SRS)或声子(SBS)。对光纤拉曼放大器来说，泵浦光与信号光可以同向或反向传输，而光纤布里渊放大器只能进行逆向泵浦，布里渊的斯托克斯(Stokes)移动要比拉曼小 3 个量级，光纤拉曼放大器的增益带宽约为 6THz，而光纤布里渊放大器的增益带宽却相当窄，只有 30～100MHz。光纤拉曼放大器在噪声、带宽、长距离放大等方面具有明显优势，是实现全波段光放大的必要技术手段。

8.2 半导体光放大器

8.2.1 半导体光放大器工作原理与技术特点

1. 半导体光放大器的结构

具有 FP 腔结构的半导体激光器，在注入电流大于阈值时，形成激光输出，实质上是一个激

光放大器，但由于半导体激光器芯片两端解理面的存在，构成较强的反馈（约32%的反射率），使这种放大器受到的多次反射效应影响严重，所以称为FP型放大器。FP型放大器的增益可以利用FP的理论得到

$$G_{FP}(\nu)=\frac{(1-R_1)(1-R_2)G}{(1-G\sqrt{R_1R_2})^2+4G\sqrt{R_1R_2}\sin^2[\pi(\nu-\nu_m)/\Delta\nu_L]} \tag{8.2-1}$$

式中，R_1、R_2 分别为放大器两端的反射率；ν_m 为FP腔的谐振频率；$\Delta\nu_L$ 为纵模间隔（也称为FP腔的自由谐宽）；G 为单程增益。

在式(8.2-1)中，当入射光信号的频率 ν 与FP腔的一个谐振频率 ν_m 相等时，增益 $G_{FP}(\nu)$ 出现峰值，当 ν 偏离 ν_m 时增益下降，可计算出放大器的带宽为

$$\Delta\nu_A=\frac{2\Delta\nu_L}{\pi}\arcsin\left[\frac{1-G\sqrt{R_1R_2}}{(4G\sqrt{R_1R_2})^{1/2}}\right] \tag{8.2-2}$$

为了获得较大的放大器带宽，$G\sqrt{R_1R_2}$ 应该接近1，因此由上式可知，放大器的带宽 $\Delta\nu_A$ 很窄，只是FP腔自由谐宽 $\Delta\nu_L$ 的很小部分（如 $\Delta\nu_L\approx100\text{GHz}$，$\Delta\nu_A\approx10\text{GHz}$），这样小带宽的放大器不适合在光纤通信系统中应用，因此这类FP放大器只在一些信号处理应用中使用。

如果在半导体激光器芯片两端面镀上增透膜，使反射率极低（理想情况下 $R=0$），则可以构成行波半导体光放大器。对于行波放大器，可在式(8.2-1)中令 $R_1=R_2=0$ 而得出放大器的增益。

行波半导体光放大器对芯片端面剩余反射率的要求应小于0.001，这也是半导体光放大器的技术难点和要点。可以利用式(8.2-1)考虑最大和最小增益而估算出可以容忍的剩余反射率的大小，最大与最小增益之比值为

$$\Delta G=\frac{G_{FP}^{max}}{G_{FP}^{min}}=\left(\frac{1+G\sqrt{R_1R_2}}{1-G\sqrt{R_1R_2}}\right)^2 \tag{8.2-3}$$

为了使 $\Delta G<2$，则要求

$$G\sqrt{R_1R_2}<0.17 \tag{8.2-4}$$

如果放大器的端面剩余反射率满足式(8.2-4)，则可以认为该放大器为行波放大器。这样对增益为30dB($G=1000$)的放大器，要求 $\sqrt{R_1R_2}<1.7\times10^{-4}$。

对半导体激光器芯片两端面镀制高质量的增透膜要求较高的工艺条件，而且很难对镀膜的结果进行控制和预测，为此人们提出了几种用于降低半导体激光器端面反射率的结构。其中一种如图8.2-1(a)所示，在这种结构中，激活区端面制作成具有一定的角度，因而反射得到降低，采用这种角度端面结构与镀制增透膜相结合的方法，很容易就可以实现反射率 $R<0.001$，如果进一步优化设计，可以达到 $R<0.0001$。另一种结构如图8.2-1(b)所示，叫做窗面结构，这种结构

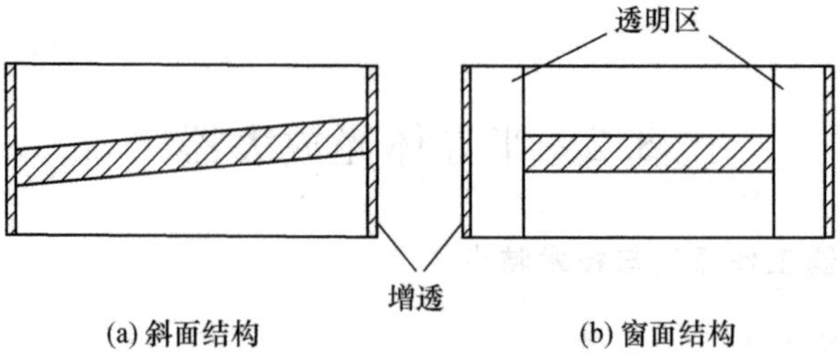

图8.2-1　半导体激光放大器的两种结构

中，在激活区与端面之间有一个透明区，来自激活区的光束在经端面反射之前发生发散，反射之后发散更为严重，所以只有极少部分的光返回到激活区中，这种结构与镀膜相结合，也可以使端面反射率降低至小于 0.0001。

2. 半导体光放大器的性能

1）增益谱宽

增益谱宽主要由半导体材料的增益谱决定，图 8.2-2 所示为一个 $R\approx 4\times 10^{-4}$ 的半导体光放大器的增益随波长变化的曲线，对于该放大器 $G=100$，$G\sqrt{R_1R_2}\approx 0.04$，条件式(8.2-4)得到很好满足，由图 8.2-2 可见，增益的起伏较小，因此可以认为该放大器为行波放大器。放大器的带宽约为 70nm，反映的是介质的增益谱宽。

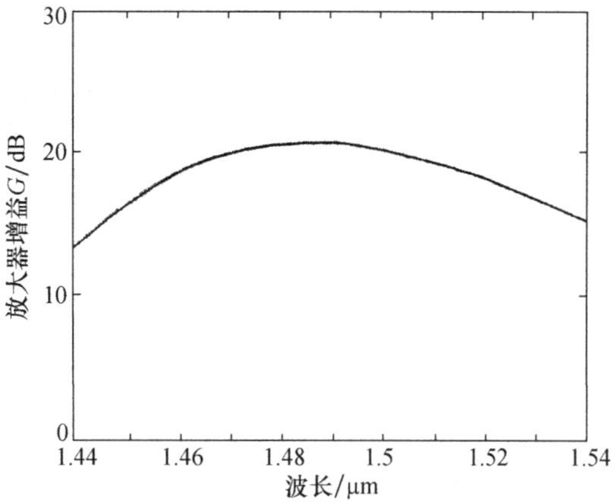

图 8.2-2　一只 $R\approx 4\times 10^{-4}$ 的半导体激光放大器增益谱

2）饱和输出功率

半导体光放大器的增益饱和特性与二能级系统完全相同，与半导体光波导的微分增益系数、波导截面积和载流子寿命等密切相关，理论计算可得到半导体光放大器饱和输出功率的典型值范围为 5～10mW。

3）噪声系数

对于半导体光放大器噪声系数，应考虑到两个方面，一是反转数因子，二是非辐射损耗，它使得放大器的净增益系数减少，考虑到这些因素后放大器的噪声系数要比理想值 3dB 大，典型值为 5～7dB。由于放大器端面剩余反射率的存在，它会使噪声系数增加到 $(1+R_1G)$ 倍，这里 R_1 为入射端面的反射率，$(1+R_1G)\approx 1$，所以 R_1 对噪声系数的影响可以忽略。

4）偏振相关

半导体光放大器是一个矩形波导放大器，其增益随入射光的偏振态发生变化，放大器对 TE 模和 TM 模的增益差可以高达 5～8dB。如果将放大器宽度和厚度的尺寸设计得接近，可以减小这种增益与偏振态相关的效应。图 8.2-3 所示为 3 种偏振相关半导体光放大器结构，其中图(a)采用两个结平面相互垂直的放大器串接，如果两个放大器的增益特性完全相同，则放大器的总增益与入射光的偏振无关。图(b)采用两个放大器并接的方式，入射光首先由偏振分束器分成相互正交的两个偏振态，然后在两个放大器中都以 TE 偏振方式放大，最后又将放大后的两束光合成在一起。在图(c)所示的结构中，光信号在第一次通过放大器后，偏振态被旋转 90°，然后再次通过放大器，使得总增益与偏振态无关，这种结构尽管在光纤上使用了一个 3dB 耦合器而带来 6dB 的损耗，但由于信号光两次通过放大器，所以对信号的增益还是很高的。

5）耦合损耗

半导体光放大器针对光纤通信系统，其致命缺点是与光纤耦合的效率太低，通常一进一出达到 12dB，这也是半导体光放大器在光纤通信系统中较少应用的原因之一。

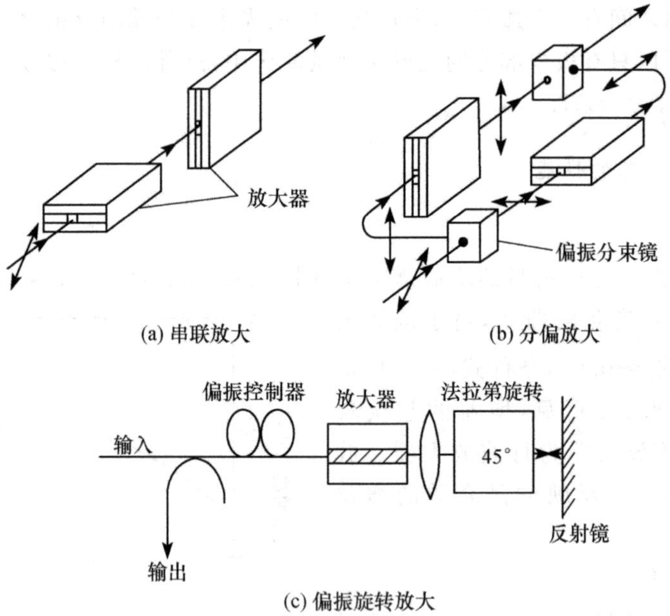

图 8.2-3　减小半导体激光器增益与偏振态相关的 3 种结构

8.2.2　半导体光放大器的应用

由于半导体光放大器具有较大的噪声系数(5～7dB),其自发辐射噪声的存在将使光信号的信噪比降低,因此不太适合用作前置放大器。半导体光放大器也可以在发射端用作功率放大器,但由于它具有较低的饱和输出功率(5～10mW),很难用这种方式获得较高的功率输出。在实验室采用多个半导体光放大器级联,完成了数百千米光纤的传输实验系统,验证了半导体光放大器的可行性。但是,由于半导体光放大器具有偏振相关和光纤耦合效率低的特性,因此目前不适合在光纤通信系统中大量应用。

半导体光放大器非常重要的应用是在光信号处理上,利用半导体光放大器的交叉增益调制或交叉相位调制效应,可以实现波长变换,这是近几年来研究较多的一个重要应用领域。此外,半导体光放大器也可与其他技术结合起来,用作光信号处理中的光逻辑器件。

8.3　掺铒光纤放大器

8.3.1　掺铒光纤放大器工作原理与技术特点

掺杂光纤放大器利用掺入石英光纤的稀土离子作为增益介质,在泵浦光作用下形成粒子数反转而对入射光信号提供光增益,放大器的特性主要由掺杂元素决定。有许多不同的稀土元素,如铒(Er)、钬(Ho)、钕(Nd)、钐(Sm)、铥(Tm)、镨(Pr)和镱(Yb)等,都可用于实现不同波长的光放大器,这些波长覆盖了从可见光到红外光的很宽范围。其中掺 Er^{3+} 和掺 Pr^{3+} 的光纤放大器分别工作于 1.55μm 和 1.3μm,具有高增益、高功率和宽带宽等优点,是目前应用最为广泛的光放大器,由此导致光纤通信技术的巨大变革。

1. EDFA 中 Er^{3+} 的能级结构和泵浦

如图 8.3-1 所示为 Er^{3+} 的能级结构,在 SiO_2 受主杂质中,Er^{3+} 的能级受到非晶态的影响,能级发生展宽。EDFA 中受激光放大对应于 $4I_{15/2}$ 到 $4I_{13/2}$ 之间的跃迁，在泵浦方面，可以有 650nm、800nm、980nm、1480nm 等多种波长的泵浦形式，在最初的 EDFA 实验中采用了大功率的可见光激光器（如氩离子激光器、YAG 激光器、染料激光器等）进行泵浦，但由于 980nm 波长以下的泵浦存在着较强的受激带吸收，所以泵浦效率很低，因而人们常采用 980nm 和 1480nm 两种泵浦方式，并且在这个波长上已经实现了用作泵浦源的大功率半导体激光器，在这两个波长上，对 EDFA 的泵浦效率可以高达 11dB/mW，因此几毫瓦的泵浦功率就可以获得 30～40dB 的增益。泵浦光可以相对于信号光以同向或逆向的形式泵浦，也可以同时采用同向和逆向泵浦结合的方式。

2. 增益特性

EDFA 的增益谱主要由 Er^{3+} 的增益分布决定，但受到玻璃非晶结构和其他掺杂剂（如 GeO_2、Al_2O_3）较大的影响。在光纤中，非晶结构导致增益谱发生非均匀展宽，因此 EDFA 实际表现为综合展宽，图 8.3-2 给出了一个掺铒光纤的增益谱，由图可知，EDFA 的增益谱很宽，为 1530～1560nm，约 30nm，在增益谱内具有两个峰值。不同的 EDFA，由于掺杂参数不同（包括 Er^{3+}、Al_3O_3、GeO_2），其增益谱会出现差异，可以通过对掺杂参数的调整得到合适的增益谱分布。

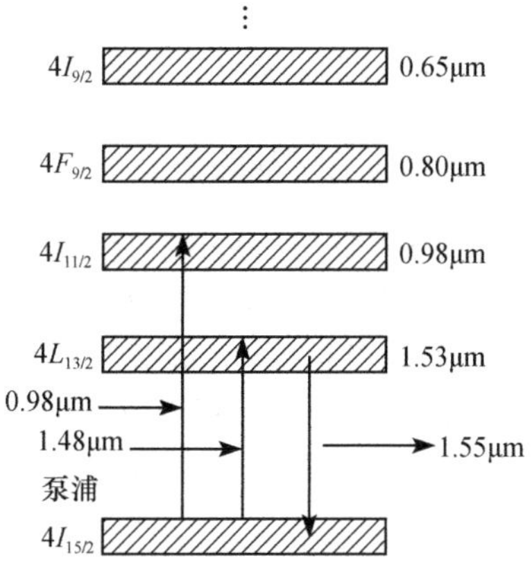

图 8.3-1　Er^{3+} 的能级结构

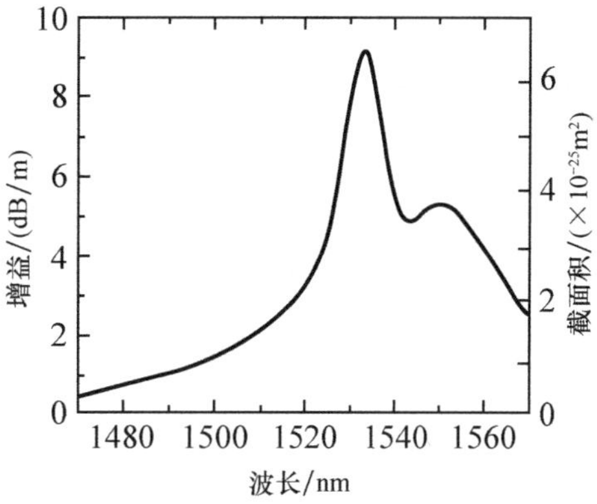

图 8.3-2　掺 Er^{3+} 光纤的增益谱

EDFA 的增益与掺杂参数、放大器长度、光纤芯径、泵浦功率等诸多因素有关，如图 8.3-3 所示为在小信号输入情况下，采用 1.48μm 泵浦的典型 EDFA 增益的计算结果，其中图(a)所示为不同长度的放大器的增益随泵浦功率的变化情况，对于给定的放大器长度，增益随泵浦功率在开始时按指数增加，当泵浦功率超过一定值时，增益的增加逐渐减慢，并趋于恒定值，此后再增加泵浦功率不能再使增益增大。图(b)所示为在不同泵浦功率下，放大器的增益与放大器长度的关系，当泵浦功率一定时，放大器在某一最佳长度时获得最大的增益，如果放大器长度超过此最佳长度，由于泵浦不足，光信号在放大器的最佳长度以外受到吸收衰减，因此增益下降很快。所以在 EDFA 的设计中，要在掺 Er^{3+} 光纤结构参数的基础上，选择合适的泵浦功率和最佳长度，以使放大器工作在最佳状态。

在 EDFA 泵浦功率一定的情况下，放大器小信号增益表现为在开始阶段恒定，随信号功率的增加而下降，这是 EDFA 出现增益饱和的缘故。EDFA 的饱和输出功率依放大器的设计不同而不同，典型值为 10～20mW。对于大功率 EDFA 功率放大器，其饱和输出功率将达到 1～10W。

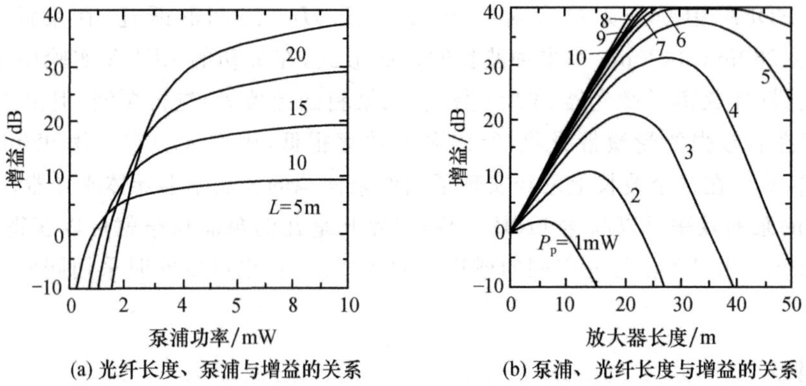

图 8.3-3　1.48μm 泵浦的典型 EDFA 的小信号增益特性

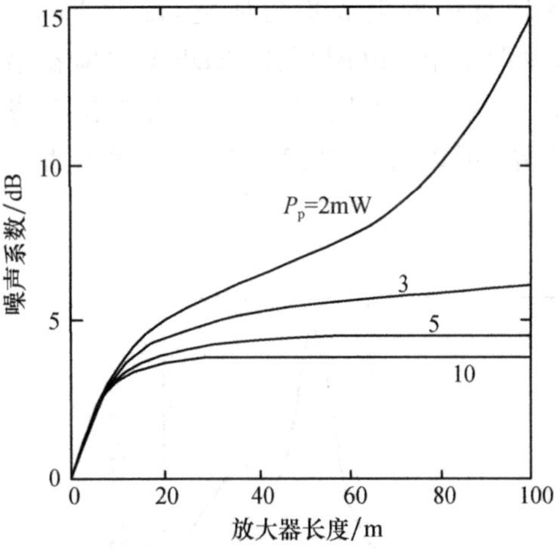

图 8.3-4　EDFA 在不同泵浦功率下噪声系数随放大器长度的变化情况

3. EDFA 的噪声系数

EDFA 的噪声系数理论值为 $F=2n_{sp}$，而反转数因子 $n_{sp}=N_2/(N_2-N_1)$。在 EDFA 中，$N_1>0$，所以 $n_{sp}>1$，这样 EDFA 的噪声系数总是比 3dB 大。

EDFA 的噪声系数与放大器长度和泵浦光功率相关。图 8.3-4 所示为在几组不同泵浦功率情况下，EDFA 的噪声系数随放大器长度的变化情况。由图可知，在泵浦功率较大的情况下(大于 10mW)，EDFA 的噪声系数都可以接近 3dB 的理论极限。

980nm 泵浦的 EDFA 通常比 1480nm 泵浦的 EDFA 具有较低的噪声系数，这是因为 980nm 泵浦的 EDFA 为 3 能级系统，容易获得较高的反转数分布，而 1480nm 泵浦的 EDFA 由于泵浦能级与受激态能级处于同一能带，较难获得较高的反转数分布。

8.3.2　掺铒光纤放大器的设计

1. EDFA 的结构设计

图 8.3-5 所示为 EDFA 的 3 种典型结构，即正向泵浦、反向泵浦和双向泵浦。其主要由光耦合器(波分复用器)、掺铒光纤、光隔离器和光滤波器等组成。光耦合器实现信号光和泵浦光的合波，光隔离器隔离光路的反射信号，光滤波器将信号光滤出并隔离泵浦光。反向泵浦较正向泵浦具有更小的噪声系数，是提倡采用的方式。当设计光放大器需要较大的饱和输出功率或较高增益时，可采用双向泵浦的技术手段，如需更高功率的输出可采用多级级联放大的结构设计。

2. EDFA 参数设计

如图 8.3-6 所示为 EDFA 设计流程，基本思路是根据 EDFA 的技术指标要求，设计放大器的参数。首先要考虑的是掺杂光纤的参数，其中包括掺杂种类和浓度、杂质分布、光纤芯径、光纤的数值孔径等。掺 Er^{3+} 光纤除要在纤芯中掺入适当浓度的 Er^{3+} 作为增益介质外，一般还要掺

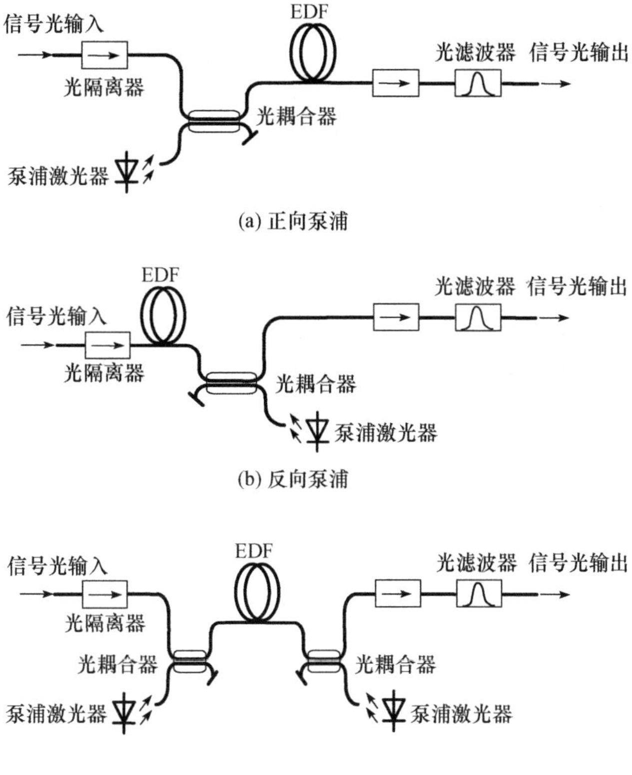

(a) 正向泵浦

(b) 反向泵浦

(c) 双向泵浦

图 8.3-5 EDFA 的几种结构

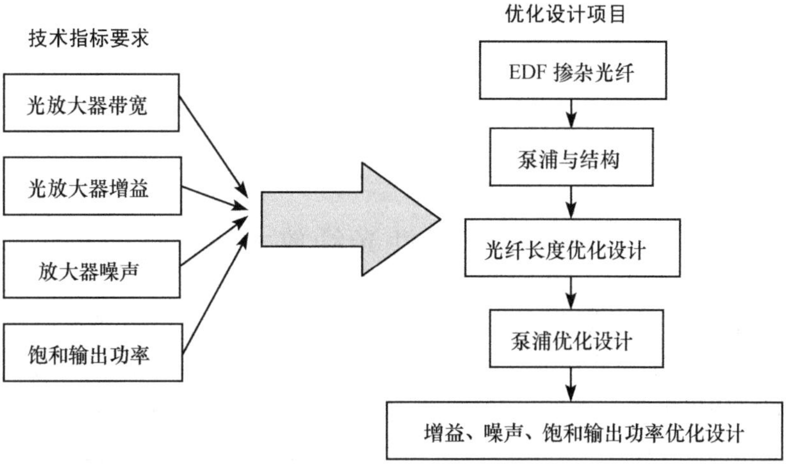

图 8.3-6 EDFA 优化设计

Ge^{4+} 和 Al^{3+}，掺 Ge^{4+} 用以提高纤芯与包层的折射率差，掺 Al^{3+} 可以使 Er^{3+} 在纤芯中分布更为均匀，使放大器的带宽更宽。

然后要根据实际情况，由掺杂光纤参数和理论计算确定光纤的长度，掺杂光纤长度的确定需要结合泵浦功率和泵浦方式，可以根据情况选择正向、逆向或正逆双向泵浦，在一定的泵浦功率下选择最佳的掺杂光纤长度。

泵浦波长可以采用980nm或1480nm,可根据具体情况选择。在EDFA中,需要利用WDM耦合器将泵浦光和信号光耦合进入掺Er^{3+}光纤,对WDM耦合器的要求是耦合效率要高,且在带内耦合效率平坦,从而使EDFA放大输出信号光功率稳定。最后对EDFA涉及的技术参数进行总体优化设计和实验调试,获取最佳技术指标。

8.3.3 EDFA的特点与技术参数

1. EDFA的特点

EDFA的技术特点包括以下几点:①全光纤化,应用方便,耦合效率高。②带宽大,可覆盖L、C、S波段。③小信号增益高,可达40dB。④饱和输出功率高,可达到10W。⑤噪声低可小于4dB。⑥多功能,在系统中可用作前置放大器、线路放大器和功率放大器。⑦成本较低,是性价比较高的光放大器。

2. EDFA典型技术参数

表8.3-1所示为EDFA放大器的典型参数。

表8.3-1 EDFA的典型参数

项　目	技术参数		
放大器类型	前置放大器	线路放大器	功率放大器
工作波长范围/nm	1530～1560		
输入光功率范围/dBm	−40～−10	−25～−3	−6～3
输出光功率范围/dBm	−5～20	13～23	33
放大器增益/dB	30～35	30～40	30～36
噪声系数/dB	≤4.3	5～6	5～6
偏振灵敏度/dB	≤0.3		
输入/输出光隔离度/dB	>30		
输入/输出光回波损耗/dB	>45		
输入/输出光接口	FC/APC或SC/APC		

8.4 非线性光纤放大器

受激拉曼散射(SRS)和受激布里渊散射(SBS)均为石英光纤内产生的非线性现象。当较强的光束作用于石英光纤上,会产生非弹性散射,此散射光具有斯托克斯频移,利用这一频移可以对正好工作在该波段的弱信号光进行放大。将较强的光视为泵浦光,弱信号光视为信号,通过受激拉曼散射或受激布里渊散射,对信号光进行放大,由此构成的放大器称为光纤拉曼放大器(FRA)或光纤布里渊放大器(FBA),统称为非线性光纤放大器。

8.4.1 光纤拉曼放大器

光纤中受激拉曼散射(SRS)的研究始于20世纪70年代,研究发现石英光纤具有很宽的拉曼增益谱(达40THz),并在13THz附近有一较宽的主峰,如果一个弱信号与一强泵浦光波同时在光纤中传输,并使弱信号波长置于泵浦波的拉曼增益带宽内,则弱信号即可被放大。这种基于SRS机制的光放大器称为光纤拉曼放大器(FRA)。

1. FRA 的工作原理与增益带宽

图 8.4-1 所示为 FRA 的原理结构。频率为 ω_p 和 ω_s 的泵浦光和信号光通过波长选择耦合器输入至光纤，当这两束光在光纤中一起传输时，泵浦光的能量通过受激拉曼散射(SRS)效应转移给信号，使信号光得到放大。泵浦光和信号光也可分布在光纤的两端输入，在反向传输过程中同样能实现弱信号的放大。

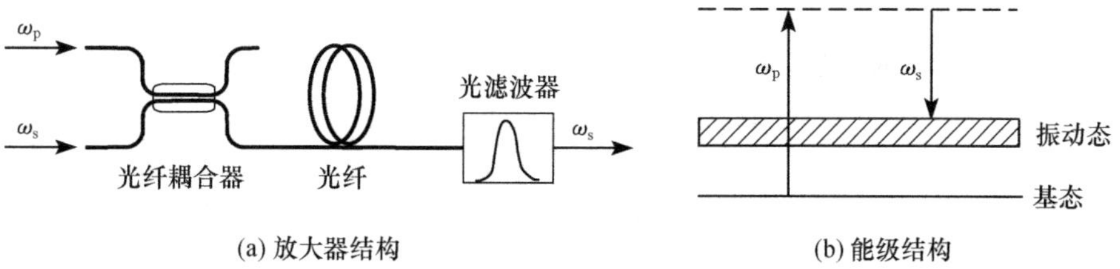

图 8.4-1　光纤拉曼放大器及其能级图

基于光纤中的 SRS 机制，一个入射泵浦光子通过光纤的非线性散射转移部分能量，产生另一个低频光子，称为斯托克斯频移光，而剩余的能量被介质以分子振动(光学声子)的形式吸收，完成振动态之间的跃迁。

斯托克斯频移 $\Omega_R=\omega_p-\omega_s$ 在 SRS 过程中起着重要作用，Ω_R 由分子振动能级确定，其值决定了产生 SRS 的频率范围。对非晶态石英光纤，其分子振动能级融合在一起，形成了一条能带，因此可在较宽的频差($\omega_p-\omega_s$)范围(40THz)内通过 SRS 效应实现信号光的放大。

图 8.4-2 所示为石英光纤的拉曼增益谱，图中曲线是在 $\lambda_p=1\mu$m 测量得到的，由于光增益 $g=g_R I_p$，I_p 为泵浦强度，由泵浦功率 P_p 决定，g_R 为拉曼增益系数，随 ω_p 线性增大。由此可得，光纤 SRS 的光增益为

$$g(\omega)=g_R(\omega)(P_p/a_p) \qquad (8.4\text{-}1)$$

式中，a_p 为光纤中泵浦光的横截面积。峰值增益出现在斯托克斯频移 Ω_R 为 13.2THz 处，由图 8.4-2 可知 SRS 增益谱宽约为 6THz。

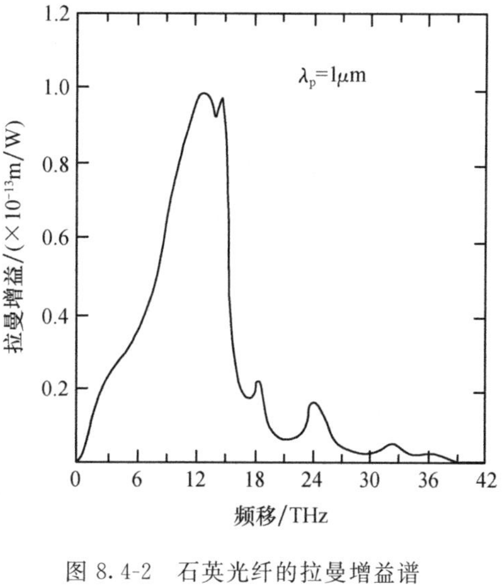

图 8.4-2　石英光纤的拉曼增益谱

FRA 作为宽带分布式补偿放大器在光纤通信系统中具有重要意义。FRA 的实现需要较高的泵浦功率，例如，在小信号放大时，要得到 30dB 的增益，则按 $G(\omega)=\exp[g(\omega)L]$ 计算，可知应有 $gL\approx 7$。对于放大 1.55m 的光信号，光纤的参数为增益系数 $g_R=6\times10^{-14}$ m/W，$a_p=50\mu\text{m}^2$，$L=1$km，即使忽略光纤损耗，所要求的泵浦功率已超过 5W。

2. FRA 的耦合方程和小信号增益

FRA 放大过程中存在两个能量变换过程。一方面，信号光通过 SRS 获得增益，从泵浦得到能量转移实现放大，被放大的光信号又被传输光纤吸收而衰减。另一方面，泵浦光通过 SRS 过程将能量转移给信号光而衰减，同时还受到传输光纤吸收而衰减。信号光的放大过程和泵浦光

的衰减过程可用下面两个耦合方程来描述，即

$$\frac{\mathrm{d}P_s}{\mathrm{d}z} = -\alpha_s P_s + \frac{g_R}{a_p} P_p P_s \tag{8.4-2}$$

$$\frac{\mathrm{d}P_p}{\mathrm{d}z} = -\alpha_p P_p - \frac{\omega_p}{\omega_s}\frac{g_R}{a_s} P_s P_p \tag{8.4-3}$$

式中，α_s 和 α_p 分别为在信号光频率 ω_s 和泵浦光频率 ω_p 处的光纤损耗；a_s 和 a_p 分别为信号光束和泵浦光束的横截面积。

对于小信号放大，泵浦光远大于信号光，可以忽略式(8.4-3)右边最后一项的泵浦光的消耗，近似认为泵浦光功率随光纤传输过程按指数衰减表示为

$$P_p(z) = P_p(0)\exp(-\alpha_p z) \tag{8.4-4}$$

将式(8.4-4)代入式(8.4-2)，可求得在长度为 L 的放大器输出信号功率为

$$P_s(L) = P_s(0)\exp(g_R P_p(0) L_{\mathrm{eff}}/a_p - \alpha_s L) \tag{8.4-5}$$

$$L_{\mathrm{eff}} = [1 - \exp(-\alpha_p L)]/\alpha_p \tag{8.4-6}$$

式中，$P_s(0)$和 $P_p(0)$分别为 $z=0$ 处的输入信号光功率和输入泵浦光功率；L_{eff}定义为放大器的有效长度，当 $\alpha_p L \gg 1$ 时，$L_{\mathrm{eff}} \approx 1/\alpha_p$。

当光纤中不存在拉曼放大时($g_R=0$)，由式(8.4-2)得到

$$P_s(L) = P_s(0)\exp(-\alpha_s L) \tag{8.4-7}$$

因此 FRA 的小信号增益为

$$G_A = \frac{P_s(L)}{P_s(0)\exp(-\alpha_s L)} = \exp(g_0 L) \tag{8.4-8}$$

式中，g_0 为光纤 SRS 的小信号增益系数，定义为

$$g_0 = g_R\left(\frac{P_p(0)}{a_p}\right)\left(\frac{L_{\mathrm{eff}}}{L}\right) \approx \frac{g_R P_p(0)}{a_p \alpha_p L} \tag{8.4-9}$$

式(8.4-9)最后的近似是在 $\alpha_p L \gg 1$ 时导出的，可见在此条件下，G_A 与 L 无关。

当输入信号光功率增大，而泵浦光功率转移给信号光而产生的消耗不可忽略时，泵浦光功率在传输过程中不断衰减，信号光的放大受到限制，放大过程出现了饱和现象。用 r 描述表示初始信号光和泵浦光的功率比，研究表明当 $G_A r \approx 1$ 时，FRA 的增益已降低至原来的一半，这时 FRA 的饱和输出功率是与初始泵浦光功率密切相关的。

3. FRA 的特点

光纤拉曼放大器具有以下几个突出的优点。

(1) FAR 使用普通光纤，有效面积小，拉曼增益高，噪声系数低。

(2) 拉曼放大是一个非谐振过程，增益谱仅依赖于泵浦波长和泵浦功率，只要有合适的泵浦光源，就可实现对任意波长的拉曼放大，是唯一的全波段放大器。

(3) 石英光纤中的拉曼增益可在很宽的范围内连续地产生，可用作宽带放大器。通过合理选择泵浦波长，可以精确地确定拉曼增益谱的形状和增益带宽，增益波长范围由泵浦波长决定，带宽随泵浦功率和数目增加，FRA 与其他类型的放大器联合使用，可以获得更加优异的放大性能。

当然光纤拉曼放大器也存在一些不足，例如，为实现非线性拉曼放大，需要较高的泵浦功率(一般要求大于 600mW)，对光电器件要求较高，整体转换效率较低。

4. FRA的结构与应用

光纤拉曼放大器有两种类型，即分布式和集中式，各有其特点。一种称为集中式FRA，主要作为高增益、高功率放大，其长度为1～2km，泵浦功率为1～2W，可提供20～30dB的增益。集中式光纤拉曼放大器是将放大器与传输线路分开，作为独立元件出现，因此一般要求其具有较高的增益，采用高掺杂、低损耗、小有效面积的光纤作为增益介质。由于集中式FRA的增益和EDFA相比有一定差距，并且需要较长的光纤，因此主要用于放大一些EDFA不能放大的特殊波长，如1.3μm波段、1.55μm的L和S波段。

另一种称为分布式FRA，分布式光纤拉曼放大器是以传输光纤本身作为增益介质的放大器，主要作为光纤传输系统中传输光纤损耗的分布式补偿放大，实现光纤通信系统光信号的透明传输。由于分布式放大器优良的性能，已成为光纤拉曼放大器主要的应用形式。

光纤拉曼放大器应用于宽带放大主要有两种情况，一是光纤拉曼放大器独立使用，采用多波长泵浦，形成宽带放大，其典型结构如图8.4-3所示。在独立应用光纤拉曼放大器中，可以采用双向泵浦，也可以只采用前向泵浦或反向泵浦，在实际系统中，反向泵浦的噪声特性相对其他两种结构来说较好，因此应用中多采用反向泵浦的形式。当采用多个泵浦源时，可以实现超宽带拉曼放大。增益介质一般为普通单模光纤，但由于拉曼增益效率较低，也可采用掺锗光纤来代替普通单模光纤。

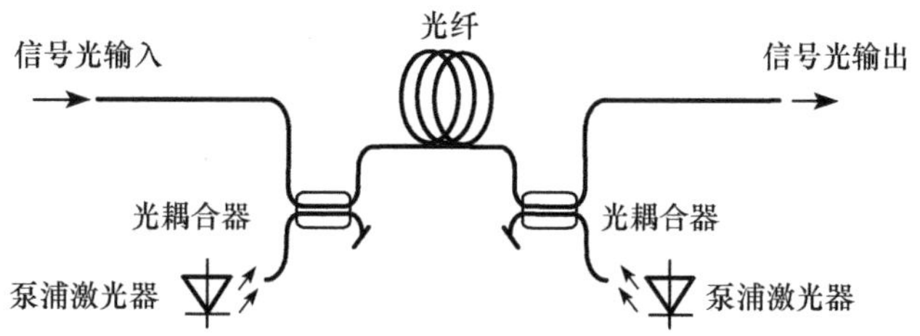

图8.4-3　光纤拉曼放大器典型结构

第二种情况是光纤拉曼放大器与EDFA组合使用，再加上增益均衡器平坦增益以获得高增益的宽带放大，其典型结构如图8.4-4所示。由于EDFA技术已经相当成熟，和光纤拉曼放大器相比各有所长，因此最好的方法就是将两者结合起来使用，由于两种放大器的增益叠加后平坦性不好，一般需要使用增益均衡器。

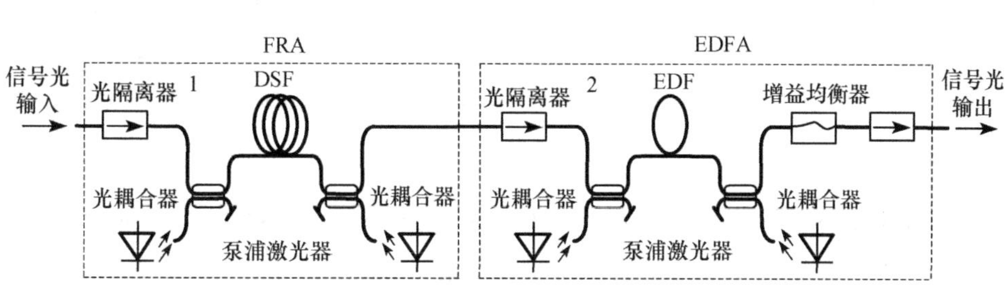

图8.4-4　FRA+EDFA组合放大器

5. 宽带光纤拉曼放大器设计

通过多个波长泵浦源设计宽带光纤拉曼放大器。设计中所采用的仿真系统模型如图8.4-5

所示。信号源发出100路WDM信号,每路输出的光功率为−13dBm,经过FRA放大后,由光谱仪对输出光信号进行观察。WDM信号的频率范围为196～207THz(S波段对应的波长范围为1450～1530nm),信道间隔为100GHz,每路信号的速率为40Gbps,FRA的长度为20km,采用反向泵浦以减小噪声,共使用了PUMP1、PUMP2和PUMP3这3个泵浦源,其中PUMP1的频率最低,PUMP3的频率最高。

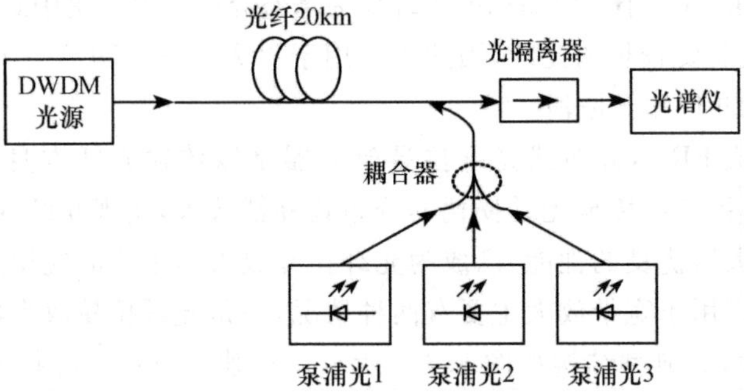

图 8.4-5　FRA仿真系统模型

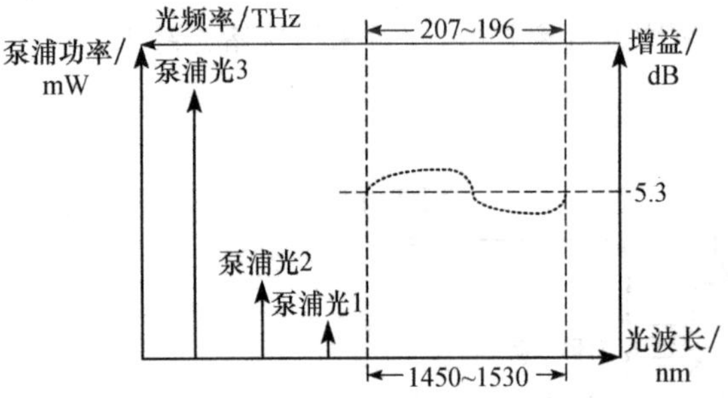

图 8.4-6　FRA仿真设计结果

通过打靶法和遗传算法得到了优化FRA设计结果。其中,光纤长为20km单模光纤,泵浦光1的频率为209.9THz,功率为19mW,泵浦光2的频率为215.2THz,功率为97mW,泵浦光3的频率为221.5THz,功率为1000mW。仿真结果表明,设计的S波段宽带光纤拉曼放大器,增益为5.3dB,增益带宽为11THz,增益平坦度小于1dB,如图8.4-6所示。

6. 宽带组合光纤放大器

EDFA和FRA组成组合光纤放大器(HFA)可以获得(S+C+L)超宽带的光信号放大能力。HFA的结构如图8.4-4所示。信号光经过HFA时先经过光隔离器1,然后注入FRA进行放大,再经过光隔离器2后注入EDFA,最后输出。FRA采用多个泵浦源来平滑EDFA的增益曲线,采用后向泵浦方式以减小噪声。光隔离器1的作用是抑制FRA中的双向瑞利散射噪声,光隔离器2的作用是限制EDFA中的后向瑞利散射光进入FRA。仿真研究表明,设计的C+L波段组合光纤放大器,放大器带宽为11.4THz,增益为7.5dB,增益带宽内平坦度优于1dB。

8.4.2　光纤布里渊放大器

受激布里渊散射(SRS)是光纤内产生的另一种非线性现象,与SRS类似,亦起源于光纤的3阶电极化率。其光增益是由泵浦光的受激布里渊散射产生的,它将一部分泵浦光功率通过SRS过程转移给信号光,使信号光得到放大,由此构成的放大器称为光纤布里渊放大器(FBA)。

1. FBA的工作原理与增益带宽

经典理论认为,泵浦光束散射产生的斯托克斯光是由介质中产生的以声速传播的声波引起的。泵浦光通过电致伸缩产生声波,引起折射率周期性调制,形成一种折射率光栅。泵浦光又通过光栅散射产生斯托克斯光波，泵浦光、斯托克斯光和声子之间的参量相互作用，产生光增益。从量子物理观点看，受激布里渊散射过程可看作一个泵浦光子的湮灭，同时产生了一个斯托克斯光子和一个声学声子。在此过程中能量和动量保持守恒，3 个波的频率和波矢满足以下关系，即

$$\Omega_B = \omega_p - \omega_s \tag{8.4-10}$$

$$\boldsymbol{k}_A = \boldsymbol{k}_p - \boldsymbol{k}_s \tag{8.4-11}$$

式中，ω_p、ω_s 和 Ω_B 分别为泵浦波、斯托克斯波和声波的频率；$\boldsymbol{k}_p$、$\boldsymbol{k}_s$ 和 $\boldsymbol{k}_A$ 分别为相应的波矢，实际上，$|\boldsymbol{k}_p| \approx |\boldsymbol{k}_s|$，因此 Ω_B 与 $\boldsymbol{k}_A$ 满足以下的色散关系，即

$$\Omega_B = |\boldsymbol{k}_A| v_A = 2v_A |\boldsymbol{k}_p| \sin(\theta/2) \tag{8.4-12}$$

式中，θ 为泵浦波与斯托克斯波之间的夹角；v_A 为声速。

式(8.4-12)显示，在正向($\theta=0$)时，$\Omega_B=0$，而在反向($\theta=\pi$)，Ω_B 达到最大。在单模光纤中，光仅能以正向或反向传输，但仅在反向发生布里渊散射，此时频移 $\Omega_B = 2v_A|\boldsymbol{k}_A|$。利用 $\boldsymbol{k}_p = 2\pi n/\lambda_p$，则得布里渊频移为

$$\nu_B = \Omega_B/2\pi = 2\bar{n}v_A/\lambda_p \tag{8.4-13}$$

式中，$\bar{n}$ 为光纤基模的有效折射率。式(8.4-13)显示 SBS 频移反比于泵浦波长。石英光纤中典型值为 $v_A = 5.96\text{km/s}$，$\bar{n}=1.45$，则当 $\lambda_p = 1.55\mu\text{m}$ 时，有 $\nu_B \approx 11.1\text{GHz}$。

SBS 的增益谱由声波的阻尼时间或等效声子寿命 T_B 决定，假设声波按 $\exp(-t/T_B)$形式衰减，则布里渊增益具有洛伦兹谱线分布，即

$$g_B(\nu) = \frac{g_B(\nu_B)}{1+(\nu-\nu_B)^2 T_B^2} \tag{8.4-14}$$

SBS 增益谱线与二能级系统的形式相同，增益谱的半高全宽(FWHM)为

$$\Delta\nu_B = \frac{1}{\pi T_B} \tag{8.4-15}$$

T_B 的典型值为 10ns，因而 $\Delta\nu_B < 100\text{MHz}$。SBS 及其增益特性与 SRS 在形式上相似，但存在以下几个重要特征：①仅当信号光传播方向与泵浦光相反时才能产生放大，即只能采用反向泵浦结构。②SBS 的斯托克斯频移比 SRS 小 3 个数量级。③SBS 产生的增益谱相当窄，带宽小于 100MHz。因而决定了 FBA 的性能与 FRA 有很大不同。

根据熔融石英的典型参数 $g_B \approx 5\times10^{-11}\text{m/W}$，这个值比 $\lambda_p = 1.55\text{m}$ 的拉曼增益 g_R 几乎高三个数量级。基于如此高的增益，使 FBA 可采用 1～10mW 范围内的低功率泵浦，将信号放大 30～35dB，而如此低的泵浦功率普通半导体激光器就能达到。

鉴于这个原因，应用光纤布里渊放大器时，要采用线宽 $\Delta\nu_p < 10\text{MHz}$ 的窄谱线半导体光源。相反，当欲扼制 SRS 对光波通信系统性能的影响时，应采用宽谱线的光源。

2. FBA 的耦合工作方程和增益饱和

与 SRS 的情况类似，但考虑到仅在反向耦合才发生布里渊散射。频率相近，损耗相同，即 $\omega_p \approx \omega_s$，$\alpha_p \approx \alpha_s \approx \alpha$，$a_p \approx a_s$ 分别为泵浦光和信号光截面积相当，则 SBS 过程中泵浦光与信号光相互作用的耦合方程可写为

$$\frac{dP_s}{dz} = \alpha P_s - (g_B/a_p)P_p P_s \tag{8.4-16}$$

$$\frac{dP_p}{dz} = -\alpha P_p - (g_B/a_p)P_p P_s \tag{8.4-17}$$

在小信号放大时，$P_s \ll P_p$，式(8.4-17)中最后一项可忽略，因而信号沿反方向指数增长

$$P_s(0) = P_s(L)\exp(g_B P_0 L_{eff}/a_p - \alpha L) \tag{8.4-18}$$

式中，P_0 为 $z=0$ 处的泵浦功率；L_{eff}为放大器有效长度（$L_{eff}\approx 1/\alpha_p$）。FBA 的放大倍数为

$$G_A = \exp(g_0 L) \tag{8.4-19}$$

式中，g_0 为小信号增益系数，定义为

$$g_0 = g_B\left(\frac{P_0}{a_p}\right)\left(\frac{L_{eff}}{L}\right)\approx\frac{g_B P_0}{a_p \alpha L} \tag{8.4-20}$$

式中最后的关系是在 $\alpha_p L \gg 1$ 时得到的。可见，当 $P_s \ll P_0$ 时，FBA 的放大性能与 FRA 类似，信号也随泵浦功率增加而呈指数增长。

$b_{in}=P_s(L)/P_0$ 为输入信号与泵浦功率之比，在 $G_A=20\sim30$dB 范围内，当 $G_A b_{in}\approx0.5$ 时，G_s/G_A 约降低了 3dB，这时输出信号功率约为输入泵浦功率的 50%。泵浦功率的典型值 P_0 约为几 mW，与 FRA 近似 1W 的饱和功率相比，光纤布里渊放大器的饱和泵浦功率相当低（小于 1mW）。

3. FBA 的性能及其应用

FBA 是一种高增益、低功率、窄带宽光放大器。高增益、低功率放大性能使其可用作接收机前置放大器，提高接收机灵敏度。

FBA 的窄带宽放大特性，使其能放大信号的比特率一般比较低，如小于 100Mbps。所以，在一般光波通信系统中，FBA 的应用价值并不大。但 FBA 的窄带放大特性可作为一种选频放大器，在相干和多信道光波通信系统中有一定用处。例如，在相干通信系统中，可用 FBA 有选择性地放大光载波而不放大调制边带，利用放大后的光载波作为本振光，实现零差检测。在多信道通信系统中，可在接收端注入一泵浦光，与多信道光信号相反传播，通过调节泵浦频率就可选择不同信道的信号进行放大。但是由于其窄带特性，一般每信道的比特率亦限制在 100Mbps 以内。实际多信道系统中，SBS 过程通常要限制信道间隔和通道数，同时限制信号功率和通信距离，因此 FBA 的应用受到多方面的限制。

8.5 光放大器的应用

8.5.1 光放大器的对比

增益、饱和输出功率与噪声系数是表征光放大器性能的 3 项重要参数，此外还有转换效率、瞬态特性、失真或串话、偏振相关性等一些主要的技术参数。表 8.5-1 所示为 4 种 1.55μm 波段光放大器的典型参数的性能对比。

表 8.5-1 光放大器的性能对比

性能 \ 放大器类型	EDFA	SLA	FRA	FBA
小信号增益/dB	>40	>30	>40	>40
效率(增益/泵功率)/(dB/mW)	5～11	>28dB/50mA	>0.08	>5.5
饱和输出功率/mW	>1000	>100	1000	—
失真或串话	可忽略	严重	—	—
增益带宽	几十 nm	几十 nm	几十 nm	≤100MHz
噪声指数/dB	≈3-4	≈5	≈3	≈3
偏振相关性	—	<几 dB	—	—
连接损耗/dB	<1	6～10	<1	<1
放大方式	集中	集中	分布或集中	分布

8.5.2 光放大器的应用

光放大器具有高增益和高功率放大能力，在各种不同的光通信系统中均可得到应用。图 8.5-1 所示为 3 种基本应用。图(a)所示为第 1 种应用，将光放大器作为在线放大器设置在光纤线路中，在光纤的光信号劣化到不能工作之前设置光放大器，这类放大器也称为线路放大器，其特点是要求有较高的增益。图(b)所示为第 2 种应用，将光放大器直接连接到光发射机的光输出端口，提高光发射机的发送功率，增加传输距离，这种放大器称为功率放大器，要求光放大器的具有高的饱和输出功率。图(c)所示为第 3 种应用，将光放大器放置在光接收机之前，以提高系统接收灵敏度，增加传输距离，这种放大器称为前置放大器，其技术要点是光放大器具有低的噪声系数。表 8.5-2 所示为这 3 种不同应用对 EDFA 的要求。

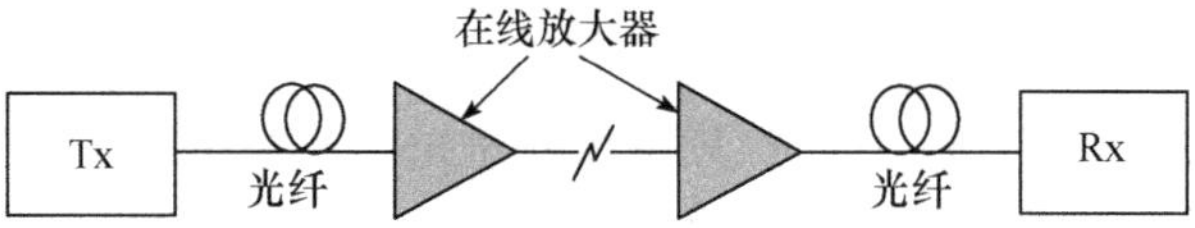

(a) 线路放大器

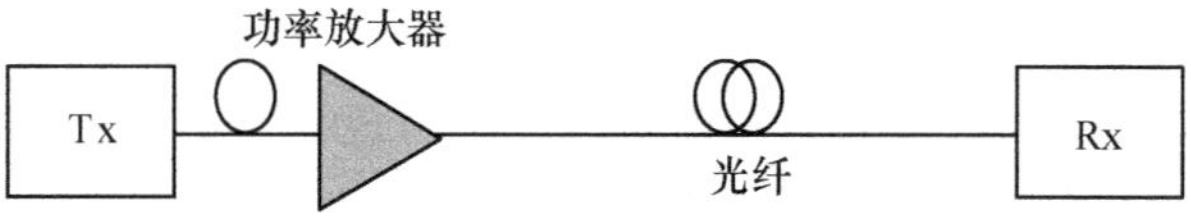

(b) 功率放大器

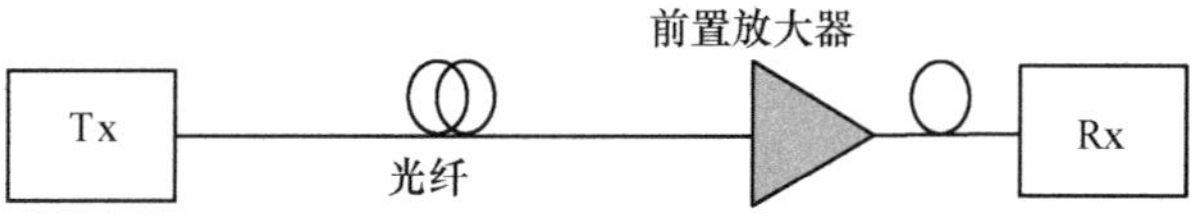

(c) 前置放大器

图 8.5-1　光放大器在光纤通信中的应用

表 8.5-2　应用对 EDFA 的要求

放大器类型	功率放大器	线路放大器	前置放大器
使用要求	增加功率	中继	提高接收机灵敏度
增益	较高	高	较高
饱和输出功率	很高	一般	低
输入光功率	较高	较低	很低
噪声系数	一般	低	低

在长距离光纤传输线路上，常常采用多个相间一定距离(50～100km)的多个在线放大器级联，以延长无光电转换的传输距离，降低系统的成本。在这种系统的设计中，需要考虑许多因素，其中最重要的是放大器的噪声、光纤的色散和光纤中的非线性效应。

放大器的噪声在两个方面影响系统的性能。首先是由每一个放大器产生的自发辐射噪声将与信号一起在接下来的光纤线路上传输，并受到后续放大器的放大，这样放大的自发辐射噪声在信号到达接收端的积累效应可能会严重地影响系统的性能。其次，随着放大的自发辐射的增加，它会使放大器饱和，从而降低对信号的增益，造成沿光纤传输线上，信号功率不断减小而放大的自发辐射功率不断增加的结果，导致系统的 SNR 降低。

考虑级联放大器放大的总的有效噪声，主要来源于前级光放大器。在放大器级联中，为了获得低噪声、高增益的效果，第 1 级或第 2 级放大器的噪声系数应尽量低，而后续放大器可采用较高饱和输出功率的放大器。

级联放大器只能补偿光纤的损耗，光纤色散的积累效应仍然存在。并且研究结果表明，光纤中的非线性效应也会对系统性能形成较大的影响，因此，在这种多个放大器级联的长距离传输系统中，需要同时考虑色散、损耗、非线性 3 个因素。

小　结

光放大器的主要技术参数有放大器增益、带宽、噪声系数和饱和输出功率。半导体光放大器以其体积小、增益高、效率高的优势受到重视，但由于噪声系数较大、耦合损耗大、偏振密切相关的特征，限制了在光纤通信系统中的应用，只是在高速光信号处理中有较多应用。掺铒光纤放大器是迄今为止最为成功的光放大器，具有低噪声、高增益、大功率的突出优点，且带宽覆盖 S、C、L 波段，在光纤通信系统中得到了广泛运用。光纤拉曼放大器利用石英光纤的受激拉曼散射，可以获得全波光信号(1300～1610nm)的放大，并具有低噪声、高增益、大功率的特点，采用多波长泵浦源的设计，或与 EDFA 组合，可获得超宽带的光信号放大。根据不同应用的需求，可以设计得到低噪声的前置光放大器、高增益的线路光放大器和大功率的光功率放大器。

习　题　8

8-1　简述光放大器技术的几种分类及其各自的特点。

8-2　简述光放大器的主要技术参数及其物理意义。

8-3　推导光放大器的噪声系数，证明理想状态噪声系数最小值为 2(3dB)。

8-4　光放大器的洛伦兹增益分布的增益谱宽(FWHM)为 1THz，忽略增益饱和，计算光放大器增益(g_0L)为 10 和 100 时放大器的带宽。

8-5　光放大器能将－10dBm 的光信号放大到 100mW，当 0dBm 的光信号输入至同一放大器时，输出功率有多大？已知该光放大器的饱和输出功率为 23dBm。

8-6　论述半导体光放大器的工作原理，并阐明其特点。

8-7　为保证半导体激光放大器运用于行波状态，并提供 20dB 的增益，端面反射率应为多大(已知 $R_1=R_2$)？

8-8　论述 EDFA 的工作原理，并阐明其特点。

8-9　简述 EDFA 泵浦的 3 种形式，并说明其特点。

8-10　论述光纤拉曼放大器的工作原理，并阐明其特点。

8-11　论述光纤布里渊放大器的工作原理，并阐明其特点。

8-12　阐述 FRA 与 FBA 的区别，说明为什么在 FBA 中信号光与泵浦光必定相向进行。

8-13　什么是组合光放大器？简述它的工作特点。

8-14　光放大器的应用主要为功率放大器、前置放大器和线路放大器，它们分别对光放大器技术参数要求的重点是什么？

8-15　利用 G.652 光纤在 C 波段(1530～1560nm)，传输速率为 10Gbps 的信号，传输距离为 200km，光发射机发射平均光功率为 0dBm，光接收机接收灵敏度为－20dBm，考虑采用 DCF 和 EDFA 来实现，已知

G. 652 光纤色散系数为 $D=20\text{ps/km}\cdot\text{nm}$@1. 55μm，损耗 $\alpha=0.22\text{dB/km}$@1. 55μm，色散补偿光纤(DCF)色散系数 $D_c=-100\text{ps/km}\cdot\text{nm}$@1. 55μm，损耗 $\alpha_c=0.35\text{dB/km}$@1. 55μm：

(1) 请设计 G. 652＋DCF 的色散补偿系统实现 0 色散传输，并给出光路示意图，并计算 DCF 光纤的长度是多少？

(2) 同时采用 EDFA 进行光功率补偿满足接收灵敏度的要求，如何设置 EDFA 放大器的位置？并给出 EDFA 放大器的技术指标。

8-16　通过查找 EDF、泵浦激光器、耦合器、隔离器，设计一个 EDFA。

第9章 光纤通信新技术

光纤通信新技术总是围绕克服光纤损耗和色散的限制，增加系统的传输距离和容量来不断向前发展的。本章将介绍具有高接收灵敏度的相干光通信技术、具有脉冲稳幅保形的光孤子通信技术、下一代光纤通信的核心技术——光交换技术和光网络技术，以及为光纤进入千家万户服务的光纤接入网技术。

9.1 相干光通信技术

传统的光纤通信方案是电信号对光波进行强度调制，通过光纤传输，在接收端用光电二极管直接检测光信号的强度变化，从而恢复得到电信号，这种方案称为强度调制/直接检测(IM/DD)。该方案特点是结构简单，但灵敏度不高。另一类光纤传输的方案为，电信号通过调制光载波的幅度、频率或相位，在接收端利用本振光与信号光进行相干，通过零差或外差检测技术实现对调制电信号的恢复。由于光波的相干性在这种方案的实现中起着重要的作用，故称为相干光通信技术，基于这种技术的通信系统称为相干光通信系统。

9.1.1 工作原理

图9.1-1所示为直接检测和相干检测系统的结构对比。来自远端的信号光与本地的本振光，在满足相干条件的基础上，两束光波发生相干作用，然后被光电二极管探测，光电二极管将探测得到相干后的差频信号，经后续信号处理得到基带信号。设信号光和本振光的电场表达式分别为

$$E_s = A_s \exp[-j(\omega_s t + \phi_s)] \tag{9.1-1}$$

$$E_L = A_L \exp[-j(\omega_L t + \phi_L)] \tag{9.1-2}$$

式中，ω_s 和 ω_L、A_s 和 A_L、ϕ_s 和 ϕ_L 分别为信号与本振的频率、振幅和相位。

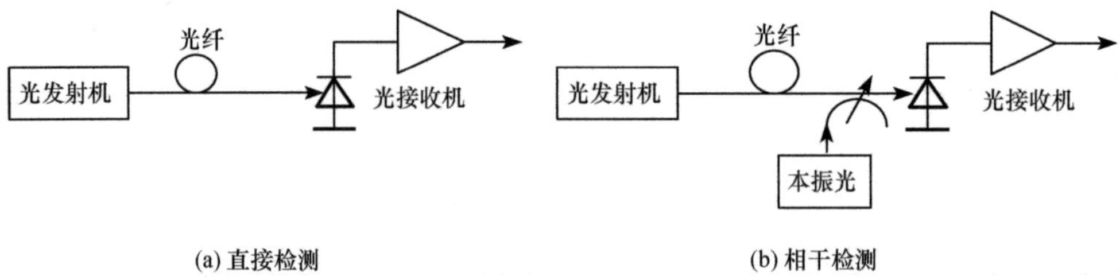

图9.1-1 直接检测与相干检测

当两束光满足同偏振方向、同传输方向和频率稳定的相干条件时，光电检测器探测的光强为 $|E_s+E_L|^2$，检测到的功率为 $P=k|E_s+E_L|^2$，k 为比例常数，利用式(9.1-1)和式(9.1-2)，则

$P(t)$可写成

$$P(t) = P_s + P_L + 2\sqrt{P_s P_L}\cos(\omega_{IF}t + \phi_s - \phi_L) \tag{9.1-3}$$

式中，$P_s = kA_s^2$；$P_L = kA_L^2$；$\omega_{IF} = \omega_s - \omega_L$。

ω_{IF}称为中频，当$\omega_s \neq \omega_L$，即$\omega_{IF} \neq 0$时，称为外差相干检测，要获取基带信号还需要进行中频检测。$\omega_{IF} = 0$为零差相干检测，可以直接得到基带信号。

1. 零差检测

当$\omega_{IF} = 0$时探测的光电流为

$$I(t) = RP = R(P_s + P_L) + 2R\sqrt{P_s P_L}\cos(\phi_s - \phi_L) \tag{9.1-4}$$

通常，$P_L \gg P_s$，因而$P_s + P_L \approx P_L$为常数，可看作直流成分，通过交流耦合滤除。传输的信息包含在式(9.1-4)第2项中，零差检测时相位锁定，探测的信号光电流为

$$I_s(t) = 2R\sqrt{P_s(t) P_L} \tag{9.1-5}$$

式(9.1-5)与直接检测信号电流$I_{DD} = RP_s(t)$相比，信号电流提高了$\sqrt{4P_L/P_s}$倍，可以理解为本振信号光对接收信号光进行了放大，放大了$\sqrt{4P_L/P_s}$倍。因此，零差检测可使信噪比提高许多倍，也就间接地提高了接收灵敏度。

零差检测的突出优点是检测灵敏度高，缺点是对相位的敏感性高，难点是要维持本振和信号光相位稳定。为保持相位稳定，通常要采用光锁相环来实现。另外，要求光发送机和接收机本振的光源频率稳定性很高、线宽很窄。

2. 外差检测

当$\omega_{IF} \neq 0$时探测的光电流

$$I(t) = R(P_s + P_L) + 2R\sqrt{P_s P_L}\cos(\omega_{IF}t + \phi_s - \phi_L) \tag{9.1-6}$$

含有信息的外差信号光电流为

$$I_s(t) = 2R\sqrt{P_s(t) P_L}\cos(\omega_{IF}t + \phi_s - \phi_L) \tag{9.1-7}$$

可见，本振光也对信号光进行了放大，提高了接收灵敏度。外差不需要零差的锁相技术，但也要求两个激光光源的频率极为稳定，线宽足够窄。

3. 信噪比

与直接检测接收机类似，相干接收机中噪声由散粒噪声和热噪声构成，表示为

$$\sigma^2 = \sigma_s^2 + \sigma_T^2 = 2q(I + I_d)\Delta f + (4kT/R_L)\Delta f \tag{9.1-8}$$

式中，I_d为暗电流；Δf为接收机带宽；T为绝对温度；R_L为负载电阻；I为相干检测的光电流。实际中，$P_L \gg P_s$，因式(9.1-8)中的I可用RP_L近似。

将平均信号功率除以平均噪声功率，可得SNR为

$$\mathrm{SNR} = \frac{\langle I_s^2(t)\rangle}{\sigma^2} = \begin{cases} \dfrac{2R^2 P_s P_L}{2q(RP_L + I_d)\Delta f + \sigma_T^2}, & \text{外差} \\ \dfrac{4R^2 P_s P_L}{2q(RP_L + I_d)\Delta f + \sigma_T^2}, & \text{零差} \end{cases} \tag{9.1-10}$$

可见，零差检测SNR比外差检测高1倍。可通过提高P_L使接收机噪声处于散粒噪声支配下，例如，有$\sigma_s^2 \gg \sigma_T^2$，而在同样的条件下，暗电流的散粒噪声可忽略，于是可得散粒噪声限制下的

SNR 为

$$\mathrm{SNR} \approx \begin{cases} \dfrac{RP_s}{q\Delta f} = \dfrac{\eta P_s}{h\nu \Delta f}, & \text{外差} \\ \dfrac{2RP_s}{q\Delta f} = \dfrac{2\eta P_s}{h\nu \Delta f}, & \text{零差} \end{cases} \tag{9.1-11}$$

若用每比特接收的平均光子数 $\overline{N}_p$ 表示 SNR，利用 $P_s = \overline{N}_p h\nu B$，取典型值 $\Delta f = B/2$，则 SNR 可表示为

$$\mathrm{SNR} = \begin{cases} 2\eta \overline{N}_p, & \text{外差} \\ 4\eta \overline{N}_p, & \text{零差} \end{cases} \tag{9.1-12}$$

可以看到在相同的通信速率下，零差检测方式的信噪比要比外差检测方式高 2 倍（3dB）。因此零差检测方式的灵敏度优于外差检测方式 3dB。

9.1.2 相干光通信的调制与解调

1. 调制

相干光检测技术具有检测激光振幅、相位和频率变化的能力，对应光发射机就需要采用激光振幅、相位和频率的技术方法来传递信息。调制技术的关键是如何实现信号对光波的调制，对数字通信系统，常用的调制方式包括振幅键控（ASK）、相移键控（PSK）和频移键控（FSk），针对的模拟信号为调幅（AM）、调频（FM）和调相（PM）。

1）ASK 调制

光波信号的电场表达式可写为

$$E_s(t) = A_s(t)\cos[\omega_s t + \phi_s(t)] \tag{9.1-13}$$

式中，A_s 为振幅；ϕ_s 为相位；ω_s 为频率。对 ASK 调制，调制幅度 A_s，而 ω_s 和 ϕ_s 保持不变。对二进制调制，A_s 在每个比特时隙根据传送的是“1”或“0”码，通常在传送比特“0”时，$A_s = 0$，这时的 ASK 称为通断键控（OOK），与常用于非相干数字系统（IM/DD，强调调制/直接检测）的调制方式相同。为了保证发射激光的频率和相位稳定，相干光发射机必须使用外调制技术，避免直接调制带来的频率啁啾和噪声。

常用的强度外调制器有 $LiNbO_3$ 的 MZ 波导调制器和半导体的多量子阱结构的电吸收调制器（MQW-EAM）。前者调制速率可达到 40Gbps 以上，后者工作速率可以达到 10Gbps（参考第 3 章 3.4.4 小节）。

2）PSK 调制

当保持光载波幅度和频率不变时，调制光波的相位，即可产生相位调制。对于二进制 PSK，相位 ϕ_s 取两个值，通常选为 0 和 π，分别代表了“0”和“1”码。PSK 的特点是在所有比特期间光强度保持恒定，保证仍以连续波的形式出现。对于这种调制信号用直接强度是检测不到信号的，而必须采用相干检测的技术手段。

实现 PSK 调制的关键是要求一个能根据外来输入信号电压改变光相位的外调制器，基于 $LiNbO_3$ 晶体的相位调制器是实现光波相位调制的最佳手段（参考第 3 章 3.4.4 小节）。目前商用的 $LiNbO_3$ 的波导相位调制器速率优于 40Gbps。同样，半导体材料也可用来制造相位调制器，特别是 MQW 结构，其电光效应强，折射率变化大，驱动电压低，非常适合制造相位调制器。例如，1.55μm 波长 MQW 波导相位调制器能工作于 10Gbps，仅需 2.5V 外加电压就可产生 π 相

移，而且可与 MQW 半导体激光器集成，制成单片集成光发射机。

PSK 调制信号在传输时，要求光载波相位稳定，以使相位信息在接收机中无误码地提取，这对光发送机和光接收机本振激光器谱线宽有严格的限制，以保证相干检测灵敏度不致恶化。采用 PSK 的衍生格式，所谓差分相移链控（DPSK），可在一定程度上放宽对线宽的要求。对 DPSK，信息采用两相邻时隙间的相位差编码，如 ϕ_K 代表第 K 个比特的相位，根据第 K 个比特是“1”还是“0”，对应相位差 $\Delta\phi=\phi_K-\phi_{K-1}$ 改变 π 或 0。DPSK 的优点在于只要载波相位在两个比特时隙内保持相对稳定，就可以成功地完成调制和解调。

3）FSK 调制

改变光波频率 ω_s 实现 FSK 调制。根据传送是比特“1”或是“0”，光波取两个频率 $\omega_s\pm\Delta\omega$，$2\Delta\omega$ 称为频偏，它代表比特“1”与“0”间的频率间隔。FSK 调制的光场表示为

$$E_s(t)=A_s\cos[(\omega_s\pm\Delta\omega)t+\phi_s] \tag{9.1-14}$$

式中，“+”和“−”分别代表比特“1”和“0”。余弦函数的自变量也可写为 $\omega_s t+(\phi_s\pm\Delta\omega)t$，则 FSK 格式可看作是一种载波相位在比特时隙内线性增加或减小的 PSK 调制。

实现 FSK 调制的方法有以下几种。

（1）$LiNbO_3$ 波导调制器。这种调制器能改变入射光载波的频率，提供与外加电压成比例的相移，线性相位变化产生频移，利用锯齿形电压脉冲，即能得到 FSK 调频信号。

（2）声光调制器。这是一种声表面波导，结构简单，但产生的频移量在 1GHz 以下。

（3）半导体激光器内调制。这是一种直接调制方法。在 ASK 或 OOK 中，频移表现为光脉冲载波的啁啾，是不需要的，但现在可用于产生 FSK 信号。频移量为 0.1～1GHz/mA，产生 1GHz 的频移只要求工作电流变化约 1mA，工作电流的变化很小，在比特时隙内振幅恒定。DFB 半导体激光器是用于光波系统中产生 FSK 的理想器件。

2. 解调

零差检测可将光信号直接解调得到基带信号，要求本振频率与光信号频率精确相等，信号与本振相位锁定，这种解调方案称为同步解调。外差检测简化了接收机设计，不需要本振光相位锁定和频率匹配，然而得到的电信号为中频信号，需经 2 次解调获得基带信号，属于异步解调方案。对于外差的中频电信号也存在异步和同步解调两种方案。

1）外差同步解调

图 9.1-2 所示为外差同步接收机的框图，光电二极管产生的电流经中心频率为中频 ω_{IF} 的带通滤波器（BPF），不考虑噪声时滤波器的输出电流为

$$I_p(t)=I_p\cos(\omega_{IF}t-\phi) \tag{9.1-15}$$

式中，I_p 由式（9.1-5）给出；ϕ 为本振与信号光间的相位差。考虑噪声时，利用高斯噪声的同相和异相正交分量，滤波器的输出电流为

$$I_f(t)=(I_p\cos\phi+i_c)\cos(\omega_{IF}t)+(I_p\sin\phi+i_s)\sin(\omega_{IF}t) \tag{9.1-16}$$

式中，i_c 和 i_s 为零均值的高斯随机变量，其方差 σ^2 由式（9.1-8）给出。对同步解调，将 $I_f(t)$ 乘以 $\cos(\omega_{IF}t)$，并通过低通滤波器（LPF）滤波，可得基带信号为

$$I_d=\langle I_f\cos(\omega_{IF}t)\rangle=\frac{1}{2}(I_p\cos\phi+i_c) \tag{9.1-17}$$

式中角括号表示低通滤波，低通滤波器滤掉了频率为 $2\omega_{IF}$ 的交流分量。同步解调要求恢复中频载波，常采用平方环和柯斯塔斯（Costas）环锁相环路来实现。

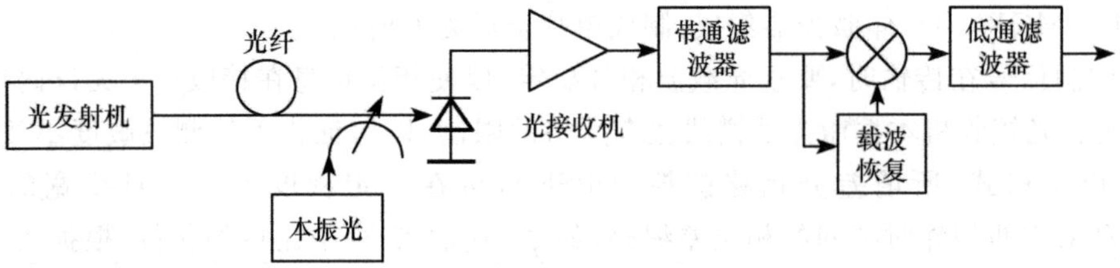

图 9.1-2　外差同步接收机框图

2）外差异步解调

图 9.1-3 所示为外差异步接收机的框图。该接收机不要求恢复中频载波，它采用包络检波器获得基带信息，再通过低通滤波器（LPF）得到信号。判决电路接收到的信号正是 $I_d=|I_f|$，可由式（9.1-16）得到

$$I_d=|I_f|=[(I_p\cos\phi+i_c)^2+(I_p\sin\phi+i_s)^2]^{1/2} \tag{9.1-18}$$

与外差同步接收机相比，其主要差别是接收机噪声的同相和异相正交分量都影响信号，因而 SNR 和灵敏度都降低了，但降低约 0.5dB。异步解调对光发送机和本振光源线宽要求不很严格，因此在相干光波系统设计中，异步外差接收机是一种实用的方案。

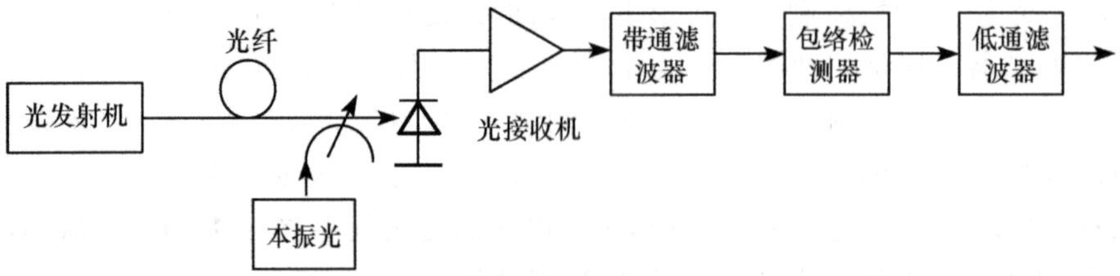

图 9.1-3　外差异步接收机框图

当解调 FSK 调制的信号时，可采用如图 9.1-4 所示的解调 FSK 信号的双滤波器接收机，它使用两个分支处理载波，频率不同对应不同的比特“1”和“0”，只要两者的调频间隔远大于比特率（即宽频偏 FSK），两个带通滤波器（BPF）的中心频率精确分开，每只滤波器仅分别通过比特“1”和“0”。FSK 双滤波器接收机可视为并联的两个 ASK 单滤波器接收机，它们的输出在到达判决电路以前组合起来。图 9.1-2 所示的单滤波器接收机也可用于解调 FSK 信号，但滤波器的带宽应足够宽，以便通过全部比特流，然后由鉴频器处理以确定比特“1”和“0”。这种单滤波器接收机只适用于窄频偏 FSK 信号的解调。

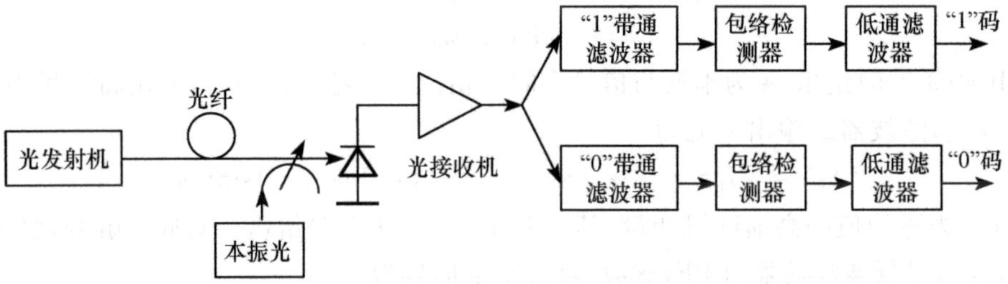

图 9.1-4　解调 FSK 信号的双滤波器接收机

异步解调方案不能解调 PSK 信号，因光发送机和光接收机本振的相位均未锁定因而可能随机漂移。然而采用如图 9.1-5 所示的延迟解调方案，可对 DPSK 调制信号实现异步解调，其方法

是将接收到的比特流乘以该比特流延迟 1 比特周期所得的比特流，所得信号具有 $\cos(\phi_K - \phi_{K-1})$ 的分量，ϕ_K 是第 K 比特的相位。$\cos(\phi_K - \phi_{K-1})$ 可用于恢复比特图形，因为信息是以相位差 $\phi_K - \phi_{K-1}$ 编码的。延迟解调方案只要求在短期（几个比特时隙长度）内稳定，因而能用窄线宽半导体激光器实现。

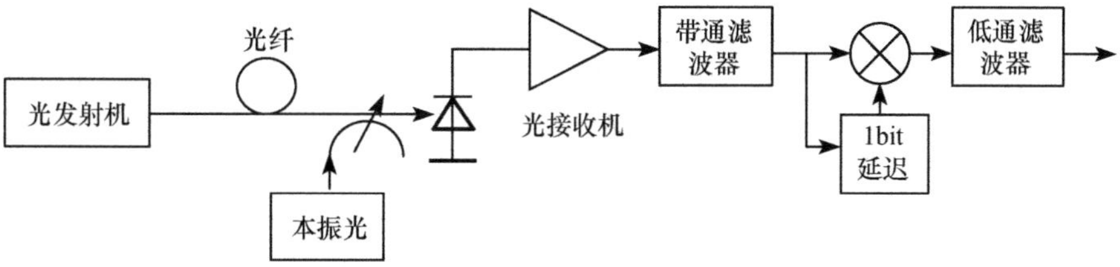

图 9.1-5　DPSK 信号的延迟解调方案

3）零差同步解调

零差检测的突出优点是光电检测直接输出基带信号，并且接收灵敏度极高。零差检测要求本振频率和相位相等，为此在接收机内需采用光锁相环（Optical Phase Locked Loop，OPLL）技术，使本振光的频率和相位始终与信号光锁定。图 9.1-6 所示为平衡锁相环零差接收机，平衡锁相环使用 180°/3dB 光耦合器与平衡探测器前端构成了鉴相部分，通过环路滤波器控制本地激光器进行锁相。因为平衡探测器的两臂接收到的光功率是相等的，所以称之为平衡锁相环。前端使用平衡探测器可以部分消除噪声的影响，使用 3dB 耦合器的两个臂最大程度地减小了光功率的损失。平衡锁相环对激光器线宽的要求很高，允许的最大激光器线宽为 $\Delta\nu = 5.88 \times 10^{-6} R_b$，$R_b$ 为信号速率。

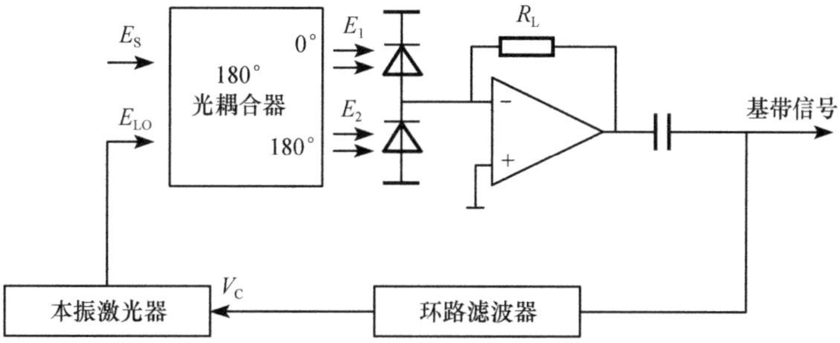

图 9.1-6　平衡锁相环零差接收机

图 9.1-7 所示为采用柯斯塔斯光锁相环的零差接收机，通过与传统的锁相环进行比较可见，光域上的柯斯塔斯锁相环的鉴相器由一个 90°光移相混频器（90° optical hybrid）与一对平衡探测电路构成。信号光与本振光进入混频器后，分别以相差 0°、90°、180°、270°的相干，然后分别进入两对平衡探测电路。0°和 180°相移的光信号经平衡探测，得到同相支路（I 支路）电信号。90°和 270°相移的光信号经平衡探测，得到与正交支路（Q 支路）电信号。同相支路与正交支路的信号相乘消除信号的调制之后得到相位误差信号。相位误差信号经过环路滤波器后控制本振激光器的频率。与平衡光锁相环接收机相比，这里不存在信号处理支路与锁相支路间的串扰，对光源的线宽要求也较低。柯斯塔斯环可以处理模拟与数字信号，对激光器线宽要求较低，为 $\Delta\nu = 5.02 \times 10^{-4} R_b$，$R_b$ 为信号速率。

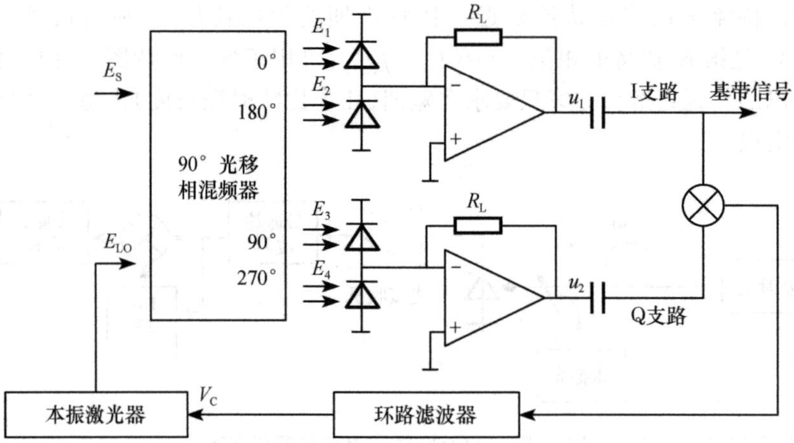

图 9.1-7　柯斯塔斯光锁相环的零差接收机

9.1.3　相干光接收机的误码率和灵敏度

1. 同步 ASK 接收机

外差得到的电信号由式(9.1-17)给出，相位 ϕ 与光发射机和光接收机的激光器有关，一般为随机波动。当激光器线宽与比特率相比足够小时，就可以忽略相位波动的影响。设相位差的均值为 0，则输出电信号为

$$I_d = \frac{1}{2}(I_p + i_c) \tag{9.1-19}$$

式中，$I_p = 2R(P_sP_L)^{1/2}$，根据检测的是"1"还是"0"比特，I_p 取值为 I_1 和 I_0。设消光比足够高，则 $I_0=0$。接收机噪声为高斯型分布，误码率为

$$\mathrm{BER} = \frac{1}{2}\mathrm{erfc}\left(\frac{Q}{\sqrt{2}}\right) \tag{9.1-20}$$

式中，Q 参数为

$$Q = \frac{I_1 - I_0}{\sigma_1 + \sigma_0} \approx \frac{I_1}{2\sigma_1} = \frac{1}{2}\sqrt{\mathrm{SNR}} \tag{9.1-21}$$

利用式(9.1-12)和式(9.1-20)可改写为

$$\mathrm{BER} = \begin{cases} \frac{1}{2}\mathrm{erfc}(\sqrt{\eta \bar{N}_p/4}), & \text{ASK 外差} \\ \frac{1}{2}\mathrm{erfc}(\sqrt{\eta \bar{N}_p/2}), & \text{ASK 零差} \end{cases} \tag{9.1-22}$$

式(9.1-22)可求得给定 BER 时的相干光接收机灵敏度。对外差 ASK 接收机，零差检测具有 3dB 优势。

2. 同步 PSK 接收机

外差得到的电信号由式(9.1-17)给出

$$I_d = \frac{1}{2}(I_p\cos\phi + i_c) \tag{9.1-23}$$

与 ASK 外差检测不同，PSK 检测时，I_p 为常数，而相位 ϕ 对应"1"和"0"码有不同的值。当激光

器线宽与比特率相比足够小时，忽略相位的随机方差，通常“1”和“0”分别对应相位为 0 和 π。“1”和“0”对应的按接收到的光电流为 $I_p/2$ 和 $-I_p/2$，由此可得 Q 值和 BER 分别为

$$Q=\frac{I_1-I_0}{\sigma_1+\sigma_0}\approx\frac{2I_1}{2\sigma_1}=(\mathrm{SNR})^{1/2} \tag{9.1-24}$$

$$\mathrm{BER}=\begin{cases}\frac{1}{2}\mathrm{erfc}(\sqrt{\eta\bar{N}_p}), & \text{PSK 外差}\\ \frac{1}{2}\mathrm{erfc}(\sqrt{2\eta\bar{N}_p}), & \text{PSK 零差}\end{cases} \tag{9.1-25}$$

对于 PSK 零差检测，SNR 提高了 3dB 或 2 倍。利用式(9.1-25)，计算当 $Q=6$，$\mathrm{BER}=10^{-9}$ 时接收机的灵敏度，对外差检测 $\bar{N}_p=18$，对零差检测 $\bar{N}_p=9$。

表 9.1-1 所示为不同类型接收机灵敏度的比较(其中 $\eta\approx1$，$\mathrm{BER}\leqslant10^{-9}$)。表中亦给出了理想的 IM/DD 接收机的灵敏度 $\bar{N}_p=10$ 光子/比特，比最好的 PSK 零差接收机只差 1 个光子。实际上，由于热噪声、暗电流和其他许多因素的影响，灵敏度通常为 $\bar{N}_p\approx1000$，永远达不到 $\bar{N}_p=10$。而对相干接收机，上述影响同时存在，但由于本振功率的作用，却可实现 $\bar{N}_p<100$。

表 9.1-1 同步相干接收机的灵敏度

调制格式	ASK 外差	ASK 零差	PSK 外差	PSK 零差	FSK 外差	IM/DD
误码率 BER	$\frac{1}{2}\mathrm{erfc}(\sqrt{\eta\bar{N}_p/4})$	$\frac{1}{2}\mathrm{erfc}(\sqrt{\eta\bar{N}_p/2})$	$\frac{1}{2}\mathrm{erfc}(\sqrt{\eta\bar{N}_p})$	$\frac{1}{2}\exp(\sqrt{2\eta\bar{N}_p})$	$\frac{1}{2}\mathrm{erfc}(\sqrt{\eta\bar{N}_p/2})$	$\frac{1}{2}\exp(-2\eta\bar{N}_p)$
灵敏度 $\bar{N}_p$	72	36	18	9	36	10

3. 异步 ASK 接收机

异步接收机 BER 的计算比同步接收机稍复杂，因为当使用图 9.1-3 所示包络检测器时，噪声不再保持高斯型，通过复杂的推导得到误码率的公式为

$$\mathrm{BER}=\frac{1}{2}\exp\left(-\frac{\eta\bar{N}_p}{4}\right) \tag{9.1-26}$$

式(9.1-26)与同步 ASK 外差接收机的误码率公式(9.1-22)相比，在相同的 $\eta\bar{N}_p$ 值时，同步接收机的 BER 高，但差别并不大，异步接收机灵敏度仅降低约 0.5dB。可见，异步接收机可以达到同步接收机相近的灵敏度，而且设计简单，因而实际上常被采用。

4. 异步 FSK 接收机

单滤波器和双滤波器外差接收机都可用于检测 FSK 调制信息，但前者丢失一半功率，灵敏度降低了 3dB。可以推导得到误码率为

$$\mathrm{BER}=\frac{1}{2}\exp(-\eta\bar{N}_p/2) \tag{9.1-27}$$

式(9.1-27)可与同步 FSK 外差接收机的误码率相比。与 ASK 接收机类似，异步 FSK 接收机灵敏度比同步的低约 0.5dB。

5. 异步 DPSK 接收机

异步解调方案不能检测 PSK 信号，而只能检测 PSK 的衍生型 DPSK 信号，其方案如图 9.1-5 所示。滤波电流分为两部分，一部分精确延迟一个比特周期，两个电流的乘积包含两相邻比特间相位差的信息，判决电路根据此信息确定比特图形，经计算可得误码率为

$$\mathrm{BER}=\frac{1}{2}\exp(-\eta N_{\mathrm{p}}) \tag{9.1-28}$$

表 9.1-2 给出了异步外差接收机的灵敏度比较(其中 $\eta\approx1$,$\mathrm{BER}\leqslant10^{-9}$)。

表 9.1-2　异步外差接收机的灵敏度

调制格式	ASK	FSK	DPSK	IM/DD
误码率 BER	$\frac{1}{2}\exp(-\eta\bar{N}_{\mathrm{p}}/4)$	$\frac{1}{2}\exp(-\eta\bar{N}_{\mathrm{p}}/2)$	$\frac{1}{2}\exp(-\eta\bar{N}_{\mathrm{p}})$	$\frac{1}{2}\exp(-2\eta\bar{N}_{\mathrm{p}})$
灵敏度 $\bar{N}_{\mathrm{p}}$	80	40	20	10

9.1.4　相干光接收机灵敏度恶化与系统设计考虑

上节在理想状态下,对误码率和接收机灵敏度进行了计算,因而得到的接收机灵敏度接近量子极限灵敏度。而实际系统中存在光源的相位噪声、强度噪声、偏振失配和光纤色散等不利因素,将会导致灵敏度降低。

1. 相位噪声

光发射机激光器和接收机本振激光器的相位噪声是导致相干光通信系统灵敏度恶化的重要因素。由于光电检测过程的相干性质,相位波动导致了电流波动,从而降低了 SNR。为避免灵敏度降低,信号相位 ϕ_{s} 和本振相位 ϕ_{L} 应保持相对稳定。激光器相位保持相对稳定的持续时间由相干时间度量,而相干时间与激光器谱线宽度 $\Delta\nu$ 成反比。通常利用线宽与比特率的比值 $\Delta\nu/R_{\mathrm{b}}$ 描述相位噪声对相干光通信系统的影响。

零差接收机对线宽要求最严,并与锁相环设计密切相关,典型的容限值 $\Delta\nu/R_{\mathrm{b}}$ 为 10^{-4} 量级。对于 2.5Gbps 的系统一般要求,激光光源线宽达到 kHz 量级。

外差接收机对激光线宽要求远低于零差接收机。同步外差接收机要求 $\Delta\nu/R_{\mathrm{b}}$ 为 10^{-3} 量级。相比而言,异步 ASK 和 FSK 接收机,$\Delta\nu/R_{\mathrm{b}}$ 可超过 0.1。对于 2.5Gbps 的系统,通常对光源线宽要求达到 MHz 量级。

2. 强度噪声

由于本振激光器光功率远大于信号光,因此相干光检测中就不得不考虑强度噪声对系统的影响,相对强度噪声由激光器 RIN 决定,可得相干检测信噪比为

$$\mathrm{SNR}=\frac{2R^{2}P_{\mathrm{s}}P_{\mathrm{L}}}{2q(RP_{\mathrm{L}}+I_{\mathrm{d}})\Delta f+\sigma_{\mathrm{T}}^{2}+2R^{2}P_{\mathrm{L}}^{2}(\mathrm{RIN})\Delta f} \tag{9.1-29}$$

若接收机工作于散粒噪声限制,则应满足 $2q(RP_{\mathrm{L}}+I_{\mathrm{d}})\Delta f\gg\sigma_{\mathrm{T}}^{2}$,然而增加 P_{L} 也使强度噪声增加。若强度噪声的影响可与散粒噪声相比较,SNR 将降低。为补偿强度噪声导致的 SNR 降低,需增大信号功率,称为强度噪声引起的功率代价。当接收机设计为工作于散粒噪声限制时,可忽略热噪声,则可得到功率代价为

$$\delta_{\mathrm{I}}=10\lg\left[1+\frac{\eta P_{\mathrm{L}}(\mathrm{RIN})}{h\nu}\right] \tag{9.1-30}$$

可见,当 $P_{\mathrm{L}}=1\mathrm{mW}$ 时,即使本振的相对强度噪声低至 RIN$=-160\mathrm{dB/Hz}$,δ_{I} 已超过 2dB,而普通的 DFB 激光器是很难达到 RIN$=-160\mathrm{dB/Hz}$ 的。当 $P_{\mathrm{L}}=0.1\mathrm{mW}$ 时,为使 $\delta_{\mathrm{I}}<2\mathrm{dB}$,对 RIN 的要求可放宽到 $-150\mathrm{dB/Hz}$。若 $P_{\mathrm{L}}=10\mu\mathrm{W}$,则功率代价可忽略,但这样低的本振功率已没有意义。强度噪声引起的功率代价可采用平衡探测接收机予以降低或消除。

3. 偏振失配

在直接检测接收机中，检测器产生的光电流仅取决于入射光子数，与入射光偏振态无关。但相干接收机中，要求本振光与信号光偏振态方向一致，实际上很难保持100%偏振匹配。当两光场偏振方向不一致而存在夹角 θ 时，其干涉项将出现附加因子 $\cos\theta$，导致光电流和信噪比降低，影响BER和接收机灵敏度。相干光系统中，本振光和光发送机发送的信号光的偏振态可以调节并保持恒定，但到达接收机的信号光的偏振态通常受环境变化影响（非均匀压力、温度等变化）是随机变化的，这种变化导致BER亦随机变化，使相干接收机性能劣化。采用偏振控制技术可以消除这种影响，其中保偏光纤是最简单、有效的方法。

4. 光纤色散

在相干光通信系统中，强度调制（如ASK）传输系统色散的影响远没有IM/DD系统中严重，因为相干系统中都使用单纵模窄线宽光源，而且使用外调制器，调制过程中产生的啁啾分量很小，在外差接收机中还可用电子均衡技术补偿光纤色散的影响。

更为关键的是对于调相、调频传输系统，如PSK、FSK，它们只是对光频进行的相位和频率调制，而光纤信道的色散对光这种超高频的电磁信号的相位和频率的影响是微乎其微的，因此在PSK和FSK相干光通信系统中，可以忽略光纤色散的影响。

9.1.5 相干光通信系统的性能

图9.1-8将各种调制和相干检测技术进行了性能对比（灵敏度向下递增）。

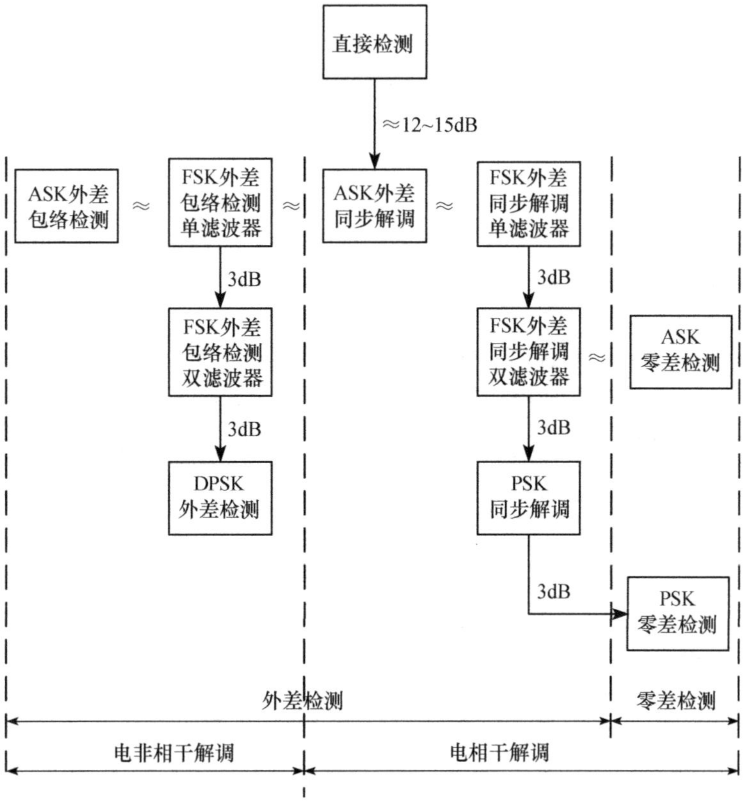

图9.1-8 各种调制和相干检测技术的性能对比

相干光通信系统突出的优点表现为：①极高的接收灵敏度，接近量子极限。②超长传输距离，可达上万千米。③宽带传输，能够轻松完成 40Gbps 以上速率的传输。要达到上述技术指标，对传输系统有非常高的要求，如对信号光和本振光线宽要求极高，零差要到 kHz 量级，同时对光的相位、频率、偏振稳定要求高，系统复杂，成本非常高。因此，相干光通信技术在公共网中应用较少，而在空间光通信中有较多的运用。

9.2 光孤子通信技术

"孤子"一词英文名为 soliton，是 1834 年罗素(J. R. Russell)在河流中偶然发现的一种自然现象，后来一直是少数数学家研究的论题。"孤子"这个词用来描述脉冲包络在非线性色散介质中类似于粒子的特征，在数学上是非线性波动方程的局域行波解，称为孤子波。在一定条件下，这种包络孤子波不仅不失真地传播，而且像粒子那样经受碰撞仍保持原形而继续存在。1973 年人们从理论上推断，在光纤中能够形成孤子，这种孤子称为光孤子或光纤孤子。1980 年在实验中观察到了光孤子，并于 80 年代开始将光孤子从数学公式转变为一种新的光纤通信构想，称为光孤子通信。

9.2.1 光孤子原理和特性

光孤子是光脉冲在群速度色散(GVD)和自相位调制(SPM)双重作用下表现出来的一种特殊形式的包络脉冲，具有保形稳幅的传输特征。当光纤色散单独作用于光纤中传输的光脉冲时，脉冲产生展宽，限制光传输的带宽。当光纤非线性单独作用于光脉冲时，则将产生脉冲压缩，频谱展宽，也将限制光传输的性能。但在一定条件下，这两种对立的物理现象同时存在，共同作用于光脉冲时，能出现某种平衡，产生一种新的光脉冲，即光孤子。在数学上，光孤子采用非线性薛定谔方程进行研究。

1. 非线性薛定谔方程

在 GVD 影响下光脉冲包络 $A(z,t)$ 满足的传输方程中，引入非线性效应产生的 SPM 对方程进行修正，得到了色散非线性系统中信号传输的基本方程为

$$\frac{\partial A}{\partial z}+\beta_1\frac{\partial A}{\partial t}+\frac{i}{2}\beta_2\frac{\partial^2 A}{\partial t^2}-\frac{1}{6}\beta_3\frac{\partial^3 A}{\partial t^3}=i\gamma\,|A|^2A \tag{9.2-1}$$

式中，$\beta_1=1/v_g$，v_g 为群速度；β_2 为群速度色散(GVD)，$\beta_2=d\beta_1/d\omega$，与色散系数 D 有关，β_3 为高阶色散，$\beta_3=d\beta_2/d\omega$ 与色散斜率有关；$\gamma=2\pi n/(\lambda A_{eff})$ 为 SPM 的非线性系数，n 为非线性折射率，A_{eff} 为光纤的有效面积。引入坐标变换

$$\tau=\frac{(t-\beta_1 z)}{T_0},\quad \xi=\frac{z}{L_D},\quad U=\frac{A}{\sqrt{P_0}} \tag{9.2-2}$$

式中，T_0 为脉冲宽度；P_0 为峰值功率；$L_D=T_0^2/|\beta_2|$，为光纤色散长度，由式(9.2-1)推导得到非线性薛定谔方程(NSE)为

$$i\frac{\partial U}{\partial \xi}\pm\frac{1}{2}\frac{\partial^2 U}{\partial \tau^2}+N^2\,|U|^2U=0 \tag{9.2-3}$$

式中，当"±"取值原则为，当 $\beta_2<0$ 时取正号，为异常色散，存在孤子解(亮孤子)，而当 $\beta_2>0$ 时取负号，为正常色散，只有暗孤子。参数 N 定义为

$$N^2 = L_D/L_{NL} = \gamma P_0 T_0^2/|\beta_2| \tag{9.2-4}$$

式中，$L_{NL}=1/(\gamma P_0)$，定义为非线性长度，式(9.2-4)表征了光脉冲和光纤特性的无量纲参数。

2. NSE的解及其性质

NSE是一种特殊的非线性偏微分方程，可用称为"逆散射法"在数学上得到精确求解，当$N=1$时亦可直接积分求解。考虑异常色散，方程(9.2-3)取正号，利用逆散射法求解已证明，仅当N为整数才有孤子解存在，且输入光脉冲具有双曲正割形式

$$U(0,\tau) = N\text{sech}\tau \tag{9.2-5}$$

$N=1$的解称为基态孤子，或一阶孤子，$N\geqslant 2$的解统称为高阶孤子，此时式(9.2-3)的解为

$$U(\tau,\xi) = \text{sech}\tau \cdot \exp(i\xi/2), \qquad N=1 \tag{9.2-6}$$

$$U(\tau,\xi) = \frac{4[\cosh(3\tau)+3\exp(4i\xi)\cosh\tau]}{\cosh(4\tau)+4\cosh(2\tau)+3\cosh(4\xi)}\exp(i\xi/2), \qquad N=2 \tag{9.2-7}$$

由式(9.2-6)和式(9.2-7)可见，基态孤子的强度和形状在传输过程中保持不变，而高阶孤子的形状和强度随ξ呈周期性的变化。周期$\xi=\xi_0=\pi/2$，称为孤子周期，在实际光纤系统中孤子周期用z_0表示，即

$$z_0 = \frac{\pi}{2}L_D = \frac{\pi T_0^2}{2|\beta_2|} \tag{9.2-8}$$

对$N=2$，当$\xi=\xi_0/2$时，脉冲变得最窄，而$\xi=\xi_0$时光脉冲恢复到初始($\xi=0$)时的形态。对$N=3$，$\xi=\xi_0/4$光脉冲最窄，$\xi=\xi_0/2$时，它将展宽并分裂为两个子脉冲，而$\xi=\xi_0$时光脉冲恢复到初始时的形状，如图9.2-1所示。

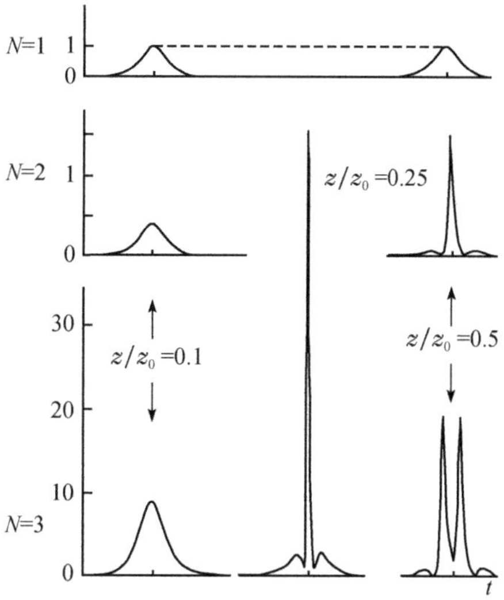

图9.2-1　1～3阶孤子的周期性变化

式(9.2-6)显示，当输入一双曲正割形光脉冲在光纤中传输时，除产生$\xi/2$相移外，其幅度和形状均保持不变，正是基态光孤子的这种特性使它成为克服光纤色散的理想波形。本质上，当输入光脉冲具有双曲正割形状，并且其脉宽和峰值功率满足$N=1$的方程(9.2-4)时，光纤非线性效应精确补偿光纤色散。在理想情况下，能将由色散和非线性导致的波形失真全部消除。显然，在实际光纤系统中无法真正获得的双曲正割形状和整数N的理想状态，需要研究光脉冲的偏离整数N和形状偏离时的情况。例如，$N=1+\Delta$，$|\Delta|<1/2$时

$$U(0,\tau) = (1+\Delta)\text{sech}\tau \tag{9.2-9}$$

由逆散射分析可知，输出孤子仍为双曲正割型，但幅度增大了，脉宽变窄了，其形状为

$$U(\xi,\tau) = (1+2\Delta)\text{sech}((1+2\Delta)\tau) \tag{9.2-10}$$

孤子的能量可定义为

$$\varepsilon = \int_{-\infty}^{\infty} |U|^2 d\tau \tag{9.2-11}$$

由式(9.2-9)、式(9.2-10)和式(9.2-11)可知，输入/输出孤子的能量差为

$$\Delta\varepsilon = \int_{-\infty}^{\infty}(1+\Delta)^2 \text{ sech}^2\tau d\tau - \int_{-\infty}^{\infty}(1+2\Delta)^2 \text{sech}^2((1+2\Delta)\tau)d\tau = \Delta^2 \tag{9.2-12}$$

可见，输出孤子能量比输入光孤子能量减少Δ^2，若$\Delta=\pm 1/2$，则$\Delta^2=1/4$，这表明当输入光孤子

幅度不精确等于1而在0.5<N<1.5间取值时，输入脉冲部分能量将转变为其他波，这种波称为线性色散波，并非形成基态孤子所需的能量，随着脉冲向前传输这部分能量将被损耗了，而大部分能量则包含在孤子内稳定传输。

图9.2-2所示为$N=1.4$时的数值模拟结果，图中显示光输入脉冲在$\xi=0\sim10$范围内的演化过程，脉冲宽度在传输中先变窄，然后围绕稳定值摆动，通过一段功率和脉宽调整过程，达到$N=1$后进入稳定状态，在调整过程中超过基态孤子的能量以色散波形式损耗掉。图9.2-3所示为采用同样的数值模拟方法求得的高斯型输入脉冲$U(0,\tau)=\exp(-\tau^2/2)$的演化过程，输入脉冲自动调整宽度、幅度和形状，最终演化成为基态孤子。

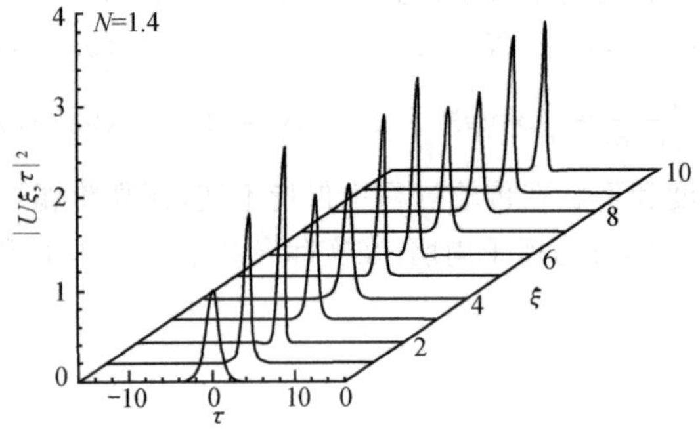

图9.2-2　$N=1.4$时的数值模拟结果

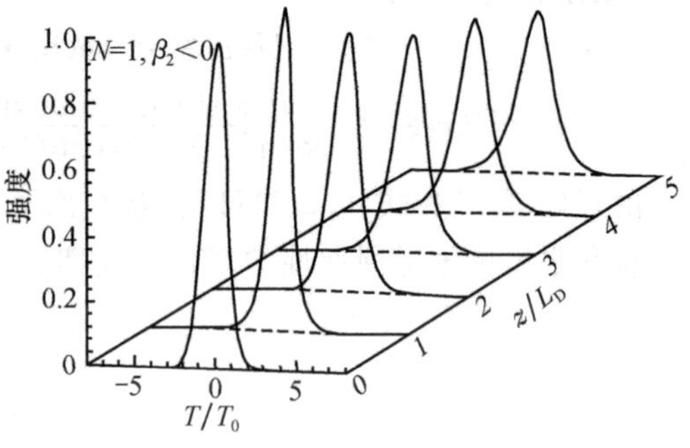

图9.2-3　$N=1$高斯形状脉冲演化为基态孤子的过程

所以，满足$N-0.5<N<N+0.5(N=1,2,3,\cdots)$关系式的光脉冲，均可以通过几个孤子周期自动调整为$N$阶光孤子。当$N$值的范围在0.5～1.5时，就可以得到1阶孤子，即基态孤子。

9.2.2　光孤子的传输与放大

利用提高输入光脉冲功率产生的非线性压缩效应，补偿光纤色散导致的脉冲展宽，维持光脉冲的幅度和形状不变是光纤孤子通信的基础。然而，光纤传输必然带来损耗，孤子能量被不断吸收，峰值功率减小，减弱了补偿光纤色散的非线性效应，导致孤子脉冲展宽，破坏光孤子条件，光放大是补偿能量保持孤子条件的最佳手段。

1. 损耗导致的光孤子脉冲展宽

考虑光纤损耗的影响时，式(9.2-3)右边应加上损耗项，方程变为

$$i\frac{\partial U}{\partial\xi}+\frac{1}{2}\frac{\partial^2 U}{\partial\tau^2}+N^2\mid U\mid^2 U=-i\Gamma U \tag{9.2-13}$$

式中，Γ称为归一化损耗，定义为一个色散长度内的总损耗，表示为

$$\Gamma=\frac{\alpha}{2}L_D=\frac{\alpha}{2}\frac{T_0^2}{\mid\beta_2\mid}=\frac{\alpha z_0}{\pi} \tag{9.2-14}$$

式中，α为光纤损耗系数，当$\Gamma\ll1$时，方程(9.2-13)右边可视为微扰项，仍可采用逆散射法求解。若输入脉冲形式为1阶孤子，则方程有近似解，即

$$U(\xi,\tau)=\mathrm{sech}[\exp(-2\Gamma\xi)\tau]\exp\{(i/8\Gamma)[1-\exp(-4\Gamma\xi)]\} \tag{9.2-15}$$

该式说明孤子脉冲宽度随传输距离按指数增加

$$T_1=T_0\exp(2\Gamma\xi)=T_0\exp(\alpha z) \tag{9.2-16}$$

因为当$\Gamma>0$(损耗)时，虽然幅度减小，但孤子脉冲宽度指数增加，脉冲面积是恒定的，这种特性

称为绝热特性，这种关系称为面积定理。由此不难推论，若$\Gamma<0$(即光纤中存在增益)时，在幅度增加的同时，根据面积定理，孤子脉宽将变窄，展宽的孤子脉冲可恢复到初始的宽度。需要指出，孤子脉宽的指数增加并不在任意长度的距离上都成立。孤子脉冲展宽比线性运用时小得多，因此即使由于光纤损耗而不能维持孤子特性，光孤子系统仍受益于非线性效应。这个特点可用于增大色散限制光纤通信系统的中继距离。但是，对于光纤孤子传输系统进行光放大，补充光孤子的能力保持孤子的形态是非常必要的。

2. 光孤子的放大

光纤损耗的存在导致孤子脉冲展宽、幅度减小，限制了传输距离和系统性能。根据孤子的绝热演化特性和面积定理，可在光孤子传输系统中设置光放大来补偿光纤损耗，增大孤子幅度，保持光孤子形态，实现光孤子的放大整形。

通常有两种方法用于实现光孤子的放大整形。一种方法与非孤子通信系统的放大方案相同，沿光纤线路周期性地接入 EDFA 光纤放大器，EDFA 的增益等于两只 EDFA 间光纤的总损耗，放大周期与孤子周期相关。另一种是利用分布式光纤拉曼放大器。例如，向传输光纤中同时注入泵浦光，利用受激拉曼增益机制使孤子脉冲得到放大以补偿光纤损耗，当增益系数正好等于光纤损耗系数时就能实现光孤子脉冲无畸变“透明”传输。

实际系统中，光纤拉曼放大器由于泵浦功率沿光纤受到损耗，增益系数亦沿光纤降低，不能实现处处精确补偿，因此必须沿光纤周期性地注入放大所需的泵浦功率，周期间距 L 取决于孤子和泵浦波长处的损耗和允许孤子能量偏离其初始值的程度。同理，EDFA 放大器也需要设置放大器的周期间距和放大增益。通常，如果最大容忍孤子能量有 20%的偏离，在光纤拉曼放大系统中，放大周期 $L=40\sim50$km。

由于 EDFA 技术成熟，性能优良，因此目前采用的损耗补偿方案是沿光孤子传输系统周期地接入 EDFA。在这种系统中一个重要的问题是如何设计两个 EDFA 之间的距离 L。从通信系统设计成本考虑，L 应越长越好，接入的 EDFA 数目应越少越好。从孤子传输的稳定性考虑，放大间距应越短越好。在线性非孤子通信系统中，根据工作波长和其他系统参数的不同，放大间距一般为 50～100km。对于孤子通信系统，放大间距一般限制在 20～30km。原因在于 EDFA 长度很短，孤子脉冲几乎是受到突变式放大，而不是逐渐地、动态地调节，恢复基态孤子。这种突变式的放大不符合绝热缓变条件，因此在自动调整其波形过程中将以色散波形的形式流出一部分能量，经多次放大后，色散波能量将积累到不容忽视的程度而影响光孤子系统性能，在系统设计中必须避免。

降低色散波的一种基本方法是减小放大器间距 L，降低 EDFA 的增益 G，减弱孤子在放大器长度内的扰动程度。理论和数值模拟均证实，当放大周期远小于孤子周期时，可避免色散波累积造成的影响。对于普通单模光纤(G. 652)，$B=10$Gbps 的光孤子系统，L 的典型值<100km，应取 $L<20$km，对于 G. 653 光纤，$z_0=500\sim1000$km，L 可达到 30～50km，所以在光孤子通信系统中使用色散位移光纤是必要的。

9.2.3 光孤子系统的通信容量及其限制因素

1. ASE 噪声与光孤子系统的通信容量

光孤子系统中接入 EDFA 后，可实现长距离传输，但也在系统中引入了 ASE 噪声，ASE 噪声对光孤子系统的影响主要表现在以下 3 个方面：

(1) ASE 噪声叠加到信号上，降低了系统的信噪比(SNR)，降低程度与 EDFA 的噪声系数和放大器数目有关。

(2) ASE 噪声的累积会引起后级 EDFA 的增益饱和，降低了增益和输出信号功率。

(3) ASE 噪声使孤子到达终端的时间发生抖动，当抖动量超出检测窗口的容限时将产生误码率，影响系统性能。该抖动将影响系统的传输容量，考虑光放大器 ASE 噪声的影响，光孤子系统可达到的最大比特率距离积，称为戈登-豪斯(GH)限制。

$$(\mathrm{BL})^3 \leqslant 0.1372 t_s t_w^2 B^3 A_{\mathrm{eff}} / (h \Gamma n_2 D) \tag{9.2-17}$$

式中，D 为光纤色散系数；h 为普朗克常量。式(9.2-17)代入典型值：$\lambda=1.56\mu\mathrm{m}$，$A_{\mathrm{eff}}=25\mu\mathrm{m}^2$，$\Gamma=0.0461\mathrm{km}^{-1}$(0.2dB/km)，$n_2=3.18\times10^{-16}\mathrm{cm}^2/\mathrm{W}$，$D=3\mathrm{ps}/(\mathrm{nm}\cdot\mathrm{km})$，$t_sB=0.1$，$t_wB=1/3$ 时，$BL=23600\mathrm{GHz}\cdot\mathrm{km}$。如果要用光孤子传送 10GHz 的信息速率，最大传输距离不宜超过 2360km。若 $B=2.5\mathrm{GHz}$，则不宜超过 1000km。

2. 孤子相互作用与通信容量

光孤子系统中还存在许多其他限制通信容量的因素，相邻孤子间的相互作用就是其中之一。光孤子通信系统必须采用归零码(RZ)产生光比特流，图 9.2-4 所示的每个孤子脉冲只占时隙 $T_B=1/B$ 的一部分，B 为比特率。NSE 的孤子解仅当单个脉冲传输才成立。相邻比特存在时的复合场不是 NSE 的解，相邻脉冲的存在使孤子受到扰动，这种现象称为孤子相互作用。

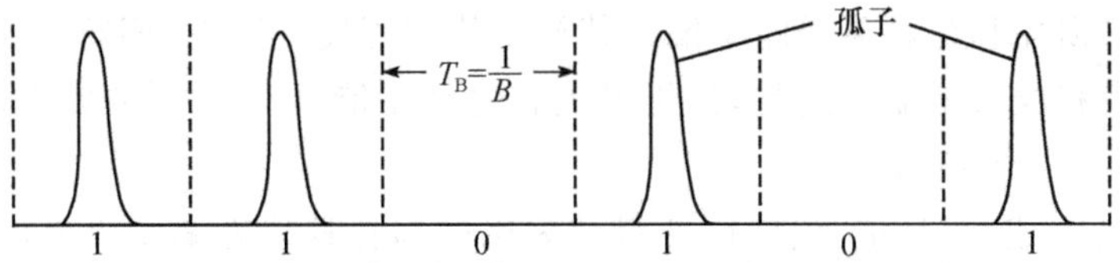

图 9.2-4　归零码光孤子比特流图形

两个相邻的孤子可以看成孤子对，对于孤子对输入时，NSE 仍可用逆散射方法求解，研究表明，孤子相互作用使演化图形与单孤子传输时的图形相比发生了偏离，而且这种偏离强烈地依赖于相对相位 θ。对于同相($\theta=0$)注入的孤子对，两孤子开始相互吸引，逐渐靠近，直至发生碰撞，然后又相互排斥，至间隔达到最大后又开始吸引，直至发生碰撞，如此呈现周期性的演化图形。对 $\theta=\pi/4$ 的孤子对注入时，两孤子开始时相互吸引，以后即相互分开。对于 $\theta=\pi$ 的异相孤子对注入时，两孤子的间隔将随距离增大不断增加，从系统设计观点看，这是应该避免的。由于相邻孤子的相对相位不易严格控制，就会导致孤子到达时间的抖动。为避免相互作用导致的孤子到达时间抖动超出比特时隙，应增大孤子对间的间隔，使孤子到达时间抖动不致超出比特时隙，但这将导致比特率的下降。

虽然采用较大的孤子间隔可以避免由相互作用产生的碰撞，延长稳定传输距离，但却限制了系统的比特率。利用相邻不等孤子注入，可使孤子间隔缩短一半。

3. 光孤子源频率啁啾的影响

光孤子源的频率啁啾亦是影响光孤子系统的重要因素之一。为使输入脉冲在光纤中以孤子形式传输，不仅要求其波形具有双曲正割强度轮廓，而且应是无啁啾的。实际中许多光孤子源是带有啁啾成分的，这种啁啾干扰了 GVD 和 SPM 效应间的平衡，对孤子传输是有害的。

利用逆散射方法分析，可求得基态孤子的临界啁啾参数 $C_0=1.64$。当光源的啁啾参数 $|C|<C_0$ 时，啁啾对形成纯净孤子脉冲是无害的，只是在啁啾孤子压缩演化为纯净孤子的过程中，脉冲的一部分能量将作为色散波拖尾发散出去。例如，当 $C=0.5$ 时，有 83%的脉冲能量保留给孤子，$C=0.8$ 时，这个比例降到 62%。

虽然啁啾对脉冲演化为孤子并无实质性的危险，只是消耗了部分能量。但在级联长距离光孤子系统中发散出的色散波将会受到放大和累积，引起光孤子系统的不稳定。因此，应尽量减小光源的啁啾参数 C。

9.2.4 光孤子的传输控制

光孤子传输与 EDFA 结合，克服了光信号长距离传输的两个主要限制——色散和损耗，但是接入 EDFA 虽然解决了损耗的限制，却引入 ASE 限制了传输距离。另外，孤子相互作用的存在也限制了长距离传输。此外，孤子系统参数扰动产生的色散波是一种噪声，亦将影响孤子传输质量，限制传输距离。

1. 克服 ASE 限制的频域滤波控制

孤子系统中接入 EDFA 后，其 ASE 噪声使孤子载波频率、随机均方到达时间随距离的三次方增大，由此导致通信容量的限制。当在每只 EDFA 后接进一只光滤波器(如 FP 腔滤波器)，使孤子被连续地滤波，孤子载波频率随机变化受到限制，均方到达时间随距离的变化速度将大大降低，由此可使孤子传输距离和通信容量大大提高，这种克服 ASE 限制的方法称为频域滤波控制。

2. 光孤子传输的时域控制

在 EDFA 后面接入带通滤波器能在一定程度上扼制 ASE 噪声引起的孤子到达时间抖动，适当延长了传输距离，但并不能完全消除 ASE 的影响，也不能消除孤子相互作用引起的孤子到达时间抖动。

时域控制孤子系统中，在每只 EDFA 或多只 EDFA 后接入一只幅度调制器，由于 ASE 是连续谱，当其通过调制器时，部分谱分量被衰减，而通过部分形成脉冲流，这种噪声是线性色散波，当其在色散光纤中传输时，其谱又展宽了。进入第二个调制器时，展宽了的噪声谱中部分谱分量又受到衰减，剩下的脉冲形的分量就变得很小。另外，由于接入调制器的插入损耗提供了附加补偿增益，因此孤子脉冲在传输过程中并不产生谱展宽。重复这种调制过程，噪声电平就可降得很低，而孤子则仍能稳定传输。

同步幅度调制控制不仅能降低并最终消除 ASE 导致的系统性能退化，也能有效地减小孤子间的相互作用力，延长传输距离。与频域滤波控制相比，同步幅度调制控制不仅能控制 ASE 和孤子相互作用引起的对传输距离和比特率的限制，而且具有整形和再定时功能，提高孤子传输质量。其缺点是这种控制机构复杂，为了达到更好的控制效果，通常在同一孤子系统中两种控制方法同时使用。

9.2.5 多信道光孤子系统

1. 多信道光孤子通信系统的特点

光孤子系统可以利用波分复用(WDM)技术构成多信道光孤子通信系统，已实现 5Gbps×8

信道长距离孤子传输，也可采用偏振复用(PDM)技术构成多信道孤子通信系统，已实现了10Gbps×2 双信道 19000km 长距离孤子传输。多信道光孤子系统中每个信道中孤子脉冲的传输演化特性与系统的通信容量，均可 NSE 方程进行分析计算。但是，与线性 WDM 系统不同，在多信道孤子系统中，不同信道的孤子间有可能发生非线性相互作用，使各信道孤子的传输特性偏离单独存在时的传输特性。这种相互作用是发生在相邻信道间，而不是同一信道不同孤子之间的相互作用，因此研究多信道系统的孤子传输特性应建立非线性耦合方程组，分析各信道孤子的传输特性。

多信道孤子系统中，其相邻信道间孤子相互作用与信道间隔有关。不同信道的光孤子载波频率各不相同，孤子群速度也不相等。由于速度不同，一个信道的孤子就会与相邻信道的孤子相互追逐，产生周期性碰撞。碰撞时两孤子发生重叠，引起交叉相位调制，最终导致孤子的载频、孤子速度和到达时间发生变化。

在分布式放大补偿孤子系统中，分布增益与损耗精确补偿，信道间隔为 $\Delta\lambda$ 的两个孤子相碰撞时，载频发生变化，使碰撞过程移动较慢的孤子滞后，移动较快的孤子超前，而碰撞后，一旦两孤子相互分开，其载频又恢复到初始值。在这种碰撞过程中产生的到达时间变化较小，当 $\Delta\lambda$ 增大时则可忽略不计。

在 EDFA 补偿放大孤子系统中，情况比较复杂，例如，如果碰撞发生在放大器中，由于从 EDFA 输入端到输出端间孤子强度发生了很大的变化，使碰撞的周期性和对称性受到破坏，孤子谱将出现不能恢复的净位移，导致在系统长度的其他部分以不同的群速度移动，由此将导致类似于 ASE 噪声产生的孤子到达终端时间的大幅抖动，影响孤子系统性能，这种碰撞引起的频谱移动和时间抖动已在实验中观察到，实验中两孤子信道间隔 $\Delta\lambda=0.18$nm，孤子脉宽均为 70ps，发现在 106km 普通单模光纤的输出端频谱位移了 5GHz，孤子到达时间的抖动高达 55ps。

2. 多信道光孤子的碰撞长度

两信道间碰撞长度定义为孤子谱与另一个孤子谱重叠移动而不出现偏移的距离 L_e，它取决于两个孤子的相对速度，可写为

$$L_e = 2T_{\mathrm{FWHM}}/(D\Delta\lambda) \tag{9.2-18}$$

式中，T_{FWHM} 为输入孤子脉冲半高全宽；D 为光纤色散系数。已经证实，当 L_e 大于 2 倍 EDFA 间距时，每个孤子的频谱净位移很小，可以忽略不计。EDFA 可以用于多信道孤子系统中作能量补偿放大器，但要求同时满足条件式(9.2-18)的频道间隔。这在一定程度上限制了信道数。

9.2.6 光纤孤子通信系统

光孤子传输理论取得突破后，随即开展了长距离传输实验研究。进入 20 世纪 90 年代后，光纤放大器问世，在世界范围内形成了光孤子通信实验研究热潮，并普遍采用 EDFA 作为补偿放大器，为了增大放大器间距，采用色散位移光纤作为传输光纤。

长距离光孤子传输系统由 4 个基本功能单元组成，即光孤子源、孤子传输光纤、孤子能量补偿放大器与孤子脉冲信号检测接收单元。为抑制各种噪声和扰动因素对孤子传输距离和通信容量的限制，系统中尚需接入某种控制元件或装置，为实现通信也需接入调制器以加载信息。

例如，一种典型的孤子传输系统，采用增益开关直接调制多量子阱分布反馈半导体激光器产生 1552nm 光脉冲，用 FP 腔滤波器滤除光脉冲的啁啾成分，得到脉宽 11～12ps，脉宽谱宽积 0.32 的变换限制脉冲，用 $2^{23}-1$ 伪随机二进制序列脉冲驱动铌酸锂调制器，产生 10Gbps 光脉

冲，用二只 3dB 光耦合器与光纤延迟线构成光时分复用器。将 10Gbps 光脉冲复用至 20Gbps，并由 EDFA 放大至 1.2dBm 平均孤子功率，串接 EDFA 间距为 50km，共接入 60 只 EDFA，系统全长 3000km，在接收端将 20Gbps 孤子脉冲解复用至 10Gbps，完成了孤子通信实验系统。

将传统的光纤通信系统看成线性系统，那么光孤子通信系统就是典型非线性系统。从目前两类系统达到的技术水平看，单一波长信道系统无论在速率还是通信距离方面，非线性孤子系统均高于线性系统。在多波长信道方面，线性 DWDM 系统的信道数远多于 WDM 孤子系统，但通信距离比孤子系统短。从技术成熟性看，线性系统已先于非线性系统趋于成熟，并已广泛应用于通信网络，而孤子系统尚未达到实用水平。

9.3 光网络技术

9.3.1 光网络的概念

1. 光网络的演进

光纤通信技术的不断进步和成熟，使得光纤通信逐渐从点到点的单路传输系统向波分复用光网络发展演进。具体表现为：

（1）单一网络向多层重叠光网络发展，体现为电信网、数据网和有限电视网重叠发展。

（2）单一业务向多业务、多功能光网络发展，各种业务和功能服务融合到一个网络中。

（3）单一波长、速率向多波长、高速率光网络发展。

（4）普通网络管理向智能化光网络发展。

（5）降低成本、高性价比为全面应用提供了条件。

2. 光网络的概念

光网络或叫做光组网(optical networking)，这个术语只说明运用光的技术来组网，指的是一种技术手段、方法。光网络是由高性能的光电转换设备连接众多的全光透明子网的集合，从这个目的出发，光网络就应该是一种以光纤作为基本传输链路，并充分利用光纤所具有的特性而组成的一种通信网络结构。高性能的光网络体系结构也必然包括比较复杂的光、电设备及二者的结合产品。从这个意义上讲，光网络不一定是“纯光”的网络。而全光网络(All Optical Network，AON)强调网络的全光特性，严格地说在此网内不应该有光/电转换，所有对信号的处理全在光域内进行。现有的光纤通信技术还无法全面支持全光网。因此，又提出了光传送网(Optical Transport Network，OTN)的概念，它强调以光技术来构成一种起到传送功能的网络，它不限定网络的透明性，也不排除光电转换。ITU-T 在 G.872 建议中将光传送网定义为：一组可为客户层信号提供主要在光域上进行传送、复用、选路、监控和生存性处理的功能实体。

3. 光网络的节点

光网络的组网设备可大致分为两类：光网络节点(Optical Network Nodes，ONN)和网络接入站(Network Access Stations，NAS)。最常用的光网络节点有光交叉连接设备器(Optical Cross-Connector，OXC)节点和光分插复用器(Optical Add/Drop Multiplexer，OADM)节点。WDM 光网络的基本思想是将点到点的波分复用系统用 OXC 节点和 OADM 节点连接起来，组成光网络。波分复用技术完成光网络节点之间的多波长通道的光信号传输，OXC 节点和

OADM 节点则完成光信号的交换功能。网络接入站位于物理层中光信号通路的终结点(光信号的源和目的地)。信息在网络的纯光部分以外仍以电的形式传输,或者终结于系统终端(如用户终端),或者通过电的交换设备(如交换机)进一步转发。

WDM 光网络总体结构如图 9.3-1 所示,它是由光分插复用器(OADM)、光交叉连接器(OXC)和光线路终端系统(OLS)及光放大器(OA)等光联网设备构成的光网络。通过可重构的选路节点建立端到端的波长通道,实现源和目的地之间端到端的光连接,这将使通道之间的调配和转接变得简单、方便。在 WDM 光网络中,由于采用光路由器或光交换技术,极大地增强了节点处理的容量和速度,它具有对信息传输码率、调制方式、传送协议等透明的优点,有效地克服了节点的"电子瓶颈"限制。

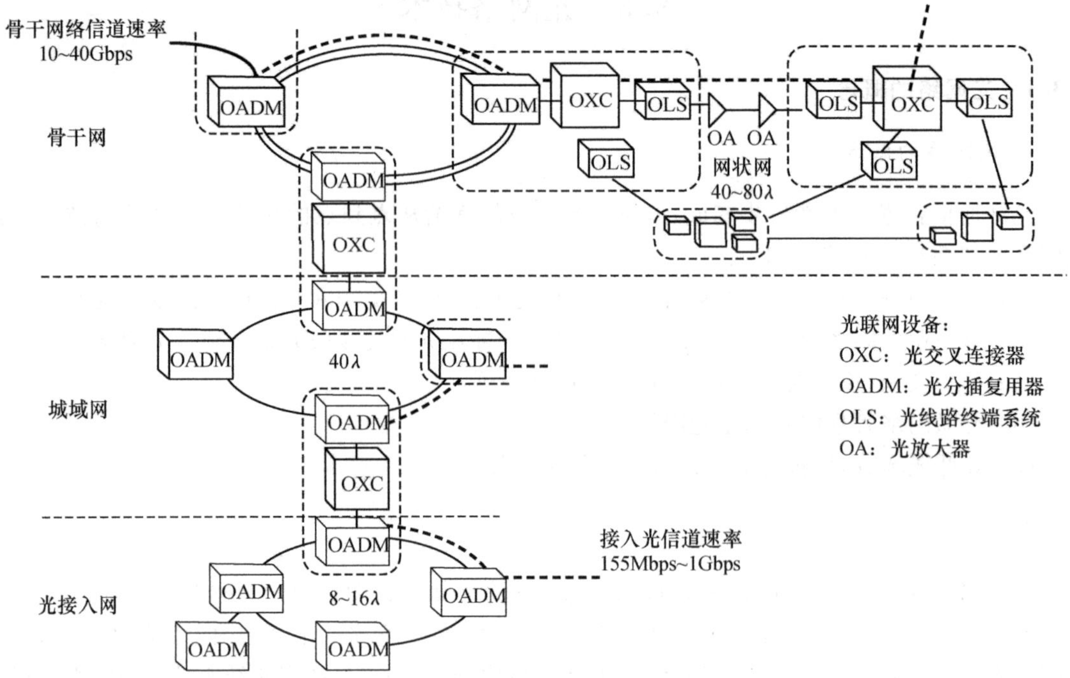

图 9.3-1 WDM 光网络总体结构

9.3.2 光传送网

从网络对光信号的透明性来说,能做到全透明当然很好,它可以全面而充分地利用光交换及光纤传输的潜力。相对来说,半透明就只能有限地利用光交换及光纤传输的潜力,网络的性能会受 O/E/O 转换的限制。但从另一方面来说,半透明可以利用电域已成熟的技术,如 SDH 技术及网络中已大量部署的 SDH 设备。从技术成熟度来看,目前实现全透明光网络还有不少难题等待解决。所以,为避免技术与运营上的困难,ITU-T 决定按光传送网(OTN)的概念来发展光网络,并制订相应的标准。ITU-T 对发展光网络采取了较为现实的策略,即逐渐演进的方式,先在技术经济条件允许的范围内发展光的透明子网,各子网之间由光电处理单元连接。随着技术的进步和条件的成熟,逐步扩大透明子网直至全(光)网。

光传送网 OTN 由一系列功能模块组成,这些功能模块用于完成在光域中客户信号的传送、复用、路由、管理、恢复等功能。WDM 光传送网采用光波长作为基本交换单元的光交换技术,来替换传统的以时隙为交换单位的时隙交换技术。这样客户信号将以波长为基本单位来完成传送、复用、路由和管理。

如图 9.3-2 所示，ITU-T 的 G.872 为 OTN 的分层结构下了定义，OTN 将整个光层细分为光通道(Optical Channel，OCh)、光复用段(Optical Multiplexing Section，OMS)和光传输段(Optical Transmission Section，OTS)3 层。OCh 层直接与各种数字化的用户信号相连接，它为透明地传送 SDH、PDH、ATM、IP 等业务信号提供点到点的以光通路为基础的组网功能。OCh 指单一波长的传输通路。OMS 为经 WDM 设备复用的多波长信号提供组网功能。OTS 经光接口与传输介质相接，它提供在光介质上传输光信号的功能。相邻层之间形成客户/服务者关系，每一层网络为相邻上一层网络提供传送服务，同时又使用相邻的下一层网络所提供的传送服务。

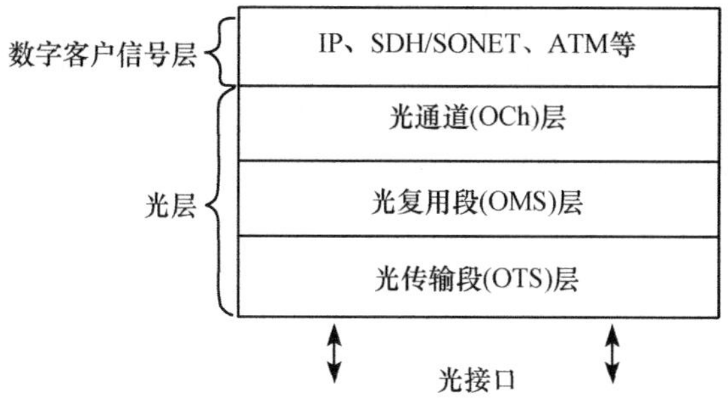

图 9.3-2　光传送网的分层结构示意图

1. 光通道层

光通道层(optical channel layer)负责为不同格式的客户信息选择路由和分配波长，为透明地传递各种不同格式的客户层信号的光通道提供端到端的联网功能。处理光通道开销，提供光通道层的检测、管理功能。并在故障发生时，通过重新选路或直接把工作业务切换到预定的保护路径来实现保护倒换和网络恢复。

光通道层主要传送实体有网络连接、链路连接、子网连接和路径。具备的功能为：①光通道连接的重组，以便实现灵活的网络选路。②光通路开销处理，以便确保光通路适配信息的完整性。③光通路监控功能，以便实现网络等级上的操作和管理。④网络的生存性能力，以便在故障发生时实现保护倒换和网络恢复。

2. 光复用段层

光复用段层(optical multiplexing section layer)保证多波长波分复用光信号的完整传输，为多波长光信号提供网络功能。主要功能包括：①为灵活的选路重新安排光复用段。②为保证多波长光复用段适配信息的完整性处理光复用段开销。③为光复用段层的运行和维护提供检测和管理功能。

3. 光传输段层

光传输段层(optical transmission section layer)为光信号在不同类型的光纤(如 G.652、G.653、G.655 光纤等)上提供传输功能，处理光传输段开销，以便确保光传输段适配信息的完整性，同时实现对光放大器或中继器的检测和控制功能等。整个光传送网由最下面的物理介质层网络所支持，即物理介质层网络是光传输段的服务者。通常会涉及功率平衡问题、EDFA 增益控制问题及色散的积累和补偿等问题。

光传送网(OTN)的概念既从实际出发,反映出光网络技术的现实性,又从光网络技术的发展趋势出发预示了发展 OTN 的阶段性演进特征。其优点体现为以下几点:

(1) 消除电设备导致的带宽瓶颈。目前电联网的节点或链路的容量均无法赶上数据业务量的增长速度。

(2) 降低对业务节点规模的要求。利用具有灵活疏导业务量能力的 OADM 和 OXC,可以从光层旁路掉大量业务,从而减轻了业务层节点所要处理的业务量。

(3) 大幅度降低建网成本和运营维护成本。光传送联网可以简化网络层次和结构,减少网元数目和电/光转换设备的数目,从而也简化了网络管理和规划。

(4) 实现网络光层的可重构性。达到在波长级、波长组级和光纤级灵活重组网络的目的。

(5) 实现网络对客户层信号的透明性。允许互联任何新老系统和不同格式的信号,不仅支持 SDH 信号,而且也可以直接支持 IP、以太网和 ATM 信号等。

(6) 实现快速网络恢复。目前电层的网络恢复时间长达几分钟,而 OTN 的恢复时间可以减少到 100ms 量级。

(7) 同时实现业务层和光层的联网。避免了单纯 IP 层联网所带来的低效率,提高了网络资源的利用率,提供了灵活、高效的组网能力和对物理层故障的快速恢复能力。

9.3.3 光交叉连接和光分插复用

1. 光交叉连接(OXC)

1) OXC 的原理

光交叉连接(Optical Cross Connect,OXC)是光网络最重要的网络元件,光网络的监测和保护机制大都是依靠 OXC 来实现的。

OXC 支持网络重新配置和光层上有效的波长管理。在全光网中,对于一条经过多个 OXC 节点的光路,从源端发往终端的光信号可以只在光层上传输,而不涉及电层的接收和变换。但是,为了减少光信号传输损伤的积累,保证正常的性能监控,信号在某些节点仍需要进行光电转换,在电层进行一些必要的信息处理。

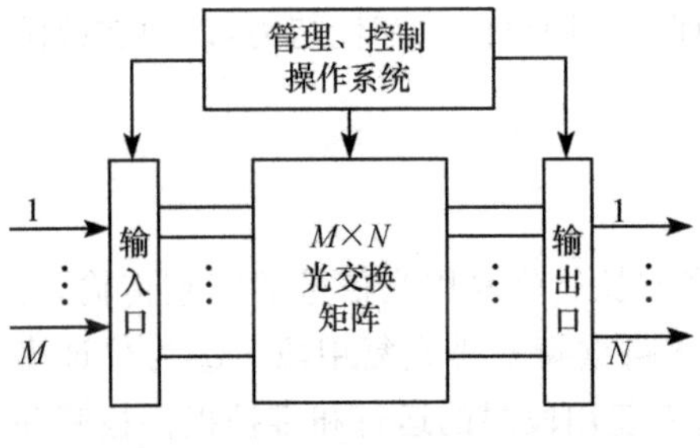

图 9.3-3　OXC 功能结构框图

OXC 主要由光交叉连接矩阵(交换级)、输入端口(扩展级)、输出端口(集中级)、管理控制单元等模块组成。OXC 节点的基本功能是在各输入端和输出端光纤上复用的 WDM 信道之间建立全光的通道互联模式。由于目前没有一种光子器件可以在空间和波长域上同时完成 WDM 信道交换,因此必须把 WDM 信号先在空间域或波长域上进行分解,得到一组单一波长信号,然后再进行交叉连接,如图 9.3-3 所示。

OXC 的输入端口和输出端口直接与光纤相连接,分别对输入输出信号进行适配、放大。管理控制单元通过编程对光交叉连接矩阵、输入端口和输出端口模块进行监测和控制。光交叉连接矩阵是 OXC 的核心,要求它无阻塞、低延迟、宽带和高可靠性,并且有时要具有多播和广播功能。OXC 的容量、端口数目、交叉矩阵规模及性能都会对网络的容量、阻塞率、生存性和可扩展性等产生影响。

2) OXC 的结构

OXC 的结构可分为 3 类:光纤交叉连接(Fiber Cross Connect,FXC)、波长固定交叉连接

(Wavelength Selective Cross Connect，WSXC)和波长可变交叉连接(Wavelength Interchanging Cross Connect，WIXC)。

光纤交叉连接器连接的是多路输入输出光纤，每根光纤中可以是多波长光信号。这种交叉连接器中，只有空分交换开关，交换的基本单位是一路光纤，不能发挥多波长通道的灵活性，不能实现波长选路。

波长固定交叉典型结构如图 9.3-4 所示，多路光纤中的光信号分别接入各自的波分解复用器，解复用后的相同波长的信号进行空分交换，交换后的各路相同波长的光信号分别进入各自输出口的复用器，最后复用后从各输出光纤输出。在这种结构中，由于不同光纤中的相同波长之间可以进行交换，因而可以较灵活地对波长进行交叉连接，但是这种结构无法处理两根以上光纤中的相同波长光信号进入同一根输出光纤问题，即存在波长阻塞问题。而波长可变的交叉连接可以解决波长阻塞问题。

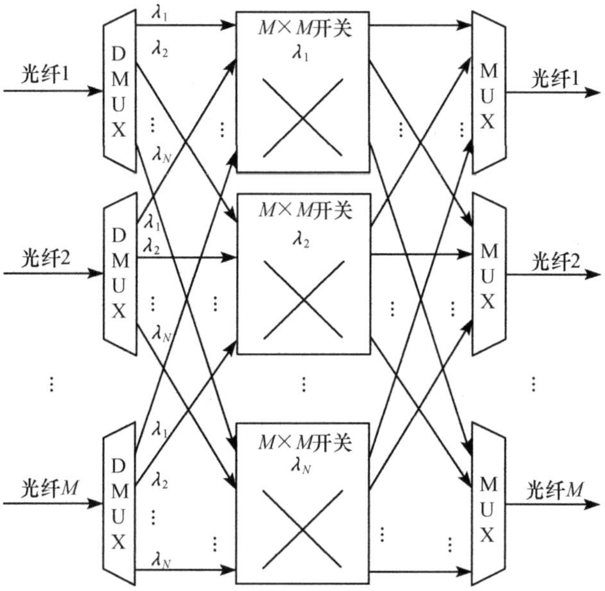

图 9.3-4 固定波长的 OXC 结构

波长可变交叉连接使用波长变换器(Wavelength Converter，WC)对光信号进行波长变换，因而各路光信号可以实现完全灵活的交叉连接，不会产生波长阻塞。

如图 9.3-5 所示，设输入/输出光纤数为 M，每根光纤中波长数为 N，若要实现交叉连接则共需要 $M\times N$ 个波长变换器。在这种结构中，每根输入光纤中每个波长都可以连接转换成任意一根输出光纤中任意一个波长，不存在波长阻塞问题。但是在一般情况下，并不是所有波长都需要进行波长变换，因而这种结构的波长变换器的利用率不高，很不经济。

2. 光分插复用(OADM)

WDM 光网络除了实现交叉连接功能外，光网络节点还需要完成光通道的上、下线路的功能，实现这种功能的网络元件是光分插复用器，OADM 在光网络中的功能是在波分复用光路中对不同波长信道进行分下与插入操作。

同时 OADM 操作对其他波长的传输并不影响，不需要把非本节点的波长信号转换为电信

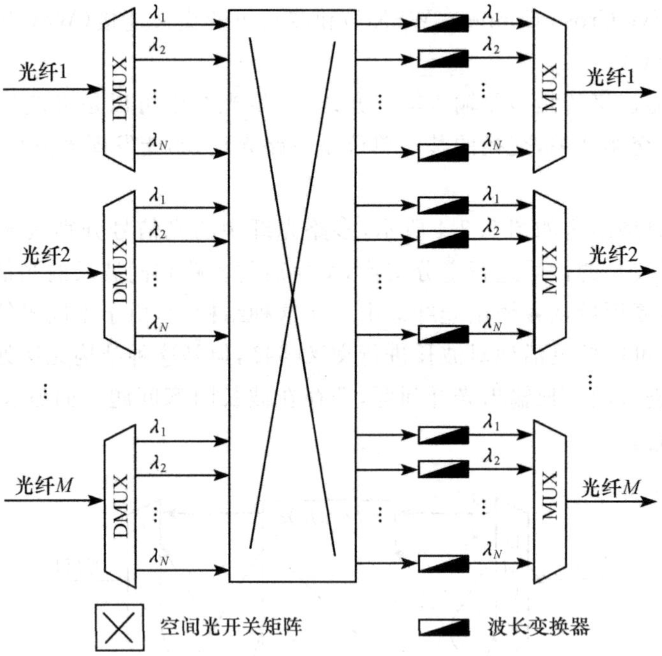

图 9.3-5　可变波长 OXC 的结构

号再向前发送，因而简化了节点上的信息处理，加快了信息的传递速度，提高了网络组织管理的灵活性，降低了运行成本。特别是当波分复用的波长数很多时，光分插复用器的作用就特别明显。

光分插复用器可以分为光电光型和全光型。光电光型光分插复用器是一种采用光端机背靠背连接的设备，在线路中已经使用了这种设备。但是光电光这种方法不具备速率和格式的透明性，缺乏灵活性，难以升级，因而不能适应 WDM 光网络的要求。

全光型光分插复用器是完全在光波域实现分插功能，具备透明性、灵活性、可扩展性和可重构性，完全满足 WDM 光网络的要求。OADM 的核心部件是一个具有波长选择能力的光学元件，如波分复用器、光滤波器等。基于波分复用结构的 OADM 这种光分插复用器采用解复用器和复用器背靠背的形式来实现，如图 9.3-6 所示。

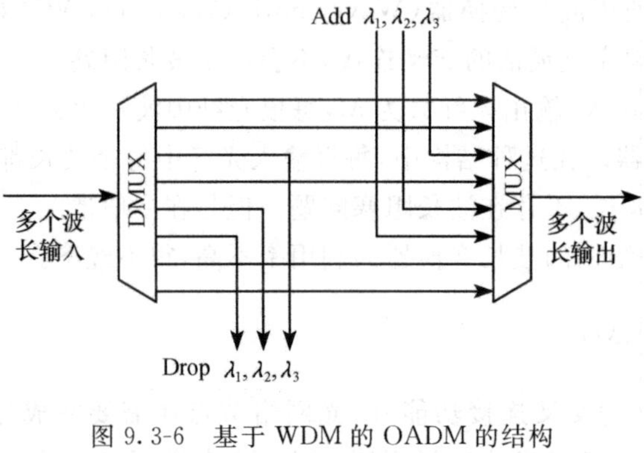

图 9.3-6　基于 WDM 的 OADM 的结构

图 9.3-7 所示为基于光纤光栅和光纤环行器的 OADM 结构，采用光纤环行器和光纤光栅的结合可以实现多个波长的分插复用。

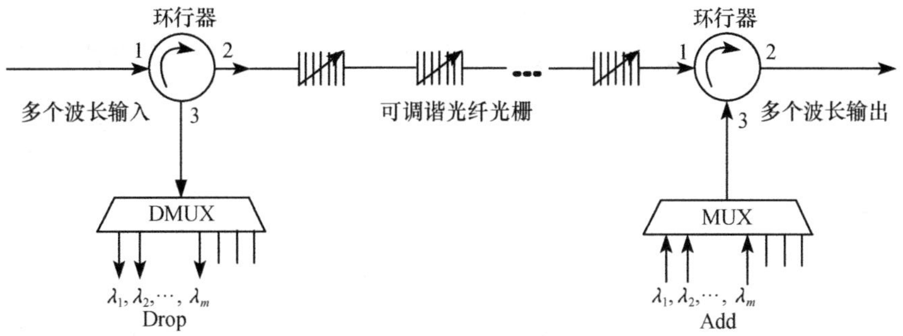

图 9.3-7　基于光纤光栅和光纤环行器的 OADM 结构

9.3.4　光网络的拓扑结构

任何通信网络都存在两种拓扑结构，那就是物理拓扑和逻辑拓扑。其中，物理拓扑表征网络节点的物理结构，逻辑拓扑表征网络节点间的业务分布情况。

1. 物理拓扑

网络的物理拓扑就是网络节点的物理连接关系，从组成上讲，它是网络节点与光纤链路的集合。如图 9.3-8 所示，基本的物理拓扑有线型、星型、树型、环型和网孔型等结构。

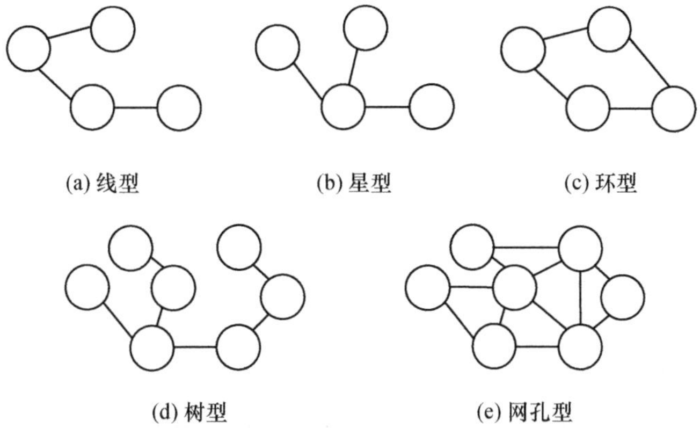

图 9.3-8　基本物理拓扑结构

各种拓扑结构各有其特点，在进行网络设计时，应该根据建设成本，站点分布，业务需求以及网络的可扩展性等多方面因素综合考虑。

2. 逻辑拓扑

逻辑拓扑指的是网络节点之间业务的分布状况。它与物理拓扑紧密联系，常见的有单星型、双星型、平衡式拓扑和网状拓扑等，如图 9.3-9 所示。

3. 拓扑结构与网络设计的关系

WDM 光网络的物理拓扑是指由网络节点和波分复用链路构成的网络物理连接结构，与光缆线路的敷设路由直接相关，通常不可能随业务的改变而随时改变。利用光通道概念构成的逻

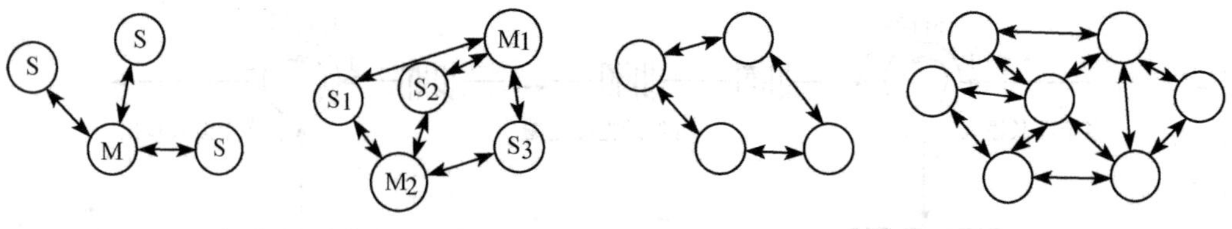

图 9.3-9 基本逻辑拓扑结构

辑拓扑与节点之间的业务分布情况紧密相关，可以由软件配置而比较容易改变。物理拓扑和逻辑拓扑的主要区别如下：

(1) 物理拓扑描述节点间的物理连接，逻辑拓扑描述节点间的逻辑连接。

(2) 物理拓扑中的选路节点视为波分复用网络节点光部件的抽象，边代表光纤链路；逻辑拓扑中的终端节点视为波分复用网络节点电部件的抽象，边代表光通道。

(3) 物理拓扑中节点的物理连接度由与该节点有链路连接的节点数目和波长选路交换机的端口数量决定；逻辑拓扑中节点的逻辑连接度由该节点光发射机/接收机数目及电交换机的端口数量决定。

(4) 逻辑拓扑的结构可以不同于网络的物理拓扑，但是物理拓扑是实现一个逻辑拓扑的基础。

(5) 物理拓扑设计是在保证网络传输能力的前提下，选择节点位置和可用部件使建设费用最小的方案；逻辑拓扑设计是在物理拓扑的基础上，结合节点的业务分布情况，选择通道构成方案使信息传送能达到最佳。

将光网络的结构划分为物理拓扑和逻辑拓扑的思想简化了网络的设计过程，使设计者可以依据不同的条件和面向不同的目标设计最佳的网络结构形式。在用于传送分组业务的波分复用网络中，节点间的通信可以经过一个或多个光通道，这实际上是在逻辑拓扑上的选路。逻辑拓扑的结构设计、光通道在物理拓扑上的选路和波长分配，以及分组选路过程统称为网络的逻辑拓扑设计优化问题。确定最佳的逻辑拓扑结构和光通道选路方案，可以充分利用有限数量的光收发机和可用的波长资源，最大可能地减少电设备上的存储转发操作，使网络的性能指标得到优化。

从光网络结构看，物理拓扑和逻辑拓扑通常是可重构的，并且能在许多方面实现成本与性能的平衡和折中。根据网络节点可控性的级别，对不同类型的网络进行由简到繁的划分为静态网络、波长路由网络和逻辑路由网络。

静态型的网络就是广播与选择网络(broadcast and select network)，其中包含的节点没有波长选择性。任意信号进入这种静态网络，都会沿着所有可能的通道进行传输，就像潮水一样涌入网络，并且不可能在不同的光纤上重用波长。实际上，信号在静态网络中的这种传输方式把物理拓扑局限为一个树状的拓扑，消除了光通道子层的功能。因此，静态网络的规模、吞吐量和灵活性都是非常有限的。通过在网络的节点中加上波长选择功能，就可以得到波长路由网(Wavelength Routed Network，WRN)，在这种网络中波长可以重用，因此通过适当的连接控制算法，可以从整体上提高网络的性能。逻辑路由网络(LRN)的结构是在下面用一个透明的光层来支持，而上面叠加了一个电交换层。光层提供可重配置的光通道，而电层提供对业务的交换功能。

在研究 WDM 光网络的拓扑结构时，有两类相关的主要问题需要解决。第一类问题称为“网络设计”问题，即已知网络的业务需求分布和物理拓扑，要求确定网络的配置，包括光纤对数、节点交叉连接的规模、需要的光放大器及光上下路复用器数目等。研究该问题可以在静态业务条件下优化波长资源，使网络需要的波长数目最小。由于在大多数实际场合中每根光纤复用的波长数目是固定的，如果一对光纤（双向传输）不能传输某链路上所有预分配的业务，那么在该线路方向上将需要更多的光纤，因此问题研究的优化目标转化为最小化光纤数目或交叉连接节点的规模等指标，或者是上述两方面的组合。最终的优化指标应当是网络的成本，网络成本可以通过每条链路需要的光纤数目及光链路长度等参数来衡量。如果从光通道层连接建立的角度分析，静态业务下的选路和波长分配（Routing and Wavelength Assignment，RWA）问题就相当于“网络设计”问题。

第二类 WDM 光网络的拓扑结构问题称为“网络运营”问题。即对给定的网络（已知拓扑和资源），假设实际业务需求是随机变化的，连接建立请求随机到达，则网络可能存在一定的阻塞概率。考察动态选路和波长选择算法质量的指标通常是在给定利用率条件下的阻塞概率。由于具有波长变换功能的节点可以提高光通道中波长的选择能力，因此在波长资源相同的情况下，波长通道（Wavelength Path，WP）比虚波长通道（Virtual Wavelength Path，VWP）具有更好的性能。当整个光路都采用同一波长时就称其为波长通道（WP），反之则称为虚波长通道（VWP）。WP 可看作 VWP 的特例。“网络运行”问题可以看作动态业务条件下的 RWA 问题。

9.3.5 光路由与波长分配

1. RWA 的概念和意义

WDM 网络中，可用信道（波长）的数量限制了网络能够提供的端到端连接的数量，而光纤链路上的光纤芯数量、波长信道间隔等物理约束也都限制了可用信道的数量。

路由与波长分配（Routing and Wavelength Assignment，RWA）问题就是研究在满足用户连接需求的情况下，如何高效地使用波长资源。在传统的电路交换网络中，所有交换电路都是平等的，而在波长选路网络中却受到“波长连续性”限制因素和“同纤必须不同波长”的信道分配原则的约束。在波长选路网络中必须采用合理的波长选路算法和波长分配算法来优化网络性能、减小波长的阻塞，并减少对节点设备的端口数要求，从而节省运营和设备成本。针对业务连接请求，通常由波长选路算法来决定具体采用哪一条路径，一旦发现了一条路径，就按照波长分配算法分配一个波长。

如果光网络节点（交换机或路由器）具有波长变换功能，那么就不存在波长连续性限制，这时的路由问题就等同于常规的电路交换网络，而仅仅受每一条链路上的可用信道数目的限制。波长连续性约束使得波长信道的利用率降低，连接请求的阻塞概率增大。例如，即使存在一条空闲路由，但由于不能使沿着该路由的所有链路上的波长相同，则该路由还是不可用。

在给定一组需要建立的光通道和最大可用波长数量限制的情况下，RWA 的目标是选择路由和分配合适的波长，使可建立的光连接最多（或使所需的波长数量最少，或使连接的阻塞概率最低）。简单地说，RWA 问题就是选路问题和波长分配问题。

2. RWA 的关键技术

1）波长变换与 RWA

无波长变换 WDM 光网络存在波长连续性限制问题，如图 9.3-10 所示，设复用波长数为 2，分别记为 W_1 和 W_2，链路 L_1 和 L_2 都只包含一对光纤，连接是双向的。目前，节点 1 和 2 之间已

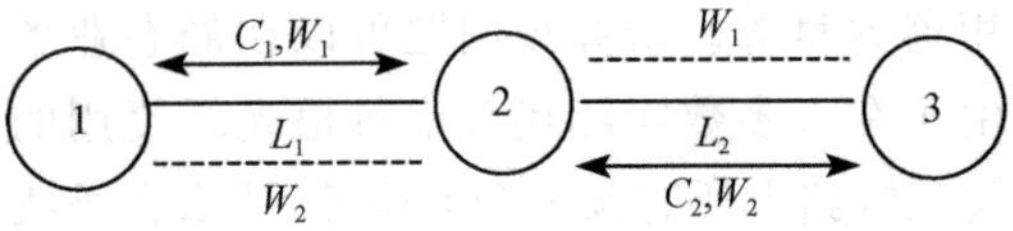

图 9.3-10　波长连续性限制

建立了一个连接 C_1，在 L_1 上使用波长 W_1；节点 2 和 3 之间也已建立了一个连接 C_2，在 L_2 上使用波长 W_2。如果此时要在节点 1 和 3 之间建立新的连接，虽然 L_1 和 L_2 上都有空闲光波，但由于路径的所有链路上没有相同的空闲波长，因而该连接无法被建立。在中间节点上使用波长变换就可以避免这个问题。网络具有的波长变换特性可以分为以下 3 种：

(1) 完全波长变换。在节点处，所有输入端的任意波长的光信号可以在输出端转换成任意波长的光信号。此时网络在功能上等同于传统的电路交换网，完全不存在波长连续性限制问题。

(2) 有限波长变换。由于波长变换技术的限制，波长变换器的变换范围不能覆盖整个复用波长集。

(3) 稀疏波长变换。单个波长变换器能实现完全波长变换，但由于费用的原因，波长变换器总数有限，每个节点只放置了一定数量的波长变换器，即节点不一定能实现完全的波长变换。另外，如果部分节点是完全波长变换节点，而其余节点是无波长变换节点，这种情况也称为稀疏波长变换。

按照网络中波长变换的使用情况，波长路由问题主要有两类：一是在不使用全光波长变换器时，以自适应方式动态地求解 RWA 问题；二是在有全光波长变换器时，利用波长变换器如何降低连接阻塞概率的算法研究。

2) 流量类型与 RWA

根据网络中具体的业务流量特点，可将网络中的业务流量划分为静态业务流量和动态业务流量两种类型。

静态业务流量是指所有节点对之间的连接请求是预先给定且不随时间变化的，即源节点和目的节点的连接关系是给定不变的。当所有连接建立好后，连接将保持不变，网络不会建立新的连接，也不会拆除已建好的连接。动态业务流量是指节点对之间的连接请求不是预先给定的，而是随着时间变化动态到来的，当连接建立好并保持一段时间后又会被拆除。即不断有连接请求到来，也不断有已建好的连接被拆除。通常假设连接请求的到达符合泊松过程，连接的保持时间符合指数分布。

如果预先知道所有连接请求的接入顺序(该顺序是固定的而不是随机的)，则最有效的分配光纤资源的途径就是采用静态路由与波长分配，静态路由适合于分配一系列特定的逻辑连接，也就是在物理拓扑上构建半永久性的固定的逻辑拓扑。相反，对随机业务流量而言，因为它要求对资源的分配具有更高的灵活性和有效性，因此按照动态路由与波长分配规则来执行应是首选方案。

在动态业务条件下，路由和波长分配算法必须能够实时地对每一个连接请求进行响应。如果一个请求不能被接受(可能由于物理的限制或资源限制)，该请求就会被阻塞。动态业务环境下的 RWA 算法必须简单可行。

3) 业务类型与 RWA

当光网络传送不同类型的业务(电路型业务和分组型业务)时，光通道层拓扑结构设计有着不同的特点。根据节点功能，光网络可分为静态网络、波长路由网络和逻辑路由网络。

RWA 主要涉及波长路由网络(WRN)和逻辑路由网络(LRN)两种。WRN 将波长通道作为交换实体，它的工作模式是电路交换型，而且 WRN 中的 RWA 问题仅仅研究光层的资源优化问题而不涉及任何业务层的技术细节，因此它是一种纯粹的光通道 RWA 问题。也就是说，把光网络作为可动态重构的光通道，动态重构通过空分光交换和波长路由来实现。业务需求都以单个波长信道的容量为单位，通过路由选择和配置波长建立用于业务传送的端到端光连接。相反，LRN 的主要研究对象是一个多层重叠的网络结构，在纯粹的光网络上还另外叠加有一个电交换层。因此 LRN 的 RWA 问题与 WRN 的 RWA 问题有着不同的特点，这时的 RWA 问题和网络的虚拓扑优化问题紧密相关。

如果从业务类型角度来看，则 WRN 是面向电路交换型业务的网络。而 LRN 是面向分组/包交换型的网络。对电路交换型光网络，着重讨论静态和动态业务条件下 RWA 问题的优化内容和解决方案，研究所需波长数目的下限和上限范围，并分别针对波长通道和虚波长通道方式，研究启发式的 RWA 优化搜索算法。对分组交换型光传送网，着重研究最优化虚拓扑问题，并根据不同限制条件的组合设计不同的优化算法。

4）RWA 算法的参数

（1）网络拓扑信息。网络拓扑可以认为是带有权值的有向图，其中的参数将直接影响路由的策略。网络的直径和维度是衡量网络拓扑的关键指标。其中，网络的直径定义为所有节点对之间的最短路径中的最大值，这可以用很多的方式来表示，如地理上的距离、成本和跳数。网络的维度，包括链路的维度（如光纤数）及节点的维度（如可用的交换单元数），这些对网络的性能都有重要的影响。

（2）节点的功能参数。光网络中的节点可以包括很多不同功能的组合，这些功能决定了节点的性能，如交换阻塞特性、波长变换特性等。

（3）传输特性。其主要包括链路的带宽（链路包含的波长数目）和传输距离。对 WDM 网络，链路的带宽可以表达为每个波长的比特率乘以每个链路中可用的波长数。传输距离与再生设备相关。比如一些长的路由虽然在资源上是可行的，但却可能因传输距离太长，缺少必要的再生设备而无法保证正常接收。

（4）路由和资源分配策略。常用的路由策略主要包括最短路径路由和链路最小负荷路由。另外，还有很多不同的用来分配网络资源的搜索策略，对网络性能也有重要的影响。

在为一对节点选择路由的同时还需要分配波长。这里存在两种策略，即路径优先策略和波长优先策略。波长优先策略中，先确定路径使用什么波长，然后在所有可能的路径中搜索，以保证事先确定的波长可行。而路径优先策略是先确定路径，然后在所有的波长中搜索可用的波长。这些策略在有限的或没有波长变换的网络中将产生不同的性能。

（5）业务参数。用来描述业务的参数主要包括业务量、业务分布和业务特征等。

3. RWA 的算法

RWA 算法的优化指标主要包括以下 3 种：①对所需要的波长数量进行优化。②对连接的阻塞率（吞吐量）进行优化，阻塞率通常定义为被阻塞的连接数目与所有到达的连接请求数目的比值。③对路由节点所使用的光纤资源（光纤成本）进行优化。对于静态流量的 RWA 问题，其优化目标通常是：在能够建立给定的连接请求的情况下使所需要的波长数量最少，或者是在可用波长数量受限的情况下使可建立的连接数量最多。相反，对于动态流量的 RWA 问题，其优化目标是使阻塞率最小。通常还要求动态 RWA 算法的处理速度要尽可能地快，也就是说，动态算法的复杂度要低。

动态选路算法可分为预先计算型和自适应型两种。预先计算型选路对路由的处理不随时间发生变化，而自适应选路对路由的处理随时间或业务量的变化而变化。目前被广泛使用的两种预先计算型选路技术为固定选路法和备用选路法。在使用固定选路法时，每一对源/目的节点之间都先计算一条最短路径。连接建立请求到达时，在事先计算的那条路径上查看是否存在满足要求的空闲波长，如果没有则该请求被阻塞。在备用选路情况下，每一对源/目的节点之间除了先计算一条基本通信路径外，还计算多条按固定次序排列的可替换路径作为备用，一旦基本路径被阻塞，则选路算法按照固定的次序查找其他备用路径。

自适应选路不事先计算路径，其宗旨是利用整个网络的当前状态信息来寻找通过网络的最佳路径。自适应型选路算法可以增加网络的可扩展性、有效性和健壮性，代价是复杂度较高。在实际中多采用穷举路由法。其基本思想是：对要建立连接的两个节点，为每一个可用波长都找到一条最短路由，然后选取这些路由中最短的一条路径。

在一个给定物理拓扑的波长选路网中，解决 RWA 问题就是为每一个连接请求分配一个光通道。这意味着不但要发现一条路径(选路)，而且还要寻找一个可用的波长(信道或波长分配)。为此将 RWA 算法分为路由选择算法和波长分配算法。第一步计算路由，第二步进行波长分配。而每一步又分为两个过程：搜索和选择。下面主要介绍静态 RWA 算法。

1) 路由算法

在选路过程中，所有可能的连接状态数量随网络节点和网络链路数量的增加而快速增长，考虑所有可能的源/目的节点对之间的连接是不现实的，因此选路子问题中的搜索过程常常使用最短路径算法。波长的选择过程既可以是按一定顺序的波长分配(即有顺序地选择波长)过程，也可以是组合优化分配过程。图 9.3-11 所示为 RWA 的一般流程。

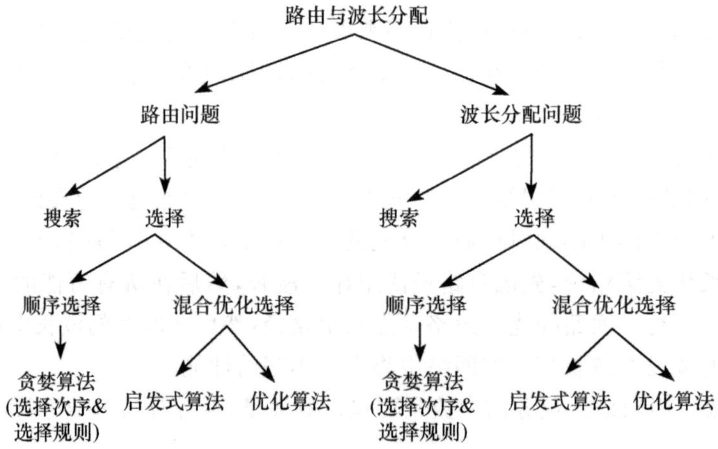

图 9.3-11 路由与波长分配算法

当使用顺序轮换选择算法(又叫贪婪算法，greedy algorithm)时，给每一条光通道分配路由的过程是按固定路由顺序进行的，因此该算法最简单。该算法不能修改前一步的选路结果，但在分配波长时充分依靠该路由。

而组合优化分配算法就是在执行路由分配时还考虑各种路由选项之间的相关关系，组合优化路由分配算法有两种：最优化算法和启发式算法。最优化算法使用所有可能的互相关优化参数来优化路由分配结果。启发式算法降低了组合分配算法的搜索空间。虽然最优化算法的结果比较理想，但这类算法的计算量和复杂度通常也较高。表 9.3-1 所示为路由算法的搜索与选择的要素。

表 9.3-1　路由算法的功能要素

<table>
<tr><td colspan="2">搜　索</td><td colspan="2">选　择</td><td colspan="2" rowspan="4"></td></tr>
<tr><td>搜索方式</td><td>搜索次序</td><td>选择次序</td><td>选择规则</td></tr>
<tr><td>最短路径</td><td>…</td><td colspan="2" rowspan="2">…</td></tr>
<tr><td>权重最短路径</td><td>最大业务优先
随机次序</td></tr>
<tr><td rowspan="3">k-最短路径</td><td rowspan="3">…</td><td>随机次序
固定次序
最长路径优先
最短路径优先</td><td>随机选择
首次命中
概率选择
最小权重链路选择</td><td colspan="2">顺序算法
（贪婪算法）</td></tr>
<tr><td colspan="2">随机轮换</td><td>启发式算法</td><td rowspan="2">组合优化算法</td></tr>
<tr><td colspan="2">混合整数规划
整数线性规划</td><td>最优化算法</td></tr>
</table>

其中路由算法中的搜索功能主要有：

（1）最短路径（SP）。最短路径算法在给定的网络图中为给定的源和目的节点寻找最短路径。因为最短路径算法所产生的路由与其他任何路由都是无关的，因此，SP 不需要任何的搜索次序或选择规则。

（2）基于权重的最短路径（WSP）。权重最短路径算法是最短路径算法的一种，该算法需要按照一定的搜索次序来执行，如最大业务流量优先策略或按随机次序进行搜索。

（3）k-最短路径（k-SP）。该算法为每一对源和目的节点之间都寻找 k 条路径。k 条可替换路径增加了路由选择的灵活性。通过在 k 条路径中进行选择来获得所需的最小成本（总跳数最小或总链路成本最小）的连接通道。

而路由算法中的选择功能和方法有以下几种：

（1）顺序选择（贪婪算法）算法。其选择次序有随机顺序选择、固定顺序选择、最长路径优先（如最大跳数优先或最大通道成本优先）及最短路径优先（如最小跳数优先或最小通道成本优先）等。

其选择规则有随机选择（随机在可用路由中选择一条）、首次命中（first-fit）策略（在所有可用路由中选择第一个满足条件的）、按照使用概率选择（在所有可用路由中根据使用概率进行选择）及最小权重链路优先（选择包含最小数量的已建立路由的链路）等。

（2）混合优化选择。可以使用混合整数规划，也可用整数线性规划。这些方法计算起来非常复杂和困难。也可以使用随机循环算法，不断循环选择直到链路数量最少为止。

2）波长分配算法

如表 9.3-2 所示，波长分配问题也可以分为搜索和选择两个过程。搜索过程很简单，由于沿着被选择的路由任何可用的波长都能够被分配。因此，剩下的问题就是在所有可用波长中进行选择，以获得最大的波长利用率。选择过程也可以像选路算法一样细分为顺序选择和组合优化选择两种方案。顺序选择方案按顺序地分检路由，然后给分检出的路由分配一个波长。相反，组合优化方案还要考虑各种选项之间的互相关性，可以进一步细分为最优化算法和启发式算法。

表 9.3-2　波长分配算法的功能要素

<table>
<tr><td colspan="2">搜　索</td><td colspan="2">选　择</td><td colspan="2"></td></tr>
<tr><td>搜索方式</td><td>搜索次序</td><td>选择次序</td><td>选择规则</td><td colspan="2"></td></tr>
<tr><td rowspan="3">所有波长</td><td rowspan="3">…</td><td>最多邻居优先
最长可用波长优先
最大业务流量优先
随机次序
最长路径优先
最短路径优先</td><td>随机选择
首次命中
使用率最低优先
使用率最高优先</td><td colspan="2">顺序算法
（贪婪算法）</td></tr>
<tr><td colspan="2">遗传算法
模拟退火算法
禁忌搜索算法</td><td>启发式算法</td><td rowspan="2">组合优化算法</td></tr>
<tr><td colspan="2">无遗漏搜索算法</td><td>最优化算法</td></tr>
</table>

（1）顺序选择（贪婪算法）。

选择次序包括邻居数量最多的路由优先（在试图分配可用波长时，按照邻居数量来分检路由）、最大可用波长优先（按照可用波长数目来分检路由）、最大流量优先（按照流量需求分检路由）、最长路径优先（按照路由的跳数大小来分检路由）、最短跳数优先（优先选择具有最短跳数的路由）及随机路由选择等。

选择规则包括首次命中波长选择（在有次序的一列波长中选择第一个可用波长。即将所有波长从 1～N 进行编号，然后从所有可用波长中选择编号最小的）、使用率最高的（most-used）波长优先（在可用的波长中选择在整个网络中被其他路径使用次数最多的波长，即选用使用率最高的波长以达到最大的波长利用率）、使用率最低的（least-used）波长优先（优先选用在可用的波长中被整个网络中其他路径所使用的波长利用率最低的波长，目的是使业务负载在各波长之间平均分布）及随机波长选择（以平均分布的随机次序搜索波长，从可用波长系列中随机选择一个）。

随机法和首次命中法由于无需网络状态信息，所以在实际中很容易实现。而其他两种方法由于必须基于目前整个网络和所有波长的状态来选择一个波长，所以执行起来比较困难。

（2）组合优化选择。

可以通过无遗漏地进行搜索来实现最优化选择。无遗漏的搜索算法总是能够为给定网络产生出最好的选择结果。启发式选择算法可进一步分为遗传算法（Genetic Algorithm，GA）、模拟退火算法（Simulated Annealing，SA）和禁忌搜索算法等。

9.3.6　自动交换光网络

1. 自动交换光网络基本特点

ITU-T 将自动交换光网络（Automatic Switching Optical Network，ASON）定义为通过能够提供自动发现和动态连接建立功能的分布式（或部分分布式）控制平面，在光传送网络（OTN）或 SDH 网络之上，可实现动态的、基于信令和策略驱动控制的一种网络。

ASON 的提出，使原来复杂的多层网络结构可以变得简单化和扁平化，从光网络层开始直接承载业务，避免了在传统网络中业务升级时受到的多重限制。在这种网络结构中最核心的特点就是支持电子交换设备动态向光网络申请带宽资源。通过信令系统或者管理平面自主地去建立和拆除光通道，不需要人工干预。

ASON 直接在光纤网络中引入了以 IP 为核心的智能控制技术，可以有效地支持连接的动态建立与拆除，可基于流量工程按需合理分配网络资源，并能提供良好的网络保护与恢复性能。ASON 的特性就在于它首次在传输网络中引入了信令的概念，同时将数据网和传输网管理的优点融合在一起，进而实现了实时动态网络管理。ASON 控制技术的应用带来了许多新的网络特征，提供了更多的网络功能。其中，最主要的新特点包括以下几个：

1）呼叫和连接过程的分离

ASON 中连接的建立是通过信令的交互自动完成的，这也是与传统光网络相比最为突出的特点之一。在 ASON 中，一条通路的建立需要先后经过两个过程：呼叫和连接，这类似于电话连接的建立过程。呼叫过程主要进行用户接入权限的认证，连接过程主要实现资源的预留和分配。可以这么说，连接过程是包含在呼叫过程中的一个子过程，只有连接建立过程结束，呼叫过程才完成。

在 ITU-T 的建议中把呼叫和连接过程分开来处理，这样可以减少在中间连接控制节点上冗余呼叫控制信息的传送，减少对消息和参数进行解码和翻译的时间。一般地，呼叫控制可以在网络接入点或网关及网络边界处进行。这样一来，中间的节点就只需支持连接功能了。值得注意的是，一次呼叫过程可以支持多个连接的建立。

连接控制负责对每个连接进行总体控制。连接控制同链路控制紧密相关。对于一条连接的总体控制是通过协议完成的，这些协议能控制一条连接的建立、释放过程，并能对连接状态进行维护。

2）自动资源发现

自动资源发现技术是 ASON 的一大特色，它是指网络能够通过信令协议实现网络资源（包括拓扑资源和服务资源）的自动识别。这对于网络来说是一项相当重要的功能，它使得 ASON 网元（NE）或者终端系统能确定它们是否正确地相互连接，并可确定通过这些连接提供什么样的业务。这就为实现分布式连接管理中的路由和信令功能提供了条件。

ITU-T 提出的 G.7714 协议对传送网络的自动发现技术进行了通用的、抽象的框架性描述。光互联网论坛（Optical Internetworking Forum，OIF）提出的 UNI 1.0 协议，具体讨论了用户网络接口（UNI）处的自动发现机制，它描述了在用户和网络之间的邻居发现和服务发现的实现过程。Internet 工程工作组（Internet Engineering Task Force，IETF）提出的链路管理协议（LMP）作为 GMPLS 协议簇中的一种新开发的协议，其主要功能就是管理流量工程链路，其扩展的协议信息可以用于邻居发现和服务发现等功能。

3）网络生存性技术的新特征

ASON 与传统的光传送网相比，突破性地引入了更加智能化的控制平面，从而使光网络能够在信令的控制下完成网络连接的自动建立、资源的自动发现等过程。由于智能控制功能的引入，使得 ASON 的生存性技术与传统的光网络相比有了更为突出的特点。高效、灵活、可靠的保护与恢复能力成为了 ASON 所必须具备的重要特征之一。

2. ASON 的平面结构

图 9.3-12 所示为 ITU-T 提出的 ASON 体系结构模型，整个网络包括三个平面，即控制平面、管理平面及传送平面，每一个平面在功能上是相对独立的。通过数据通信网（DCN）联系 3 大平面，DCN 是负责实现控制信令消息和管理信息传送的信令网络。

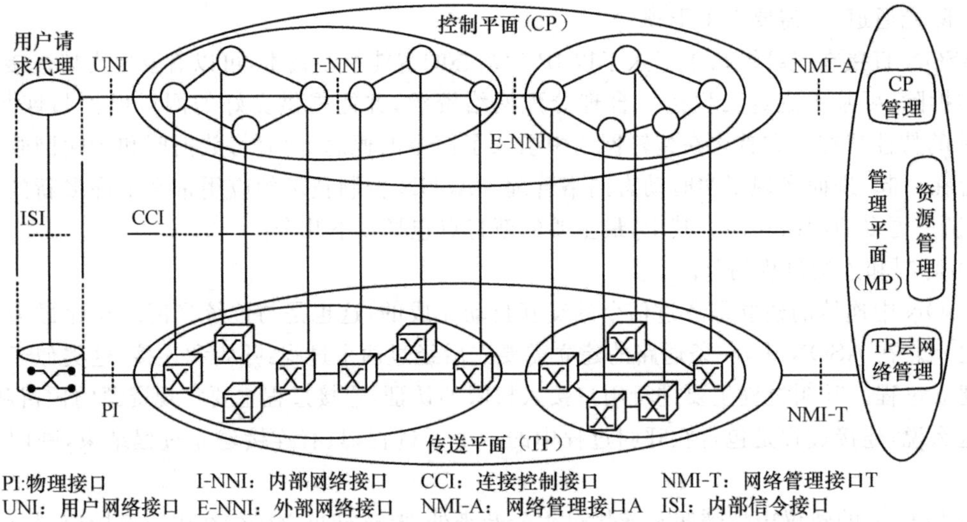

图 9.3-12　ASON 体系结构

控制平面定义为在信令网支持下实现连接的建立和释放、监测和维护,并在故障发生时恢复连接。管理平面完成控制平面、传送平面和整个系统的维护功能,负责所有平面间的协调和配合,能够配置和管理端到端连接,是控制平面的一个补充。传送平面承载所传送和交换的实体(如光波长交换),提供端到端用户信息的单向和双向传输。

与现在的光网络相比,ASON 中增加了一个控制平面。控制平面可以说是整个 ASON 的核心部分,它由分布于各个 ASON 节点设备中的控制网元组成。控制网元主要包括路由选择、信令转发及资源管理等功能模块,而各个控制网元相互联系共同构成信令网络,用来传送控制信令信息。控制网元的各个功能模块之间通过 ASON 信令系统协同工作,形成一个统一的整体,实现了连接的自动化,并且能在连接出现故障时进行快速恢复。

ASON 通过引入控制平面,使用接口、协议及信令系统,可动态地交换光网络的拓扑信息、路由信息及其他控制信息,实现了光通道的动态建立和拆除以及网络资源的动态分配。控制平面的关键技术主要涉及网络接口、功能模块和信令协议 3 个方面的内容。此外,控制平面的信令传送网络拓扑与传送平面网络拓扑结构可以不相同,一般来说,信令网的连通度更大,生存性要求更高。

ASON 中,另一个重要特征就是管理功能的分布化和智能化。传统的光传送网管理体系被基于传送平面、控制平面和信令网络的新型多层面管理结构所替代,构成了一种集中管理与分布智能相结合、面向运营者的维护管理需求与面向用户的动态服务需求相结合的综合化的光网络管理方案。ASON 的管理平面与控制平面技术互为补充,可以实现对网络资源的动态配置、性能监测、故障管理及业务管理等功能。管理平面与控制平面之间通过网络管理 A 接口(NMI-A)进行相关的信息交换,实现管理平面与控制平面之间功能的协调。

ASON 传送平面由一系列的传送实体组成,它是业务传送的通道,可提供用户信息端到端的单向或者双向传输。ASON 传送网络基于网状网络结构,光传送节点主要包括光交叉连接(OXC)和光分插复用(OADM)设备。

ASON 的传送平面需要满足两个新的要求,一个是增强的信号质量检测功能,另一个是支持多粒度光交换技术。ASON 可直接在光层进行信号质量的监测,这不仅保证了从传送层面进行业务恢复的能力，而且极大地提高了光网络的恢复效率与速率。而多粒度交换技术是ASON实现流量工程的重要物理支撑技术，它同时也是实现带宽的灵活分配和多种业务接入的需要。

在ASON中，为了和网络管理域的划分相匹配，控制平面及传送平面也要划分为不同的域，划分的依据可以是按照资源的不同地域或者是包含的不同类型设备。

1）管理平面和传送平面

管理平面通过操作一个合适的管理信息模型来实现对底层传送资源的管理。信息模型的对象是完全基于传送资源建立的，并且和传送资源通过特殊功能模块的管理信息接口来实现互动。这种接口被配置在被管理对象和控制组件上，如图9.3-12所示，管理平面和传送平面间通过管理T接口(NMI-T)交互信息。

2）控制平面和传送平面

在控制平面中，主要有两个功能组件和物理传输资源有很强的关系，它们是连接控制器和终端适配器。连接控制器提供一个起控制连接作用的信号接口，这个组件在物理上是和传送平面的连接功能联系在一起的，它将更加详细的硬件细节隐藏。同时，终端适配器在物理上位于提供适配和终止功能的传送平面物理设备处，它可以提供链路连接的控制平面视图。终端适配器隐藏了和硬件之间的交互作用。控制和传送平面之间的交互接口抽象为连接控制接口(CCI)，如图9.3-12所示。

3）管理平面和控制平面

管理平面同样也通过操作一个适当的信息模型来和控制平面进行互动，模型可以使管理系统看到控制平面底层的组件。管理信息模型的对象被定位于控制组件处，并且通过这些组件的监视和配置接口来实现对它们的管理和数据的采集。在被管理对象和控制组件之间配有这样的接口。而这些接口的集合被统一地抽象为管理和控制平面之间的管理A接口(NMI-A)，如图9.3-12所示。

3. ASON的接口

ASON的接口是网络中不同的功能实体之间的连接渠道，它规范化了两者之间的通信规则。不同的平面通过不同的接口相连接，同一平面内部的不同功能区域也使用不同类型的接口相连。在ASON体系结构中，控制平面和传送平面之间通过CCI相连，而管理平面则通过NMI-A和NMI-T分别与控制平面及传送平面相连，如图9.3-12所示。3个平面通过3个接口实现信息的交互。

CCI是光网络控制平面与传送平面之间的接口，通过它可传送连接控制信息，建立光交换机端口之间的连接。CCI中的交互信息主要分成两类，从控制节点到传送平面网元的交换控制命令和从传送网元到控制节点的资源状态信息。

运行于CCI之间的接口信令协议必须支持以下基本功能：增加和删除连接、查询交换机端口的状态、向控制平面通知一些拓扑信息。通用交换管理协议(GSMP)是目前实现CCI的一个比较合适的协议。但GSMP主要适用于ATM或帧中继，而针对GMPLS的GSMP扩展目前仍在讨论中。CCI毕竟还是一个网元内部的接口，因此在现阶段，对各个设备制造商而言，也可采用专有的协议来实现CCI。

NMI-A和NMI-T的作用是实现管理平面对控制平面和传送平面的管理，接口中的信息主要是相应的网络管理信息。

4. ASON 中的连接

ASON 网络结构是一种客户/服务器关系结构，其显著特点就是在客户网络和提供商网络之间有着明显的边界，它们之间不需要共享拓扑信息。客户方(如 IP 路由器)通过向网络提供方(如智能光交叉连接设备)发送连接请求，可在网络中动态地建立一条业务通路。

在 ASON 中，根据不同的连接需求及连接请求对象的不同，提供了 3 种类型的连接：永久连接(Permanent Connection，PC)、软永久连接(Soft Permanent Connection，SPC)和交换连接(Switched Connection，SC)。

如图 9.3-13 所示，永久连接沿袭了传统光网络中的连接建立形式。永久连接的路径由管理平面根据连接请求及网络资源利用情况预先计算，然后管理平面沿着计算好的连接路径通过 NMI-T 向网元发送交叉连接命令进行统一指配，最终通过传送平面各个网元设备的动作完成通路的建立过程。在这种方式下，ASON 能很好地兼容传统光网络，实现两者的互联。由于网管系统能全面地了解网络的资源情况，故永久连接能按照流量工程的要求进行计算，可更合理地利用网络资源，但是连接建立的速度相对较慢。

交换连接是一种全新的动态连接方式。如图 9.3-14 所示，交换连接的请求由终端用户向控制平面发起，在控制平面内通过信令和路由消息的动态交互，在连接终端点 AB 之间计算出一条可用的通路，最终通过控制平面与传送网元的交互完成连接的建立过程。在交换连接中，网络中的节点能像电话网中的交换机一样，根据信令信息实时地响应连接请求。交换连接实现了在光网络中连接的自动化，且满足快速、动态的要求，并符合流量工程的标准。这种类型的连接集中体现了 ASON 的本质特点，是 ASON 连接实现的最终目标。

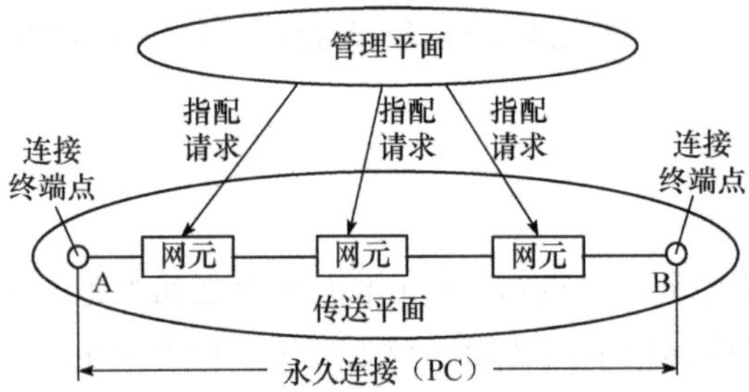

图 9.3-13　ASON 中的永久连接

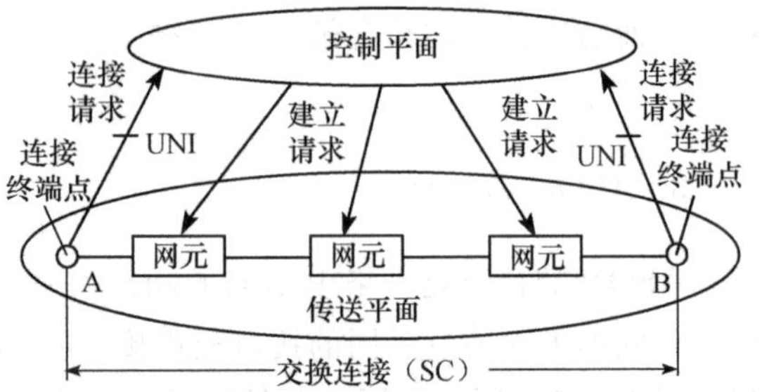

图 9.3-14　ASON 中的交换连接

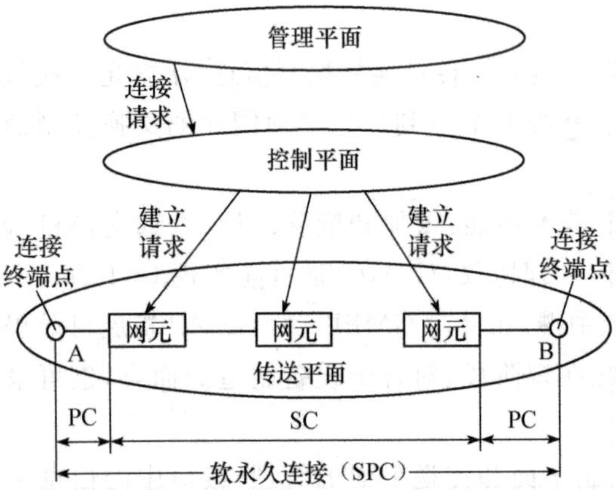

图 9.3-15　ASON 中的软永久连接

软永久连接是由管理平面和控制平面共同完成的连接方式。这种连接的建立方式介于前两者之间，它是一种分段的混合连接方式。在软永久连接中，用户到网络的部分由管理平面直接配置(就像建立永久连接一样)，而网络部分的连接通过管理平面向控制平面发起请求，然后由控制平面完成(就像建立交换连接一样)，如图 9.3-15 所示。在软永久连接的建立过程中，管理平面相当于控制平面的一个特殊客户。软永久连接具有租用线路连接的属性，但同时却是通过信令协议完成建立过程的，所以可以说它是一种从通过网络管理系统配置(永久连接)到通过控制平面信令协议实现(交换连接)的过渡类型的连接方式。

正是 ASON 这 3 种各具特色的连接类型的存在,使它具有了连接建立的灵活性,能满足用户连接的各种需求。

5. ASON 的生存技术

ASON 优良的生存性,又是 ASON 的一大特色。ASON 生存技术的特点包括:①与所支持的客户层信号(IP、ATM、SDH 等)相独立。②具有可扩展性,能适应保护业务层灾难性故障(如光缆故障)的需求。③采用可靠及有效的信令机制。④保护或恢复方案与故障位置无关。ASON 生存技术与 SONET、SDH 环网保护与恢复技术不同,ASON 具有的网状网结构,可以支持更加灵活的生存技术。

1) ASON 的保护方案

(1) 1+1 保护。输入的业务信号通过分光器分成两路相同的光信号,分别沿着不同的光缆路由传输,在接收端选择较好的信号输出。

(2) 1∶1 保护。输入的业务信号只在一条路由(主路由或备用路由)上传输,保护倒换通过光开关完成。

(3) 1∶N 保护:通过指定一条备用光通道来保护 N 个工作光通道,保护倒换通过光交叉矩阵完成。

2) ASON 的故障恢复控制

(1) 集中式控制。当网络发生故障时,各节点将信息传递到控制中心,经过处理找到新的路由,实现业务恢复。其特点是业务恢复时间较长。

(2) 分布式控制。当网络发生故障时,智能网元间交换信息,寻找故障路由的替代路由,并发起链路恢复或通道恢复。优点是链路恢复时间短,但缺点是算法复杂,需要解决潜在的竞争冲突。

9.4 光交换技术

光交换是光纤通信技术向更高、更快、更经济方向发展的必然趋势,也是下一代网络(Next Generation Network,NGN)中光网络的关键技术。随着 DWDM 光纤传输技术的成熟并广泛应用,直接在光层实现业务交换的需求越来越迫切,光交换替代传统的电交换受到人们关注,亦被认为是克服电交换速率瓶颈的有效途径。光交换经历了从光波长路由(Optical Circuit Switching,OCS)、光突发交换(Optical Burst Switching,OBS)到光分组交换(Optical Packet Switching,OPS)的发展和演进。

9.4.1 光交换的原理

1. 光交换的定义

电子交换是目前应用最为广泛的技术,由于电子迁移速率的极限限制,使得电交换技术已经成为向超高速光通信方向发展的技术"瓶颈",特别是速率大于 40Gbps 的光通信系统。再有下一代网络需要光网络具备更快、更灵活、智能化的光交换能力。因此,基于这两方面的发展需要,提出了光交换研究方向。

光交换的定义为：在光域或光网络的光层，对载有信息的光纤信道、光波长通道以及同一波长的时分复用信道在空域、频域（波长域）和时域进行交换。

2. 光交换与 OXC/OADM 的区别

表 9.4-1 所示为光交换与 OXC/OADM 的区别对照表，定性地分析了光交换与 OXC/OADM 的不同，其核心在于由于业务要求不同，光交换要求速度更快，控制更灵活。

表 9.4-1 光交换与 OXC/OADM 的区别

性　能	OXC/OADM	光交换
交换粒度	大粒度	小粒度
交换速度	低	高
灵活性	低	高
带宽利用率	低	高
全光缓存	不需要	需要
对分组业务的适应程度	不能	高
实现复杂度	低	高

3. 光交换的原理

在光交换系统中，光信号不需经过光电、电光转换，即可通过光交换单元，因此它不受光电探测、调制器等光电器件响应速度的限制，对信号速率和调制方式透明，可以大大提高交换单元的吞吐量。由于目前光学逻辑器件尚不成熟，不能完成复杂的逻辑处理功能，所以现在的光交换系统交换路径是全光的，而控制部分则由电子技术来完成，即电控光交换。

光信号的复用方式有空分、时分和波分 3 种。对应的光交换方式也有 3 种，分别是空分光交换、时分光交换和波分光交换。通常为了完成特定的光交换功能，将同时采用两种或 3 种交换方式混合使用，这也称为复合光交换。

1）空分光交换

光开关是空分光交换中最基本的功能元件。它可以直接构成空分光交换单元，也可以与其他功能开关一起构成时分光交换单元和波分光交换单元。光开关的分类可参考 3.4.5 小节的相关内容。根据光开关的开关逻辑有 1×1、1×2、2×2、4×4、$n\times n$ 等多种类型，但最基本的是 1×1、1×2、2×2，2×2 光开关是构成空分交换开关阵列的最基本单元，图 9.4-1 所示为构成 2×2 光开关的基本方法。

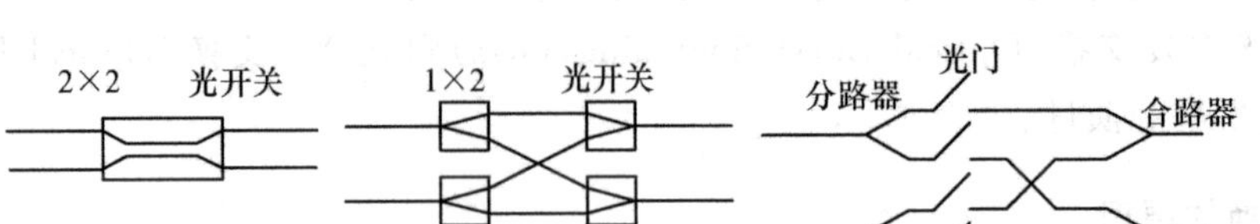

图 9.4-1　2×2 光开关结构示意图

利用 2×2 基本光开关以及相应的 1×2 光开关可以构成大型的空分光交换单元。构成的方式按网络结构可以分成许多种，常见的有纵横式网络、双纵横式网络、N 级平面网络、Benes 网络、扩展的 Benes 网络、分配耦合式网络、双层网络等。图 3.4-16 所示为 4×4 和 8×8 的空间光开关阵列。空间光交换阵列主要性能指标包括：

(1) 基本光开关数和可集成度。基本光开关数和可集成度大致反映了交换单元的成本和性能。对给定的交换容量来说，所需的基本光开关数越少越好。采用集成光学技术，可以降低成本，提高系统性能。

(2) 阻塞特性。交换阵列的阻塞特性共分 4 种：①严格无阻塞型，不需特殊的交换算法就能将任何入线连接至任何未占用的出线。②广义无阻塞型，利用特殊的交换算法能够将任何入线连接至任何未占用的出线。③可重构无阻塞型，将目前存在的连接重新调整后可以实现将任何入线连接至任何未占用的出线。④有阻塞型，虽然入线和出线都空闲，但是由于交换网络内部结构问题，在它们之间无法建立连接。

(3) 光路损耗。光路损耗与光交换阵列的性能密切相关，直接影响交换单元的成本和复杂性。它大致与交换阵列的级数成正比，并与光开关类型密切相关。选择高性能的光开关，提高系统集成度是减少损耗的主要途径。

(4) 消光比。由于光开关的开关特性不完美，存在一定的消光比。当两路光信号经过一个光开关时，任一路信号的部分能量会被耦合入另一路信号中，造成串扰，引起信噪比下降。因此提高光开关的消光比是构成阵列的一个重要指标。

2) 时分光交换

时分复用是通信网中普遍采用的一种复用方式。时分光交换就是在时间轴上将复用的光信号的时间位置 t_i 转换成另一时间位置 t_j。信号的时分复用可分为比特复用和块复用两种。由于光开关需要由电信号控制，在复用的信号间需要有保护带来完成状态转换，因此采用块复用比采用比特复用的效率高得多，而且允许光信号的数据速率比电控制信号的速率高。现假定时分复用的光信号每帧复用 T 个时隙，每个时隙长度相等，代表一个信道。

要完成时分光交换，必须有时隙交换器(time slot interchanger)完成将输入信号一帧中任一时隙交换到另一时隙输出的功能。完成时隙交换还必须有光缓存器。光纤延迟线是一种比较适用于时分光交换的光缓存器。它以光信号传输一个时隙所经历的长度为单位，光信号需要延时几个时隙，就让它经过几个单元长度的光纤延迟线。目前的时隙交换器通常由空间光开关和一组光纤延迟线构成。空间光开关每个时隙改变一次状态，把时分复用的时隙在空间上分割开，对每一时隙通路分别进行延时后，再复用到一起输出。

图 9.4-2 所示为两种时隙交换器，其中的光开关在一个时隙内保持一种状态，并在时隙间的保护带中完成状态转换。图 9.4-2(a)用一个 1×T 空间光开关把 T 个时隙分解复用，每个时隙输入一个 2×2 光开关。若需要延时则将光开关置成交叉状态，使信号进入光纤环中，光纤环的

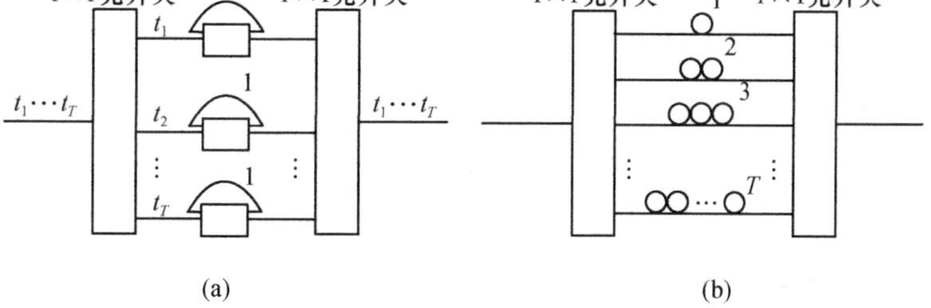

图 9.4-2　两种时隙交换器结构

长度为 1 个时隙，然后将光开关置成平行状态，使信号在环中循环。需要延时几个时隙就让光信号在环中循环几圈，再将光开关置成交叉状态使信号输出。T 个时隙分别经过适当的延时后重新复用成一帧输出。这种方案需要 2 个 $1\times T$ 光开关和 T 个 2×2 光开关，光开关数与 T 成正比增加。图 9.4-2(b)中没有 2×2 光开关，控制比较简单，损耗和串扰都比较小。但是在满足保持帧的完整性要求时，它需要 T 条不同长度的光纤延时线，而图 9.4-2(a)只需要 T 条长度为 1 个时隙的光纤延时线。

3）波分光交换

波分光交换就是将复用信号中任一波长 λ_i 变换成另一波长 λ_j，实现基于波长的信息交换。注意这里波分光交换与波长路由(Wavelength Routing，WR)不同。后者依靠在输入光纤和输出光纤中的波长之间建立通路来实现选路。与时分光交换类似，波长光交换所需的波长变换器(Wavelength Converter，WC)也必须先利用波分解复用器件将波长信道在空间上分割开，对每一波长信道分别进行波长变换，然后再把它们复用起来输出，如图 9.4-3 所示。

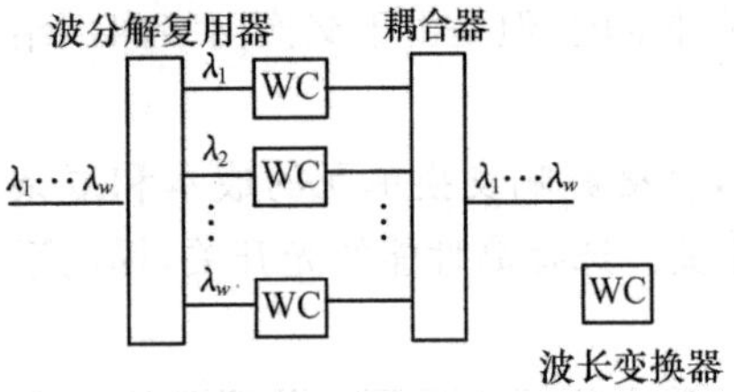

图 9.4-3　波分光交换结构

4）复合光交换

如图 9.4-4 所示为两种空分加时分的光交换结构。分别用 S 和 T 表示空分光交换模块和时分光交换模块。时分光交换模块可由 N 个时隙交换器构成。这两者结合起来就可以构成空分加时分光交换单元，构成方式可以是 STS 结构或 TST 结构。空分光交换模块容量为 $N\times N'$，由 Clos 网络知识可知，当 $N'\geqslant 2N-1$ 时，此交换单元为严格无阻塞型。当 $N'\geqslant N$ 时为可重构无阻塞型，如图 9.4-4(b)所示。由于图 9.4-4(a)中时隙交换器的输出与输入的时隙数相同，即 $T'=T$，所以此交换单元只能是可重构无阻塞型。

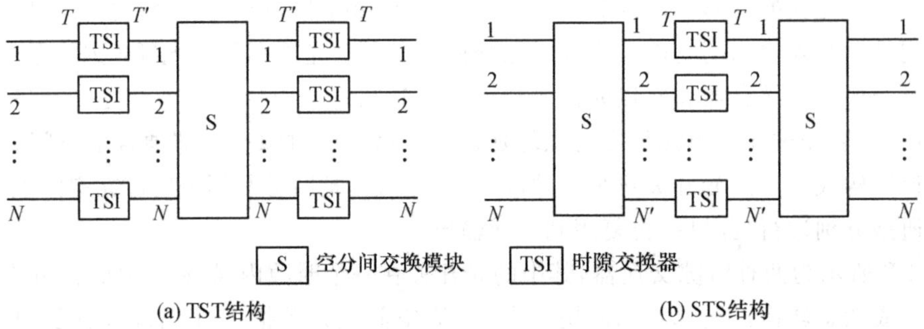

图 9.4-4　空分＋时分光交换单元示意图

与空分加时分光交换类似，空分加波分光交换需要空分光交换模块和波分光交换模块。由于空间光开关都对波长透明，即对所有波长的光信号交换状态相同，所以它们不能直接用于空分加波分光交换。只能把输入信号波分解复用，再对每个波长的信号分别应用一个空分光交换模块，完成空间交换后再把不同波长的信号波分复用起来，与 OXC 结构类似，如图 9.3-3、图 9.3-4 和图 9.3-5 所示。

9.4.2　光交换的关键技术

光交换系统的硬件关键技术包括光开关、波长变换器和光纤延迟线等。光交换系统的控制协议包括多协议标签交换(MPLS)、多协议波长标签交换(MPλS)和广义多协议波长标签交换(GMPLS)等。

1. 光开关

光开关按照光束在开关中传输的介质来分类,可分为自由空间光开关和波导光开关。自由空间光开关主要是利用各种透射镜、反射镜和棱镜等的移动或旋转来进行开关动作。波导光开关主要是利用波导的热光、电光或磁光效应来改变波导的性质,从而实现开关动作。按照开关机理来分类,主要有机械光开关、热光开关和电光开关等。

光开关的性能主要表现在开关的插损、隔离度、消光比、偏振敏感性、开关时间、开关规模和开关尺寸等。参考 3.4.5 小节,从表 3.4-2 可见,从开关速度来看电光开关是满足光交换要求的,而光波导开关是易于集成的,因此基于光波导的电光开关是光交换的最佳选择,也是构成多端口光开关阵列的技术基础。

2. 波长变换器

引入波长变换器,可以实现波长的再利用,解决光交换中的波长竞争问题,降低网络阻塞率,从而提高 WDM 网络的灵活性和可扩展性。同时,也有利于网络的运行、管理、控制及光通道层的保护倒换。因此波长变换器是解决光网络中波长自由竞争的关键器件,是充分发挥 WDM 带宽资源优势的必要手段。波长变换器的作用是将从波分复用终端而来的光信号进行转换,将承载于某波长的光信号经过转换,使之转载于其他波长上。

目前在光网络中使用的波长变换器有光电光型和全光型两种。光电光型的波长变换器是先将光信号转换成电信号,经定时再生后,产生再生的电信号和时钟信号,再用该电信号对标准波长的激光器重新进行调制,从而获得新的合乎要求的标准光波长信号。光电光型波长变换器虽然技术比较成熟,但是它对信号格式和调制速率不透明,应用范围受限。全光波长变换器光到光的非线性波长变换,其最大的优点就是对数据透明,克服了电子瓶颈,但技术实现难度较大,如图 9.4-5 所示。

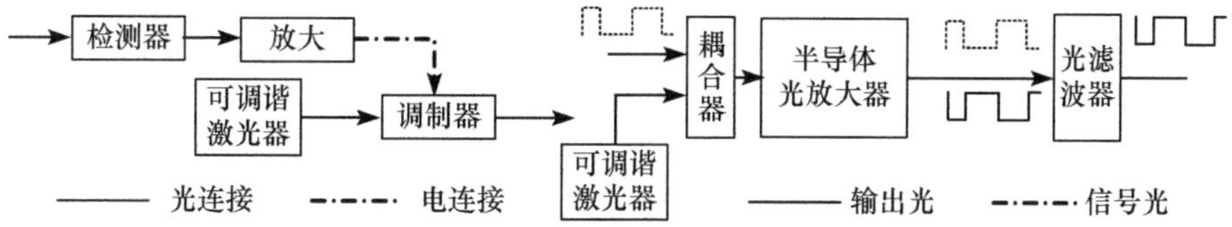

图 9.4-5　波分光交换和波长变换

非线性波长变换种类包括以下几种:

(1) 采用半导体光放大器的交叉增益调制(SOA-XGM)特性来实现波长变换。它利用半导体光放大器的增益饱和特性,将泵浦光和探测光都注入到 SOA 中,强泵浦光使 SOA 增益发生饱和,从而使连续的探测光受到调制,这样,就把泵浦光上的信号变换到了探测光上。

(2) 采用半导体光放大器的交叉相位调制(SOA-XPM)来实现波长变换。由于 SOA 中有源区载流子密度变化将引起入射光很大的相位变化,可以把 SOA 置于 Mach-Zender(MZI)型或 Michelson(MI)型干涉仪的两臂上,来实现泵浦光和探测光的交叉相位调制。若泵浦光使两臂中探测光的相位差在 0～π 之间变化,就把泵浦光中的信号变换到了探测光上。

(3) 非线性光学环型波长变换器。它是根据光纤的 Sagnac 干涉原理和光纤中交叉相位调制产生的非线性相移制成的。其原理类似于基于 SOA 中的 XPM 型的全光波长变换器，只是所用的器件不同而已。

目前光电光的波长变换器较成熟，但仍难以满足光交换的全面性能要求。而光到光的全光波长变换，技术也不成熟，还难以担当系统应用的重任。

3. 光纤延迟线

在光交换节点，当不同的光信号（使用相同波长）需要同时到达同一个输出端口时，就出现了冲突，此时解决冲突的最佳方案就是对光突发信号进行存储。显然电存储器的速度和存储能力将无法满足高速光交换的要求。而传统的光存储技术也无法满足光交换的需要。针对光交换所需要对光突发信号的缓存，目前业界公认光纤延迟线(Fiber Delay Line，FDL)是最佳的选择。所谓 FDL 实际上就是一段长为 L 的光纤，其"缓存"的工作原理是：光数据包在交换前需等待 Δt 时间，将该数据包通过一长为 L($L=\Delta t\times c/n$，c 为光速，n 光纤折射率)的光纤后再进入交换节点，这样就可以实现对该数据包的"缓存"。

利用 FDL 对光信号缓存无需光电转换，对光信号是透明的。但是这种缓存方式存在缺陷，首先它只能对光信号进行动态的存储，不能静态存储。其次，其所能提供的存储时间是离散的，不能根据实际的情况在任意时刻随时提取。还有几何尺寸较之电的存储器大许多。FDL 是目前唯一能在光交换中运用的光存储器件。由 FDL 所构成的光存储结构有多种形式，以下归纳了 3 类基本的拓扑结构。

1) FDL 的基本型

图 9.4-6 所示为两种由光开关(1×2 或 2×2)组成的光纤延迟线，两者都具有结构简单、控制方便的优点，是 FDL 其他结构的基础。

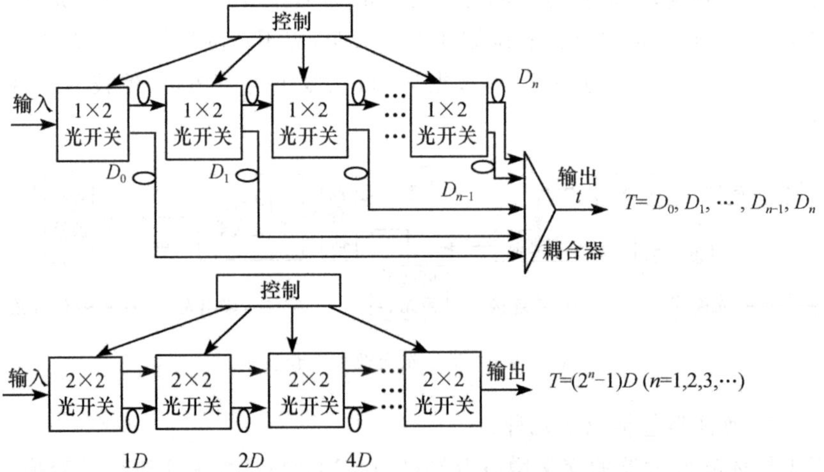

图 9.4-6　光纤延迟线(FDL)基本结构

2) 固定延时型阵列

如图 9.4-7 所示，该存储结构共提供了 N 个存储空间(由 N 条光纤延迟线构成)。每一条光纤延迟线提供一固定的各不相同的延时。延时范围从 0 到最大为 $N\times D$。其中，D 为一基本延时单元。

该型 FDL 结构共有 K 条输入光纤和 K 条输出光纤。每一光纤进来的数据包经过由两级耦合器($K+N$)个(或者由 K 个 $1\times N$ 和 N 个 $N\times 1$ 光开关)所构成的交换结构进入对应延迟线以获取相应的延时。再经过类似的两级耦合器输出到光纤中。

3）可变延时型阵列

如图 9.4-8 所示，与固定延时型阵列相似，共 K 条输入和输出光纤，N 个光延迟线通道。与固定延时型不同之处为，其每一条延迟通道采用了基于 2×2 的光开关构成的可变光纤延迟线，这样每一条延迟通道可提供若干个延时组合。这种结构的 FDL 能够提供的延时比较灵活，对实际延时请求的实现能力强于固定延时型。但其控制较固定型复杂，且成本也较高。

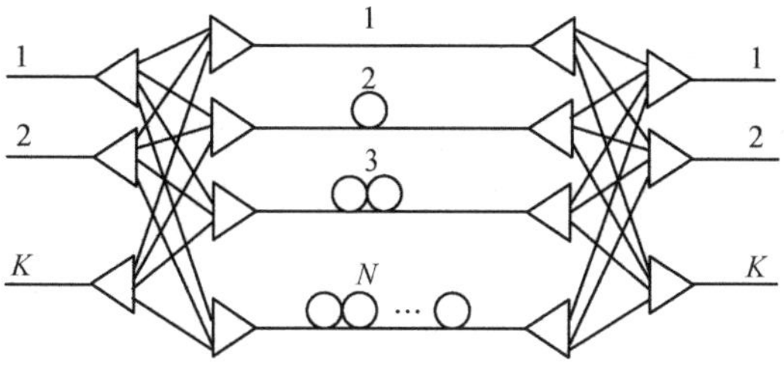

图 9.4-7　固定延时阵列

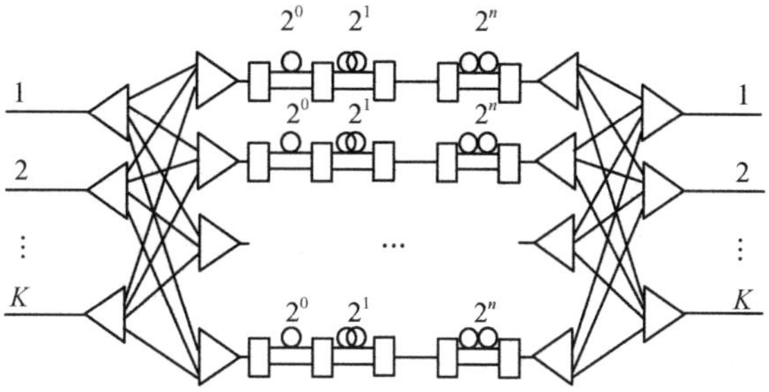

图 9.4-8　可变延时型阵列

4. 光交换的协议

由于 OCS 给信号分配的波长通道是端到端的，因而在动态路由和分配波长时一般必须获得整个网络的状态，因此其控制系统通常是集中式的，同时网络动态路由和波长分配所需时间相对较长。基于上述原因，在 OCS 网络中，将多协议标记交换（Multi-Protocol Label Switching，MPLS）在光域中扩展后得到多协议波长交换（Multi-Protocol Lamda Switching，MPλS）。MPλS 的核心思想就是将波长信道作为标记，路由设备以此为业务寻径，进行网络控制和管理，在网络中建立合适标记交换路径（Label Switching Path，LSP），即光路。在该路径上，无须复杂的路由处理就能快速交换数据。在基于 MPλS 的光波长标记交换网络中，光路由器有两种：边缘路由器和核心路由器。边缘路由器用于与速率较低的网络进行业务接入，同时电子处理功能模块完成 MPλS 中较复杂的标记处理功能，而核心路由器利用波长变换技术和光交换矩阵实现波长标记交换功能。它可以更灵活地管理和分配网络资源，并能较有效地实现业务管理及网络的保护、恢复。为了能适应未来智能光网络动态地提供网络资源和传送信令的要求，现在对 MPLS 和 MPλS 在路由协议、信令协议等上做了修改和扩展，将两者在控制平面上进行统一，形成了通用多协议标记交换技术（Generalized Multi-Protocol Label Switching，GMPLS）。OBS 和 OPS 将采用 GMPLS 协议。

5. 光交换节点

光交换为光信号建立光通道的功能完全是在光交换节点中完成的。因此，交换节点所具有的功能越丰富越完善，则光网络性能就越好。大多数网络使用空间维度来衡量节点把不同方向的光信号分配给不同方向的光纤的能力。通过使用波分复用技术，WDM 光网络利用了波长维度。如果网络中使用的是时分复用，就利用时间维度。它们分别对应前面提到的空分、波分和时分光交换。光网络的几大优点如带宽优势、透明传送、降低接口成本等都是通过节点技术来体现的。光节点具体可分为以下几种。

（1）静态固定配置的光节点。包括各种光信号合波器、滤波器及星型耦合器，以及波分复用器及解复用器等组成的静态固定配置光交换节点。

(2) 动态可重构交换节点。具有波长变换功能和可重构交换矩阵为核心组成的光交换节点。

为了将光交换节点与传统电子交换机和传统路由器加以区别，并突出光子技术和光通路的透明，现在提出了光交换机/光路由器的概念。单从交换功能上来说，其实所有光交换节点都可称为是光交换机或光路由器。

静态光交换节点最基本的组成元素是 2×2 的光开关，这时它只具有平行和交叉两种状态。静态非重构的光交换节点，就是输入光信道和输出光信道之间的交换关系是固定不变的一种光交换节点结构。任何结构的静态光交换节点都可以通过 2×2 的光开关相互连接而构建起来。例如，图 3.4-16 所示为 4×4 和 8×8 的光交换节点。

动态光交换节点就是通常所谓的光交叉连接器，主要由波分复用/解复用器和核心交换矩阵组成。它负责把每一个输入端口的信号路由到一个或多个选定的输出端口上。OXC 的核心光交换模块中可采用两种基本交换机制：空间交换和波长交换。实现空间交换的器件有各种类型的光开关，它们在空间域上完成输入端到输出端的交换功能。实现波长交换的器件有各种类型的波长变换器，可以将信号从一个波长上转换到另一个波长上。另外，光交换模块中还广泛使用了波长选择器(如各种类型的可调谐光滤波器和解复用器)。它完成选择 WDM 信号中一个或多个波长的信号通过，而滤掉其他波长信号的功能。这些器件的不同组合可以构成不同结构的交换矩阵(参考图 9.3-4 和图 9.3-5)。

9.4.3 光波长路由

光波长路由(OCS)网络中完成交换功能的主要是光交叉连接设备 OXC(Optical Cross Connect)和光分插复用器 OADM(Optical Add and Drop Multiplexor)。OCS 通过动态寻路和波长分配，实现端到端透明的所谓"虚波长通道(virtual wavelength path)"，使光信号在经过中间节点时不需光-电-光转换，而直接通过光路(Lightpath)到达目的节点。这样，它可以充分发挥 WDM 光网络的联网优势、大大简化通信网络的分层结构、增强对各种通信业务的开放透明性，进一步提高其总体传输效率和网络的利用率及可靠性。图 9.4-9 所示为 OCS 的典型结构，它是在 ASON 支持下的光波长路由网络。

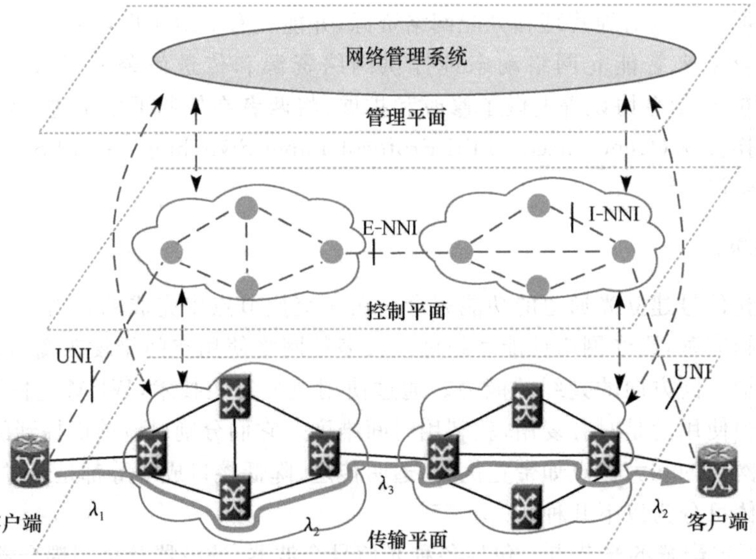

图 9.4-9　ASON 支持下的光波长路由网络

OCS 的关键技术包括波长路由网络和波长路由分配算法，在 9.3.3 和 9.3.5 小节中已有阐述。波长路由光节点的要点如下：

(1) 每一个节点都有光波长的路由设备，波长变换器是其核心部件。

(2) 终端用户通过光通道与其他用户通信，该光通道为几根光纤或几个波长。

(3) 在相同的光链路中，两条光通道不允许相同的光波长。

(4) 波长变换网络中，可在网络中配置波长变换器，光通道使用不同的波长资源。

(5) 波长连续网络中，光通道使用相同的波长资源。

波长路由分配算法的要点如下：

(1) 建立一个光通道，需要一个路由和相应的波长。

(2) 路由与波长分配包含路由和波长分配两步。

(3) 分为静态光通道和动态光通道两类。

总的来看，OCS 是采用电路交换的形式。光通道的建立采用双向预留，即 2 个节点开始通信时需要将上下行通道的波长与光路通道预留好。在中间节点不需要光缓存设备。OCS 是以波长光路(wavelength path)为单位的粗粒度光交换，带宽利用率非常低。由于波长数量的限制，所能建立的波长光路有限，而且即使在网络中配置有波长变换器时，所能建立的虚光路也会受到波长数目的限制。这种粗粒度的光交换网络不适合诸如 IP 那样的突发数据的传输。因此，需要研究真正意义的光交换，OBS 和 OPS。

9.4.4 光突发交换

基于光路交换技术的光网络已成为可能，但带宽利用率低、灵活性差，不能适应数据业务的高速增长的需要。光分组交换作为光交换的理想形式，由于目前缺乏相关的支撑技术，暂时不能实用化。作为这两种交换技术在实现难度和性能上的折中——光突发交换(OBS)逐渐成为研究的热点，OBS 交换粒度界于大粒度的波长和小粒度的分组之间，技术实现较 OPS 简单，但组网能力又比 OCS 灵活、高效。

1. OBS 原理

OBS 由 Chunming Qiao 和 J. S. Turnor 等提出，它的基本思想是突发数据包(Burst Packet，BP)是由一些较小的具有相同出口边缘节点地址和相同服务质量(Quality of Service，QoS)要求的数据分组组成的超长数据分组，并与突发控制分组(Burst Control Packet，BCP)相互独立，BCP 的作用相当于分组交换中的分组头，它们分别在不同的波长信道或光纤信道上传输，并通过在 BP 和 BCP 之间设置适当的延时来完成各种光交换。如图 9.4-10 所示，在 OBS 网络中，突发数据从源节点到目的节点始终在光域内传输，而控制信息在每个节点都需要进行光电光的变换及电信号处理。控制信道与突发数据信道的速率可以相同也可以不同，这样增加了灵活性。

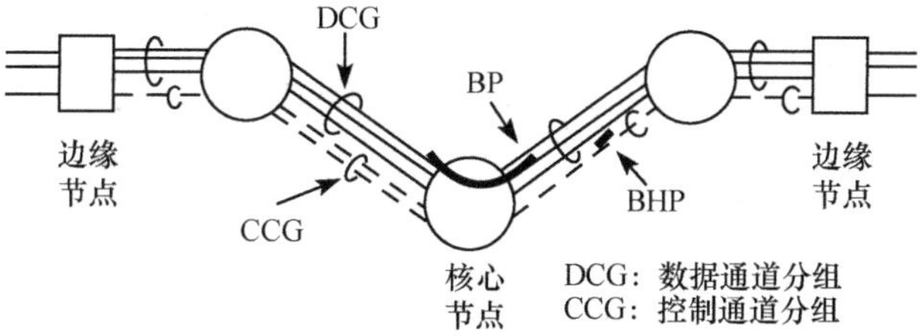

图 9.4-10　光突发交换原理

OBS结合了较大粒度的波长(电路)交换和小粒度的光分组交换两者的优点，能有效地支持上层协议或高层用户产生的突发业务。在OBS中，首先在控制波长上发送控制(连接建立)分组，然后在另一个不同的波长上发送突发数据。每一个突发数据分组对应于一个控制分组，并且控制分组先于数据分组传送。先一步传输的控制分组在中间节点为其对应的突发数据分组预定必要的网络资源，并在不等待目的节点的确认信息的情况下就立即发送该突发数据分组。

这种数据信道与控制信道相互隔离的方法简化了突发数据交换的处理，且控制分组长度非常短，使高速处理得以实现。OBS技术在只需要很少的处理能力和比分组交换低得多的同步开销的情况下，就可以最充分地利用网络的带宽资源。

OBS可通过合理设置突发数据分组与控制分组之间的偏置时间(offset time，即发送净荷突发数据相对于发送控制分组的等待时间)来支持QoS。由于控制分组和数据分组是通过控制分组中含有的可"重置"的时延信息相联系的，传输过程中可以根据链路的实际状况用电子处理方式来对突发数据分组相对于控制分组的时延作调整，因此控制分组和数据流都不需要执行光同步和光存储。可以看出，这种突发交换技术充分发挥了现有的光子技术和电子技术的特长，实现成本相对较低、非常适合于在承载未来的具有高突发性的数据业务的局域网或城域网中应用。

2. 光突发交换网络

如图9.4-10所示，光突发交换网由核心路由器/交换机与边缘路由器/交换机组成，形式与多协议标记交换(MPLS)网络类似。不同的是，数据信息在光突发交换网中不需进行光/电/光转换。光突发交换网的边缘路由器负责将传统IP网中的数据封装为光突发数据，以及反向的拆封工作。核心路由器的任务是对光突发数据进行转发与交换。

图9.4-11所示为OBS核心路由器的结构。核心路由器只需对光纤中传输控制分组的波长进行光/电/光变换，而传输突发数据的波长不需要光电光变换。图9.4-11中的入口FDL和交换结构中的FDL都是可选项。入口FDL的作用是缓存突发数据，等待控制分组进行光电转换以及转发表查找、建立交换连接等处理过程。交换结构中的FDL主要是为了解决多输入端口对资源的竞争(冲突)问题而使用的。由于突发数据分组长度较长，为其建立的交换通道的保持时间与分组交换相比也较长，所以中间节点的任何拥塞都会造成对带宽的巨大浪费。为了消除这种带宽浪费的可能性，中间节点也可以将拥塞的分组经过光电转换后存储在电缓存器中，然后再经过电光转换，转发到相应的宿端。上述电缓存方式无法保证数据的透明性，所以通常在中间节点使用光纤延迟线来进行全光缓存。但FDL无法像电缓存那样提供随机存储能力，而且延迟粒度不能做得太小，故FDL的缓存能力是非常有限的，只能部分地改善网络节点的吞吐性能。

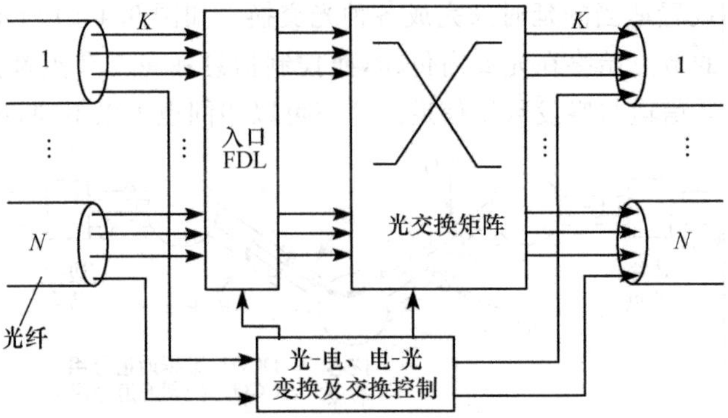

图9.4-11 光突发交换网络核心路由器结构

3. 光突发交换协议

OBS与光分组交换技术的主要不同是，OBS中突发数据分组可以容纳一个到几个分组，且整个突发数据分组只使用一个控制分组。这样每个数据单元具有较低的控制开销。此外，OBS使用带外信令，控制分组和突发数据的关系要比在分组交换中松散一些。在入口边缘路由器设定的偏置时间如果大于控制分组沿光通道的总的处理时间，核心节点就不需要对突发数据进行缓存。与之相对应，在边缘路由器中也可以选择不使用偏置时间，但是要求突发数据在中间节点经历一个固定的时延，该时延不能小于在中间节点处理控制分组的时间。

根据资源的预约与释放的控制方式，OBS的传输控制协议分为3类：

(1) TAG(Tell-And-Go)告知即发送，为带外信令控制方式，该方式先发送控制分组来预留带宽，当发送完突发数据分组后再发送用于释放连接的分组来拆除连接。其特点为实现简单，对光缓存无要求，但信令开销大，信道利用率较低，不支持QoS，且系统吞吐量较低。

(2) IBT(In-Band-Terminator)带内终结，为带内标识控制方式，该方式在突发数据分组之后紧跟着IBT标识，整个过程是由控制分组来预留带宽，由IBT标识来拆除连接。其特点为信令开销小，能够准确的释放资源，信道利用率较高，不支持QoS，最大的技术难点是IBT标识的全光识别与处理。

(3) RFD(Reserve-a-Fixed-Duration)预留固定周期，该方式由控制分组中的偏置时间来决定资源的预留时间的长短，到时立即拆除连接。其特点为信令开销较小、易实现带宽资源的动态分配、资源利用率高、支持QoS，该方式配合适当的调度算法和缓存可大幅提高系统性能，但对交换节点设备要求较高。

Chunming Qiao等提出的JIT(Just In Time)协议采用的就是方案1。J. S. Turner等提出的所谓Horizon机制，就是在方案2的基础上改进得到的。M. Yoo和C. Qiao提出JET(Just Enough Time)协议遵循的就是方案3的思路。JET是适合OBS最佳方案之一。

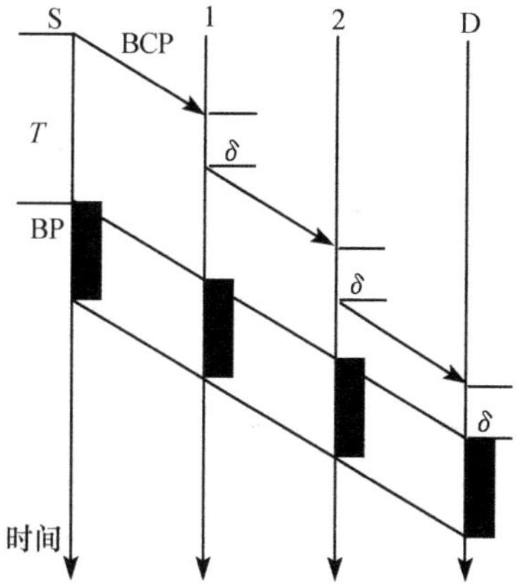

图9.4-12　JET协议时序示意图

图9.4-12所示为JET协议示意图，JET是RFD技术的一种具体实现方式。在执行JET时，源端节点在发送突发数据流之前，先在专门的信令信道上(即传送控制分组的专用波长)向宿端节点发送一个控制分组，该控制分组在中间的每个节点上进行处理，为将要发送的突发数据流建立一条全光的数据通道。根据控制分组中携带的信息，每个中间节点按一定的方式为该控制分组所对应的突发数据流分配出口链路上的合适波长，预留一定的带宽，并在该数据流到达时进行光交换。同时，源端的突发数据流在等待了一个偏置时间T后，在所选定的波长上以全光的方式经中间节点传送至宿端。在JET协议中，控制分组中含有突发长度信息和偏置时间信息。信源在发出控制分组后，等待一个偏置时间T后再发送突发数据流。T的大小刚好足以补偿控制分组在各个中间节点所花费的处理时间，即$T \geqslant n\delta$，其中n是突发数据流所需经过的中间节点的数目，δ是一个中间节点的平均处理开销时间。JET协议有两个的特征：①单向的预约协议，突发数据流在发送时是不需要来自宿端的确认信息。对于传输距离较长的突发业务而言好于双向的预约协议。②延时预约的协议，通过使用偏置时间T的方法来实现资源的预留。但是为了减少网络端到端的等待时延，应该设置较

小的偏置时间。然而，过小的偏置时间不易解决多点通信中的信道竞争问题，会造成数据的丢失和拥塞。所以，偏置时间的设置是 JET 协议中的重要技术问题。

4. 光突发交换网络的性能

光突发交换网络有两个很关键的衡量性能的指标，一个指标是统计复用性能，即突发数据分组的装配对网络性能的影响；另一个指标是网络的运营效率，也就是由于缺乏有效存储器件，突发数据分组的丢弃率问题。

在 OBS 中，突发数据分组通过链路后，就释放其所占用的波长。不同源端到不同宿端的突发数据分组可以利用时域共享、统计复用的方式进行交换，从而有效地使用链路上相同波长的带宽。OBS 能支持光层上的可靠的或不可靠的突发数据分组的传输。在可靠的情况下，拒绝的信息发送回源端，源端将稍后再次发送控制分组和突发数据分组。当 OBS 用来直接支持一些应用协议时，这样的重传是必需的，但是当使用的高层协议（如 TCP 协议时）本身具有对丢失数据的重传机制时就不需要了。

OBS 网络的设计目标是需要具有一个较高水平的资源利用率，同时具有较低的突发拥塞概率（丢包率）。正如前面所提到的，光缓存器技术目前仍旧不成熟，光纤延迟线只能够实现很有限的光域缓存功能。在没有缓存器可用的情况下，可使用巨大数量（如单个光纤中 160 个通道）的波分复用光通道来提高突发光交换网络的资源利用率。

如果在中间节点具有突发数据分组的缓存能力，则分组丢弃的概率能进一步降低，带宽利用率和网络性能就能进一步得到提高。光层能够支持的波长通道越多，产生阻塞的概率就越小。

5. 光突发交换解决资源竞争的方法

当多个突发数据同时到达同一输出端口的同一波长通道时，就发生了“冲突”，此时解决冲突的方法有波长变换、波长备份、光缓存和偏折路由。

(1) 波长变换。波长变换可以把输入的波长转换到其他任一波长，采用可调的波长变换器（Tunable Wavelength Converter，TWC）来完成。当存在多个波长信号要同时交换到同一输出端口的同一波长时，可以将其中几个波长先变换为输出端口中其他的空闲波长，然后再交换到同一输出端口中去。显然，这种方法有一定的局限性，业务负载较重时难以真正解决冲突。而且，这种方法的有效性还依赖于同一输出端口中的不同波长通道是等效的。在基于 GMPLS 的 OBS 网络中，若突发的标签直接与波长相关联，则中间节点就不能随意改变这种关联。另外，全光的 TWC 价格较贵，考虑采用部分波长变换是一种较为经济的节点实现方式。可见，只依赖波长变换不能完全解决冲突问题。

(2) 波长备份。这种方法的基本思想是为每条链路预留多个备份波长（或备份光纤），一旦出现冲突，可以通过将部分冲突突发调整到备份波长进行传输。该方法通常需要与波长变换同时使用。需要注意的是，若能在同一链路上提供多条光纤，则可以在一定程度上避免使用（或减少使用）波长变换器。例如，两个突发包同时需要交换到某端口的波长上，多光纤配置意味着存在另一端口与该端口“等效”（连接的是同一个设备），此时可将其中一个突发包交换到等效端口的该波长，即可解决冲突，而且不必使用波长变换。

(3) 光缓存。由于突发数据完全在光域处理，不进行光电光转换，所以必须采用全光的缓存技术。全光的缓存目前光纤延迟线（FDL）是最佳的技术方案。

(4) 偏折路由。基本思想是出现冲突时（且没有其他解决冲突的手段可用时），将冲突的突发包发往另一个端口。具体发往哪个端口有两种不同的策略:一种是任一可用端口;另一种是发往预先确定的某个端口。第一种方法适用于基于 IP 的 OBS,被偏折的突发数据在后续的每个节点都根据路由表信息逐跳转发。需要解决的问题是如何控制突发的转发跳数,在控制分组中增加一个类似于 IP 的域可以部分地解决这个问题。另一种方法要求预先确定从偏折节点开始到目的节点终止的替代路由。无论是哪一种方法,都存在一个共同的问题,即预先确定的偏移时间可能因偏折路由而不再满足要求,导致数据突发在后续的节点必须进行缓存,以等待对控制分组的处理。偏折路由最大的困难在于偏移时间不可控,实现难度大,性能提高不明显,使得这个方案缺乏吸引力。

在综合考虑实现复杂度和系统性能的基础上,波长变换与波长备份的解决方案和全光缓存方案是可行的。

9.4.5 光分组交换

1. 光分组交换技术原理

光分组由分组头和净荷组成,光分组交换的原理是将分组头和光净荷分离,在电域对光分组头进行处理,提取路由和控制信息,完成对交换节点各种功能的设置,光净荷则在光域透明地通过交换节点。既充分发挥了电子的处理能力,又避免了巨大的电子缓存,实现了在光域的快速光分组交换。

OPS 可以看作是电分组交换在光域的延伸,交换单位是光分组。如图 9.4-13 所示,它包括固定长度的光分组头、净荷和保护时间 3 部分。其中,光分组头在交换节点进行电子处理,光分组净荷占有固定持续时间但速率可变,保护时间主要根据具体器件的交换时间、节点内的净荷抖动等情况来定义。

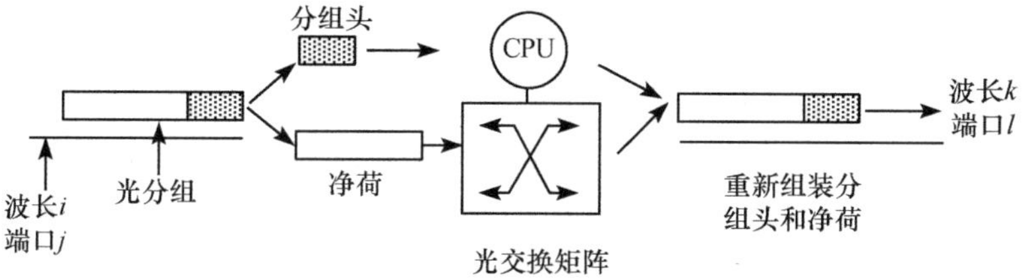

图 9.4-13 光分组交换示意图

OPS 涉及的关键技术较多,如光分组的产生、同步、缓存、再生,以及光分组头重写及分组间光功率均衡等。虽然这些光分组交换关键技术在近年来取得了一些进展,但是一些关键性的光器件如高速光开关、光缓存器、光逻辑器件等都没有取得重大的技术突破,因此光分组交换控制部分还不能完成复杂的逻辑处理功能,还要由电信号来控制,即所谓的电控光交换模式。另外,相对于成熟的硅技术,即电域大规模集成电路制造技术而言,光域的集成度很低。因此,要实现光控光交换、从实验室走向实用,还需要相当长的路要走。目前国际上通行的做法也是采用光电混合的办法来实现光分组交换,即传输和交换在光域完成,而控制信号在交换节点被转换成电信号后再进行处理。

2. 光分组交换节点技术

光分组交换可以分成同步和异步两种交换类型。在光分组交换网络中每个节点的入口,分组到达的时刻各不相同。因此,交换机就需要在一些离散的、不连续的时刻不断地为每一个分组进行交换状态的重新配置。

在同步网络中，所有数据分组的长度都是相同的。数据分组及其分组头一起被放在一个固定长度的时隙内，此时隙的持续时间要比数据分组、分组头及保护时间的总和还要长。光纤延迟线已被广泛用于存储转发结构中作为缓存器来解决竞争问题。大多数情况下，光缓存器是由光纤延迟线构成。该延迟线可产生一个固定的传输时延，大小相当于一个或多个时隙周期。这就需要所有的输入数据分组具有同样的尺寸，并且参照本地时钟进行相位同步。

在异步网络中，数据分组可以具有不同的长度。数据分组到达并进入交换结构时，可以不用排列。因此，数据分组的交换可以在任何时刻进行。很明显，异步网络中不同源端来的数据分组对交换端口的竞争问题比同步网络更加严重，因为这时数据分组的行为与同步网络相比更加不可预期和没有规律。但是，异步网络建设起来要容易和廉价得多，比同步网络更加强壮和灵活。如图 9.4-14 所示，同步光分组交换节点由 3 个模块构成。

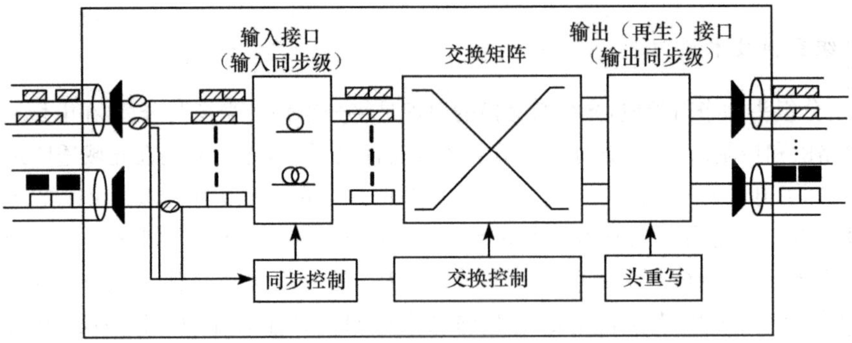

图 9.4-14　同步光分组交换节点

第一个模块是入口同步模块。用来对入口分组进行相位校准。为了实现这样的功能，需要加入净荷的相位定界，并且需要进行分组头的检测。其光学部分主要包括用于相位校正的光纤延迟线。其电部分的组成为：①与网络主时钟锁定的本地时钟，根据本地时钟进行光分组调整，输入光分组相对于该时钟的延迟将触发选择相应的光纤延迟线。②分组头探测电路将帮助解决光分组信道竞争，并在交换阶段安排适当的路由。

第二个模块是交换矩阵本身。其作用是实现路由并实时地解决冲突，对交换矩阵的控制通常采用电的方式。用存储于电存储器中的路由转发表来管理路由过程。交换矩阵还用于擦除分组头以及光净荷的管理。

第三个模块是再生接口。消光比恶化、光信噪比恶化、不同分组间的功率波动、抖动积累和比特持续时间减小都将影响信号的质量，因此需要对数据流进行再生。再生接口利用 3R 再生结构来抑制信号的劣化。

3. OPS 的其他关键技术

1）分组同步技术

分组同步需要精确确定入口分组和本地参考时钟之间的时延。相位对准是在光域内进行的，这是为了保持净荷的透明性，当然也可以用电的方式进行控制。

现在所提出的很多分组同步方案中，都考虑对分组的比特率和格式的透明性。全光分组网络中，在节点的每个入口首先需要一个粗糙的、慢的同步单元（在波长解复用之后），这是为了补偿静态的相位差(因链路长度所致)和相位漂移(因温度所致)。然后在这些单元后面再接一个快速和更细粒度的同步单元,用来补偿分组与分组之间的时延抖动,这种抖动是由上游节点采用不同的传输波长和使用不同的缓存处理所导致的。

另外,解决同步问题的方案还依赖于网络实际所使用的数据分组的格式(如分组头的大小和位置、负载长度和保护时间的取值)。相同的链路利用率情况下,数据分组越长,就可以配置更多的保护时间,而更多的保护时间意味着对分组排序的严格要求可以适当放宽。

2) 光分组格式与处理

在电子网络中,数据分组头和有效载荷信息在一起以同样的速率传输(如 IP 包和 ATM 信元)。但在全光网络中情况就不同了,典型的波长通道速率可达 10Gbps。因此,在光网络中不可能在如此高速率下、在每一个节点对每一个数据分组头进行处理。

在现有的几种分组头处理方案中,最典型的是 SCM 技术。在这种方法中,数据头和有效信息在同一个波长上被复用在一起,数据在基带进行调制,而分组头则使用一个合适的副载波频率,调制速率也低于数据的调制速率。采用普通的 PIN 光电探测器对一小部分光信号进行探测,就可以把不同波长的副载波分组头信息识别出来。

副载波分组头的一个优点是能够与净荷负载同时传输,并且不会对净荷负载产生干扰。SCM 的一个缺陷是 SCM 分组头可能会影响净荷的传送速率。如果净荷数据的速率上升的话,基带频宽会展宽,并最终覆盖掉副载波所在的频段。

在许多分组路由和分组交换协议中,分组头不得不在每一个节点被更新。全光的分组头更新可以利用快速的光开关阻塞掉旧的分组头并插入一个新的分组头。新的分组头由本地的激光器在适当的时间产生。在这里有一个很重要的问题,那就是在 WDM 网络中数据分组头必须与净荷的波长严格保持一致,否则会由于色散、非线性或网络中的波长敏感器件而产生严重的同步问题。

目前 SCM 分组头更新的实现主要基于半导体光放大器(SOA)。SOA 技术能够在对 SCM 分组头进行波长变换的同时也可对基带数据信息进行变换。它包括两个步骤:首先利用 SOA 中的交叉增益调制的低通频率响应特性来实现对 SCM 分组头的压缩和对基带净荷数据的波长变换功能。然后,用一个新的仍在原来的 SCM 频率上的分组头来重新调制波长已经被转换了的信号,从而实现了分组头的替换和刷新。

在光分组交换中,短分组不能提供很好的吞吐量,因为很大一部分的带宽要分配给分组头或时隙之间的保护带。另一方面,一个很长的分组需要更长的光缓存器,并且无法提供足够细的交换粒度。因此,光分组的长度需要进行优化设计。

其他关键技术与 OBS 相似,如冲突的解决方案、波长变换器和 FDL 等。

9.5 光纤接入网技术

接入网(Access Network,AN)是宽带核心网络到用户网最后一段路程(1km)的传输网络。近 10 年来核心网络的带宽高速发展,已远远超过了接入网的承载能力,使得核心网的带宽和接入网的带宽严重不匹配,接入网已成为宽带业务进入用户的最后瓶颈。光纤接入网技术的高速发展,为解决这一瓶颈提供了技术保障,先后出现了模拟的光纤/同轴混合接入网(HFC)、数字的无源光网络(PON),其中包括 APON(ATM PON)、EPON(Ethernet PON)和 GPON(Gigabit PON)及有源光网络(Active Optical Network,AON)等技术。

9.5.1 光纤接入网

1. 光纤接入网的定义

在通信事业蓬勃发展的今天，接入网早已深入现实生活的各个领域，如电话接入、互联网接入、有线电视接入及无线业务的接入，但对接入网的定义和界定是在 20 世纪 90 年代中期确定的。国际电信联盟(ITU-T)第 13 组于 1995 年通过了关于接入网框架结构方面的新建议 G.902，其中对接入网进行了以下定义。

接入网是由业务节点接口(Service Node Interface，SNI)和相关用户网络接口(User Network Interface，UNI)之间的一系列传送实体(如线路设施和传输设备)组成，为电信业务(或其他业务)提供所需传送承载能力的实施系统，接入网可以经由 Q_3 接口(或其他接口)进行网络管理。

接入网不仅局限于电信网，事实上人们已经赋予了它许多新的内涵和外延。从整个通信网看，全网可以划分成公共骨干网(Public Backbone Network)、核心网(Core Network)和用户网(Customer Premises Network，CPN)，介于核心网与用户网之间的部分统称为接入网，如图 9.5-1 所示。

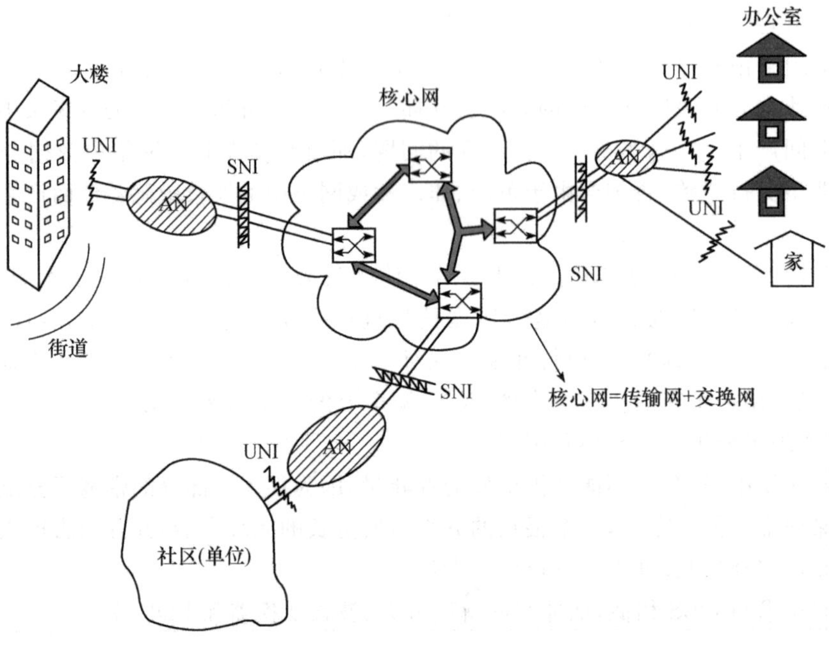

图 9.5-1 通信网中的接入网

光纤接入网(Optical Fiber Access Network，OAN)定义为共享相同网络侧接口并由光纤传输系统支持的所有接入链路。泛指采用光纤传输技术的接入网，如本地交换机或远端交换模块与用户之间全部或部分采用光纤通信技术的系统。

2. 参考配置

图 9.5-2 所示为 OAN 的参考配置模型，其中 OLT(Optical Line Terminal)为光线路终端，它提供 OAN 网络侧的接口，并连接一个或多个 ODN(Optical Distributing Network)。ODN 为

光分配网，它建立了 OLT 和 ONU 之间的光链路，由无源光纤器件组成。ONU(Optical Network Unit)为光网络单元，提供用户侧的接口，并且连接一个 ODN。

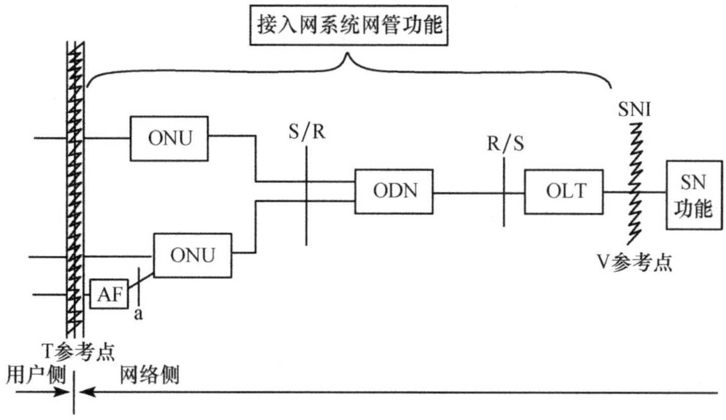

图 9.5-2 OAN 的参考配置模型

图 9.5-2 所示将从给定网络接口(V 接口)到单个用户接口(T 接口)之间的传输手段的总和称为接入链路。其中 AF(Adaptation Function)为用户适匹功能，a 表示 AF 与 ONU 之间的参考点，R 表示光接收参考点，S 表示光发射参考点，V 表示 AN 与业务节点间的参考点，T 表示 AN 与用户终端间的参考点。

3. 光纤接入网的拓扑结构

将光纤无源器件，如光纤波分复用器、光纤耦合器、光纤星型耦合器和光纤滤波器等，用于构建接入网，充分体现了光纤通信技术的优势，代表性的拓扑结构有总线型、星型、树型和环型等，如图 9.5-3 所示。

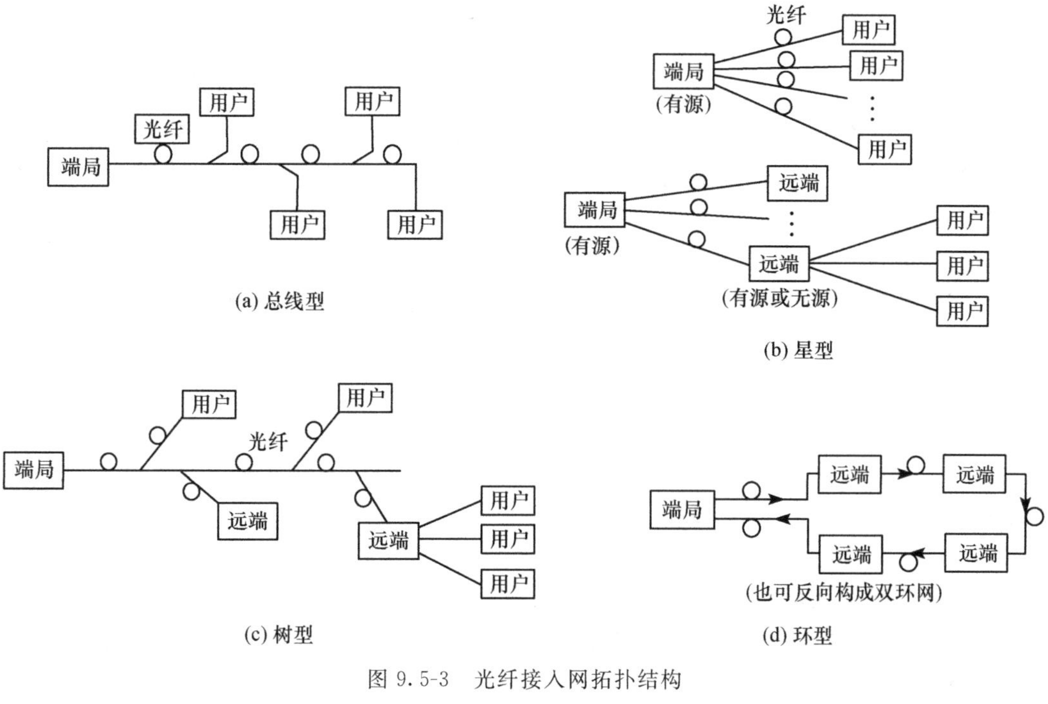

图 9.5-3 光纤接入网拓扑结构

1）总线型结构

采用一根双向传输的光纤或两根单向传输的光纤作为通信传输总线。各个用户终端通过光纤耦合器，采用时分复用或波分复用技术连接到总线上。它的优点是结构简单，增减用户节点方便，性价比高。不足之处在于安全性能较差，总线故障将影响全部用户。

2）星型结构

星型结构可分为有源、无源、单星型、双星型及多星型结构。单星型是从中央节点（端局）通过光纤直接向四周辐射的结构。多星型结构是对单星型结构的改进，把每条辐射出去的光纤链路连接到一个远端分配单元，再通过远端分配单元进入有源或无源的分配网络接入用户。该结构的优点是各用户节点相对独立，保密性好，业务适应性强，易于升级扩容。不足之处是同享性差，成本高。

3）树型结构

总线型与无源星型结构的结合形成树型网络结构，其特点是树干上的光纤全网共享，树枝上的光纤直接接入用户或通过远端节点再接入用户，整个树型结构光纤网络由无源器件组成，传输采用时分复用和波分复用技术。该结构的优点是无源光网络对业务透明，可支持各种带宽业务，平均接入成本低。但网络复杂，网络管理较困难。

4）环型结构

这种结构所有节点共用一条链路，形成一个封闭的环。其特点是：每个节点只与两侧的节点相连，每节点可单向传输或双向传输。该结构的优点是安全性好，可构成双总线（内环和外环）；但成本较高。

4. 接入网的特点

1）低密度业务量

核心网是高度互联的网络，可以应付很高密度的业务量需求，使用效率可达90%以上。接入网用户到交换机之间的电路绝大部分时间是处于空闲状态，业务量密度偏低，住宅用户电路使用率小于1%，这一结果导致接入网经济效益很差。

2）缺乏经济规模

核心网的成本至少由成千上万用户来分担，即便采用最先进的技术和设备，仍能达到经济规模。而当接入网以双绞线、同轴电缆、光纤或无线等不同传输介质接入用户时，其成本将直线上升，难以形成经济规模。

3）成本差异大

核心网每个用户分担的成本几乎相同，而接入网用户接入即使采用相同的技术，也存在巨大差异（如电话线接入几十米到几十千米），制约了接入网的发展。

4）成本与业务量无关

核心网的总成本对业务量很敏感，对一定的业务量预测要求，网络可以有最佳配置支持，使之具有最佳性价比。而接入网，无论是家庭用户还是企业用户，尽管业务量差异极大，但在同一技术条件下接入设备成本基本一致。

5）运行环境差异

核心网运行环境优良（室内机房）。接入网设备通常处于室外、路边，要受到环境因素的影响。使得接入网的稳定性、可靠性低于核心网。

总的看来，核心网和接入网在物理上、技术上和经济上都处于完全不同的网络环境。一方面，核心网正在越来越频繁地更换升级，并涌现出许多新技术，如密集波分复用技术、光放大技术、光交换技术和自动交换光网络等，将构成更加完善和高度智能化的核心网络体系。而另一方面，现存的接入网仍然以传统的双绞线和模拟系统为主体，兼有一些新技术和新的解决方案，其中包括双绞线高速调制技术（ADSL、VDSL 和 HDSL）、光纤到路边（FTTC）和光纤到楼幢（FTTB）的接入技术、光纤同轴混合接入技术（HFC）、无源光网络技术及将来的光纤到家（FTTH），呈现从窄带到宽带，从模拟到数字的发展势头。

5. 光纤接入网的类型

从传输业务上看，光纤通信技术使接入网从单一的电话业务接入向宽带综合业务接入发展。从传输介质上看，光纤通信技术从部分取代双绞线或同轴电缆向全光纤介质传输发展。从传输信号来看，光纤通信技术从模拟信号到模拟数字混合再到全数字信号接入。它们的代表技术有 FTTC、FTTB、HFC、PON 和 FTTH（或 FTTO）等。

1）光纤到路边（FTTC）和光纤到楼（FTTB）

双绞线接入网是各国电信运营商花费巨资建立起来的庞大资源，绝不会轻易放弃。近年来出现了许多新技术，如综合业务数字网（ISDN）、双绞线高速调制技术（ADSL、VDSL 和 HDSL），都是尽量延缓双绞线的技术寿命。FTTC 和 FTTB 就是光纤和双绞线技术结合的解决方案。在 FTTC 结构中，光网络单元设置在路边，此时从光纤网络单元到用户之间的传输部分仍然为双绞线或同轴电缆。FTTB 也可以看成 FTTC 的一种特例，通常用户被集中在一幢大楼（Building）或是单位里。

2）HFC 和 SDV

FSAN(Full Service Access Network)全业务接入网是将电话、有线电视、多媒体信息和数据信息服务包容在整个网络中，向用户提供各种类型的模拟和数字通信业务，即宽带服务。众所周知，现有的用户接入网是实现宽带业务传输的瓶颈。所以，在一段相当长的时间内，宽带业务网将会出现数字信息和模拟信息共存的景象，并不断地向全数字系统业务网过渡，也就是光纤/同轴电缆混合网（HFC）向交互式数字电视网络（SDV）过渡发展。

（1）光纤同轴混合（HFC）接入网。光纤/同轴电缆混合网（HFC）的主干线为光缆，通过光分路器将光信号分配到各个社区，在光节点处完成光电变换后，送入同轴电缆分配网进入千家万户。这种方式兼顾了宽带业务的带宽和建立网络的开支，可以在原有 CATV 网的基础上改造升级成为 HFC 网络。

（2）交互式数字视频（SDV）接入网。交互式数字电视网络（SDV）综合了 FTTC 和 HFC 的优点。它通过交互式数字信道为用户提供电话、多媒体信息和数据信息服务，同时通过 HFC 网络与模拟 CATV 网络结合，提供模拟视频业务。

3）PON

1998 年推出的无源光网络（PON）具有业务透明性较好、可适用于任何制式和速率的信号、抗电磁干扰和易于维护等优点，是一种正在大量应用的光纤数字接入技术。先后出现了 APON、EPON 和 GPON。

4）FTTH

FTTH 指光纤直接连到用户家，这样用户就拥有了极大的传输带宽，可以满足任何宽带综合业务的接入。目前该方案的经济性能欠佳，但却是长远发展全数字接入的最佳方案。FTTO 指光纤直接连到用户办公室，与 FTTH 极为相似。

5）综合接入网

综合接入网是将现有的光纤接入技术和无线接入技术结合起来，构筑一个立体的宽带综合业务接入网，即光纤无线通信混合接入网（Hybrid Fiber Wireless，HFW）。它所期望的最高境界是完成个人通信系统（PCS）的建立，它将实现无论任何人在何时何地（whoever，whenever，wherever），都能够与任意一个人在任意地方以任意信息量（anyone，anywhere，anyvolume）进行通信。

从当前接入网两种最主要的技术方案 FTTC 和 HFC 来看，FTTC 将逐渐向 FTTH 发展，而 HFC 将逐渐从较大的节点向较小的节点过渡，然后逐渐将光纤推进到分支点，进而实现 FTTH。随着光纤向用户端演绎推进，SDH 和 ATM 及 IP 等宽带业务最终会进入家庭，从而消除接入网的带宽瓶颈。

9.5.2 光纤数字接入网——PON 接入网

1. PON 的组成

如图 9.5-4 所示，PON 主要由光纤线路终端（OLT）、光纤分配网络（ODN）和光网络单元（ONU）组成。如图 9.5-5 所示，OLT 由核心层、业务层和公共层等三部分组成，具有与交换机接口的功能，完成上、下行光电和电光转换，分配和控制各信道的连接，并对各个光电接口实施监控、提供操作、维护及管理功能。ODN 在 OLT 和 ONU 之间建立光纤传输通道，完成光信号功率分配、波长复用等功能，完全由光纤无源器件组成。如图 9.5-6 所示，ONU 同样由核心层、业务层和公共层等 3 部分组成，为网络提供用户侧的接口，完成下行光到电、上行电到光的转换，实现各类业务的接入。

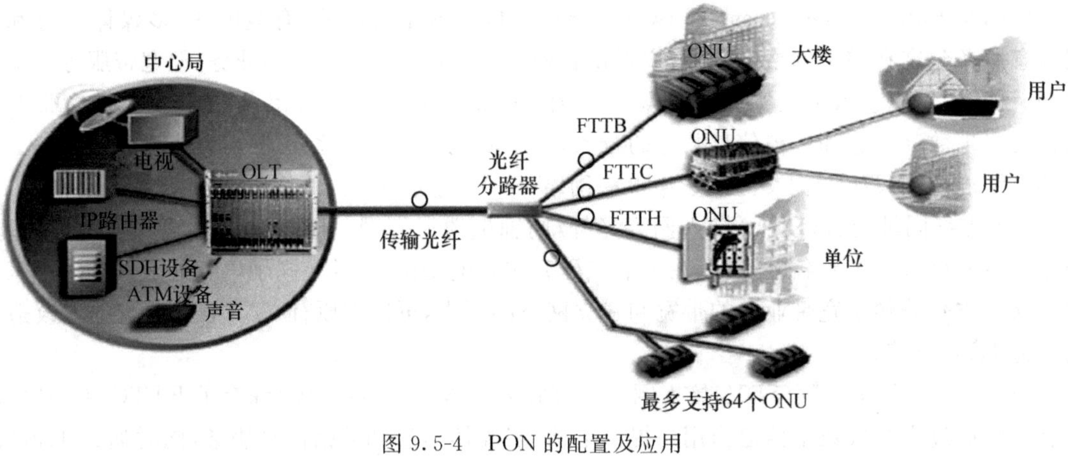

图 9.5-4 PON 的配置及应用

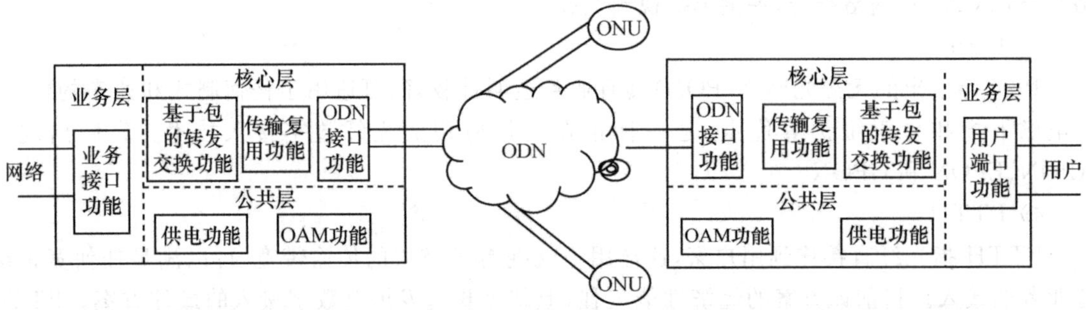

图 9.5-5 OLT 功能框图　　　　图 9.5-6 ONU 功能框图

2. PON 的协议和发展

1）APON

ITU-T 于 1998 年提出 G.983 建议，规范了 APON 的概念，通过利用 ATM 技术，再结合无源光分路器对光纤和光线路终端的共享，使系统成本可望比传统的以电路交换为基础的接入系统降低 20%～40%。ITU-T 先后推出了 G.983.1～10 系列建议，推动了 PON 的发展。

2）EPON

虽然 APON 在全业务接入网中得到了应用，但它同目前广泛采用的 IP 技术结合并不理想，诸如 IP/Ethernet over APON 的技术复杂、传输效率低、网络管理困难等。

主流的以太网技术有快速以太网（fast ethernet，传输数据速率为 100Mbps）和吉比特以太网（gigabit ethernet，传输数据速率为 1000Mbps）。以太网具有使用简单方便、价格低廉、速度快等优点，广泛应用于局域网、城域网和广域网，已成为不可或缺的重要通信手段。基于上述原因，以太网接入网得到快速发展和广泛重视。2001 年年初，IEEE 成立了 IEEE802.3EFM 工作组（Ethernet First Mile，EFM，意思是“以太网第一英里”，即以太网接入网），发展制定以太网接入网标准。IEEE EFM 工作组的目的是在现有 IEEE802.3 协议的基础上，通过较小的修改，实现在用户接入网络中传输以太网帧。为实现这一目的，工作组提出了 EPON 的概念，并对其目标、优势及关键技术问题进行了研究，推出了 IEEE802.3ah 标准。

EPON 的优势主要体现在以下 3 个方面：①低成本优势。由于采用 PON 的结构，光纤和无源器件就可有效降低系统成本，同时 EPON 作为纯介质网络，可大量降低接入网的运营、维护成本，再有以太网本身的价格优势，如廉价的器件和简单的安装维护等，更使 EPON 与其他技术相比具有价格优势。②与现有以太网的兼容性。毫无疑问，以太网技术是迄今为止最成功和成熟的局域网技术。EPON 对现有 IEEE802.3 协议作一定的补充，基本与其兼容。考虑到以太网的市场优势，EPON 与以太网的兼容性是其一大优势。③高带宽。EPON 的下行信道为千兆的广播方式，而上行信道为用户共享的千兆信道。通过动态分配、管理带宽，可为用户提供更高的可用带宽。

3）GPON

2001 年 FSAN 联盟开始速率大于 1Gbps 的 PON 标准研究，希望网络性能在多业务运营、管理、维护功能以及可升级能力等方面较之其他的 PON 效率更高、成本更低、QoS 更好。通过近两年的研究，ITU-T 推出了 GPON 标准 G.984.1～4。GPON 与 EPON 比较有以下特点：①采用了灵活的通用成帧规程（GFP，Generic Framing Procedure），即 ITU-T 的 G.7041 建议，其灵活的封装结构，支持固定的或多种不同长度的帧结构。②支持各种业务类型如 ATM、PSTN、SDH 和 IP 等。③灵活高效的速率选择，上行从 155Mbps 到 2.5Gbps，下行为 1.25Gbps 和 2.5Gbps，根据业务需要配置。④带宽利用率高，可有效地支持实时业务，并保证 QoS。

9.5.3 APON

1. APON 结构模型

一个典型的 APON 系统是由光纤线路终端（OLT）、光纤分配网络（ODN）和光网络单元（ONU）组成，硬件总体功能框图如图 9.5-5 和图 9.5-6 所示。

1）OLT

如图 9.5-5 所示，OLT 由以下 3 个部分组成：

(1) 公共功能模块。负责设备的供电、维护和管理等通用功能。

(2) 业务功能模型。业务端口通过 SNI 接口与 ATM 交换机连接，负责将 ATM 信元插入到 SNI 上行接口净荷中，并从 SNI 下行接口净荷中提取信元。

(3) 核心功能模块。可以分为 ODN 接口功能模块、传输复用模块和 ATM 交叉连接模块等三个部分。①ODN 接口功能，完成光电转换，从上行 PON 净荷中取出 ATM 信元，向下行 PON 净荷中插入 ATM 信元。②传输复用功能，为通过 ODN 接口进行信元收、发提供服务，复用需要送到远端设备的数据信号，识别并解复用接收到的远端设备的数据信号。③ATM 交叉连接功能，为业务端口和 ODN 接口之间提供 VP 连接，赋予 ATM 交换机侧的不同业务以不同的 VPC (VP 连接)，并将这些 VPC 赋予不同的远端设备，完成近端设备和远端设备的连接。

2) ONU

如图 9.5-6 所示，ONU 主要由以下 3 个部分组成。

(1) 公共功能模块。负责设备的供电、维护和管理等通用功能。

(2) 业务功能模块。用户端口通过 UNI 与用户终端设备连接，负责将 ATM 信元插入到 UNI 接口的下行净荷中，并从 UNI 接口的上行净荷中提取信元。

(3) 核心功能模块。可以分为 ODN 接口功能模块、传输复用模块和业务复用模块等三个部分。①ODN 接口功能，完成光电转换，从下行 PON 净荷中取出 ATM 信元，在下行帧同步定时作用下，向上行 PON 净荷插入 ATM 信元。②传输复用功能，为通过 ODN 接口进行信元收发提供服务，识别并过滤属于本识别的下行 ATM 信元，合理安排并复接需要发送给近端设备的 ATM 信元及其他资料信号。③业务复用功能，提供用户端口与传输复用模块之间的接口，识别并过滤用户端口送来的合法 ATM 信元，保证多个 VP 能够有效共享上行带宽。

3) ODN

ODN 的作用是在 OLT 和 ONU 之间建立物理光纤连接，完成对光信号的分配和汇聚，它完全由无源光器件组成，如单模光纤、光连接器、光衰减器、光分路器/合路器。这也是无源光网络(PON)名称的由来。

2. APON 协议模型

APON 的协议模型可分为信道层、传输汇聚层和物理介质层。传输汇聚层分为 PON 传输子层和适配子层。PON 传输子层包括测距、信元时隙分配、带宽分配、保密安全、帧定位、突发同步、比特/字节同步等功能。APON 系统的协议参考模型如表 9.5-1 所示。

表 9.5-1 APON 协议模型(ITU-T G.983.1)

信道层		参考 I.732
传输汇聚层	适配	参考 I.732
	PON 传输	测距
		信元时隙分配
		带宽分配
		保密与安全
		帧定位
		突发同步
		比特/字节同步
物理介质层		E/O 适配
		波分复用
		光纤连接

1）APON 的物理介质层

APON 中数字信号的标称线路速率有两种：上、下行对称速率为 155.52Mbps；上、下行非对称速率，下行速率为 622.08Mbps，上行速率为 155.52Mbps。

物理介质层传输普遍采用 G.652 单模光纤。其双向传输主要有两种：第一种采用单纤波分复用方式，上、下行分别工作在 1310nm 和 1550nm 波段；第二种采用双纤工作在 1310nm 波段。

APON 上、下行信号的线路编码，均采用比较简单经济的加扰 NRZ 码。ITU-T 在 APON 建议中对物理媒质层的参数要求进行了详细规范，如表 9.5-1 至表 9.5-5 中列出了几项主要参数。需要注意的是，由于 APON 目前未大量运用，互联互通没有得到足够的重视，现阶段的产品许多为企业内部标准。

表 9.5-2　OND 物理介质层参数规范

项　目	规　范
衰减范围/dB	B 类：10～25，C 类：15～30
光信道损耗差/dB	15
最大逻辑传输距离差/km	20
最大光纤传输距离/km	20
最小分路比	16～32

表 9.5-3　155Mbps 下行光接口规范

项　目	单　纤		双　纤	
	OLT 发送机			
工作波长/nm	1480～1580		1260～1360	
ODN 最小光回损/dB	>32		>32	
ODN 类别	B 类	C 类	B 类	C 类
最小平均发送功率/dBm	−4	−2	−4	−2
最大平均发送功率/dBm	+2	+4	+1	+3
	ONU 接收机			
误码率	优于 10^{-10}		优于 10^{-10}	
ODN 类别	B 类	C 类	B 类	C 类
灵敏度	−30	−30	−30	−33
过载点	−8	−11	−9	−12

表 9.5-4　622Mbps 下行光接口规范

项　目	单　纤		双　纤	
	OLT 发送机			
工作波长/nm	1480～1580		1260～1360	
ODN 最小光回损/dB	>32		>32	
ODN 类别	B 类	C 类	B 类	C 类
最小平均发送功率/dBm	−2	−2	−2	−2
最大平均发送功率/dBm	+4	+4	+4	+4
	ONU 接收机			
误码率	优于 10^{-10}		优于 10^{-10}	
ODN 类别	B 类	C 类	B 类	C 类
灵敏度	−28	−33	−28	−33
过载点	−6	−11	−7	−12

表 9.5-5　155Mbps 上行光接口规范

项　目	单　纤		双　纤	
	ONU 发送机			
工作波长/nm	1260～1360			
发送波长的最大反射/dB	<－6		<－6	
ODN 最小光回损/dB	>32		>32	
ODN 类别	B类	C类	B类	C类
最小平均发送功率/dBm	－4	－2	－4	－2
最大平均发送功率/dBm	＋2	＋4	＋1	＋3
	OLT 接收机			
误码率	优于 10^{-10}		优于 10^{-10}	
ODN 类别	B类	C类	B类	C类
最小灵敏度	－30	－30	－30	－33
最小过载点	－8	－11	－9	－12

2）APON 的传输汇聚层(TC)

传输汇聚层负责 OLT 和多个 ONU 之间在下行方向和上行方向 ATM 信元传输的正确开始和运行。它帮助 OLT 和 ONU 正确地传送数据，避免上行 ATM 信元的碰撞，并控制每个 ONU 的上行传输。TC 层基本要求 PON 的寻址可以利用 ATM 信头的全部 12bit 的 VP 域。为了避免 ONU 的寻址表太大，有效地利用 PON 资源，ITU-T 规定每个 PON 的最大 VP 数为 4096，系统的最小寻址能力为 64 个 ONU。

3. APON 技术特点

APON 系统下行信号采用时分复用(Time Division Multiplexing，TDM)方式，如图 9.5-7 所示，OLT 向所有 ONU 广播信元，ONU 接收所有来自 OLT 的信元，并根据内置 VPI 过滤表过滤属于自己的信元。

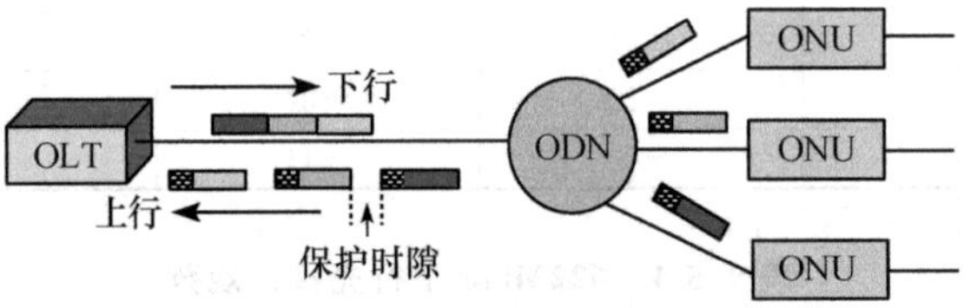

图 9.5-7　光信号的上下行传输

APON 系统上行信号流向如图 9.5-7 所示。采用时分多址复用(Time Division Multiple Access，TDMA)方式，任何给定上行时隙仅允许一个 ONU 发送信元。OLT 通过授权字控制 ONU 发送信元的时刻和该 ONU 占用的上行带宽，ONU 共享上行带宽。ONU 与 OLT 距离不等，为了保证 ONU 间发送的信元不冲突，需要测距，并使用突发模式的光电模块。

4. APON 的帧结构

如图 9.5-8 所示为对称和非对称 APON 的帧结构。下行每 28 个时隙插入一个物理层维护管理信元(Physical Layer OAM，PLOAM)，其余为 ATM 信元。155.52Mbps 下行帧包含 2 个 PLOAM 信元和 54 个 ATM 信元，共 56 信元。622.08Mbps 下行帧包含 8 个 PLOAM 信元和

216 个 ATM 信元共 224 信元。PLOAM 和 ATM 信元的长度均为 53 字节长，都是由 5 个字节的信元头和 48 字节的净荷组成。上行帧周期可以划分为 53 个信元时隙，每个时隙包含 56 字节，其中 3 字节为开销字节，其余 53 字节为 ATM 信元使用。开销字节包括 3 部分，其一为用来防止上行信元碰撞的保护时间(最短 4bit)，其二是用于比特同步的前导码，其三是用于指示 ATM 信元或微时隙开始定界符。开销的 3 部分的边界不固定允许厂家根据其接收机的要求自行设定。另外，上行时隙可以是上行 PLOAM、ATM 信元，还可以是分离时隙(divided slot)，它由来自多个 ONU 微时隙组成，MAC 协议利用这些微时隙向 OLT 传送 ONU 的排队状态信息，以实现动态带宽分配。下行 PLOAM 在下行帧中总是在固定的位置插入，而上行 PLOAM 则可以在上行任何时隙发送。

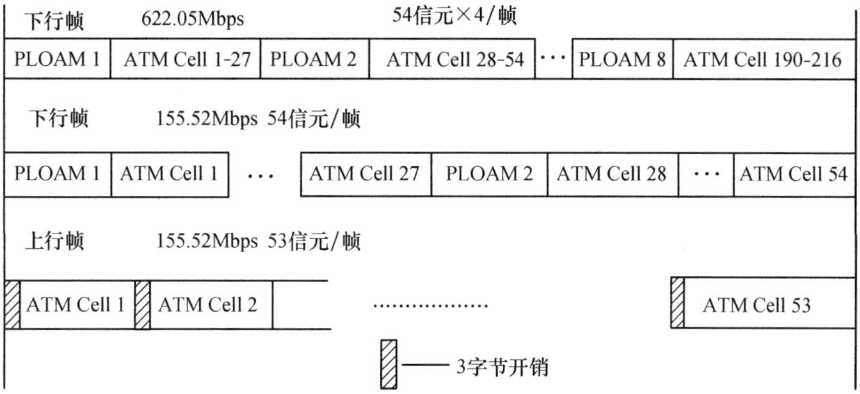

图 9.5-8 对称和非对称 APON 系统的帧结构

5. APON 的 TDMA 接入控制

G.983.1 规定了多种授权信号(均为 8bit，1 字节)，分别由用于上行发送 ATM 信元、PLOAM 信元、微时隙和空闲等授权指令组成。每一个下行帧携带 53 个授权信号，分别与上行帧的 53 个时隙对应。ONU 只有收到给予自己的授权信号后，才能在相应的上行时隙发送上行信元。每个 PLOAM 信元携带 27 个授权信号，两个 PLOAM 信元则携带 54 个授权信号，而一帧只需要 53 个授权信号，于是第二个 PLOAM 信元的最后一个授权信号区填充空闲信号。对于非对称帧结构，第二个 PLOAM 信元的最后一个授权信号区与余下的 6 个 PLOAM 信元的授权信号区全部填充空闲信号。

1) 下行 PLOAM 结构

下行 PLOAM 总是位于下行帧的固定位置：时隙 28 和时隙 56。与其他信元的作用不同，下行 PLOAM 主要用于物理层的管理，如带宽分配、密钥维护、测距、配置管理等。

2) 上行 PLOAM 结构

上行 PLOAM 可以在上行任何时隙发送，但是在任意一个时隙，仅仅允许一个 ONU 发送上行信元。上行 PLOAM 的信元头结构与下行 PLOAM 基本相同。上行 PLOAM 净荷主要由标识、消息(消息吉比特以太网)、激光器发射机控制(LCF)、光接收机控制(RxCF)和 BIP8 等 5 个域构成。

3) TDMA 接入控制技术

APON 系统下行方向采用时分复用方式向所有在线 ONU 广播信元，包括 PLOAM 和

ATM 信元，上行方向采用时分多址（TDMA）方式使不同 ONU 共享上行带宽。

APON 的 TDMA 接入控制技术主要包括以下两个方面：授权分配/带宽分配和突发发送控制。OLT 通过下行 PLOAM 的授权域控制各个 ONU 的上行接入带宽。根据预先设置的授权配置方案，将授权字与 ONU 的 ID 对应，并通过消息通知 ONU，完成授权分配。根据带宽分配策略，将 ONU 对应的授权字写入下行 PLOAM，完成该 ONU 上行带宽分配。

各个 ONU 将分析和处理通过下行 PLOAM 所接收到的授权字，决定自己的上行突发发送是否进行，以达到上行带宽分配的目的。ONU 接收处理与授权相关的消息，提取分配给本 ONU 的数据授权、PLOAM 授权和分离时隙授权。

6. APON 的测距

由于 APON 系统采用点到多点的工作方式，为了防止各个 ONU 所发上行信号发生冲突，OLT 需要具备测距功能，来测试每一个 ONU 与 OLT 之间的逻辑距离，并据此来控制 ONU 调整其信号发送延时，使不同距离的 ONU 所发送的信号能在 OLT 处精确地复用在一起。

测距技术包含 3 个方面，①测量 OLT 到 ONU 的延时，该延时用 T_{pd}表示。②延时补偿。通过在 T_{pd}上增加补偿延时（补偿延时，用 T_d 表示），将所有 ONU 到 OLT 的延时统一到某一固定的逻辑延时，该固定的逻辑延时称为等化延时，用 T_{epd}表示。③正常运行时，根据温度变化对上行信元相位的影响，动态调整补偿延时 T_d。

1）OUN 的安装方法

根据 ITU-T G. 983. 1，ONU 安装方法有两种。

（1）方式 A：ONU 的序列号直接通过网管系统在 OLT 登记注册。

（2）方式 B：OLT 具有自动搜索功能，ONU 的序列号直接由该功能获得。

但无论采用方式 A 还是方式 B，测距的方法为：

• 初始测距。知道一个新的 ONU 已被连接时，手动激活测距过程。测距成功（或一次超时）后，测距自动停止。

• 定时测距。OLT 周期性地自动开始测距过程，并检测是否有新的 ONU 连接。通过网管系统可以设定轮流检测的频率，即测距窗口每毫秒或每秒被打开的次数。

2）测距过程类型

（1）冷 PON，冷 ONU。PON 没有运行。

（2）热 PON，冷 ONU。PON 系统已经正常运行，此时增加一个没有经过测距的 ONU。

（3）热 PON，热 ONU。PON 系统已经正常运行，ONU 也已经在线，但没有被激活。

（4）切换。保护切换，OLT 切换或 ONU 切换。

3）测距过程

（1）OLT 进入测距程序，将测距计数器、延时测量成功计数器 S 和延时测量失败计数器 F 清零，发测距命令，测距开始。

（2）OLT 发送预分配均衡延时 T_d。

（3）OLT 用未分配授权填充下行 PLOAM，形成测距窗口。

（4）OLT 将测距授权填充下行 PLOAM。

（5）OLT 发送填充好的下行 PLOAM，同时启动测距计数器。

（6）ONU 接收测距授权，并经过 T_d 延时后，发送携带有 ONU 序列号的上行 PLOAM 信元，也称为测距信元。

(7) OLT 接收到测距信元,停止测距计数器。

(8) 若测距信元校验正确,读取测距计数器的值,保存并作为参考值。

(9) 重复(1)~(8)步骤,将当前测距计数器的值与参考值比较,若误差为±2bit,则延时测量成功计数器 S+1,否则延时测量失败计数器 F+1;更新参考值。

(10) 重复(9)步骤,若 S=2,则本次延时测量成功,发送定界时间消息到 ONU,测距结束;若 F=2,则执行下面的步骤。

(11) OLT 发送消息,本次测距结束;等待某个时间(该时间由 OLT 编程决定)后重新执行 1~10 步骤。

当测距失败次数累计到达某个数值(该数值由 OLT 编程决定)时,系统将停止对该远端设备进行测距。

7. 突发接收与同步

由于 APON 上各个 ONU 到 OLT 的距离各不相同,所以各个 ONU 到 OLT 的路径传输损耗也互不相同,当各个 ONU 发送光功率相同时,到达 OLT 后的光功率互不相同。因此,OLT 的上行光接收机不能采用传统的方法,而要采用突发模式接收技术来保证能够接收大动态范围光功率。由于突发模式的光信号来自不同的端点,所以可能导致光信号相位的偏差,消除这种微小偏差的措施是采用突发同步技术。(参考第 6 章 6.3 节)OLT 到 ONU 下行传输的连续码流采用传统数字信号光纤传输技术即可解决。

9.5.4 EPON

1. EPON 的体系结构

以太网无源光网络(EPON)简单地讲就是使用 PON 的拓扑结构实现以太网的接入。EPON 与 APON 相比,其上下行传输速率比 APON 的高,EPON 提供较大的带宽和较低的用户设备成本,除帧结构和 APON 不同外,其余所用的技术与 G.983 建议中的许多内容类似,其下行采用 TDM 传输方式,上行采用 TDMA 传输方式。EPON 和 APON 一样,可应用于 FTTB 和 FTTC,最终的目标是在一个平台上提供全业务服务。

EPON 与 APON 类似,由光线路终端(OLT)、光分配线网络(ODN)和光网络单元/光网络终端(ONU/ONT)3 部分组成。EPON 的结构与图 9.5-4 类似。

在 EPON 系统中,OLT 既是一个交换机或路由器,又是一个多业务提供平台。OLT 将提供多种速率的以太网接口,支持 WDM 传输。为了支持其他流行的协议,OLT 还支持 ATM 及 OC3/12/48/192 等速率的 SDH 的连接。若需要支持传统的 TDM 话音、普通电话线(POTS)和其他类型的通信(T1/E1),OLT 可以连接到 PSTN。OLT 除了提供网络集中和接入的功能外,还可以针对用户对服务质量和分级服务(Service Level Agreement,SLA)的不同要求进行带宽分配、网络安全和管理配置。通常从 OLT 到 ONU 距离最大可达 20km,无源光分路器采用分配数为 8、16、32 或 64。

EPON 中的 ONU 采用了技术成熟的以太网络协议,实现成本低廉的以太网第 2 层或第 3 层交换功能。此类 ONU 可以通过层叠来为多个最终用户提供共享高带宽。在通信过程中,不需要协议转换,就可实现 ONU 对用户数据透明传送。ONU 也支持其他传统的 TDM 协议,而且不增加设备和操作的复杂性。在带宽更高的 ONU 中，将提供大量的以太网接口和多个 T1/E1 接口。对于光纤到家(FTTH)的接入方式，ONU 和 UNI 可以被集成在一个简单设备中，不需要交换功能，用极低的成本给终端用户分配所需的带宽。

EPON 中的 OLT 和所有的 ONU 由网元管理系统管理。网元管理范围有故障管理、配置管理、计费管理、性能管理和安全管理。

2. EPON 传输原理及帧结构

在 EPON 中，根据 IEEE802.3 以太网协议，传送的是可变长度的数据包(64～1518 字节)。在 APON 中，根据 ATM 协议的规定，传送的是 53 字节固定长度信元。显然，APON 系统不能直接用来传送 IP 业务信息。APON 若要传送 IP 业务，必须把 IP 包按每 48 字节为一组拆分，然后在每组前附加上 5 字节的信头，构成一个个 ATM 信元。此过程既费时又增加了 OLT 和 ONU 的成本，且 5 字节信头浪费了带宽。与此相反，以太网适合携带 IP 业务，与 ATM 相比，极大地减少了开销。

在 EPON 中，下行采用 TDM 复用广播传输方式，上行采用 TDMA 传输方式。EPON 上、下行信息流的分发与图 9.5-7 类似。

OLT 根据 IEEE802.3 协议，将数据以可变长度的数据包广播传输给所有在 PON 上的 ONU，每个包携带一个具有传输到目的地 ONU 标识符的信头。此外，有些包可能要传输给所有的 ONU，或指定的一组 ONU。当数据到达 ONU 时，它接收属于自己的数据包，丢弃其他的数据包。

EPON 下行传输帧结构如图 9.5-9 所示，它由一个被分割成固定长度帧的连续信息流组成，其传输速率为 1.25Gbps，每帧携带多个可变长的数据包。含有同步标识符的时钟信息位于每帧的开头，用于 ONU 与 OLT 的同步，每 2ms 发送一次，同步标识符占 1 字节。

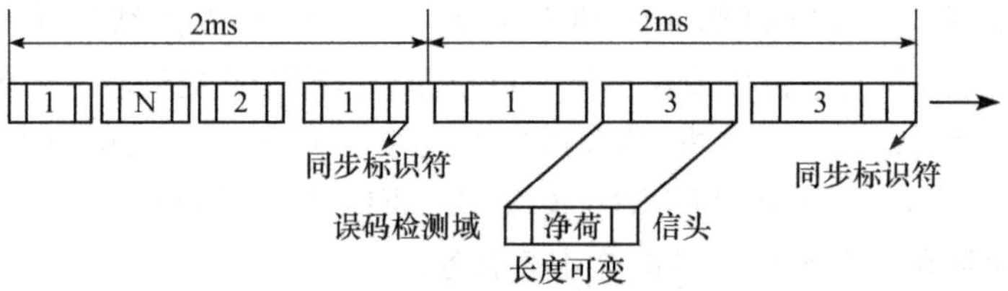

图 9.5-9　EPON 下行传输帧结构

按照 IEEE.802.3 组成可变长度的数据包，每个 ONU 分配一个数据包，每个数据包由信头、可变长度净负荷和误码检测域组成。

EPON 上行传输采用 TDMA 技术，将多个 ONU 的上行信息组成一个 TDM 信息流传送到 OLT，如图 9.5-7 所示。TDMA 技术是将时隙分配给每个 ONU，每个 ONU 的信号在经过不同长度的光纤传输后，进入光分路器的共用光纤，正好占据分配给它的一个指定时隙，以避免发生相互碰撞干扰。

EPON 上行帧结构及其成帧的过程，如图 9.5-10 所示。各 ONU 发送上行信息流经过光分路器耦合到共用光纤，以 TDM 方式复合成一个连续的数据流。此数据流以帧的形式组成，其帧长与下行帧长一样，也是 2ms，每帧有一个帧头，表示该帧的开始。每帧进一步分割成可变长度的时隙，每个时隙分配给一个 ONU，用于发送上行数据到 OLT。

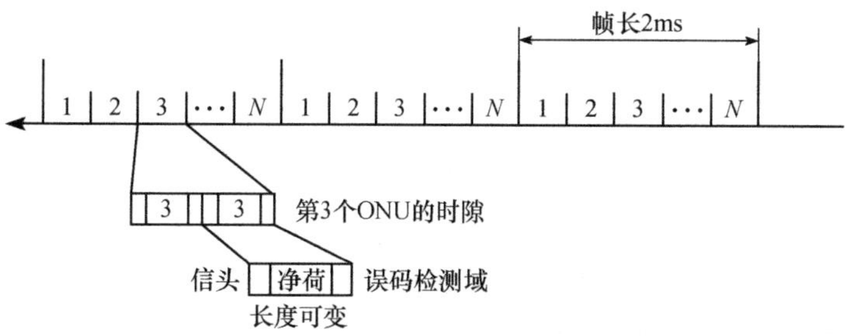

图 9.5-10　EPON 上行帧结构

每个 ONU 有一个 TDM 控制器，它与 OLT 的定时信息一起控制上行数据包的发送时刻，以避免复合时相互间发生冲突。图 9.5-10 中专门用时隙 3(第 3 个 ONU 的时隙)表示传送 ONU-3 的数据，该时隙含有 2 个可变长度的数据包和一些时隙开销。时隙开销包括保护字节、定时指示符和信号权限指示符。当 ONU 没有数据发送时，它就用空闲字节填充它自己的时隙。

3. EPON 关键技术

1）突发接收和同步技术

EPON 系统的 ONU 到 OLT 的上行传输与 APON 基本类似，只是 EPON 上行速率由 APON 的 155Mbps 提高到 1250Mbps，增加了实现的难度。OLT 到 ONU 下行传输的连续码流采用传统数字信号光纤传输技术即可解决。

2）测距和 TDMA 技术

由于光信号来自远近不同的光网络单元，所以在时间上可能产生信号冲突，通过测距技术就可以消除这种冲突。EPON 上行传输采用时分多址(TDMA)方式接入，一个 OLT 可以接 16～64 个 ONU，ONU 至 OLT 之间的距离最短的可以是几米，最长的可达 20km。实现 TDMA 接入，必须使每一个 ONU 的上行信号在公用光纤汇合后，插入指定的时隙，彼此间既不发生碰撞，也不要间隙太大，OLT 要不断地对每一个 ONU 与 OLT 的距离进行精确测定，以便控制每个 ONU 发送上行信号的时刻，要求测距精度为±1bit。

测距过程如下：OLT 发出一个测距信息，此信息经过 OLT 内的电子电路和光电转换延时后，光信号进入光纤传输并产生延时到达 ONU，经过 ONU 内的光电转换和电子电路延时后，又发送光信号到光纤并再次产生延时，最后到达 OLT，OLT 把收到的传输延时信号和它发出去的信号进行比较，从而获得传输延时值。OLT 以距离最远的 ONU 的延时为基准，算出每个 ONU 的延时补偿值 T_d，并通知 ONU。该 ONU 在收到 OLT 允许它发送信息的授权后，延时 T_d 补偿值后再发送自己的信息，这样各个 ONU 采用不同的 T_d 补偿时延进行调整自己的发送时刻，以便使所有 ONU 到达 OLT 的时间都相同(基本与 APON 测距相似)。

3）带宽分配技术

EPON 分配给每个 ONU 的上行接入带宽由 OLT 控制决定。带宽分配与分配给 ONU 的窗口大小和上行传输速率有关。带宽分配又分静态和动态两种，静态带宽由开的窗口尺寸决定；动态带宽根据 ONU 的需要由 OLT 分配决定。

动态带宽分配(DBA)算法就是实时地改变 EPON 的各 ONU 上行带宽的机制。EPON 中如果用带宽静态分配，对数据通信这样的变速率业务很不适合，如按峰值速率静态分配带宽，则整个系统带宽很快就被耗尽，带宽利用率很低，而动态带宽分配使系统带宽利用率大幅度提高。通过 DBA，可以根据 ONU 突发业务的要求，通过在 ONU 之间动态调节带宽来提高 PON 上行带宽效率。

动态带宽分配设计要求具有业务透明、带宽利用率高、低时延和低时延抖动、公平分配带宽、健壮性好和实时性强等特点。动态带宽分配采用集中控制方式，所有 ONU 的上行信息发送，都要向 OLT 申请带宽，OLT 根据 ONU 的请求按照一定的算法给予带宽（时隙）占用授权，ONU 根据分配的时隙发送信息。其分配算法的基本思想是：各 ONU 利用上行可分割时隙反映信元到达的时间分布，并请求分配带宽；OLT 根据各 ONU 的请求，公平合理地分配带宽，并同时考虑超载、信道有误码、有信元丢失等情况的处理。

在 PON 中，在传输汇聚层上用流量容器来存储管理上行带宽分配的业务流，使 PON 带宽利用率得到提高。分析表明，采用 DBA，最大的带宽利用率可达 80%，而没有 DBA 时，只有 40%。平均传输时延无 DBA 时为 100ms，而用 DBA 时则小于 10ms。

4）实时业务传输质量

传输实时语音和视频业务要求传输延迟时间小而恒定，时延抖动也要小。由于以太网技术的固有机制，不提供端到端的包延时、包丢失率以及带宽控制能力，因此难以支持实时业务的服务质量。如何确保实时语音和 IP 视频业务，在 EPON 传输平台的 QoS 是亟待解决的问题。目前采用的技术方案一种是对于不同的业务采用不同的优先权等级，对实时的业务优先传送。另一种技术是带宽预留技术，提供一个开放的高速通道，不传输数据，而专门用来传输语音业务，以便确保服务质量。

5）安全性和可靠性

EPON 下行信号以广播的方式发送给所有 ONU，每个 ONU 可以接收 OLT 发送给所有 ONU 的信息，这就必须对发送给每个 ONU 的下行信号单独进行加密。OLT 可以定时地发出命令，要求 ONU 更新自己的密钥，OLT 就利用每个 ONU 发送来的新密钥对发送给该 ONU 的数据信元进行加密，保证每个 ONU 从接收所有 ONU 的信息中，按照自己的密钥译出属于自己的信息，使下行信息安全地到达目的地，确保每个用户（ONU）的隐私。

9.5.5 GPON

1. GPON 概述

ITU-T GPON 标准系列包含 G.984.1、G.984.2 和 G.984.3 等。

G.984.1 对 GPON 提出了总体目标，要求 ONU 的最大逻辑距离差可达 20km，支持的最大分路比为 16、32 或 64，不同的分路比对设备的要求不同。从分层结构上看，ITU-T 定义的 GPON 由 PMD 层和 TC 层构成，分别由 G.984.2 和 G.984.3 进行规范。

G.984.2 对 GPON 的 PMD 层进行了规范。系统下行速率为 1.244Gbps 或 2.488Gbps，上行速率为 155Mbps、1244Mbps 或 2488Mbps。标准规定了在各种速率等级下 OLT 和 ONU 光接口的物理特性，提出了 1.244Gbps 及其以下各速率等级的 OLT 和 ONU 光接口参数。但是对于 2.488Gbps 速率等级，并没有定义光接口参数，原因在于此速率等级的物理层速率较高，对光器件的特性提出了更高的要求。

G.984.3 将 TC 层又分成了两个子层：TC 成帧子层和 TC 适配子层。对于 TC 适配子层，规定了 ATM 适配和 GFP（通用成帧规程）适配两种方式。ATM 适配方式沿用了 G.983 系列建议的规定，以 ATM 信元承载数据流量并支持各种业务。GFP 适配方式是在 ITU-G.7041 中定义的一种数据封装和映射方式，它提供了一种承载高层协议的机制，可以承载基于包的协议，如

IP、PPP、以太网帧，或者承载恒定比特率的业务流。GFP 在承载高层协议时要求低层光传输网络必须是同步的，如 SDH。因此若采用 GFP 封装方式，TC 子层必须是同步的。为了支持电路业务，TC 子层必须传送和恢复 8kHz 参考时钟。GFP 封装方式灵活，在封装 Ethernet 业务时，省去了 IP over ATM 的开销。GFP 与 ATM 适配方式相比，封装效率高，提高了系统带宽利用率，业务灵活，因此将会成为 GPON 中一种主要的适配方式。在 GPON 建议规定中，ONU 支持 ATM 适配或 GFP 适配方式的一种即可，而 OLT 必须两种方式都支持。从这一点上看，ITU-T 在本质上沿用了 G.983 的许多规定，但 GFP 封装方式的采用又使得 G.984 标准在一定程度上抛弃了 ATM。从互通性上考虑，G.984 标准声称 GPON 系统即使工作在 ATM 方式上，其 OLT 和 ONU 也不能与具有相同速率的 APON 系统进行互通。

G.984 规定了 GPON 上行采用 TDMA 方式，所有上行数据传输均由 OLT 控制。对于最远达 20km 的逻辑距离差，最近 ONU 到 OLT 的传输时延与最远 ONU 到 OLT 的传输时延相差 100μs，为了避免不同 ONU 上行突发数据的碰撞，OLT 必须进行测距，根据往返传输时延测量每个 ONU 到 OLT 的相对距离。根据测距时延，调整每个 ONU 上行发送的时刻，使所有 ONU 到达 OLT 的时间一致。GPON 测距的原理与 G.983 是完全一致的。

在 G.984.3 建议中，动态带宽分配和 QoS 沿用了 G.983.4 的思路，将业务分为 5 种类型，不同的业务设置不同的参数，根据参数检测拥塞状态，分配带宽，对 ONU 进行授权。除 DBA、加密功能外，ITU 在 TC 层还定义了一些新的功能，如前向纠错、功率控制等。

2. GPON 和 EPON 标准的比较

表 9.5-6 对 GPON 和 EPON 标准的主要参数进行了比较。

表 9.5-6　GPON 和 EPON 标准主要参数的比较

参　数	GPON	EPON
相关标准组织	ITU-T G.984 标准组	IEEE 802.3ah 工作组(EFM 工作组)
支持的速率等级/bps	下行 1.25G 或 2.5G 上行 155M、622M、 1.25G 或 2.5G	上下行对称 1.25G
支持的 ODN 等级/dB	Class A，Class B，Class C 15/20/25	Class A，Class B 15/20
分路比	64～128	16～32
协议和封装格式	ATM 或 GFP 封装格式	以 802.3 协议为基础
距离/km	10～20	10～20
同步方式	每 125μs 下行同步标志	时钟标签法
业务能力	Ethernet，ATM，TDM	Ethernet，TDM(比较困难)
QoS 保证	容易	难

针对 GPON 和 EPON 技术的不同特点，可以对这两种技术做出以下归纳。

(1) GPON 支持多种速率等级，可以支持上、下行不对称速率，上行不一定要支持 1Gbps 以上的速率，因此与 EPON 只能支持对称 1Gbps 的单一速率相比，GPON 对光器件的要求较低，从而可降低成本。EPON 只支持 ClassA 和 ClassB 的 ODN 等级，而 GPON 可支持 Class A、B 和 C，因此 GPON 可支持高达 128 的分路比和长达 20km 的传输距离。

(2) 单从协议上比较，因为 EPON 标准是以 IEEE802.3 体系结构为基础，因此与 GPON 标准相比其协议分层更简单，系统实现更容易。鉴于目前以太网芯片的成熟性，其系统成本更低，对于接入网产品来讲，这一特点使 EPON 产品比 GPON 产品更具有竞争力。

(3) ITU-T 在制定 GPON 标准过程中沿用了 APON 标准 G.983 的很多概念,与 EFM 制定的 EPON 标准相比其标准更完善。但由于其增加了 TC 子层,因此也相应增加了一定的开销,这在一定程度上违背了希望能够借助 Ethernet 技术简单、经济的特点这一初衷。因此如何规定一个高效率的 TC 层机制将成为 ITU-T 在制定 GPON 标准中的一个关键。

(4) GPON 标准规定 TC 子层可以采用 ATM 和 GFP 两种封装方式,其中 GFP 封装方式适于承载 IP/PPP 等基于包的高层协议,但对于为了支持 ATM 业务而定义的 ATM 封装方式在以 Ethernet 为基础的 GPON 系统中是否合适,还有待商榷。

(5) 在 Ethernet 上承载 TDM 业务的技术并不成熟,很难满足电信级的 QoS 要求,因此 EPON 为了能够承载 TDM 业务和语音业务必须设计新的 MAC 机制并增加新的软硬件。而 GPON 由于其设计的 TC 子层结构和 ATM 封装方式,能够比较容易地支持 TDM 业务和语音业务。但如果 GPON 标准中不采用 ATM 封装方式,只支持 GFP 封装方式,因为传统的 GFP 封装方式并不适合承载 TDM 业务,所以 GPON 和 EPON 一样都会面临如何承载 TDM 业务的问题,但毋庸置疑的是其承载方式必须与 Ethernet 技术充分兼容。如何在 Ethernet 上承载 TDM 业务并能提供电信级的服务质量保证将成为 ITU-T 和 EFM 这两个标准组织在标准制定过程中的一个难题。

3. GPON 的网络结构和物理层规范

GPON 标准的设置是基于不同服务需求,提供最有效率的传输速率,同时兼顾 OAM&P 功能及可扩充的能力。基于这样的设计原则下,GPON 的技术已成为光纤接入网络一种全新的解决方案。不但提供高速带宽,而且支持各种接入服务,特别是在数据及 TDM 的传输并且支持原有数据的格式无需再次转换。GPON 技术的基本网络结构与 APON 和 EPON 极为相似。

业务网络接口到用户网络接口之间为 GPON,而 GPON 通过 SNI 与业务节点相连,通过 UNI 与用户设备相连。GPON 仍然由 3 部分,即 OLT、ODN 和 ONU 组成,其中 OLT 位于局端,ONU 位于用户端。OLT 到 ONU 的方向为下行方向,反之为上行方向。

GPON 传输网络可以是任何类型,如 SONET/SDH 和 ITU-T G.709。用户信号可以是基于分组的(如 IP/PPP 或 Ethernet MAC),或是连续的比特速率,或者是其他类型的信号。而 GFP 则对不同业务提供通用、高效、简单的方法进行封装,经由同步的网络传输。对于最靠近用户的接入层来说,GPON 具有前所未有的高比特率、高带宽。而其非对称特性更能适应未来的 FTTH 宽带市场。因为使用标准的 8kHz(125μs)帧,从而能够直接支持 TDM 业务。GPON 传输网络支持以下对称和非对称的线路速率选择,包括对称 622Mbps、对称 1.25Gbps、2.5Gbps 下行和 1.25Gbps 上行等。如表 9.5-7、表 9.5-8 和表 9.5-9 所示。

表 9.5-7 GPON 的 ODN 特性

项 目	特 性
光纤类型	G.652
衰减范围/dB	Class A. 5～20;Class B. 10～25;Class G. 15～30
光通道率耗差/dB	15
光通道补偿/dB	1
最大逻辑距离/km	60
最大距离/km	20
S/R 和 R/S 点的距离/km	20(10)
最小分光比	16,32 或 64
双向传输	1 根光纤 WDM 或 2 根光纤

表 9.5-8 GPON 1244Mbps 下行光接口参数

项　目	单　纤			双　纤		
	OLT 发射机:光接口					
标称比特率/Mbps	1244.16			1244.16		
工作波长/nm	1480～1560			1260～1360		
线路编码	NRZ 扰码			NRZ 扰码		
ODN 的最小回损/dB	大于 32			大于 32		
ODN 类别	A	B	C	A	B	C
最小平均发射功率/dBm	−4	+1	+5	−4	+1	+5
最大平均发射功率/dBm	+1	+6	+6	+1	+6	+9
消光比/dB	大于 10			大于 10		
	ONU 接收机:光接口					
接收最大反射系数/dB	小于−20			小于−20		
误码率	小于 10^{-10}			小于 10^{-10}		
ODN 种类	A	B	C	A	B	C
灵敏度/dBm	−25	−25	−26	−25	−25	−25
过载点/dBm	−4	−4	−4	−4	−4	−4

表 9.5-9 GPON 1244Mbps 上行光接口参数

项　目	单　纤			双　纤		
	ONU 发射机:光接口					
标称比特率/Mbps	1244.16			1244.16		
工作波长/nm	1260～1360			1260～1360		
线路编码	NRZ 扰码			NRZ 扰码		
发射最大反射系数/dB	小于−6			小于−6		
ODN 的最小回损/dB	大于 32			大于 32		
ODN 类别	A	B	C	A	B	C
最小平均发射功率/dBm	−3	−2	+2	−3	−2	+2
最大平均发射功率/dBm	+2	+3	+7	+2	+3	+7
消光比/dB	大于 10			大于 10		
发射机的输入功率容限/dB	大于−15			大于−15		
	OLT 接收机:光接口					
接收最大反射系数/dB	小于−20			小于−20		
误码率	小于 10^{-10}			小于 10^{-10}		
ODN 种类	A	B	C	A	B	C
灵敏度/dBm	−24	−28	−29	−24	−28	−29
过载点/dBm	−3	−7	−8	−3	−7	−8
反射功率容限/dB	小于 10			小于 10		

GPON 的封装是高效、透明的，其 OAM 机制也是相当完善的。在编码层，GPON 采用了不归零编码，支持多种速率组合不对称传输。支持的上下行速率组合有 155Mbps/1.25Gbps、622.Mbps/1.25Gbps、1.25Gbps/1.25Gbps、155Mbps/2.5Gbps、622Mbps/2.5Gbps、1.25Gbps/2.5Gbps 和 2.5Gbps/2.5Gbps 等。

总之，GPON 继承了 G.983 的优点和成果，具有丰富的业务管理能力。GPON 的核心基础是 GFP，它具有覆盖任何可能出现的新业务的适配能力，包括数字视频、存储网络、电子商务等。GPON 具有面向未来的、可升级的多业务环境，能为将来的业务提供清晰的转移路线，而不需要中断和改变现有的 GPON 设备，也不需要以任何方式改变其传输层。

9.5.6 PON 光纤传输的设计要点

无论是 APON、EPON 还是 GPON，它们在光纤传输系统设计方面都有许多共同之处，如波长及拓扑结构设计、突发光传输技术和突发同步技术。

在 PON 系统中波分复用技术，下行波长为 1550nm 波段，上行波长为 1310nm 波段，表 9.5-10 所示为 1.25Gbps 对称传输系统中 OLT 和 ONU 的配置。

表 9.5-10 OLT 和 ONU 的配置及功率预算

	上 行	下 行	
波长/nm	1310	1550	或 1490
光传输模式	突发模式	连续模式	
发射光功率/dBm	ONU：Tx＋3	OLT：Tx＋3	
接收灵敏度/dBm	OLT：Rx－20	ONU：Rx－22	
传输速率/Gbps	1.25	1.25	
激光器	1310nm-FP-LD	1550nm-DFB-LD	
探测器	PIN-PD		
G652 光纤传输损耗/(dB/km)	0.35	0.25	0.3
1∶32 分光损耗/dB	15.05		
其他插入损耗/dB	2	2	2
10km 光纤传输总损耗/dB	20.55	19.55	20.05
20km 光纤传输总损耗/dB	24.05	22.05	23.05

从以上分析可以看出，合理设计上、下行发射光功率和接收灵敏度能够满足传输距离的技术要求。在目前技术条件下，从成本上考虑，如果一味追求光纤传输的接收灵敏度，将增加光端机成本，不符合以太网向用户延伸的经济技术要求。因此，将发射光功率和接收灵敏度有机地组合，是取得最佳的系统性能价格比的必要技术措施，在方案设计中我们选定上下行发射光功率为 3dBm，上、下行接收灵敏度分别优于－20dBm 和－22dBm，根据表 9.5-10 对光功率的预算可以满足 1∶32 光分路比和 10km 光纤传输的需求，同时具有 2～3dB 的系统余量，适量加大光发射功率或提高接收灵敏度，传送距离是可以达到 20km 的。同时在设计中，充分考虑光纤的波分复用优势，下行给出了 1550nm 和 1490nm 两个波长的功率预算，在普通 EPON 中使用 1550nm 波长，提高系统的性价比，如需开通其他业务则选用 1490nm 为 EPON 的下行波长，将 1550nm 波段用于开通 DWDM 或 HFC 业务。

对于 PON 的光纤传输系统，下行为连续数据，可采用目前较成熟的技术实现，数据接口为 PECL 电平，光接收采用光接收组件，时钟提取使用锁相环技术实现，输出 PECL 电平的数据和时钟。

PON 的上行传输是时分多址复用(TDMA)系统，不同 ONU 向 OLT 传输的数据将按不同的时隙传输，在到达 OLT 时将具有不同的光功率和时延，因此上行光纤传输技术重点解决突发光接收和突发同步问题。

9.5.7 光纤模拟接入网——HFC 接入网

光纤同轴电缆混合网(Hybriol Fiber Cable,HFC)的传输主干线为光缆,通过光分路器将光信号分配到各个社区,在光节点完成光电变换后,送入同轴电缆分配网进入千家万户。这种方式兼顾了宽带业务的带宽和建设网络的成本,可以在原有 CATV 网络的基础上改造升级进入 HFC 领域。对宽带用户网络的研究已有相当长的历史,只是到了 1994 年上半年,宽带用户网络采用 HFC 技术后取得了重大进展,有史以来第一次通过一个 HFC 宽带用户网络提供电话、数据、影像等综合业务。HFC 宽带用户网络所提供的业务,除了电话、模拟广播电视业务外,还可逐步开展窄带 ISDN 业务、高速数据通信业务、会议电视、数字视频点播(VOD)和各种数据信息服务业务。在业务功能逐步升级的过程中,HFC 宽带用户网络不会出现传输频带的瓶颈现象,这与传统的电信双绞线用户网络有着本质的区别,因此 HFC 宽带用户网络是适合现阶段经济发展水平、通向用户的信息高速公路。

1. HFC 双向传输系统

1) HFC 双向传输系统的结构

图 9.5-11 所示为 HFC 双向光纤传输系统,主要包括下行收发光端机、上行收发光端机、调制解调器和网管系统等部分。前端信号经下行收发光端机送向用户端,用户端反向信号经上行收发光端机送向中心前端。同一台光端机下的用户被分为 4 个电缆小区,各个电缆小区的回传信号经过电频分复用后经上行光纤传输系统传输到中心前端。传输系统的工作状态由网管系统进行监控和管理,前端设备和网管主机的数据传输用双绞线,用户端设备和网管主机之间通信经过上、下光纤传输系统来实现双向传输。

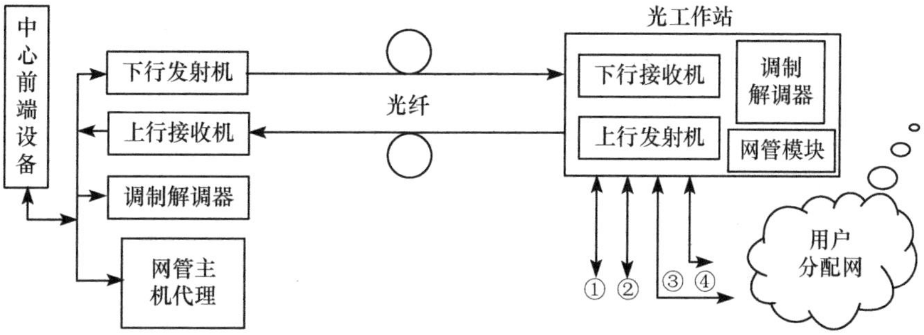

图 9.5-11 HFC 双向光纤传输系统

2) HFC 双向传输系统频谱分配

由于传统的模拟广播电视占用了 45～550MHz 频带,在 HFC 双向网络中,为了不影响模拟电视节目,上行用户信号带宽被限制在 45MHz 以内,大量用户(500～2000 户)共用这一带宽,使得上行信道很拥挤。为解决此问题,一种方法是增加双向传输的上行频带,但这势必压缩下行带宽,增加是有限的。考虑到上行带宽受限是由于同轴电缆的双向传输引起的,而上行光纤的带宽很宽,所以采用变频复用方式来增加上行带宽而不影响下行带宽。把一个光节点下的用户分为 4 个独立的同轴电缆小区,每个用户小区单独占用 5～42MHz 频带,上行信号先变频混合再送入光发射机,经光纤传输及光接收后送进下变频解复用器恢复出 4 路用户信息,送给前端设备。

表 9.5-11 所示为频谱分配表。

表 9.5-11 频谱分配表

项 目	下行频带/MHz	上行频带(光缆)/MHz
电视信号传输频带	45～550	
数据传输频带	550～860	5～200(5～45,55～95,105～145,155～195)
网管传输频道	45.7	10.7

3）上下行收发光端机的设计

下行光发射机采用 DFB-LD,内置光隔离器,光纤连接器为 APC/FC 型。放大器、电子元器件全部为 45～860MHz 器件。上行光发射机采用 FP-LD,光纤连接器为 PC/FC 型。放大器、电子元器件全部为 5～200MHz 器件。

下行光接收机和上行光接收机均采用宽带低噪声 PIN 光电二极管(或宽带接收模块),以保证系统的带宽和载噪比,光纤连接器为 APC/FC(下行)和低反射 PC/FC(上行)。放大器、电子元器件分别采用 45～860MHz 和 5～200MHz 器件。

2. 全业务光纤接入网

全业务网接入传输系统是以 ATM-PON 技术为核心的宽带接入系统和 HFC 系统组成混合网络,其结构如图 9.5-12 所示。通过 HFC 网络实现现有模拟广播电视信号的接入,由(FTTC) ATM-PON 实现数字信息的接入服务,如视频点播(VOD)、电话服务、数据服务(Internet)等。由图可见,ATM-PON 系统由光线路终端(OLT)、无源光纤分配网(ODN)、多个光网络单元(ONU)和多个网元管理分系统组成。OLT 在业务侧提供业务节点接口(SNI),在 ATM-PON 侧提供接入线路接口(ALI)。OLT 把从 ALI 来的输入信元经 ATM 交叉连接传送到目的地 SNI。反之,它把从 SNI 来的输入信元也经 ATM 交叉连接传送给目的地 ALI。ONU 在用户侧提供用户网络接口(UNI),在 APON 侧提供 ATM-PON 接口,并经 ODN 连接到 OLT。ODN 由光纤和分路器组成。网元管理系统可以管理单个 OLT 和多个 ONU。

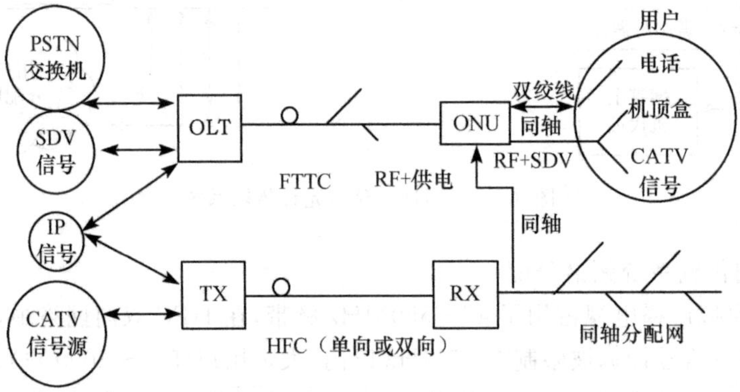

图 9.5-12 全业务网接入传输系统构成

系统 APON 采用单纤双向 WDM 传输,下行用连续模式的 1.55μm 光信号传送,上行用突发模式的 1.31μm 光信号传送。

OLT 和来自业务源的电话、数据和视频信号源相连,接收来自 ATM 净荷中的数字流,选择相应的通路传送到其目的 ONU。同时集合来自 ONU 的数字流，并复用交叉连接到相应的业务流。下行传输复用采用 TDM 方式，上行接入采用 TDMA 方式。在下行方向，从业务源来的 ATM 信元由 OLT 接收，根据其 VPI/VCI 值将其复用成连续的 155Mbps TDM 数据流，交叉连接到相应的通路，并以广播方式传送给所有与之相连的 ONU，每一个 ONU 可以根据信元的 VPI/VCI 值，选出属于自己的信元，然后送给用户终端。在上行方向，各个 ONU 收集来自用户的信息，并以 155Mbps TDMA 突发模式发送数据。

全业务网业务接口包括：ADSL 接口；CES 接口；(电路仿真业务应用于处理电话业务)；STM-1 接口(155Mbps 接口)；HFC 接口。

3. HFC 与 DVB-C 接入网

HFC 网只在干线上采用了光纤，分配系统采用同轴电缆，所以 HFC 接入网带宽为 1GHz。要提供高速率、大容量数据传输，就必须采用高效率的调制解调技术。DVB 组织作为欧洲数字视频广播标准的制订者，对数字 HFC 接入网交互式有线通信和数字有线电视传输方面做出了规范(DVB-C 标准)。DVB-C 与 HFC 结合是模拟视频广播向数字视频广播发展的良好技术途径，也是目前大量应用的数字广播模式。

HFC 网是树状分枝拓扑结构，主要由前端、广播信道、交互式信道和用户终端等部分组成。图 9.5-13 是系统原理。前端用于提供和处理 MPEG-2 数字节目源、各种交互式服务。在服务商与用户之间建有两个信道，即广播信道(BC)和交互式信道(IC)。

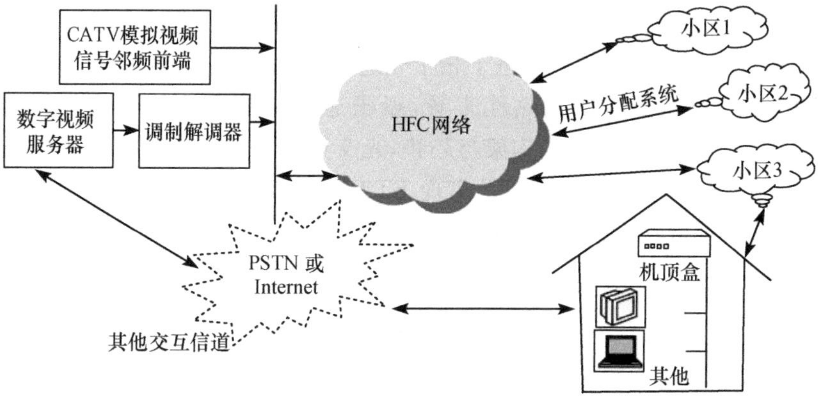

图 9.5-13 HFC 网络与 DVB-C

1) 广播信道和交互式信道

一个从服务商到用户的单向通道，用于传输模拟视频、数字视频、声音和数据，通常也称为下行信道，它可以包含交互式信道中的前向通道。HFC 广播信道主要包括模拟广播、数字广播及各种交互式信息服务。它们分别占用 HFC 下行通道 45～550MHz(PAL 制 59 个广播频道)、550～750MHz(DVB 信道)和 750～860MHz(其他信息的下行通道)。

建立用户和服务商之间的双向通道，用于提供交互式服务。它由上行通道和下行通道组成。在 HFC 网络中，交互式信道的下行通道依靠下行广播信道。上行信道主要依赖于 HFC 回传通道，其次还可以通过公共电信网(PSTN)和互联网(Internet)建立交互式信道。表 9.5-12 列出了 HFC 网络频分复用的上、下行频谱分配表。

表 9.5-12　频谱分配表

项　目	下行频带/MHz	上行频带/MHz
模拟电视信号传输频带	45～550	
DVB 数据传输频带	550～750	5～45(低分割) 5～65(中分割) 5～200(高分割)
交互式信道	750～860	

2) DVB-C 技术要求

DVB(数字视频广播)组织成立于1993年,目前世界范围该组织已经拥有200多个成员,该标准已得到包括我国在内的广泛认可。它包括一系列标准,其核心是利用MPEG-2的传输技术,无论是在DVB-S(数字电视卫星广播)和DVB-T(数字电视地面广播)系统中,还是本文所关注的DVB-C(数字电视有线广播)的HFC网络中,都将MPEG-2码流作为最基本的传输格式。

DVB-C并没有指定如何分配1GHz的频谱,它只给出了一个推荐的方案:70～130MHz或300～862MHz用于前向通道,而5～65MHz用于回传通道(上行)。为了避免射频双向放大和机顶盒中的滤波问题,上行频谱的上限65MHz到下行频谱的下限70MHz这一频段不再使用。

小　　结

光纤通信系统围绕传输距离和传输容量的提升,不断涌现出新技术、新方法,如相干光通信技术能够将接收灵敏度提高12～20dB,光孤子通信技术能够将单一波长容量提高到100Gbps以上。近年来,激光技术的进步与成熟推进了相干光通信的发展,使其成为超长距离传输系统普遍采用的技术方案。从光孤子技术成熟性来看,孤子通信系统尚未达到实用低水平。光网络(ASON)描绘了下一代光通信系统的构架与趋势,光交换技术的迅速发展与成熟,是实现下一代光纤通信网络的关键技术。光纤接入网是实现FTTH、FTTO的重要技术途径,高性价比的无源光网络(PON)为实现这一目标创造了物质条件。

习　题　9

9-1　简述相干光通信的原理及其特点。

9-2　证明采用PSK调制技术,零差检测比外差检测接收灵敏度高3dB。

9-3　为什么零差相干光通信需要光锁相环?说明柯斯塔斯光锁相环的工作原理。

9-4　分析影响相干光通信接收灵敏度的主要因素。

9-5　定性描述光孤子形成的物理过程。

9-6　光孤子传输为什么需要放大?并说明放大周期的设计原理。

9-7　为什么光孤子的传输要采用归零码(RZ),简述光孤子的相互作用的机理。

9-8　说明如图9.3-4所示OXC结构的工作原理。

9-9　说明如图9.3-7所示OADM结构的工作原理。

9-10　解释ITU-T定义的光网络的光层分层结构,并说明各层的作用。

9-11　简述路由光波长分配(RWA)的工作原理。

9-12　解释什么是ASON,并阐明其主要的技术特点。

9-13　光交换的主要技术手段有哪3种?并举例说明。

9-14 阐述 OCS、OBS、OPS 的工作原理和特点。

9-15 分析光交换的解决竞争的主要技术手段。

9-16 描述 HFC 接入网的组成和工作原理及业务特点。

9-17 APON 的工作原理和特点是什么？描述 APON 的上、下行帧结构。

9-18 说明 APON 测距的必要性和工作原理。

9-19 EPON 的工作原理和特点是什么？描述 EPON 的上下行帧结构。APON 和 EPON 有哪些异同？

9-20 阐述 GPON 的工作原理和特点。

参 考 文 献

顾畹仪,李国瑞.1999.光纤通信系统.北京:北京邮电大学出版社

黄章勇.2001.光纤通信用光电子器件和组件.北京:北京邮电大学出版社

黄章勇.2003.光纤通信用新型无源器件.北京:北京邮电大学出版社

刘增基等.2001.光纤通信.西安:西安电子科技大学

聂兵等.2010.光纤通信.北京:北京理工大学出版社

邱昆,王晟,邱琪.2005.光纤通信系统.成都:电子科技大学出版社

邱昆.1995.光纤通信导论.成都:电子科技大学出版社

石晶林,丁炜.2001.MPLS宽带网络互联技术.北京:人民邮电出版社

韦乐平.1993.光同步数字传输网.北京:人民邮电出版社

韦乐平.1997.接入网.北京:人民邮电出版社

吴承治,徐敏毅.1998.光接入网工程.北京:人民邮电出版社

肖萍萍等.2002.SDH原理与技术.北京:北京邮电大学出版社

杨淑雯.2004.全光光纤通信网.北京:科学出版社

杨祥林.2000.光纤通信系统.北京:国防工业出版社

张杰,徐云斌,宋鸿升等.2004.自动交换光网络ASON.北京:人民邮电出版社

张锡斌.1992.光缆线路工程.北京:人民邮电出版社

张煦.1987.光纤通信系统.北京:电子工业出版社

张煦.1988.光纤通信系统设计.上海:上海交通大学出版社

赵梓森.1988.单模光纤通信系统.北京:人民邮电出版社

赵梓森.1995.光纤通信工程.北京:人民邮电出版社

Casey H C ,Panish M B.1983.异质结构激光器(上、下).杜宝勋译.北京:国防工业出版社

Djafar K M , Lowell L S.2002.Fiber Optic Communication Technology (英文影印版).北京:科学出版社

Gerd Keiser.2005.光纤通信.3版.李玉权,崔敏,蒲涛等译.北京:电子工业出版社

Govind P A.1992.Fiber-Optical Communication Systems.John Wiley & Sons,Inc

Ramaswami R,Sivarajan K N.2004.光网络下卷—组网技术分析.乐孜纯译.北京:机械工业出版社